Harald Scheid

Abiturwissen

Mathematik

Klett Lerntraining

Bibliografische Information der Deutschen Bibliothek
Die Deutsche Bibliothek verzeichnet diese Publikation in der Deutschen Nationalbibliografie; detaillierte bibliografische Daten sind im Internetüber http://dnb.ddb.de abrufbar.

Auflage 6. 5. 4. 3. | 2015 2014 2013 2012
Die letzten Zahlen bezeichnen jeweils die Auflage und das Jahr des Druckes.

Internetadresse: www.klett.de/lernhilfen
Umschlaggestaltung: know idea GmbH, Freiburg, mit Franziska Döhler
Umschlagfoto: Peter Law, New York
Satz: DTP-studio Andrea Eckhardt, Göppingen
Druck: Mediahaus Biering GmbH, München
Printed in Germany
ISBN 978-3-12-929757-5

9 783129 297575

Inhalt

Analysis

Analytische Geometrie und Lineare Algebra

Vorwort

Liebe Abiturientin, lieber Abiturient,

Sie wollen sich gründlich und intensiv mit einem Thema beschäftigen, um eine gute Note zu erzielen. „Abiturwissen Mathematik“ bietet Ihnen dazu besonders übersichtlich den kompletten und ausführlichen Abiturstoff.

Was macht dieses Buch besonders übersichtlich für Sie?

1. Die Übersichtsseiten zu Beginn der beiden Großkapitel geben einen Überblick über die Systematik des Stoffes – Sie wissen dadurch, wie Sie einzelne Sachbereiche einordnen können. Seitenverweise führen Sie zu der ausführlichen Darstellung im Buch.
2. Jedes Kapitel beginnt mit einer Kurz-Zusammenfassung. Sie führt in das Thema ein und nennt das Allerwichtigste.
   Eine ausführlichere Zusammenfassung finden Sie am Kapitelende.
3. Querverweise im Text ➛ vernetzen den Stoff und bieten einen vertiefenden Einblick. Alle Querverweise werden zur besseren Übersichtlichkeit am Kapitelende noch einmal separat aufgeführt.
4. Die wichtigsten Informationen auf den Punkt gebracht finden Sie in der Randspalte als Schnell-Lese-Straße.
5. Sie suchen ein Thema, einen Begriff? Das Stichwortverzeichnis ab S. 203 hilft Ihnen weiter.

Warum können Sie mit diesem Buch so gründlich arbeiten?

1. Der sehr ausführliche Text bietet Ihnen den kompletten Abiturstoff mit vielen Beispielrechnungen.
2. Das besondere Extra dieses Buches sind die Zusammenfassungen der Formeln in den Auftaktseiten und den Kapitelzusammenfassungen, mit denen Sie im Unterricht und in Prüfungen zeigen können, dass Sie eine sehr gute Note verdient haben.

Viel Erfolg im Abitur wünscht Ihnen

Ihr Klett Lerntraining-Team

ANALYSIS

FOLGEN → s. S. 18

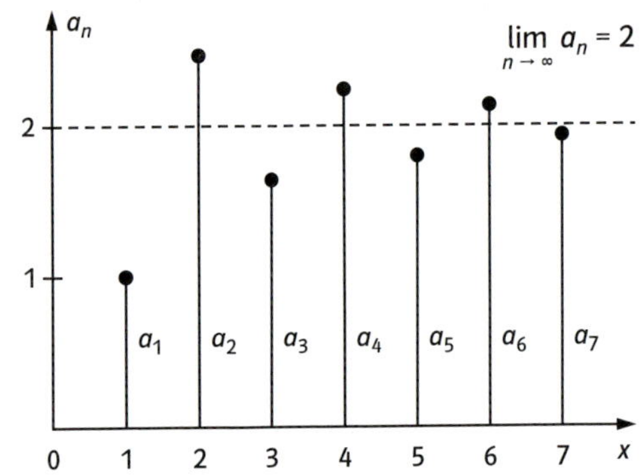

$n \mapsto a_n \ (n \in \mathbb{N}, a_n \in \mathbb{R})$

Grenzwert $\lim_{n \to \infty} a_n = a$

Das bedeutet:

Für jedes $\varepsilon > 0$ gibt es ein $n_\varepsilon \in \mathbb{N}$ mit $|a_n - a| < \varepsilon$ für alle $n \in \mathbb{N}$ mit $n > n_\varepsilon$.

Beispiele

$\lim_{n \to \infty} \left(1 + \frac{1}{q} + \frac{1}{q^2} + \ldots + \frac{1}{q^n}\right) = \frac{1}{1-q}$

für $|q| < 1$ (geometrische Reihe)

$\lim_{n \to \infty} \left(1 + \frac{1}{n}\right)^n = e$ (eulersche Zahl)

$w_1 = 1, w_{n+1} = \frac{1}{2}\left(w_n + \frac{5}{w_n}\right) \quad (n = 1, 2, 3, \ldots)$

$\lim_{n \to \infty} w_n = \sqrt{5}$

(Berechnung von $\sqrt{5}$ mit dem Heron-Verfahren)

FUNKTIONEN → s. S. 30

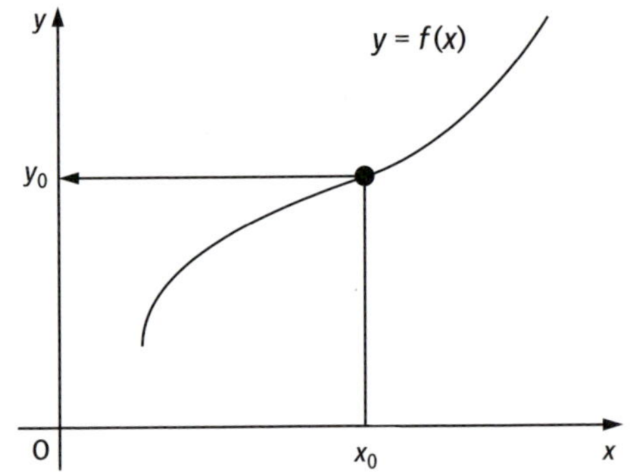

$x \mapsto f(x) \quad (x, f(x) \in \mathbb{R})$

Grenzwert $\lim_{x \to x_0} f(x) = c$

Das bedeutet:

Für jedes $\varepsilon > 0$ gibt es ein $\delta_\varepsilon > 0$ mit $|f(x) - c| < \varepsilon$ für alle $x \in \mathbb{R}$ mit $|x - x_0| < \delta_\varepsilon$.

Stetigkeit von f an der Stelle x_0: $\lim_{x \to x_0} f(x) = f(x_0)$

Asymptoten

$\lim_{x \to \infty} (f(x) - a) = 0$
waagerechte Asymptote $y = a$

$\lim_{x \to \infty} (f(x) - (ax + b)) = 0$
schräge Asymptote $y = ax + b$

$\lim_{x \to \infty} (f(x) - (ax^2 + bx + c)) = 0$
asymptotische Parabel $y = ax^2 + bx + c$

FORMELÜBERBLICK

ABLEITUNGEN → s. S. 63

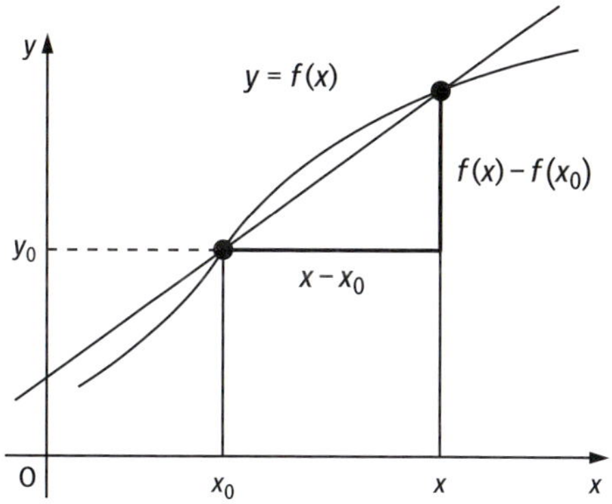

$$f'(x_0) = \lim_{x \to x_0} \frac{f(x) - f(x_0)}{x - x_0}$$

Ableitungsfunktion $x \mapsto f'(x)$

Beispiele

$(x^r)' = rx^{r-1}$

$(\sin x)' = \cos x$

$(e^x)' = e^x$

$(\ln x)' = \frac{1}{x}$

$(\arctan x)' = \frac{1}{1+x^2}$

Approximation an der Stelle x_0.

$f(x) \approx f(x_0) + f'(x_0)(x - x_0)$

lineare Approximation

$f(x) \approx f(x_0) + f'(x_0)(x - x_0) + \frac{f''(x_0)}{2}(x - x_0)^2$

quadratische Approximation

Anwendungen

Kurvenuntersuchungen
Extremwertaufgaben
Differenzialgleichungen

INTEGRALE → s. S. 93

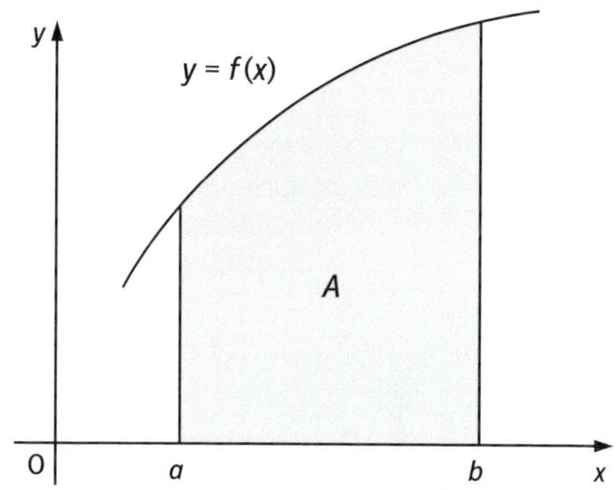

Hauptsatz der Differenzial- und Integralrechnung:

$$\int_a^b f(x)\,dx = F(b) - F(a) \quad \text{mit} \quad F'(x) = f(x).$$

Unbestimmtes Integral

$f(x)\,dx$: Menge aller Stammfunktionen von f, also aller Funktionen F mit $F' = f$

Beispiele

$\int x^r dx = \frac{1}{r+1} x^{r+1}$ für $r \neq -1$

$\int \frac{1}{x} dx = \ln x$ (nat. Logarithmus)

Länge des Graphs von f zwischen den Stellen a und b:

$$\int_a^b \sqrt{1 + (f'(x))^2}\,dx$$

Volumen des von f erzeugten Rotationskörpers zwischen a und b:

$$\pi \int_a^b (f(x))^2\,dx$$

Analysis

Reelle Zahlen und Intervallschachtelungen

In diesem Kapitel erfahren Sie:

- In der Menge ℝ der reellen Zahlen unterscheidet man rationale und irrationale Zahlen.
- Ein Intervall mit den Grenzen a und b besteht aus allen Zahlen zwischen a und b.
- Eine Intervallschachtelung ist eine Folge ineinander geschachtelter Intervalle, wobei die Intervalllänge gegen 0 strebt.
- Eine Intervallschachtelung in der Menge ℝ der reellen Zahlen besitzt stets einen Kern in ℝ.
- Für die Beträge reeller Zahlen gilt die Dreiecksungleichung.

Die reellen Zahlen

Reelle Zahlen stellt man auf der Zahlengeraden dar.

Grundlage der Analysis sind die **reellen Zahlen**. Jede reelle Zahl entspricht einem Punkt auf der Zahlengeraden, und jeder Punkt auf der **Zahlengeraden** entspricht einer reellen Zahl (Fig. 1).

Eine reelle Zahl $a \neq 0$ ist positiv ($a > 0$) oder negativ ($a < 0$).

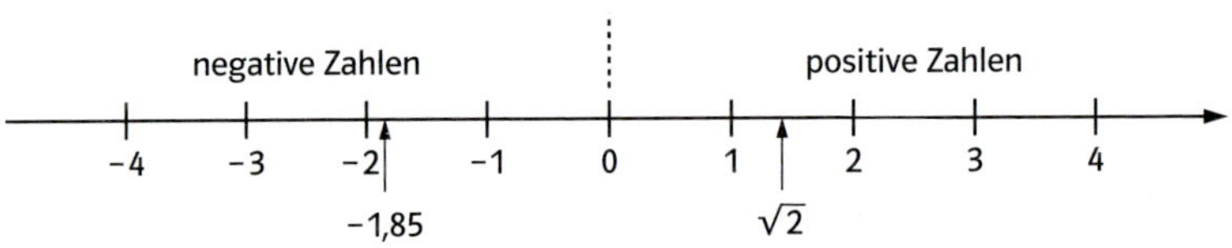

Fig. 1: Die Zahlengerade

Die wichtigsten Zahlenbereiche sind $\mathbb{N} \subset \mathbb{Z} \subset \mathbb{Q} \subset \mathbb{R}$.

Die Menge ℝ der reellen Zahlen umfasst die Menge ℚ der **rationalen Zahlen**, also die Menge der (positiven und negativen) Bruchzahlen. Diese ihrerseits enthält die Menge $\mathbb{Z} = \{\ldots, -3, -2, -1, 0, 1, 2, 3, \ldots\}$ der **ganzen Zahlen**. Die positiven ganzen Zahlen 1, 2, 3, … nennt man **natürliche Zahlen**. Man schreibt $\mathbb{N} = \{0, 1, 2, 3, \ldots\}$ bzw. $\mathbb{N}^* = \{1, 2, 3, \ldots\}$.

Rationale Zahlen sind Quotienten ganzer Zahlen.

Eine rationale Zahl ist der Quotient zweier ganzer Zahlen, wobei der Nenner nicht 0 sein darf; ihre Dezimalbruchentwicklung ist abbrechend oder periodisch. Beispielsweise sind

$$\frac{3}{8} = 0{,}375, \ \frac{2}{3} = 0{,}6666\ldots, \ \frac{-7}{2} = -3{,}5$$

rationale Zahlen.

Eine reelle Zahl, die nicht rational ist, heißt **irrational**.

Beispiele:

a) Die Zahl $\sqrt{2}$ ist irrational. Wäre nämlich $\sqrt{2}$ rational, so gäbe es natürliche Zahlen a, b mit $\sqrt{2} = \frac{a}{b}$. Diesen Bruch kann man als voll gekürzt annehmen, a und b sind also teilerfremd. Durch Quadrieren folgt $a^2 = 2b^2$. Also ist a gerade und daher a^2 durch 4 teilbar. Dann ist aber auch b gerade. Dies widerspricht der Teilerfremdheit von a, b.

b) Die Zahl $\sqrt{2} + \sqrt{3}$ ist irrational: Wäre $\sqrt{2} + \sqrt{3}$ rational, so wäre auch das Quadrat $2 + 2\sqrt{6} + 3$ und damit $\sqrt{6}$ rational. Der Ansatz $\sqrt{6} = \frac{a}{b}$ bzw. $6b^2 = a^2$ mit $a, b \in \mathbb{N}^*$ führt aber zu einem Widerspruch: 6 müsste das Quadrat einer natürlichen Zahl sein!

$\sqrt{2}$ ist eine irrationale Zahl.

Intervalle

Für a, b mit $a < b$ bilden die Zahlen zwischen a und b ein **Intervall**.
Man nennt

$[a; b] = \{x \in \mathbb{R} \mid a \leqq x \leqq b\}$ ein abgeschlossenes Intervall,

$[a; b[= \{x \in \mathbb{R} \mid a \leqq x < b\}$ ein halboffenes Intervall,

$]a; b] = \{x \in \mathbb{R} \mid a < x \leqq b\}$ ein halboffenes Intervall,

$]a; b[= \{x \in \mathbb{R} \mid a < x < b\}$ ein offenes Intervall.

Es bedeutet also $\sqrt{7} \in]2; 3[$ dasselbe wie $2 < \sqrt{7} < 3$.

Auch $[a; \infty[= \{x \in \mathbb{R} \mid x \geqq a\}$ und $]-\infty; a] = \{x \in \mathbb{R} \mid x \leqq a\}$ nennt man Intervalle, und zwar **unbeschränkte Intervalle**.

Ein Intervall ist auf der Zahlengeraden eine Strecke.

Ein unbeschränktes Intervall ist auf der Zahlengeraden eine Halbgerade.

Beträge

Für $x \in \mathbb{R}$ bezeichnet man mit $|x|$ die positive der beiden Zahlen x oder $-x$ und nennt dies den **Betrag** von x; dabei gilt $|0| = 0$. Es ist $|x| = \sqrt{x^2}$.

Beispiel:

Die Ungleichung $|x - a| < r$ mit $a, r \in \mathbb{R}$ und $r > 0$ bedeutet dasselbe wie

$$-r < x - a < r \quad \text{bzw.} \quad a - r < x < a + r.$$

Die Lösungsmenge ist also das offene Intervall $]a - r; a + r[$ (Fig. 2).

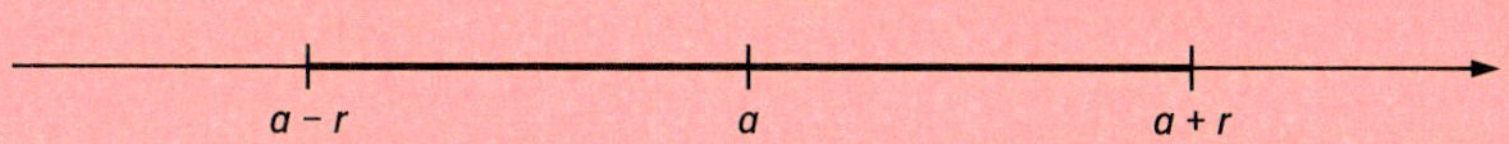

Fig. 2: r-Umgebung von a

Ein offenes Intervall mit dem Mittelpunkt a und der Länge $2r$ nennt man eine r-**Umgebung** von a.

Eine Umgebung von a ist ein offenes Intervall mit dem Mittelpunkt a.

Dreiecksungleichung

In $\mathbb{R}$ gilt die Dreiecksungleichung: $|x + y| \leqq |x| + |y|$

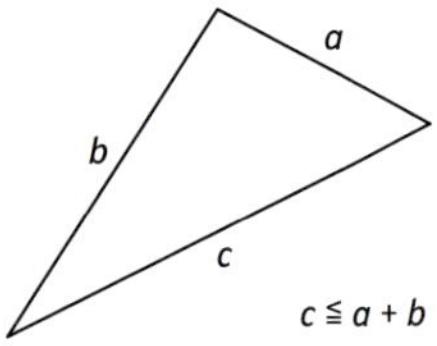

Fig. 3: Dreiecksungleichung

Für das Rechnen mit Beträgen gilt die **Dreiecksungleichung**:

$$|x + y| \leqq |x| + |y|$$

Allgemein gilt für n reelle Zahlen $x_1, x_2, \ldots, x_n$

$$|x_1 + x_2 + \ldots + x_n| \leqq |x_1| + |x_2| + \ldots + |x_n|.$$

Haben dabei die Zahlen $x_1, x_2, \ldots, x_n$ alle das gleiche Vorzeichen, dann gilt natürlich das Gleichheitszeichen.

Die Dreiecksungleichung verdankt ihren Namen der Tatsache, dass in einem Dreieck (Fig. 3) jede Seitenlänge kleiner als die Summe der beiden anderen Seitenlängen ist.

Intervallschachtelungen

Intervallschachtelung nennt man eine Folge von ineinander geschachtelten abgeschlossenen Intervallen, deren Länge gegen 0 strebt.

Eine Folge $[a_1; b_1], [a_2; b_2], [a_3; b_3], \ldots$ von abgeschlossenen Intervallen mit

$$[a_{n+1}; b_{n+1}] \subseteq [a_n; b_n] \quad \text{für alle } n \in \mathbb{N}^*$$

(jedes Intervall enthält das folgende) heißt eine **Intervallschachtelung**, wenn die Intervalllängen $b_n - a_n$ mit wachsendem n unter jede (noch so kleine) Schranke sinken (Fig. 4). Es gilt dann

$$a_1 \leqq a_2 \leqq \ldots \leqq a_n < b_n \leqq \ldots \leqq b_2 \leqq b_1,$$

und die Folge $(b_n - a_n)$ ist eine **Nullfolge** (→ s. S. 23).

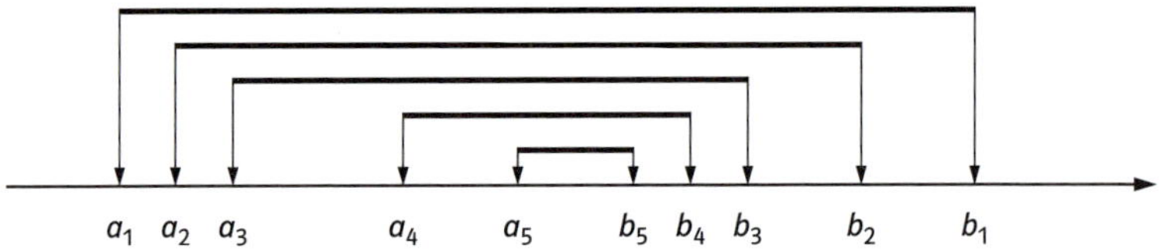

Fig. 4: Intervallschachtelung

In $\mathbb{R}$ besitzt jede Intervallschachtelung einen Kern.

Jede Intervallschachtelung in $\mathbb{R}$ besitzt einen **Kern** $c \in \mathbb{R}$; dies bedeutet, dass genau eine reelle Zahl c existiert, für welche

$$a_n \leqq c \leqq b_n \quad \text{für alle } n \in \mathbb{N}.$$

Diese Aussage gehört wesentlich zum Begriff der reellen Zahl und heißt **Intervallschachtelungsaxiom**. Für rationale Zahlen gilt dies nicht, d.h. es gibt Intervallschachtelungen mit rationalen Intervallenden, die keinen rationalen Kern besitzen. Dies wird durch das folgende Beispiel belegt.

Beispiel:

Es sei $a_1 = 1$, $b_1 = 2$ und $b_{n+1} = \frac{a_n + b_n}{2}$, $a_{n+1} = \frac{2}{b_{n+1}}$ für $n = 1, 2, 3, \ldots$.

Dies ergibt eine Intervallschachtelung, die folgendermaßen beginnt:

$$[1; 2], \left[\frac{4}{3}; \frac{3}{2}\right], \left[\frac{24}{17}; \frac{17}{12}\right], \ldots$$

bzw. [1; 2], [1,333…; 1, 5], [1,411…; 1,416…], …. (Es handelt sich um das **Heron-Verfahren** (nach Heron von Alexandria, um 60 n. Chr.) zur Berechnung von Quadratwurzeln; ➛ s. S. 39) Für den Kern c muss $c = \frac{2}{c}$ gelten, also $c^2 = 2$. Der Kern ist also die irrationale Zahl $\sqrt{2}$.

Das Intervallschachtelungsaxiom ist gleichwertig mit dem **Supremumsaxiom**: Zu jeder nach oben beschränkten Teilmenge A von $\mathbb{R}$ gibt es eine kleinste Zahl $s \in \mathbb{R}$ mit $a \leqq s$ für alle $a \in A$. Die Zahl s nennt man das **Supremum** von A. Analog ist das **Infimum** einer nach unten beschränkten Teilmenge von $\mathbb{R}$ definiert.

Jede nach oben beschränkte Teilmenge von $\mathbb{R}$ besitzt ein Supremum.

Beispiel:

Die Menge A bestehe aus allen rationalen Zahlen, deren Quadrat kleiner als 2 ist. Diese Menge ist nach oben beschränkt, z. B. ist 1,5 eine obere Schranke. Das Supremum von A ist die irrationale Zahl $\sqrt{2}$ und gehört nicht zu A.

Alle Querverweise im Überblick:

Nullfolge: S. 10 ➛ S. 23
Heron-Verfahren: S. 11 ➛ S. 39

Zusammenfassung:
Reelle Zahlen und Intervallschachtelungen

Von grundlegender Bedeutung für die Analysis ist die Menge $\mathbb{R}$ der **reellen Zahlen**. Reelle Zahlen werden auf der **Zahlengeraden** dargestellt. Strecken auf der Zahlengeraden stellen **Intervalle** dar. Diese heißen **abgeschlossen** oder **offen**, je nachdem, ob die Endpunkte der Strecke auch zur Strecke gehören oder nicht.

Eine Folge von abgeschlossenen Intervallen, bei denen jedes Intervall Teilmenge des vorangehenden ist und die Intervalllängen eine Nullfolge bilden, nennt man eine **Intervallschachtelung**. Reelle Zahlen wie z. B. Quadratwurzeln lassen sich als **Kern** einer Intervallschachtelung rationaler Zahlen festlegen.

Ein wichtiges Beispiel für eine Intervallschachtelung liefert das **Heron-Verfahren** zur Berechnung einer Quadratwurzel.

Die Menge $\mathbb{R}$ der reellen Zahlen unterscheidet sich von der Menge $\mathbb{Q}$ der rationalen Zahlen (positive und negative Bruchzahlen) durch folgende (äquivalente) Eigenschaften:

Intervallschachtelungsaxiom:
Jede Intervallschachtelung in $\mathbb{R}$ besitzt einen **Kern** in $\mathbb{R}$.

Supremumsaxiom:
Jede nach oben beschränkte Menge reeller Zahlen besitzt ein **Supremum** in $\mathbb{R}$.

Punktmengen im Koordinatensystem

In diesem Kapitel erfahren Sie:

- Bezüglich eines ebenen Koordinatensystems entsprechen sich Punkte und Zahlenpaare.
- Die Lösungsmenge einer linearen Gleichung mit zwei Variablen wird im Koordinatensystem als Gerade dargestellt.
- Eine Kurve im Koordinatensystem kann in der Regel als Lösungsmenge einer Gleichung mit zwei Variablen interpretiert werden.
- Die Lösungsmenge einer Ungleichung oder eines Ungleichungssystems mit zwei Variablen kann im Koordinatensystem als Flächenstück dargestellt werden.

Koordinatensysteme

Zahlenpaare veranschaulicht man in einem **Koordinatensystem** durch Punkte (Fig. 1). Dem Zahlenpaar (a, b) entspricht der Punkt P mit der x-Koordinate a und der y-Koordinate b. Man schreibt ihn in der Form $P\,(a\,|\,b)$ oder kurz $(a\,|\,b)$.

Punkte der Ebene kann man in einem kartesischen Koordinatensystem oder allgemein in einem affinen Koordinatensystem durch Zahlenpaare beschreiben.

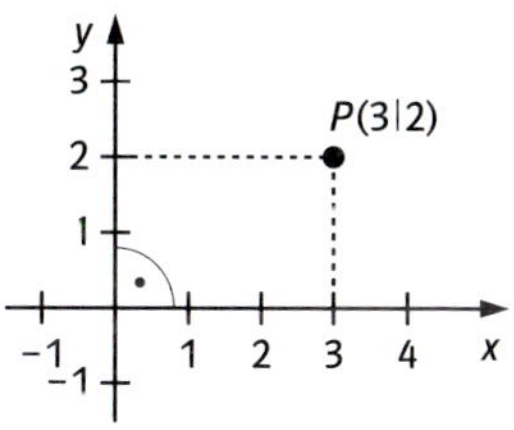

Fig. 1: Kartesisches KS

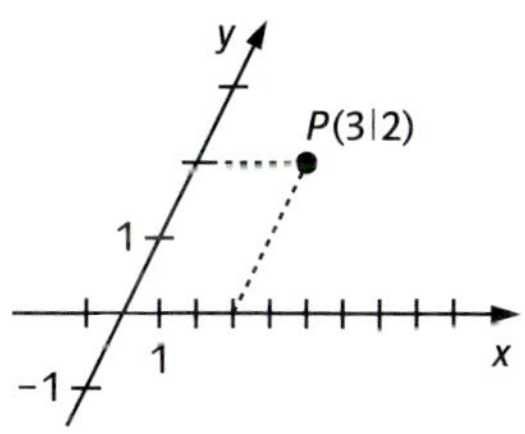

Fig. 2: Affines KS

Das Koordinatensystem in Fig. 1 ist ein **kartesisches Koordinatensystem**; bei ihm sind die Koordinatenachsen rechtwinklig, die Einheiten auf den Achsen gleich groß und die y-Achse geht durch eine Drehung im Uhrzeigersinn um 90° in die x-Achse über. In Fig. 2 ist ein allgemeines oder **affines Koordinatensystem** (➤ s. S. 174) dargestellt. Im Folgenden werden wir stets ein kartesisches Koordinatensystem benutzen.

Geraden im Koordinatensystem

Die Menge aller Zahlenpaare (x, y) mit $y = mx + b$ bildet eine Gerade mit der **Steigung m** und dem **y-Achsenabschnitt** b (Fig. 3).

Die Menge aller Zahlenpaare (x, y) mit $ax + by = c$ bildet eine Gerade mit der Steigung $-\frac{a}{b}$, falls $b \neq 0$. Die Gleichung $ax = c$ beschreibt eine Parallele zur y-Achse.

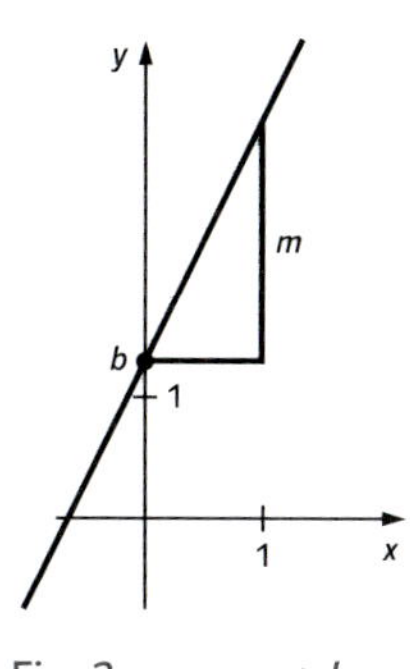

Fig. 3: $y = mx + b$

Die Gleichung $y = mx + b$ beschreibt im Koordinatensystem eine Gerade. Dabei ist m die Steigung und b der y-Achsenabschnitt.

Die Gerade durch $(x_0 | y_0)$ mit der Steigung m hat die Gleichung $\frac{y - y_0}{x - x_0} = m$ (**Punkt-Steigungs-Form** der Geradengleichung; Fig. 4).
Durch Auflösen nach y erhält man die Gleichung $y = mx + (y_0 - mx_0)$.

Punkt-Steigungs-Form der Geradengleichung:
$\frac{y - y_0}{x - x_0} = m$

Zweipunkte-Form der Geradengleichung:
$\frac{y - y_1}{x - x_1} = \frac{y_2 - y_1}{x_2 - x_1}$

Die Gerade durch $(x_1 | y_1)$ und $(x_1 | y_2)$ hat die Gleichung $\frac{y - y_1}{x - x_1} = \frac{y_2 - y_1}{x_2 - x_1}$ (**Zweipunkte-Form** der Geradengleichung; Fig. 5).

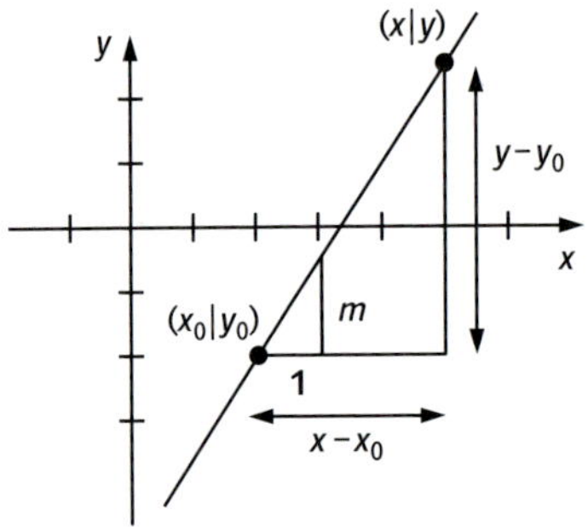

Fig. 4: Punkt-Steigungs-Form

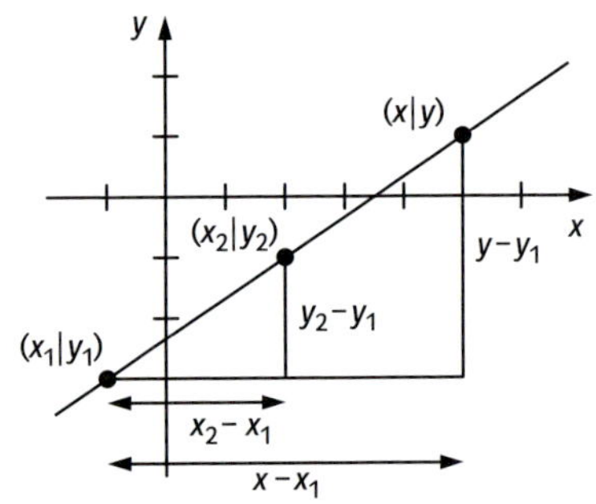

Fig. 5: Zweipunkte-Form

Beispiel:
Die Gerade durch $(-3 | 7)$ und $(5 | -2)$ hat die Gleichung

$$\frac{y - 7}{x + 3} = \frac{-2 - 7}{5 + 3} = \frac{-9}{8},$$

also $8(y - 7) = -9(x + 3)$ bzw. $9x + 8y = 29$.
Diese lässt sich umformen zu

$$y = -\frac{9}{8}x + \frac{29}{8},$$

die Gerade hat also die Steigung $-\frac{9}{8}$ und den y-Achsenabschnitt $\frac{29}{8}$.

Kreise und Parabeln im Koordinatensystem

Die Menge aller Zahlenpaare (x, y), die der Gleichung

$$(x - x_0)^2 + (y - y_0)^2 = r^2$$

genügen, bildet einen **Kreis** (→ s. S. 163) mit dem Mittelpunkt $M(x_0 | y_0)$ und dem Radius r (Fig. 6). Denn die Punkte $(x | y)$ und $(x_0 | y_0)$ haben die Entfernung

$$\sqrt{(x - x_0)^2 + (y - y_0)^2}.$$

Der Kreis um $M(x_0 | y_0)$ mit dem Radius r hat die Gleichung $(x - x_0)^2 + (y - y_0)^2 = r^2$

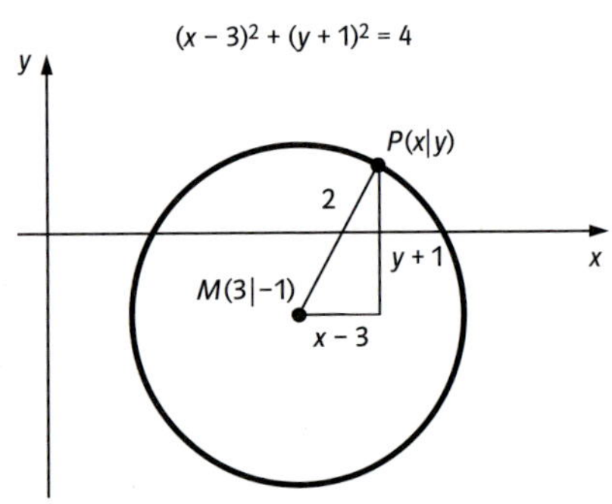

Fig. 6: Kreisgleichung

Beispiel: Die Menge aller Zahlenpaare (x, y), die der Gleichung

$$x^2 + y^2 - 6x + 2y + 6 = 0$$

genügen, bildet einen Kreis. Es gilt nämlich

$$x^2 + y^2 - 6x + 2y + 6 = (x^2 - 6x + 9) + (y^2 + 2y + 1) - 4$$
$$= (x - 3)^2 + (y + 1)^2 - 4.$$

Es handelt sich um den in Fig. 6 dargestellten Kreis.

Die Menge aller Punkte $(x|y)$, die der Gleichung $y = x^2$ genügen, bildet eine **Parabel** (➛ s. S. 195), und zwar eine **Normalparabel** (Fig. 7). Jede Parabel, deren Symmetrieachse parallel zur y-Achse ist, wird durch eine Gleichung der Form

$$y = ax^2 + bx + c$$

beschrieben. Für $a < 0$ ist sie nach unten geöffnet, für $a > 0$ nach oben. Für $|a| > 1$ ist sie schmaler, für $|a| < 1$ breiter als die Normalparabel.

Die Gleichung

$$y = a(x - x_0)^2 + y_0$$

beschreibt eine Parabel mit dem Scheitelpunkt $S(x_0|y_0)$.

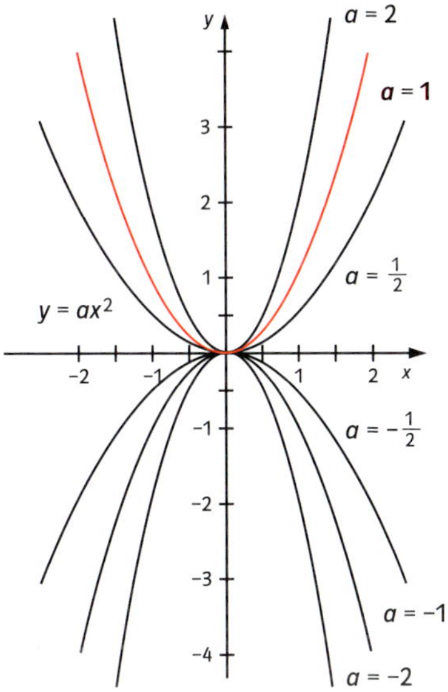

Fig. 7: Parabeln

Kurven mit der Gleichung $y = ax^2 + bx + c$ sind Parabeln.

Beispiel (Fig. 8):
Die Nullstellen der Parabel mit der Gleichung

$$y = \frac{1}{2}(x^2 - 6x + 7)$$

sind die Lösungen der quadratischen Gleichung $x^2 - 6x + 7 = 0$, also $x_1 = 3 - \sqrt{2}$ und $x_2 = 3 + \sqrt{2}$.
Der Scheitel $S(3|-1)$ liegt zwischen den Nullstellen.
Die Gleichung der Parabel kann man auch so schreiben:

$$y = \frac{1}{2}(x - 3)^2 - 1.$$

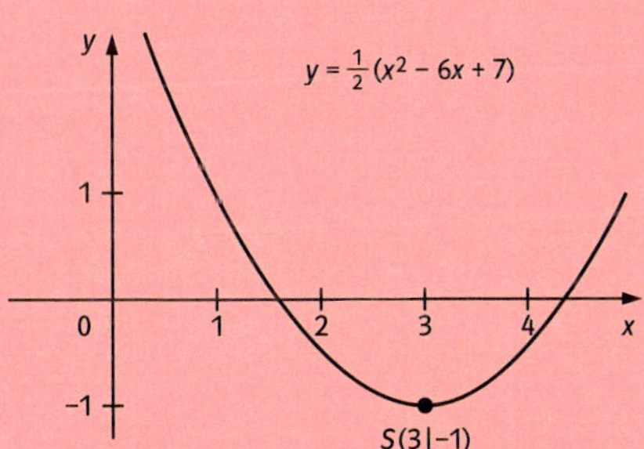

Fig. 8: Parabelscheitel

Flächenstücke im Koordinatensystem

Flächenstücke im Koordinatensystem werden durch Ungleichungen beschrieben.

Die Darstellung einer Menge von Zahlenpaaren als Punktmenge im Koordinatensystem nennt man den **Graph** dieser Menge. Bisher sind wir Graphen immer in Gestalt von Kurven begegnet, welche die Lösungsmenge einer Gleichung mit zwei Variablen darstellten. Treten stattdessen Ungleichungen auf, so sind die Graphen Flächenstücke.

Beispiele:
Der Graph von $\{(x, y) \mid y > x^2 \text{ und } y < x + 2\}$ ist die in Fig. 9 dargestellte Fläche.
Die in Fig. 10 dargestellte Fläche ist der Graph von $\{(x, y) \mid x^2 + y^2 < 9 \text{ und } y > |x|\}$.

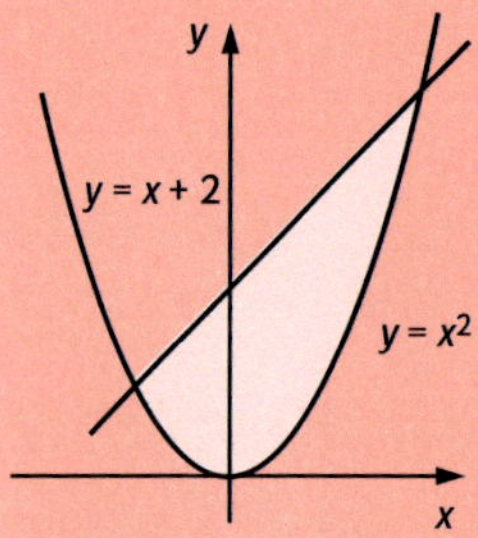

Fig. 9: $y > x^2$ und $y < x + 2$

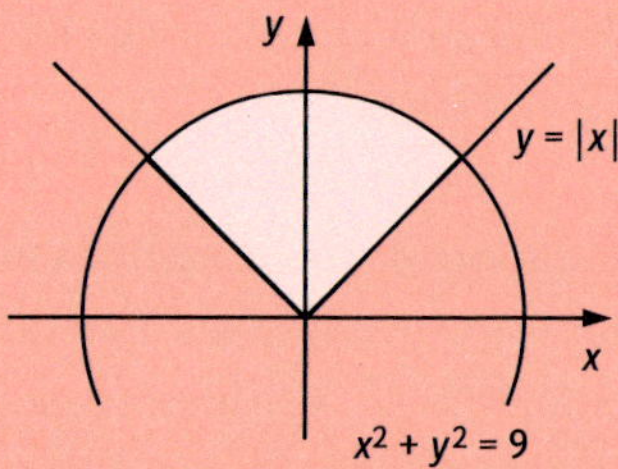

Fig. 10: $x^2 + y^2 < 9$ und $y > |x|$

Alle Querverweise im Überblick:

Affines Koordinatensystem: S. 13 ➛ S. 174
Kreis: S. 14 ➛ S. 163
Parabel: S. 15 ➛ S. 195

Zusammenfassung:
Punktmengen im Koordinatensystem

Bezüglich eines ebenen **Koordinatensystems** ist jedem Paar (a, b) reeller Zahlen ein Punkt $P(a \mid b)$ oder kürzer $(a \mid b)$ der Ebene zugeordnet.

Meistens verwendet man **kartesische** Koordinatensysteme (rechtwinklige Achsen, gleiche Einheiten auf den Achsen, positiv orientiert).

Die Menge aller Zahlenpaare, die Lösung einer linearen Gleichung sind, bilden im Koordinatensystem eine **Gerade**. In der Geradengleichung

$$y = mx + b$$

ist m die Steigung und b der y-Achsenabschnitt der Geraden.

Die Gerade durch $P(x_1 \mid y_1)$ mit der Steigung m hat die Gleichung

$$\frac{y - y_1}{x - x_1} = m \quad \text{(\textbf{Punkt-Steigungs-Form})}.$$

Die Gerade durch $P_1(x_1 \mid y_1)$ und $P_2(x_2 \mid y_2)$ hat die Gleichung

$$\frac{y - y_1}{x - x_1} = \frac{y_2 - y_1}{x_2 - x_1} \quad \text{(\textbf{Zweipunkte-Form})}.$$

Die Menge aller Zahlenpaare, die Lösung der quadratischen Gleichung

$$(x - x_0)^2 + (y - y_0)^2 - r^2$$

sind, bilden im kartesischen Koordinatensystem einen **Kreis** mit dem Mittelpunkt $M(x_0 \mid y_0)$ und dem Radius r.

Die Menge aller Zahlenpaare, die Lösung der quadratischen Gleichung

$$y = (x - x_0)^2 + y_0$$

sind, bilden im Koordinatensystem eine **Parabel** mit dem Scheitel $S(x_0 \mid y_0)$ und dem Öffnungsfaktor a.

Ungleichungen oder Ungleichungssysteme beschreiben in einem Koordinatensystem **Flächenstücke**.

Folgen

In diesem Kapitel erfahren Sie:

- Der Begriff der Folge reeller Zahlen ist ein zentraler Begriff der Analysis.
- Zahlenfolgen können einen Grenzwert besitzen.
- Monotone und beschränkte Zahlenfolgen sind konvergent.
- Das Prinzip der vollständigen Induktion dient zum Beweis von Eigenschaften von Zahlenfolgen.

Zahlenfolgen

Zahlenfolgen können definiert werden
- durch einen Term
- rekursiv
- als Summenfolge

Wird jeder natürlichen Zahl n eine Zahl a_n zugeordnet, dann erhält man eine **Folge** von Zahlen (**Zahlenfolge**). Man schreibt die Folge mit den Gliedern a_1, a_2, a_3, … in der Form (a_n).
Eine Folge kann auf verschiedene Arten definiert werden, und zwar **durch einen Term** (etwa $a_n = 2^n + 1$), **rekursiv** $\left(\text{etwa } a_1 = 1,\ a_{n+1} = \sqrt{7 + a_n}\right)$ oder als **Summenfolge** einer anderen Folge ($s_n = a_1 + a_2 + \ldots + a_n$).

Beispiel: Definition der Folge (Q_n) der Quadratzahlen
- durch einen Term: $Q_n = n^2$;
- rekursiv: $Q_1 = 1,\ Q_{n+1} = Q_n + (2n+1)$;
- als Summenfolge: $Q_n = 1 + 3 + 5 + \ldots + (2n-1)$.

Bei der rekursiven Definition und der daraus folgenden Definition als Summenfolge beachte man, dass $(n+1)^2 = n^2 + 2n + 1$.

Die Summenfolge der Folge der natürlichen Zahlen ist $\left(\frac{n(n+1)}{2}\right)$.

Beispiel: Für die Folge (a_n) mit $a_n = 1 + 2 + 3 + \ldots + n$ (Summenfolge der Folge der natürlichen Zahlen) kann man eine Termdarstellung finden: Es ist

$$2a_n = \left\{\begin{array}{ccccccccccccc} 1 & + & 2 & + & 3 & + & \ldots & + & (n-1) & + & n \\ +n & + & (n-1) & + & (n-2) & + & \ldots & + & 2 & + & 1 \end{array}\right\} = n(n+1),$$

also $$a_n = \frac{n(n+1)}{2}.$$

Die Summenfolge der Folge der Quadratzahlen ist $\left(\frac{n(n+1)(2n+1)}{6}\right)$.

Beispiel: Auch für die Folge
$$s_n = 1^2 + 2^2 + 3^2 + \ldots + n^2$$
(Summenfolge der Folge der Quadratzahlen) kann man eine Termdarstellung finden:
Aus Fig. 1 entnimmt man
$$3s_n = a_n \cdot (2n+1),$$
wobei $a_n = \frac{n(n+1)}{2}$ (s. oben).
Es folgt $s_n = \frac{n(n+1)(2n+1)}{6}$.

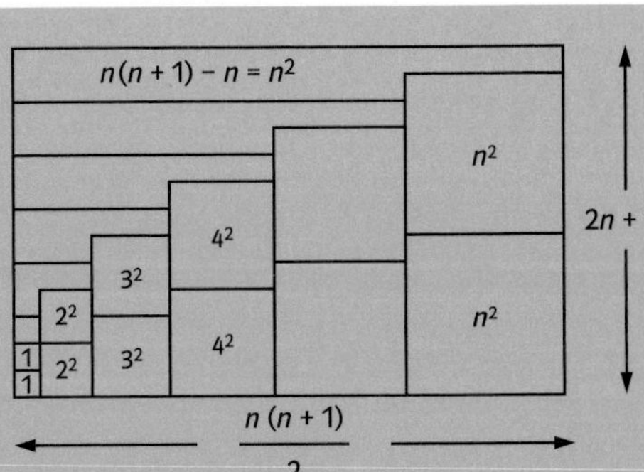

Fig. 1: Summe der Quadrate

Monotone und beschränkte Folgen

Eine Folge (a_n) heißt
- **monoton wachsend**, wenn $a_n \leqq a_{n+1}$ für alle $n \in \mathbb{N}$,
- **monoton fallend**, wenn $a_n \geqq a_{n+1}$ für alle $n \in \mathbb{N}$,
- **nach oben beschränkt**, wenn $a_n \leqq S$ für alle $n \in \mathbb{N}$,
- **nach unten beschränkt**, wenn $a_n \geqq s$ für alle $n \in \mathbb{N}$,

wobei $S, s \in \mathbb{R}$. Sie heißt **beschränkt**, wenn sie nach oben und nach unten beschränkt ist (Fig. 2, Fig. 3).

Monotonie und Beschränktheit erweisen sich als interessante Eigenschaften von Folgen.

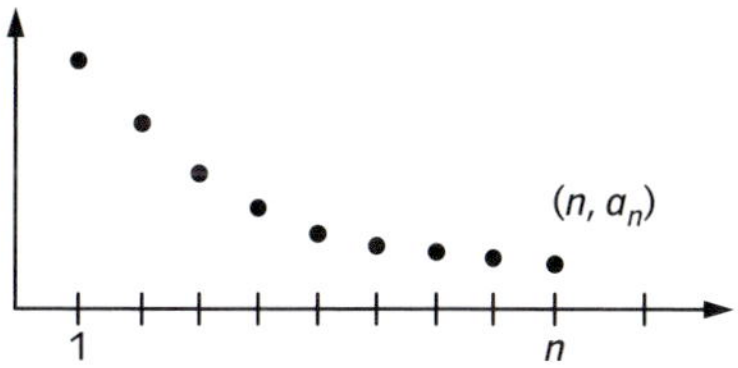

Fig. 2: Monoton fallende Folge

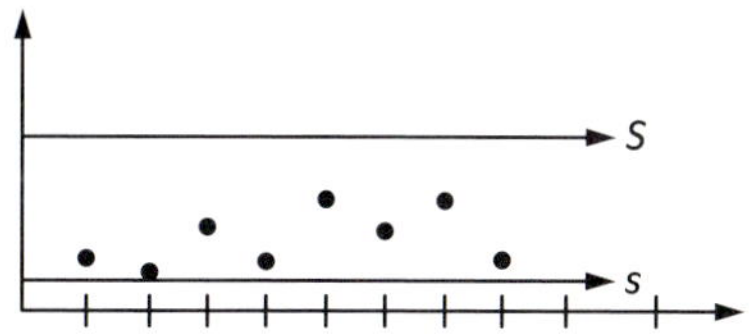

Fig. 3: Beschränkte Folge

Beispiel: Die Folge (s_n) mit

$$s_n = 1 + \frac{1}{2^2} + \frac{1}{3^2} + \ldots + \frac{1}{n^2}$$

ist monoton wachsend, da stets ein positiver Summand hinzukommt. Sie ist nach oben beschränkt durch 2, denn wegen

$$\frac{1}{n^2} < \frac{1}{n(n-1)} = \frac{1}{n-1} - \frac{1}{n} \quad \text{für } n \geqq 2$$

Ist s_n kleiner als

$$1 + \left(1 - \frac{1}{2}\right) + \left(\frac{1}{2} - \frac{1}{3}\right) + \left(\frac{1}{3} - \frac{1}{4}\right) + \ldots + \left(\frac{1}{n-1} - \frac{1}{n}\right) = 2 - \frac{1}{n}.$$

Beispiel: Die Folge (h_n) mit

$$h_n = 1 + \frac{1}{2} + \frac{1}{3} + \ldots + \frac{1}{n}$$

ist monoton wachsend, da stets ein positiver Summand hinzukommt.

Sie ist nach oben nicht beschränkt, denn für $n \geqq 2^k$ ist $h_n \geqq 1 + \frac{k}{2}$:

$$\frac{1}{3} + \frac{1}{4} > \frac{1}{4} + \frac{1}{4} = \frac{1}{2}$$

$$\frac{1}{5} + \frac{1}{6} + \frac{1}{7} + \frac{1}{8} > \frac{1}{8} + \frac{1}{8} + \frac{1}{8} + \frac{1}{8} = \frac{1}{2}$$

$$\frac{1}{9} + \frac{1}{10} + \frac{1}{11} + \frac{1}{12} + \frac{1}{13} + \frac{1}{14} + \frac{1}{15} + \frac{1}{16} > 8 \cdot \frac{1}{16} = \frac{1}{2}$$

$$\vdots$$

$$\frac{1}{2^{k-1}+1} + \frac{1}{2^{k-1}+2} + \ldots + \frac{1}{2^k-1} + \frac{1}{2^k} > 2^{k-1} \cdot \frac{1}{2k} = \frac{1}{2}$$

Eine Summenfolge wie in obigen Beispielen nennt man auch eine **Reihe**. Jede Folge kann man als Reihe schreiben:

$$a_n = a_1 + (a_2 - a_1) + (a_3 - a_2) + \ldots + (a_n - a_{n-1}).$$

Arithmetische und geometrische Folgen

Bei einer arithmetischen Folge ist die Differenz aufeinanderfolgender Glieder konstant.

Eine Folge (a_n) heißt **arithmetisch**, wenn eine Zahl d existiert mit $a_{n+1} = a_n + d$ für alle $n \in \mathbb{N}$. Setzt man $a_0 = a$, dann beginnt die Folge mit $a, a + d, a + 2d, a + 3d, \ldots$. Allgemein ist $a_n = a + nd$. Man nennt d die **Differenz** der arithmetischen Folge. Jedes Glied (außer dem ersten) ist arithmetisches Mittel seiner Nachbarglieder:

$$a_n = \frac{a_{n-1} + a_{n+1}}{2} \quad (n \geqq 1)$$

Die Summenfolge einer arithmetischen Folge heißt arithmetische Reihe.

Die Summenfolge nennt man eine **arithmetische Reihe**. Ihre Glieder sind

$$\begin{aligned} s_n &= a_0 + a_1 + a_2 + \ldots + a_n \\ &= (n+1)\cdot\frac{a_0 + a_n}{2} \\ &= (n+1)\cdot\frac{2a + nd}{2} \\ &= (n+1)\cdot a + \frac{n(n+1)}{2}\cdot d. \end{aligned}$$

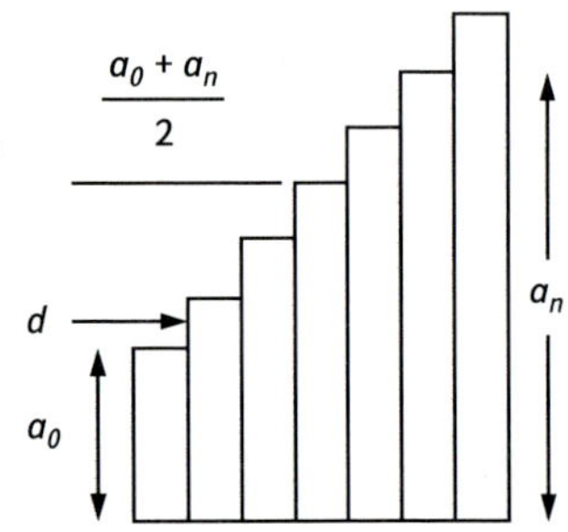

Fig. 4: Arithmetische Folge

Eine Folge (a_n) heißt **geometrisch**, wenn eine Zahl q existiert mit $a_{n+1} = a_n \cdot q$ für alle $n \in \mathbb{N}$.
Setzt man $a_0 = a$, dann beginnt diese Folge mit $a, aq, aq^2, aq^3, \ldots$. Allgemein ist $a_n = a \cdot q^n$. Die Zahl q nennt man den **Quotient** der geometrischen Folge. Jedes Glied (außer dem ersten) ist das geometrische Mittel seiner Nachbarglieder:

$$a_n = \sqrt{a_{n-1}\cdot a_{n+1}} \quad (n \geqq 1).$$

Bei einer geometrischen Folge ist der Quotient aufeinanderfolgender Glieder konstant.

Die Summenfolge einer geometrischen Folge heißt geometrische Reihe.

Die Summenfolge nennt man eine **geometrische Reihe**. Ihre Glieder sind $a\cdot(1 + q + q^2 + \ldots + q^n)$.
Für $q \neq 1$ ist

$$s_n = 1 + q + q^2 + \ldots + q^n = \frac{1 - q^{n+1}}{1 - q}.$$

Dies erkennt man folgendermaßen:

$$\begin{aligned} s_n &= 1 + q + q^2 + \ldots + q^{n-1} + q^n \\ qs_n &= \phantom{1 + {}} q + q^2 + q^3 + \ldots + q^n + q^{n+1} \\ \hline s_n - qs_n &= 1 - q^{n+1} \end{aligned}$$

Es ergibt sich $(1 - q)s_n = 1 - q^{n+1}$, woraus für $q \neq 1$ obige Formel folgt.

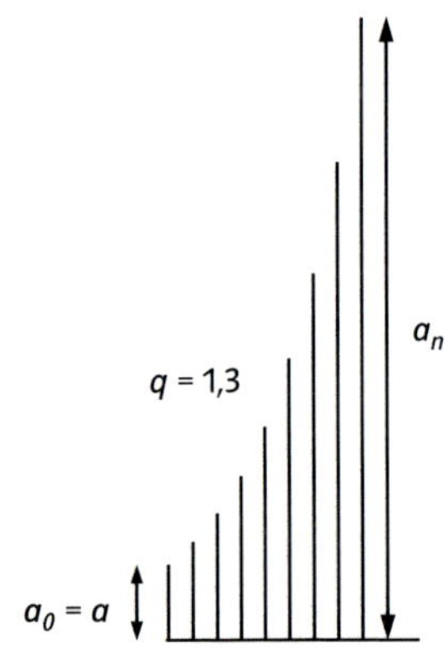

Fig. 5: Geometrische Folge

Für $0 < q < 1$ ist die geometrische Folge (q^n) monoton fallend. Mit wachsendem n nähern sich ihre Glieder der Zahl 0. Für $0 < q < 1$ ist die geometrische **Reihe** monoton wachsend und nach oben beschränkt:

$$\frac{1 - q^{n+1}}{1 - q} < \frac{1}{1 - q}.$$

Für wachsendes n nähert sich ihr Wert der Zahl $\frac{1}{1-q}$.

Das Prinzip der vollständigen Induktion

Das Prinzip der vollständigen Induktion ist ein Beweisverfahren, mit dem in vielen Fällen die Allgemeingültigkeit einer Aussageform A(n) auf der Menge $\mathbb{N}$ der natürlichen Zahlen bewiesen werden kann. Eine Aussageform mit einer Variablen n für natürliche Zahlen geht in eine Aussage über, wenn man für n eine spezielle natürliche Zahl einsetzt. Beispiele für Aussageformen sind

$$n < 2^n,\ 2n + 5 = 13 \quad \text{oder} \quad (n+1)^2 - n^2 = 2n + 1.$$

Manche Aussageformen liefern für alle Ersetzungen von n durch eine feste natürliche Zahl eine wahre Aussage; solche Aussageformen nennt man allgemeingültig. Das Prinzip der vollständigen Induktion lautet:

Ist A(1) wahr und gilt für alle $n \in \mathbb{N}$ die Implikation

$$A(n) \Rightarrow A(n+1),$$

dann ist A(n) allgemeingültig auf $\mathbb{N}$.

Aussagen vom Typ „Für alle $n \in \mathbb{N}$ gilt ...." kann man oft mit vollständiger Induktion beweisen.

Man könnte das Prinzip der vollständigen Induktion auch „Dominoprinzip" nennen: Wenn der erste Dominostein umfällt, und wenn mit dem n-ten auch stets der $(n + 1)$-te umfällt, dann fallen alle Dominosteine um.
Möchte man den Satz „A(n) gilt für alle $n \in \mathbb{N}$" durch vollständige Induktion beweisen, so muss man zeigen:

- A(1) ist wahr (Induktionsanfang)
- Ist A(n) wahr, dann ist auch A$(n + 1)$ wahr (Induktionsschritt)

Manchmal ist der Induktionsanfang größer als 1, beispielsweise bei der Aussageform $n^2 < 2^n$, welche erst ab $n = 5$ immer eine wahre Aussage liefert.

Beispiel: Die Folge (F_n) der **Fibonacci-Zahlen** (nach Leonardo Pisano, genannt Fibonacci, etwa 1170 – 1240) ist definiert durch

$$F_1 = 1,\ F_2 = 1,\ F_{n+2} = F_n + F_{n+1} \quad (n \in \mathbb{N}).$$

Sie beginnt mit 1, 1, 2, 3, 5, 8, 13, 21, 34, 55, 89, ..., jedes Glied (außer den ersten beiden) ist also die Summe der beiden vorangehenden Glieder.

Satz: Für alle $n \in \mathbb{N}$ gilt $F_1^2 + F_2^2 + F_3^2 + \ldots + F_n^2 = F_n \cdot F_{n+1}$.

Beweis durch vollständige Induktion:

1) Die Aussage $1^2 = F_1 \cdot F_2$ ist offensichtlich wahr.
2) Es sei
$F_1^2 + F_2^2 + F_3^2 + \ldots + F_n^2 = F_n \cdot F_{n+1}$
für ein gewisses $n \in \mathbb{N}$. Dann ist
$F_1^2 + F_2^2 + F_3^2 + \ldots + F_n^2 + F_{n+1}^2$
$= F_n \cdot F_{n+1} + F_{n+1}^2$
$= F_{n+1} \cdot (F_n + F_{n+1})$
$= F_{n+1} \cdot F_{n+2}$

Damit ist der Satz mit vollständiger Induktion bewiesen.
Fig. 6 zeigt ein Beispiel zu diesem Satz.

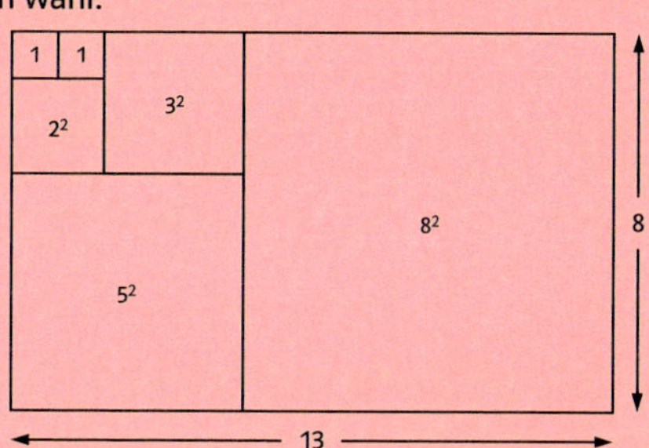

Fig. 6: Fibonacci-Zahlen

In der Folge der Fibonacci-Zahlen ist jedes Glied die Summe der beiden vorangehenden Glieder.

Beispiel: Es soll folgende Behauptung bewiesen werden:

Ist $a_1 = 1$, $a_{n+1} = \sqrt{5 + a_n}$ $(n \in \mathbb{N})$, dann ist $a_n < 3$ für alle $n \in \mathbb{N}$.

Die zu untersuchende Aussageform $A(n)$ ist $a_n < 3$. Offensichtlich ist $a_1 < 3$, also $A(1)$ wahr. Gilt $a_n < 3$ für ein gewisses $n \in \mathbb{N}$, so ist

$$a_{n+1} = \sqrt{5 + a_n} < \sqrt{5 + 3} = \sqrt{8} < \sqrt{9} = 3.$$

Somit ist die Implikation $A(n) \Rightarrow A(n+1)$ wahr. Damit ist die Behauptung bewiesen.

Beispiel: Es soll gezeigt werden, dass obige Folge streng monoton wächst. Die zu untersuchende Aussageform $A(n)$ ist $a_n < a_{n+1}$. Es gilt $1 = a_1 < a_2 = \sqrt{6}$, also ist $A(1)$ wahr. Gilt $a_n < a_{n+1}$ für ein gewisses $n \in \mathbb{N}$, so ist

$$a_{n+1} = \sqrt{5 + a_n} < \sqrt{5 + a_{n+1}} = a_{n+2},$$

es gilt also die Implikation $A(n) \Rightarrow A(n+1)$. Damit ist die Monotonie von (a_n) bewiesen.

Beispiel: Es soll gezeigt werden, dass

$$2n + 1 < n^2 < 2^n \text{ für alle } n \in \mathbb{N} \text{ mit } n \geqq 5.$$

Die zu untersuchende Aussageform lautet hier $2n + 1 < n^2 < 2^n$. Die Aussage $A(5)$ ist wahr: $11 = 2 \cdot 5 + 1 < 5^2 = 25 < 2^5 = 32$. Gilt $2n + 1 < n^2 < 2^n$ für ein gewisses $n \in \mathbb{N}$ mit $n \geqq 5$, dann ist

$$(n+1)^2 = n^2 + 2n + 1 > (2n + 1) + (2n + 1) > 2(n + 1) + 1,$$
$$(n+1)^2 = n^2 + 2n + 1 < 2^n + 2n + 1 < 2^n + 2^n = 2^{n+1}.$$

Es gilt also $A(n) \Rightarrow A(n+1)$. Damit ist die Ungleichung bewiesen.

Beispiel: Wir wollen beweisen: Ist x eine reelle Zahl mit $x > -1$ und $x \neq 0$, dann gilt

$$(1 + x)^n > 1 + nx \text{ für alle } n \in \mathbb{N} \text{ mit } n \geqq 2.$$

Dies ist die **bernoullische Ungleichung** (nach Johann Bernoulli, 1667–1748).

Eine für die Analysis wichtige Ungleichung ist die Ungleichung von Bernoulli: $(1 + x)^n > 1 + nx$ für $x > -1$, $x \neq 0$ und $n \geqq 2$.

Die zu untersuchende Aussageform lautet:

$$(1 + x)^n > 1 + nx \text{ für } x > -1,\ x \neq 0.$$

Die Aussage $A(2)$ ist wahr, denn für $x \neq 0$ gilt

$$(1 + x)^2 = 1 + 2x + x^2 > 1 + 2x.$$

Gilt $A(n)$ für ein gewisses $n \in \mathbb{N}$ mit $n \geqq 2$, dann ist wegen $1 + x > 0$ und $nx^2 > 0$

$$(1 + x)^{n+1} = (1 + x)^n (1 + x) > (1 + nx)(1 + x)$$
$$= 1 + nx + x + nx^2 > 1 + (n + 1)x.$$

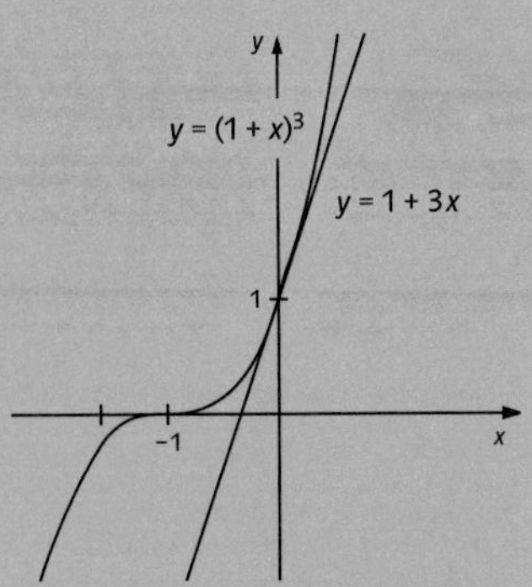

Fig. 7: Bernoullische Ungleichung

Damit ist die bernoullische Ungleichung bewiesen. Sie ist hauptsächlich für $-1 < x < 0$ interessant; für $x > 0$ ist sie unmittelbar einsichtig (Fig. 7).

Die bernoullische Ungleichung werden wir benötigen, um die Konvergenz der Folge $\left(\left(1 + \frac{1}{n}\right)^n\right)$ zu beweisen (→ s. S. 24).

Konvergente Zahlenfolgen

Eine Folge (a_n) heißt **konvergent zum Grenzwert** a, wenn für jede (noch so klein gewählte) positive Zahl ε („epsilon") eine natürliche Zahl N_ε existiert, so dass gilt:

$$|a_n - a| < \varepsilon \text{ für alle } n \in \mathbb{N} \text{ mit } n > N_\varepsilon$$

Bei einer konvergenten Folge nähern sich die Glieder einem Grenzwert (Limes): $\lim\limits_{n \to \infty} a_n = a$ bedeutet, dass $|a_n - a|$ mit wachsendem n beliebig klein wird.

Für alle $n \in \mathbb{N}$ mit $n > N_\varepsilon$ liegen die Folgenglieder dann in dem Intervall

$U_\varepsilon(a) =]a - \varepsilon;\, a + \varepsilon[$.

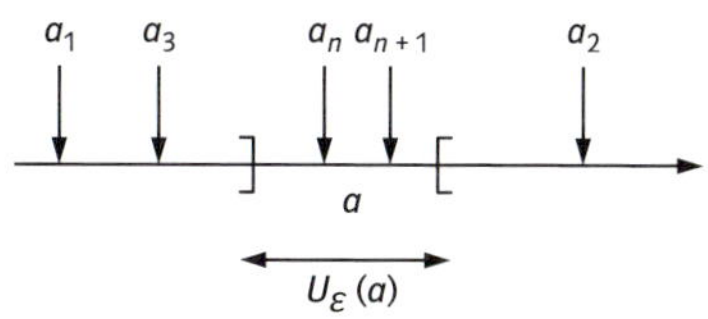

Fig. 8: Konvergenz einer Folge

Man nennt $U_\varepsilon(a)$ eine **Umgebung** (ε-Umgebung) von a (Fig. 8).
Man schreibt dann

$\lim\limits_{n \to \infty} a_n = a$ („Limes von a_n für n gegen unendlich ist a.")

Ist $\lim\limits_{n \to \infty} a_n = 0$, dann nennt man (a_n) eine **Nullfolge**.
Dann bedeutet $\lim\limits_{n \to \infty} a_n = a$, dass $(a_n - a)$ eine Nullfolge ist.
Eine Folge, die nicht konvergent ist, heißt **divergent**.

Eine Nullfolge hat den Grenzwert 0.

Beispiel: Die Folge (a_n) mit $a_n = \frac{2n^2+1}{n^2-7}$ ist konvergent zum Grenzwert 2, also $\lim\limits_{n \to \infty} a_n = 2$. Zum Beweis untersuchen wir $|a_n - 2|$. Es ist

$$a_n - 2 = \frac{2n^2+1}{n^2-7} - 2 = \frac{2n^2+1-2n^2+14}{n^2-7} = \frac{15}{n^2-7}.$$

Wir setzen dabei $n \geqq 3$ voraus, damit $\frac{15}{n^2-7}$ positiv ist. Nun sei ε eine (sehr kleine) positive Zahl. Dann gilt

$$|a_n - 2| < \varepsilon \quad \Leftrightarrow \quad \frac{15}{n^2-7} < \varepsilon \quad \Leftrightarrow \quad n^2 > 7 + \frac{15}{\varepsilon}.$$

Beispielsweise ist $|a_n - 2| < 0{,}001$ für $n^2 > 15\,007$, also für $n > 122$.

Beispiel: Die geometrische Folge (q^n) ist für $|q| > 1$ und für $q = -1$ divergent, für $q = 1$ konvergent zum Grenzwert 1 und für $|q| < 1$ eine Nullfolge.

Die geometrische Reihe $(1 + q + q^2 + \ldots + q^n)$ ist für $|q| < 1$ konvergent:

$$\lim_{n \to \infty} (1 + q + q^2 + \ldots + q^n) = \lim_{n \to \infty} \frac{1 - q^{n+1}}{1 - q} = \frac{1}{1-q}.$$

Ist $|q| < 1$, dann ist die geometrische Folge mit dem Quotient q eine Nullfolge und die geometrische Reihe hat den Grenzwert $\frac{1}{1-q}$.

Sind (a_n) und (b_n) konvergent, dann sind auch $(a_n + b_n)$ und $(a_n \cdot b_n)$ konvergent und es gelten die **Summenregel** und die **Produktregel**:

$$\lim_{n \to \infty} (a_n + b_n) = \lim_{n \to \infty} a_n + \lim_{n \to \infty} b_n; \quad \lim_{n \to \infty} (a_n \cdot b_n) = \lim_{n \to \infty} a_n \cdot \lim_{n \to \infty} b_n$$

Sind (a_n) und (b_n) konvergent und ist $b_n \neq 0$ für alle $n \in \mathbb{N}$ und $\lim\limits_{n \to \infty} b_n \neq 0$, dann gilt die **Quotientenregel**

$$\lim_{n \to \infty} \frac{a_n}{b_n} = \frac{\lim\limits_{n \to \infty} a_n}{\lim\limits_{n \to \infty} b_n}.$$

Für die Grenzwerte von Folgen gelten die Summenregel, die Produktregel, die Quotientenregel.

Eine wichtige Hilfe bei Konvergenzuntersuchungen ist manchmal das **Einschließungskriterium**:

Wird eine Folge (b_n) von zwei anderen Folgen mit dem Grenzwert g eingeschlossen, dann hat auch (b_n) den Grenzwert g.

Sind (a_n), (b_n), (c_n) Folgen mit $a_n \leqq b_n \leqq c_n$ für alle $n \in \mathbb{N}$ und sind (a_n) und (c_n) konvergent zum gleichen Grenzwert g, dann ist auch (b_n) konvergent zum Grenzwert g.

Eine nach oben (unten) beschränkte monoton wachsende (fallende) Folge ist konvergent.

Aus dem Intervallschachtelungsaxiom folgt der Satz über die **Konvergenz monotoner Folgen** („Hauptsatz über monotone Folgen“): Jede nach oben beschränkte monoton wachsende Folge und jede nach unten beschränkte monoton fallende Folge konvergiert.

Beispiel: Es sei

$$a_n = \left(1 + \frac{1}{n}\right)^n \quad \text{und} \quad b_n = a_n\left(1 + \frac{1}{n}\right).$$

Die Folge (a_n) ist monoton wachsend, denn für $n > 1$ ist

$$\frac{a_n}{a_{n-1}} = \frac{\left(\frac{n+1}{n}\right)^n}{\left(\frac{n}{n-1}\right)^n} \cdot \frac{n}{n-1} = \left(1 - \frac{1}{n^2}\right)^n \cdot \frac{n}{n-1} > \left(1 - \frac{1}{n}\right) \cdot \frac{n}{n-1} = 1.$$

Die Ungleichung $\left(1 - \frac{1}{n^2}\right)^n > 1 - \frac{1}{n}$ folgt dabei durch Anwendung der bernoullischen Ungleichung (➛ s. S. 22).

Die Folge (b_n) ist monoton fallend, denn für $n > 1$ ist:

$$\frac{b_{n-1}}{b_n} = \left(1 + \frac{1}{n^2 - 1}\right)^n \cdot \frac{n}{n+1} > \left(1 + \frac{n}{n^2 - 1}\right) \cdot \frac{n}{n+1} = \frac{n^3 + n^2 - n}{n^3 + n^2 - n - 1} > 1.$$

Auch hierbei wurde wieder die bernoullische Ungleichung benutzt.
Wegen $a_n < b_n$ ist $a_n < b_2 = 3{,}375$ für alle $n \in \mathbb{N}$, die Folge (a_n) ist also beschränkt. Nach dem Hauptsatz über monotone Folgen ist (a_n) daher konvergent. Der Grenzwert e heißt **eulersche Zahl** (nach Leonhard Euler, 1707–1783). Dies ist eine irrationale Zahl, die zwischen 2 und 3 liegt: $e = 2{,}718281\ldots$ (➛ s. S. 73).

Eulersche Zahl e:

$$e = \lim_{n \to \infty}\left(1 + \frac{1}{n}\right)^n$$

Alle Querverweise im Überblick:

Bernoullische Ungleichung: S. 22 ➛ S. 24
Eulersche Zahl: S. 24 ➛ S. 73

Zusammenfassung:
Folgen

Folgen reeller Zahlen (Zahlenfolgen) können auf verschiedene Arten definiert werden, z. B. durch einen Term, rekursiv oder als Summenfolge. Die Summenfolge einer gegebenen Folge nennt man auch eine **Reihe**.

Eine Folge (a_n) heißt **monoton wachsend** bzw. **monoton fallend**, wenn $a_n \leqq a_{n+1}$ bzw. $a_n \geqq a_{n+1}$ für alle $n \in \mathbb{N}^*$ gilt.

Eine Folge (a_n) heißt **nach oben** bzw. **nach unten beschränkt**, wenn es Zahlen $s, S \in \mathbb{R}$ gibt, so dass $a_n \leqq S$ bzw. $a_n \geqq s$ für alle $n \in \mathbb{N}^*$ gilt.

Diese oder andere Eigenschaften von Folgen kann man oft mit Hilfe des **Prinzips der vollständigen Induktion** beweisen.

Eine Folge $(a_n) = a_0, a_1, a_2, a_3, \ldots$ heißt **arithmetisch**, wenn $a_n = a + nd$ mit $a, d \in \mathbb{R}$ für $n \in \mathbb{N}$ ist, wenn sie also folgende Gestalt hat: $a, a + d, a + 2d, a + 3d, \ldots$. Für ihre Summenfolge (s_n) (**arithmetische Reihe**) gilt

$$\begin{aligned} s_n &= a_0 + a_1 + a_2 + \ldots + a_n \\ &= (n+1)a + (1 + 2 + \ldots + n)d = (n+1)a + \frac{n(n+1)}{2} \cdot d. \end{aligned}$$

Eine Folge $(a_n) = a_0, a_1, a_2, a_3, \ldots$ heißt **geometrisch**, wenn $a_n = a \cdot q^n$ für $n \in \mathbb{N}$ mit $a, q \in \mathbb{R}$ ist, wenn sie also folgende Gestalt hat: $a, a \cdot q, a \cdot q^2, a \cdot q^3, \ldots$. Für ihre Summenfolge (s_n) (**geometrische Reihe**) gilt im Fall $q \neq 1$

$$\begin{aligned} s_n &= a_0 + a_1 + a_2 + \ldots + a_n \\ &= a \cdot (1 + q + q^2 + \ldots + q^n) = a \cdot \frac{1 - q^{n+1}}{1 - q}. \end{aligned}$$

Eine Folge (a_n) heißt **konvergent zum Grenzwert** a, wenn für jedes $\varepsilon > 0$ ein $N_\varepsilon \in \mathbb{N}$ existiert, so dass

$$|a_n - a| < \varepsilon \text{ für alle } n \in \mathbb{N} \text{ mit } n > N_\varepsilon.$$

Man schreibt dann $\lim\limits_{n \to \infty} a_n = a$. Eine Folge (a_n) heißt **Nullfolge**, wenn $\lim\limits_{n \to \infty} a_n = 0$. Eine nicht konvergente Folge heißt **divergent**.

Sind (a_n), (b_n), (c_n) Folgen mit $a_n \leqq b_n \leqq c_n$ für alle $n \in \mathbb{N}$ und sind (a_n), (c_n) konvergent zum gleichen Grenzwert g, dann ist auch (b_n) konvergent zum Grenzwert g (**Einschließungskriterium**).

Jede monoton wachsende nach oben beschränkte Folge und jede monoton fallende nach unten beschränkte Folge ist konvergent (**Hauptsatz über monotone Folgen**).

Die **eulersche Zahl** e ist Grenzwert einer Folge rationaler Zahlen:

$$e = \lim_{n \to \infty} \left(1 + \frac{1}{n}\right)^n.$$

Flächeninhalt und Volumen

In diesem Kapitel erfahren Sie:

- Die Berechnung des Flächeninhalts einer krummlinig begrenzten Fläche oder des Volumens eines durch nicht ebene Flächen begrenzten Körpers erfordert den Begriff des Grenzwerts von Folgen.
- Flächeninhalt und Umfang eines Kreises, Volumen einer Pyramide, Volumen und Oberflächeninhalt einer Kugel ergeben sich als Grenzwerte von Folgen.

Kreis

Der Flächeninhalt eines Kreises vom Radius 1 ist die **Kreiszahl** π. Man kann eine Intervallschachtelung für π finden, indem man eine Kreisfläche vom Radius 1 von innen und von außen durch Rechtecksflächen ausschöpft. Für die Inhalte $A_0, A_1, \ldots, A_7$ der Rechtecksflächen in Fig. 1 gilt: π liegt zwischen den Werten

$U_8 = 4 \cdot (A_1 + A_2 + \ldots + A_7)$,

$O_8 = 4 \cdot (A_0 + A_1 + A_2 + \ldots + A_7)$.

Für $i = 0, 1, \ldots, 7$ ist $A_i = \frac{i}{8} \cdot \sqrt{1 - \left(\frac{i}{8}\right)^2}$.

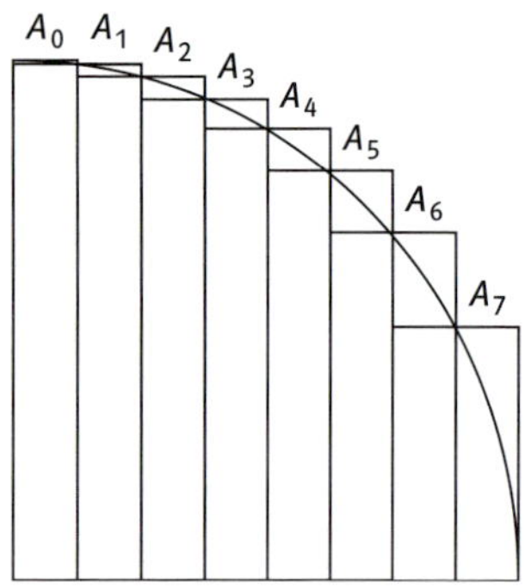

Fig. 1: Approximation von π

Bildet man analog für eine Unterteilung in n Rechtecksflächen die Werte U_n und O_n, dann bildet die Folge der Intervalle $[U_n; O_n]$ eine Intervallschachtelung (➛ s. S. 10) für

$$\pi = 3{,}1415926535\ldots.$$

$\pi = 3{,}1415\ldots$ Kreiszahl

Man benutzt oft die Näherungen

$$\pi \approx 3{,}14 \quad \text{oder} \quad \pi \approx \frac{22}{7} = 3\frac{1}{7}.$$

Der **Flächeninhalt** eines Kreises mit dem Radius r ist $A = \pi r^2$.

Der **Umfang** eines Kreises mit dem Radius r ist $u = 2\pi r$.

Der Zusammenhang zwischen Kreisinhalt und Kreisumfang wird durch Fig. 2 verdeutlicht; dort ist ein Kreis in Sektoren zerlegt, welche dann zu einer fast rechteckigen Figur zusammengelegt werden können.

Ein Kreis mit dem Radius r hat den Flächeninhalt $A = \pi r^2$ und dem Umfang $u = 2\pi r$.

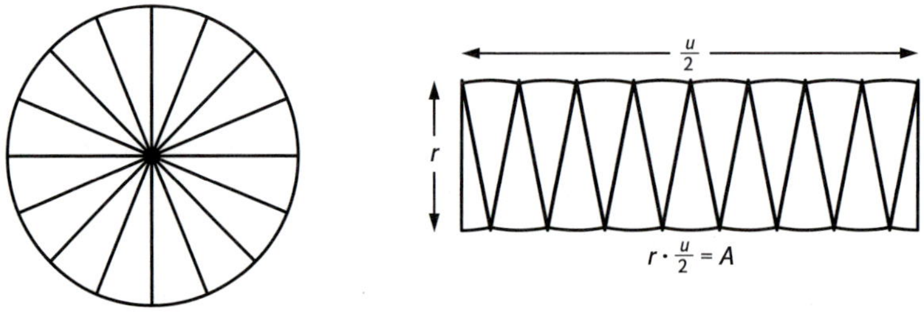

Fig. 2: Zusammenhang zwischen Kreisinhalt und Kreisumfang

Pyramide

Um das Volumen einer quadratischen Pyramide zu berechnen, schließen wir die Pyramide zwischen einen umbeschriebenen und einen einbeschriebenen Treppenkörper ein, wie es Fig. 3 als Schnittbild zeigt.

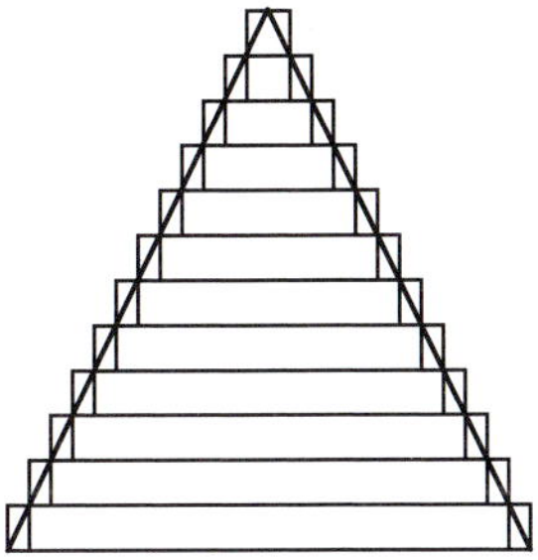

Fig. 3: Treppenkörper

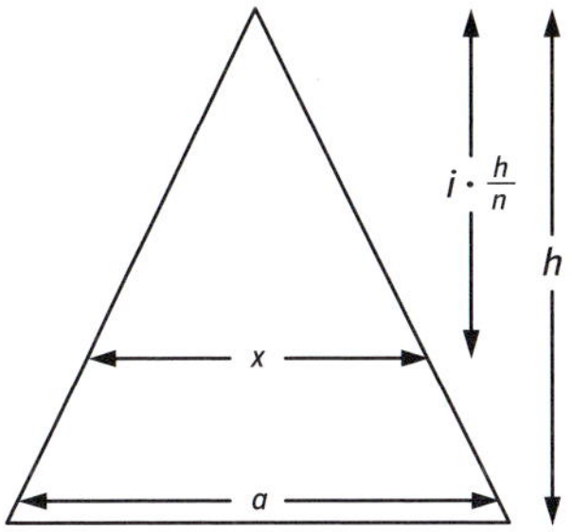

Fig. 4: Zur Volumenberechnung

Die Höhe der n Treppenstufen ist jeweils $\frac{h}{n}$, wenn h die Höhe der Pyramide ist. Der Quader, der die i-te Treppenstufe (von oben gezählt) des umbeschriebenen Treppenkörpers bildet, hat das Volumen $V_i = \left(\frac{ai}{n}\right)^2 \cdot \frac{h}{n}$, wenn a die Grundseitenlänge der Pyramide ist (vgl. Fig. 4).

Für das Volumen V der Pyramide gilt

$$V_1 + V_2 + \ldots + V_{n-1} < V < V_1 + V_2 + \ldots + V_{n-1} + V_n.$$

Nun ist $V_1 + V_2 + \ldots + V_n = \frac{a^2h}{n^3}(1^2 + 2^2 + \ldots + n^2)$.

Mit der Formel $1^2 + 2^2 + \ldots + n^2 = \frac{n(n+1)(2n+1)}{6}$ (➛ s. S. 18) ergibt sich

$$V_1 + V_2 + \ldots + V_n = \frac{a^2h}{6} \cdot \frac{(n+1)(2n+1)}{n^2}$$

und somit

$$\frac{a^2h}{6} \cdot \frac{(n+1)(2n+1)}{n^2} - \frac{a^2h}{n} < V < \frac{a^2h}{6} \cdot \frac{(n+1)(2n+1)}{n^2}.$$

Nun denken wir uns die Zahl n unbeschränkt wachsend, so dass die Treppenkörper immer besser die Pyramide annähern. Wegen

$$\lim_{n \to \infty} \frac{(n+1)(2n+1)}{n^2} = 2 \quad \text{und} \quad \lim_{n \to \infty} \frac{a^2h}{n} = 0$$

(➛ s. S. 23) ergibt sich

$$V = \frac{a^2h}{6} \cdot 2 = \frac{1}{3}a^2h.$$

Es lässt sich ebenso zeigen: Ein Kegel, eine Pyramide oder allgemein ein Körper, der von den Verbindungsstrecken eines ebenen Flächenstücks mit einem Punkt gebildet wird, hat das Volumen $V = \frac{1}{3}Gh$, wobei G der Inhalt des Flächenstücks (Grundfläche) und h der Abstand des Punktes (Spitze) von der Grundfläche ist.

Eine Pyramide mit dem Grundflächeninhalt G und der Höhe h hat das Volumen $V = \frac{1}{3}Gh$.

Kugel

Zur Berechnung des Kugelvolumens denke man sich die Halbkugel mit dem Radius r in n Schichten der Dicke $d = \frac{r}{n}$ zerlegt und die einzelnen n Schichten in Zylinderscheiben eingeschlossen (Fig. 5). Die i-te Zylinderscheibe hat das Volumen

$$V_i = \pi r_i^2 d = \pi (r^2 - (id)^2)\, d.$$

Die Summe dieser Volumina ist

$$\pi r^2 \cdot nd - \pi (1^2 + 2^2 + \ldots + (n - 1)^2) \cdot d^3 = \pi r^3 - \pi r^3 \cdot \frac{(n-1)\, n\, (2n-1)}{6}.$$

Das Volumen der Halbkugel ergibt sich also wegen $\lim\limits_{n \to \infty} \frac{(n-1)\, n (2n-1)}{6} = \frac{1}{3}$ zu $\frac{2}{3}\pi r^3$. Das Kugelvolumen ist daher $V = \frac{4}{3}\pi r^3$.

Eine Kugel mit dem Radius r hat das Volumen
$$V = \frac{4}{3}\pi r^3$$
und den Oberflächeninhalt
$$O = 4\pi r^2,$$
wobei π die Kreiszahl ist.

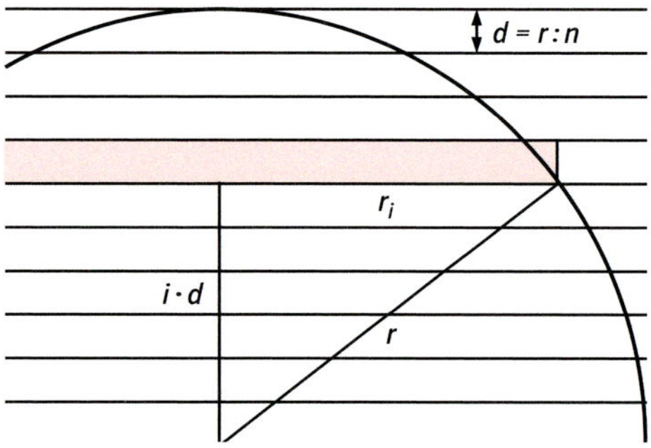

Fig. 5: Zur Berechnung des Kugelvolumens

Einen Kugelkörper kann man näherungsweise aus einer großen Anzahl n von Dreieckspyramiden zusammensetzen, deren Spitzen der Kugelmittelpunkt ist und bei denen die Ecken der Grundfläche auf der Kugel liegen. Je enger diese Ecken beieinanderliegen, desto besser approximiert die Summe der Pyramidenvolumen das Kugelvolumen. Es gilt daher für den Inhalt O der Kugel.

$$\frac{1}{3} \cdot O \cdot r = \frac{4}{3}\pi r^3, \text{ also } O = 4\pi r^2.$$

Alle Querverweise im Überblick:

Intervallschachtelung: S. 26 ➤ S. 10
Formel für die Summe der ersten n Quadrate: S. 27 ➤ S. 18
Grenzwert einer Folge: S. 27 ➤ S. 23

Zusammenfassung:
Flächeninhalt und Volumen

Die Länge von Linien, die nicht gerade sind, der Inhalt von Flächen, die nicht geradlinig begrenzt sind und das Volumen von Körpern, die nicht durch ebene Flächenstücke begrenzt sind, berechnet man in der Regel als **Grenzwerte** von Folgen. So erhält man z. B. folgende Formeln:

Ein Kegel oder eine Pyramide mit dem Grundflächeninhalt G und der Höhe h hat das Volumen $V = \frac{1}{3}Gh$.

Ein Kreis mit dem Radius r hat den Flächeninhalt $A = \pi r^2$ und den Umfang $u = 2\pi r$.

Eine Kugel mit dem Radius r hat das Volumen $V = \frac{4}{3}\pi r^3$ und den Oberflächeninhalt $O = 4\pi r^2$.

Dabei ist π die Kreiszahl 3,14159…., welche den Inhalt eines Kreises mit dem Radius 1 angibt.

Funktionen

In diesem Kapitel erfahren Sie:

- Der Funktionsbegriff und die Eigenschaften von Funktionen sind von grundlegender Bedeutung für die Analysis.
- Funktionen kann man auf ihren gemeinsamen Definitionsmengen addieren, multiplizieren und dividieren.
- Funktionen kann man verketten (hintereinanderschalten), wenn ihre Definitionsmengen geeignet gewählt werden.
- In der Regel kann man eine Funktion umkehren, wenn ihre Definitionsmenge geeignet festgelegt wird.

Funktionsbegriff

Eine Funktion f ist durch ihre Definitionsmenge D_f und ihre Funktionsgleichung $y = f(x)$ festgelegt.

Die Wertemenge von f ist die Menge aller $y \in \mathbb{R}$, welche als Wert $f(x)$ für $x \in D_f$ vorkommen.

Eine Funktion kann im Koordinatensystem durch einen Graph (Schaubild, Kurve) veranschaulicht werden. Die Untersuchung des Graphen einer Funktion heißt Kurvendiskussion.

Eine **Funktion** f auf der **Definitionsmenge** $D_f \subseteq \mathbb{R}$ ordnet jeder Zahl aus D_f wieder genau eine Zahl zu. Man schreibt $f\colon D_f \to \mathbb{R}$ und $f\colon x \mapsto f(x)$ für $x \in D_f$. Ist der Zahl $x \in D_f$ die Zahl y zugeordnet, so drückt man dies durch die **Funktionsgleichung** $y = f(x)$ aus.

Die Menge der Zahlen, die als Funktionswert vorkommen, nennt man die **Wertemenge** W_f von f. Eine Funktion ist also eine **Abbildung** von D_f in W_f.

Die Zuordnung $x \mapsto f(x)$ ist meistens durch einen Term (**Funktionsterm**) gegeben, etwa

$$x \mapsto x^2,\quad x \mapsto \frac{1}{x+1},\quad x \mapsto \sqrt{x}.$$

Der **Graph** oder das **Schaubild** von f ist die Darstellung der Punktmenge

$$\{(x\,|\,y) \mid x \in D_f,\ y = f(x)\}$$

in einem Koordinatensystem (Fig. 1). Den Graph einer Funktion nennt man auch **Kurve**. Die detaillierte Untersuchung eines Funktionsgraphen nennt man auch **Kurvendiskussion** (➛ s. S. 76). Um den Graph einer Funktion zu zeichnen, berechnet man zunächst eine **Wertetabelle** für einen geeigneten Teil der Definitionsmenge.

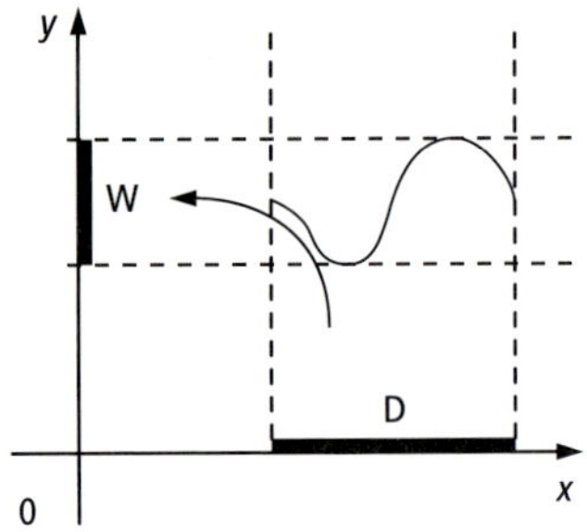

Fig. 1: Funktion

Beispiel: In Fig. 2 ist der Graph von $f\colon x \mapsto x - \sqrt{x}$ über dem Intervall [0; 4] mit Hilfe der Punkte (0 | 0) und (1 | 0) und folgender Wertetabelle dargestellt:

x	0,25	0,5	0,75	2	3	4
y	−0,25	−0,21	−0,12	0,59	1,27	2

Die Menge der auftretenden Werte (Wertemenge) ist das Intervall $\left[-\frac{1}{4}; 2\right]$.

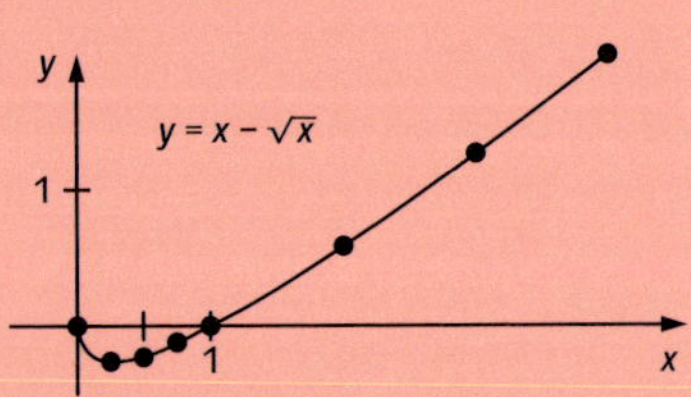

Fig. 2: Graph von f

Beispiele: Die Funktion $x \mapsto x$ heißt **identische Funktion** und wird mit id bezeichnet; ihre Funktionsgleichung ist $y = x$ (Fig. 3).
$y = |x|$ ist die Funktionsgleichung der **Betragsfunktion** (Fig. 4).
$y = [x]$ ist die Funktionsgleichung der **Ganzteilfunktion** (Fig. 5).

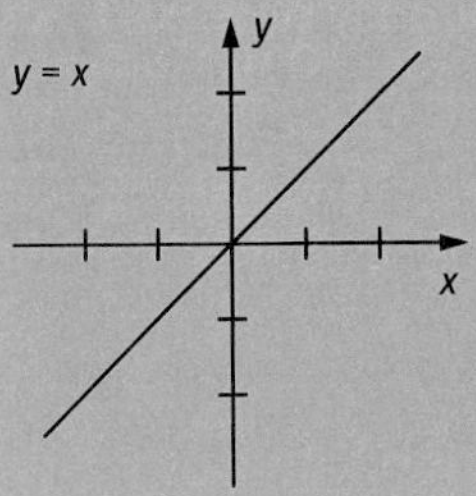

Fig. 3: Identische Funktion

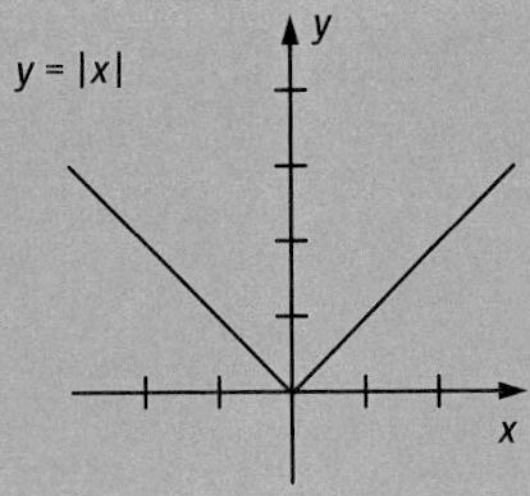

Fig. 4: Betragsfunktion

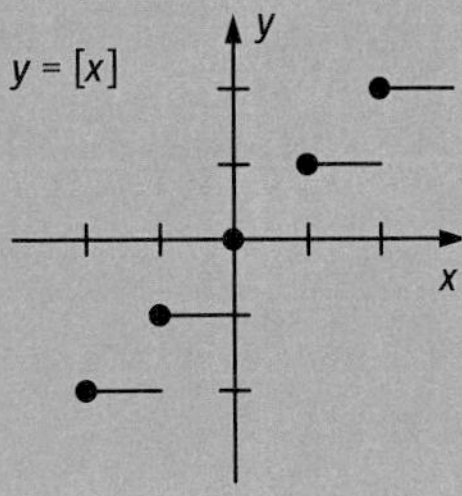

Fig. 5: Ganzteilfunktion

Beispiele für Funktionen sind die identische Funktion, die Betragsfunktion, die Ganzteilfunktion.

Bei Funktionen, die in Anwendungsbereichen der Mathematik auftreten, benutzt man als Variablenbezeichnung häufig solche Buchstaben, die der inhaltlichen Bedeutung entsprechen.

In Anwendungsbeispielen passt man die Variablenbezeichnung dem Sachzusammenhang an.

Beispiel: Wird ein Gegenstand von der Erdoberfläche aus mit der Anfangsgeschwindigkeit v_0 senkrecht nach oben geworfen, dann hat er nach der Zeit t die Geschwindigkeit $v = v_0 - gt$ und die Höhe $h = v_0 t - \frac{g}{2}t^2$ erreicht. Dabei ist die Zeit in Sekunden (sek), die Höhe in Metern (m) und die Geschwindigkeit in m/sek anzugeben; die Konstante $g = 9{,}81\,\text{m/sek}^2$ ist die Erdbeschleunigung.
In Fig. 6 sind die Graphen der Funktion

$$h\colon t \mapsto v_0 t - \frac{g}{2}t^2$$

für verschiedene Werte von v_0 skizziert. Die Definitionsmenge dieser Funktion ist das Intervall $\left[0; \frac{v_0^2}{2g}\right]$, denn die maximale Höhe wird zum Zeitpunkt $t = \frac{v_0}{g}$ erreicht und beträgt $\frac{v_0^2}{2g}$.

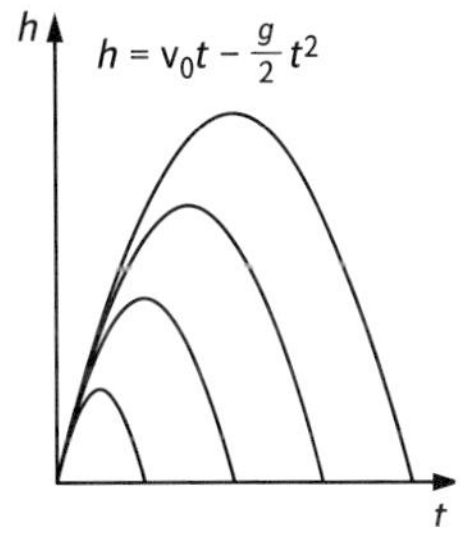

Fig. 6: Senkrechter Wurf

Beispiel: Ein kugelförmiger Tank mit dem Radius r (Meter) ist bis zur Höhe h gefüllt. Der Inhalt ist dann (➛ s. S. 28)

$$V = \frac{\pi h^2}{3}(3r - h);$$

wird h in m gemessen, ergibt sich V in m^3.

Die Definitionsmenge der Funktion $h \mapsto \frac{\pi h^2}{3}(3r - h)$ ist $[0; 2r]$.

h	0	0,25	0,5	0,75	1	1,25	1,5	1,75	2
V	0	0,18	0,65	1,36	2,09	2,86	3,53	4,01	4,19

(Wertetabelle für $r = 1$)

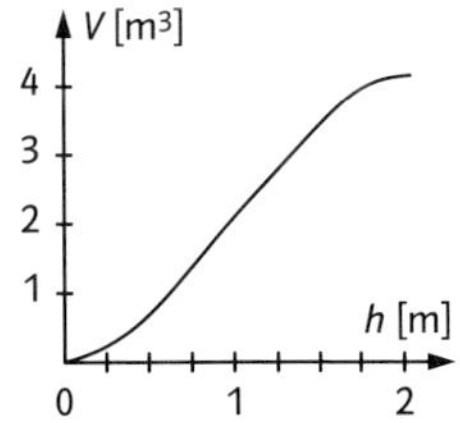

Fig. 7: Tankfüllung

Eigenschaften von Funktionen

Hat eine Funktion f die Eigenschaft $f(-x) = f(x)$ für alle $x \in D_f$, dann ist ihr Graph **symmetrisch** (achsensymmetrisch) zur y-Achse (Fig. 8). Hat f die Eigenschaft $f(-x) = -f(x)$ für alle $x \in D_f$, dann ist ihr Graph **punktsymmetrisch** zum Ursprung O (Fig. 9).

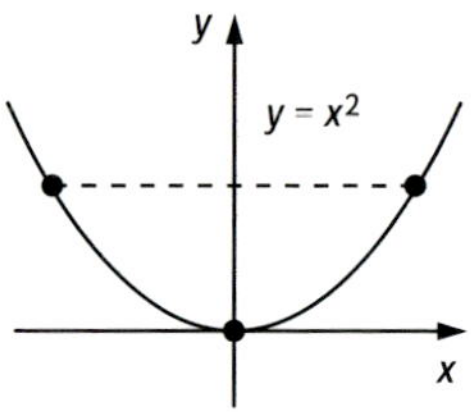

Fig. 8: Symmetrischer Graph

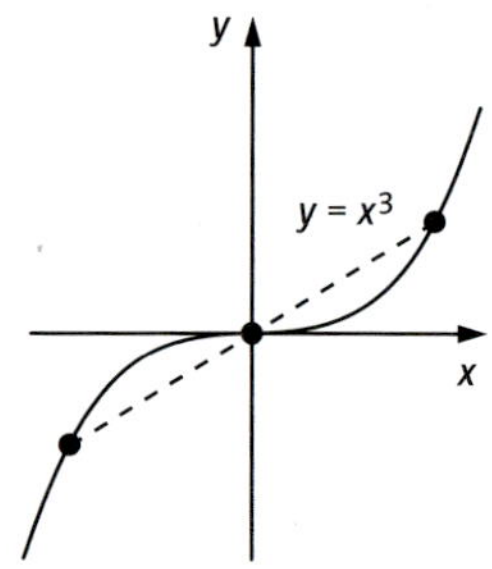

Fig. 9: Punktsymmetrischer Graph

Definitionslücken einer Funktion können stetig hebbar sein.

Ist eine Funktion f auf einem Intervall $D_f = [a; b]$ mit Ausnahme einer Stelle x_0 mit $a < x_0 < b$ definiert, dann nennt man x_0 eine **Definitionslücke** von f. Ist f auf D_f stetig (➛ s. S. 58) und existiert eine Zahl c, so dass die Funktion f^* mit

$$f^*(x) = f(x) \text{ für } x \in D_f \text{ und } f^*(x_0) = c$$

auch an der Stelle x_0 stetig ist, dann nennt man x_0 eine **stetig hebbare** Definitionslücke (➛ s. S. 61).

Beispiel: Die Funktion $f\colon x \mapsto \frac{x^2-1}{x-1}$ hat eine Definitionslücke an der Stelle 1, weil $\frac{0}{0}$ ein unbestimmter Ausdruck ist. Für $x \neq 1$ ist $f(x) = x + 1$. Setzt man nun $f^*(x) = x + 1$ für $x \neq 1$ und $f^*(1) = 2$, dann ist f* an der Stelle 1 definiert und dort stetig. Also ist 1 eine stetig hebbare Definitionslücke von f.

Eine Funktion heißt beschränkt, wenn ihre Wertemenge beschränkt ist.

Eine Funktion f heißt auf ihrer Definitionsmenge D_f **beschränkt**, wenn eine feste positive Zahl S existiert mit

$$|f(x)| \leqq S \text{ für alle } x \in D_f.$$

Monotone Funktionen $x \mapsto f(x)$ fallen stets oder steigen stets mit zunehmenden Werten von x.

Eine Funktion f heißt auf ihrer Definitionsmenge D_f **monoton wachsend**, wenn

$$f(x_2) \geqq f(x_1) \text{ für alle } x_1, x_2 \in D_f \text{ mit } x_2 > x_1.$$

Gilt dabei stets $f(x_2) > f(x_1)$, dann heißt f **streng** monoton wachsend. Entsprechend sind die Begriffe **monoton fallend** und **streng** monoton fallend zu verstehen.

Beispiel: Die Funktion $f: x \mapsto \frac{1}{x}$ hat an der Stelle 0 eine Definitionslücke. Sowohl für $x > 0$ wie für $x < 0$ ist sie streng monoton fallend. Sie ist nicht beschränkt, denn sie nimmt bei Annäherung an 0 Werte von beliebig großem Betrag an. Der Graph von f ist punktsymmetrisch zum Ursprung O (Fig. 10), denn

$$f(-x) = \frac{1}{-x} = -\frac{1}{x} = -f(x).$$

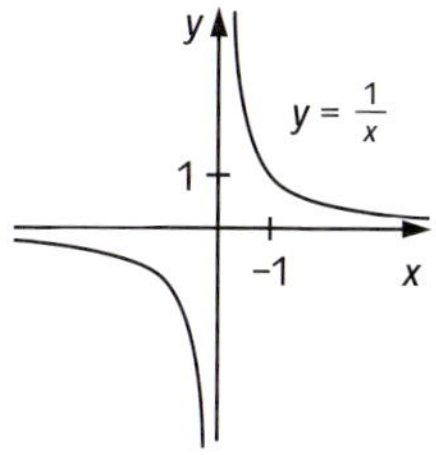

Fig. 10: Unbeschränkte Funktion

Verknüpfung von Funktionen

Funktionen kann man addieren, multiplizieren, und dividieren.

Funktionen werden addiert, subtrahiert, multipliziert oder dividiert, indem man die entsprechenden Operationen mit den Funktionswerten durchführt: Für $x \in D_f \cap D_g$ setzt man also

$$(f+g)(x) = f(x) + g(x) \qquad (f-g)(x) = f(x) - g(x)$$

$$(f \cdot g)(x) = f(x) \cdot g(x) \qquad \left(\frac{f}{g}\right)(x) = \frac{f(x)}{g(x)} \quad (\text{falls } g(x) \neq 0)$$

Durch

$$(rf)(x) = rf(x) \quad \text{für } r \in \mathbb{R}$$

ist die Vervielfachung von Funktionen mit einer Zahl r definiert.

Eine besonders wichtige Operation ist die **Verkettung** von Funktionen:

$$(f \circ g)(x) = f(g(x)) \quad \text{für } x \in D_g \text{ und } g(x) \in D_f$$

(„f verkettet mit g" oder „f nach g".) Beim Verketten ist die identische Funktion id: $x \mapsto x$ neutrales Element: $f \circ \text{id} = \text{id} \circ f = f$. Die Verkettung ist nicht kommutativ, im Allgemeinen ist

$$f \circ g \neq g \circ f.$$

Funktionen kann man verketten (hintereinanderschalten).

Beispiel: Es sei $f(x) = x + 1$ und $g(x) = x^2$. Dann ist

$$(f \circ g)(x) = x^2 + 1 \quad \text{und} \quad (g \circ f)(x) = (x+1)^2.$$

$$x \xrightarrow{g} x^2 \xrightarrow{f} x^2 + 1 \qquad\qquad x \xrightarrow{f} x + 1 \xrightarrow{g} (x+1)^2$$

quadrieren 1 addieren 1 addieren quadrieren

Beispiel: Ist $f(x) = x^2$, $g(x) = 2x + 1$ und $h(x) = \sqrt{x^2+1}$, dann ist

$$\begin{aligned}(f \circ g \circ h)(x) &= f\left(g(h(x))\right)\\ &= f\left(g\left(\sqrt{x^2+1}\right)\right)\\ &= f\left(2\sqrt{x^2+1} + 1\right)\\ &= \left(2\sqrt{x^2+1} + 1\right)^2.\end{aligned}$$

Umkehrfunktion

Ist f^{-1} die Umkehrfunktion von f und hat f die Definitionsmenge D_f sowie die Wertemenge W_f, dann gilt:
$f^{-1}(f(x)) = x$ für $x \in D_f$,
$f(f^{-1}(x)) = x$ für $x \in W_f$.

Wenn zu jedem $y \in W_f$ genau ein $x \in D_f$ existiert mit $y = f(x)$, dann ist die Funktion f auf ihrer Definitionsmenge **umkehrbar**.
Die **Umkehrfunktion** ordnet dann jedem $y \in W_f$ das $x \in D_f$ mit $y = f(x)$ zu. Man bezeichnet die Umkehrfunktion mit f^{-1}.

Beispiel: Die Funktion mit der Gleichung

$$y = x^2 \quad \text{(Quadratfunktion)}$$

ist auf $\mathbb{R}$ nicht umkehrbar, weil jedes $y \neq 0$ wegen $(-x)^2 = x^2$ zwei verschiedenen x-Werten zugeordnet ist. Beschränkt man diese Funktion aber auf den Bereich der nicht negativen Zahlen, dann ist sie umkehrbar, ihre Umkehrfunktion hat die Gleichung

$$y = \sqrt{x} \quad \text{(Wurzelfunktion).}$$

Streng monotone Funktionen sind umkehrbar.

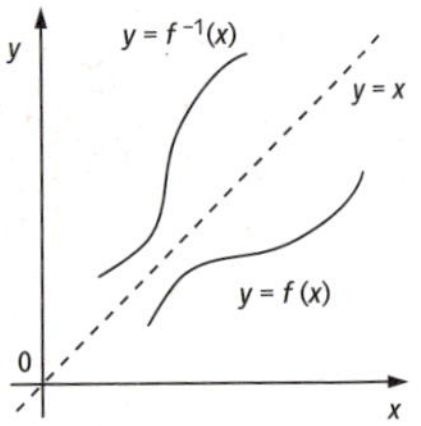

Fig. 11: Umkehrfunktion

Eine streng monoton wachsende oder eine streng monoton fallende Funktion besitzt stets eine Umkehrfunktion. Die Graphen von f und f^{-1} liegen spiegelbildlich bezüglich der 1. Winkelhalbierenden des Koordinatenkreuzes (Fig. 11). Ist f umkehrbar und $f(x)$ ein algebraischer Term, dann kann man den Term $f^{-1}(x)$ der Umkehrfunktion oft dadurch berechnen, dass man die Gleichung $x = f(y)$ nach y auflöst.

Beispiel: Die Funktion $x \mapsto \frac{2x+7}{x+1}$ (definiert für $x \neq -1$) hat die Funktionsgleichung $y = \frac{2x+7}{x+1}$. Vertauschung von x und y ergibt die Gleichung $x = \frac{2y+7}{y+1}$. Löst man diese nach y auf, so ergibt sich $y = \frac{x+7}{-x+2}$. Dies ist die Funktionsgleichung der Umkehrfunktion f^{-1}, welche für $x \neq 2$ definiert ist.

Alle Querverweise im Überblick:

Kugelvolumen: S. 31 ➤ S. 28
Kurvendiskussion: S. 30 ➤ S. 76
Stetige Funktion: S. 32 ➤ S. 58
Stetig hebbare Definitionslücke: S. 32 ➤ S. 61

Zusammenfassung:
Funktionen

Eine **Funktion** beschreibt man durch ihre **Definitionsmenge**, ihre **Wertemenge** und ihren **Funktionsterm** bzw. die **Funktionsgleichung** (Zuordnungsvorschrift).

Eine Funktion kann man im Koordinatensystem durch einen **Graph** darstellen (Schaubild, Kurve).

Auf Funktionen kann man die Grundrechenarten anwenden (Addition, Subtraktion, Multiplikation, Division).

Eine weitere wichtige Verknüpfung ist die **Verkettung** (Hintereinanderschaltung) $f \circ g$ zweier Funktionen: Setzt man für die Variable x in $f(x)$ den Term $g(x)$ ein, dann erhält man den Funktionsterm von $(f \circ g)(x)$; es ist also

$$(f \circ g)(x) = f(g(x)) \quad \text{für } x \in D_g \text{ und } g(x) \in D_f.$$

Ist eine Funktion f **umkehrbar** auf D_f und ist f^{-1} ihre **Umkehrfunktion**, dann gilt

$$f^{-1}(f(x)) = x \text{ für alle } x \in D_f$$

und

$$f(f^{-1}(x)) = x \text{ für alle } x \in W_f.$$

Rationale Funktionen

In diesem Kapitel erfahren Sie:

- Funktionen, deren Term aus reellen Zahlen und der Variablen x mit Hilfe der elementare Rechenoperationen aufgebaut sind, heißen rationale Funktionen.
- Polynomfunktionen sind spezielle rationale Funktionen. Eine rationale Funktion ist der Quotient zweier Polynomfunktionen.
- Bei Anwendung der elementaren Rechenoperationen und der Verkettung auf rationale Funktionen ergeben sich wieder rationale Funktionen.
- Ist $f(x) = \frac{p(x)}{q(x)}$ der Term einer rationalen Funktion, dann sind die Nullstellen der Nennerfunktion $x \mapsto q(x)$ Definitionslücken von f und die Nullstellen der Zählerfunktion $x \mapsto p(x)$ Nullstellen von f (falls es keine Definitionslücken sind).
- Zur Berechnung der Nullstellen einer Polynomfunktion benötigt man manchmal das Verfahren der Polynomdivision.

Polynomfunktionen

Die Funktion $x \mapsto x^n$ mit $n \in \mathbb{N}$ nennt man eine **Potenzfunktion** (→ s. S. 45). Ihre Definitionsmenge ist $\mathbb{R}$, ihre Wertemenge ist ebenfalls $\mathbb{R}$, wenn n ungerade ist. Ist n gerade, dann kann x^n keine negativen Werte annehmen, die Wertemenge ist dann die Menge der nicht negativen reellen Zahlen. Fig. 1 zeigt die Graphen für $n = 1, 2, 3, 4, 5$.

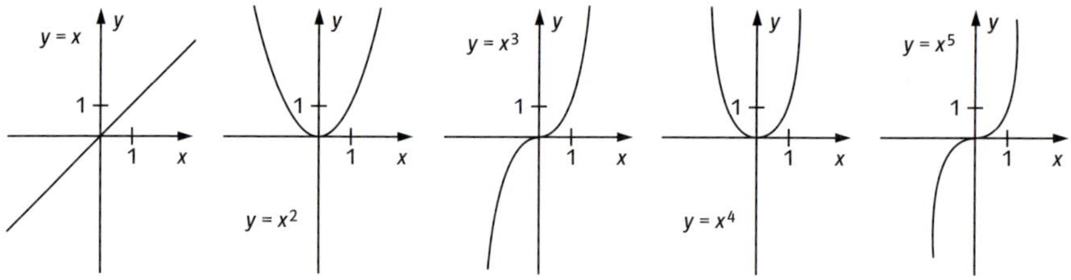

Fig. 1: Potenzfunktionen

Ein Polynom in x ist eine Summe von Vielfachen von Potenzen x^n mit $n \in \mathbb{N}$.

Der Grad eines Polynoms ist der größte auftretende Exponent.

Eine Summe von Vielfachen von Potenzfunktionen heißt eine **Polynomfunktion** oder eine **ganzrationale Funktion**:

$$f\colon x \mapsto a_n x^n + a_{n-1} x^{n-1} + \ldots + a_1 x + a_0$$

Ist dabei $a_n \neq 0$, dann hat die Polynomfunktion den **Grad** n. Den Funktionsterm $f(x)$ nennt man ein **Polynom**.

Die Polynomfunktionen vom Grad 0, 1, 2 bzw. 3 sind konstante, lineare, quadratische bzw. kubische Funktionen.

Zur Berechnung des Funktionswerts einer Polynomfunktion an einer Stelle x_0 rechnet man zweckmäßig in folgender Weise:

$$f(x_0) = (\dots((a_n x_0 + a_{n-1})x_0 + a_{n-2})x_0 + \dots + a_1)x_0 + a_0$$

Man berechnet also nacheinander

$$a_n x_0, \quad a_n x_0 + a_{n-1}, \quad (a_n x_0 + a_{n-1})x_0, \quad (a_n x_0 + a_{n-1})x_0 + a_{n-2}, \dots$$

Dies nennt man **Horner-Verfahren** (W. G. Horner, 1786–1837).

Das Horner-Verfahren dient zur Berechnung von Polynomwerten.

Beispiel: Um den Wert von

$$f(x) = 3x^5 - 5x^4 - 7x^3 + 11x^2 + 17x + 12$$

an der Stelle 2 zu berechnen, benutzt man folgendes Schema:

3	−5	−7	11	17	12
	6	2	−10	2	38
3	1	−5	1	19	50

(Zeilen 1 und 2 werden addiert (+); ·2 wird schräg nach oben in die nächste Spalte übertragen.)

Es ergibt sich $f(2) = 50$.

Es sei $f(x)$ ein Polynom, also $f(x) = a_n x^n + a_{n-1}x^{n-1} + \dots + a_1 x + a_0$. Gilt $f(x_0) = 0$, dann kann man $f(x)$ durch $(x - x_0)$ teilen. Es gibt also ein Polynom $g(x)$ mit $f(x) = (x - x_0)g(x)$. Die **Polynomdivision** funktioniert so ähnlich wie die schriftliche Divsision natürlicher Zahlen. Die Beispiele zeigen, wie man bei der Durchführung der Polynomdivision stets gleiche Potenzen untereinander schreiben muss.

Beispiel: Für $f(x) = x^2 + x - 6$ gilt $f(2) = 0$. Es ergibt sich

$$f(x) = (x-2)(x+3).$$

Damit ist das Polynom in lineare Faktoren zerlegt.

$$\begin{array}{ll} x^2 + x - 6 = & (x-2)(x+3) \\ \underline{x^2 - 2x} \leftarrow & (x-2)\cdot x \\ \quad 3x - 6 & \\ \quad \underline{3x - 6} \leftarrow & (x-2)\cdot 3 \\ \quad\quad 0 & \end{array}$$

Beispiel: Das Polynom $2x^6 + x^5 + 2x^4 + x^3 - x^2 - 1$ ist durch das quadratische Polynom $x^2 + 1$ teilbar:

$$\begin{array}{ll} 2x^6 + x^5 + 2x^4 + x^3 - x^2 - 1 = (x^2+1)\cdot(2x^4 + x^3 - 1) & \\ \underline{2x^6 \quad + 2x^4} & \\ \quad x^5 \quad\quad x^3 - x^2 - 1 & \leftarrow (x^2+1)\cdot 2x^4 \\ \quad \underline{x^5 \quad\quad x^3} & \\ \quad\quad\quad - x^2 - 1 & \leftarrow (x^2+1)\cdot x^3 \\ \quad\quad\quad \underline{- x^2 - 1} & \\ \quad\quad\quad\quad 0 & \leftarrow (x^2+1)\cdot(-1) \end{array}$$

Es ergibt sich $(2x^6 + x^5 + 2x^4 + x^3 - x^2 - 1) : (x^2 + 1) = 2x^4 + x^3 - 1$.

Die Polynomdivision ist vergleichbar mit der schriftlichen Division für natürliche Zahlen.

Nullstellen einer Polynomfunktion

Eine Lösung der Gleichung $f(x) = 0$ nennt man eine **Nullstelle** der Funktion f. Der Graph von f schneidet an einer Nullstelle die x-Achse. Um die **Nullstellen einer Polynomfunktion** zu berechnen, dividiert man zunächst $f(x)$ durch den Koeffizient der höchsten Potenz, betrachtet also eine Gleichung der Form

$$x^n + c_{n-1}x^{n-1} + \ldots + c_2x^2 + c_1x + c_0 = 0.$$

Ist der Grad n ungerade, dann gibt es mindestens eine Nullstelle: Für große Beträge von x dominiert der Summand x^n, und dieser hat dasselbe Vorzeichen wie x; der Graph muss also irgendwo die x-Achse kreuzen.

Sind obige Koeffizienten $c_0, c_1, c_2, \ldots, c_{n-1}$ ganzzahlig, dann ist jede ganzzahlige Nullstelle ein Teiler von c_0.

Beispiel: Als ganzzahlige Lösungen von $x^3 - 3x^2 - 17x + 35 = 0$ kommen nur die Zahlen $\pm 1, \pm 5, \pm 7, \pm 35$ in Frage. Einsetzen zeigt, dass 5 eine Lösung ist. Mit Polynomdivision findet man

$$x^3 - 3x^2 - 17x + 35 = (x - 5)(x^2 + 2x - 7).$$

Die weiteren Lösungen sind die Lösungen von $x^2 + 2x - 7 = 0$.

Das Intervallhalbierungsverfahren dient zur näherungsweisen Berechnung von Nullstellen.

Im Allgemeinen kann man Lösungen von Gleichungen nur näherungsweise berechnen. Eine einfache Methode hierfür ist das **Intervallhalbierungsverfahren**.

Beispiel: Die Gleichung $f(x) = x^3 + 5x - 4 = 0$ hat eine Lösung zwischen 0 und 1, denn $f(0) = -4$ und $f(1) = +2$. Es gilt $f(0{,}5) = -1{,}375$, also liegt eine Lösung zwischen 0,5 und 1. Es gilt $f(0{,}75) \approx +0{,}172$, also liegt eine Lösung zwischen 0,5 und 0,75. Auf diese Weise kann man die Lösung immer besser einschachteln.

Das Sekantenverfahren dient ebenfalls zur näherungsweisen Berechnung von Nullstellen.

Eine Methode zur Lösung der Gleichung $f(x) = 0$, die meistens schneller zu besseren Werten führt, ist das **Sekantenverfahren**, welches auch den Namen **Regula falsi** trägt: Man sucht zwei Stellen a, b mit $f(a) < 0 < f(b)$. Weiß man nun, dass f zwischen a und b stetig ist (➛ s. S. 58), dann weiß man, dass der Graph von f die x-Achse zwischen a und b schneidet, dass also zwischen a und b eine Nullstelle von f liegt.

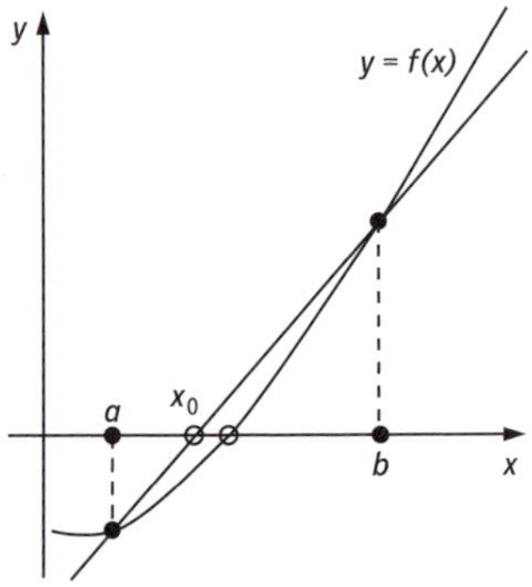

Fig. 2: Sekantenverfahren

Die Gerade durch die Punkte $(a\,|\,f(a))$ und $(b\,|\,f(b))$ hat die Gleichung

$$\frac{y - f(a)}{x - a} = \frac{f(b) - f(a)}{b - a}$$

(➛ s. S. 14). Sie schneidet die x-Achse an der Stelle

$$x_0 = \frac{af(b) - bf(a)}{f(b) - f(a)}.$$

Diesen Wert betrachten wir als eine erste Näherung an die Nullstelle von f (Fig. 2). Ist $f(x_0) < 0$, dann wiederholen wir die Rechnung mit x_0 statt a, ist aber $f(x_0) > 0$, dann wiederholen wir die Rechnung mit x_0 statt b und erhalten so eine bessere Näherung an die gesuchte Nullstelle.

Beispiel: Für $f(x) = x^3 + 5x - 4 = 0$ beginne man mit $a = 0$ und $b = 1$. Dann ist

$$x_0 = \frac{0 \cdot 2 - 1 \cdot (-4)}{2 - (-4)} = \frac{4}{6} = 0{,}67.$$

Man findet $f(0{,}67) = -0{,}37 < 0$. Daher wiederholt man die Rechnung mit x_0 statt a und findet die bessere Näherung x_1:

$$x_1 = \frac{0{,}67 \cdot 2 - 1(-0{,}37)}{2 - (-0{,}37)} = \frac{1{,}71}{2{,}37} = 0{,}722.$$

Hier und im Folgenden benutzen wir das =-Zeichen auch im Sinne von „näherungsweise gleich", wobei die Genauigkeit aus der Anzahl der Nachkommastellen zu ersehen ist.

Das Sekantenverfahren kann man auch zur Berechnung von Wurzeln (also Lösungen von $x^2 - p = 0$ oder allgemeiner $x^n - p = 0$) benutzen, hier ist aber eher das **heronsche Verfahren** zu empfehlen (➤ s. S. 11): Es sei p eine positive Zahl und x_0 eine Näherung für $\sqrt{p}$ mit $0 < x_0 < \sqrt{p}$; dann ist $\frac{p}{x_0} > \sqrt{p}$. Man erhält dann mit

$$x_1 = \frac{x_0 + \frac{p}{x_0}}{2} = \frac{x_0^2 + p}{2x_0}$$

eine bessere Näherung an $\sqrt{p}$. Dabei kann man auch mit einem x_0 mit $x_0 > \sqrt{p}$ beginnen.

Beispiel: Die Berechnung von $\sqrt{19}$ beginnt z. B. mit $x_0 = 4$.

Im ersten Schritt erhält man $x_1 = \frac{16 + 19}{8} = \frac{35}{8} = 4{,}375$.

Im zweiten Schritt ergibt sich $x_2 = \frac{19{,}14 + 19}{8{,}75} = \frac{38{,}14}{8{,}75} = 4{,}359$.

Damit ist man schon sehr nahe am korrekten Wert 4,3588984. …

Das Heronsche Verfahren dient zur Wurzelberechnung.

Eine noch elegantere Methode zum näherunsweisen Lösen von Gleichungen ist das **Tangentenverfahren**, welches vom Begriff der Ableitung Gebrauch macht (➤ s. S. 80). Ein in manchen Fällen gut funktionierendes Verfahren ist auch das **Fixpunktverfahren**: Man bringe die Gleichung auf die Gestalt $x = F(x)$, wähle einen Startwert x_0 und setze $x_{n+1} = F(x_n)$ für $n \in \mathbb{N}$. Unter gewissen Voraussetzungen über x_0 und F konvergiert die Folge (x_n) dann gegen eine Lösung der Gleichung $x = F(x)$ (Fig. 3).

Das Fixpunktverfahren dient zur Nullstellenberechnung.

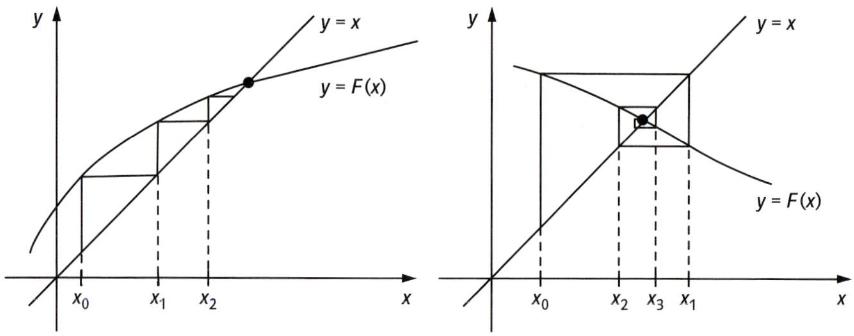

Fig. 3: Beispiele zum Fixpunktverfahren

Beispiel: Die Gleichung $x^3 + 5x - 4 = 0$ ist äquivalent mit $x = \frac{4 - x^3}{5}$.
Mit dem Startwert $x_0 = 1$ ergibt das Fixpunktverfahren

$$x_1 = \frac{4 - 1^3}{5} = 0{,}6; \quad x_2 = \frac{4 - 0{,}6^3}{5} = 0{,}757; \quad x_3 = \frac{4 - 0{,}757^3}{5} = 0{,}713.$$

Rationale Funktionen

Sind $p(x)$ und $q(x)$ Polynome, dann heißt $x \mapsto \frac{p(x)}{q(x)}$ eine **rationale Funktion**. Ist der Grad von $q(x)$ größer als 0, dann heißt die Funktion **gebrochenrational** (andernfalls **ganzrational**). Eine gebrochenrationale Funktion ist außer an den Nullstellen des Nennerpolynoms $q(x)$ für alle reellen Zahlen definiert. Die Nullstellen von $q(x)$ sind Definitionslücken der Funktion.

Die einfachste gebrochenrationale Funktion ist $x \mapsto \frac{1}{x}$. Sie ist außer an der Stelle 0 überall definiert (Fig. 4). In der Nähe von 0 werden die Beträge ihrer Werte beliebig groß. Für wachsende Beträge von x nähern sich die Funktionswerte immer mehr dem Wert 0, ohne diesen zu erreichen. Dieses Verhalten ist typisch für gebrochenrationale Funktionen.

Gebrochenrationale Funktionen haben Definitionslücken an den Nullstellen des Nennerpolynoms.

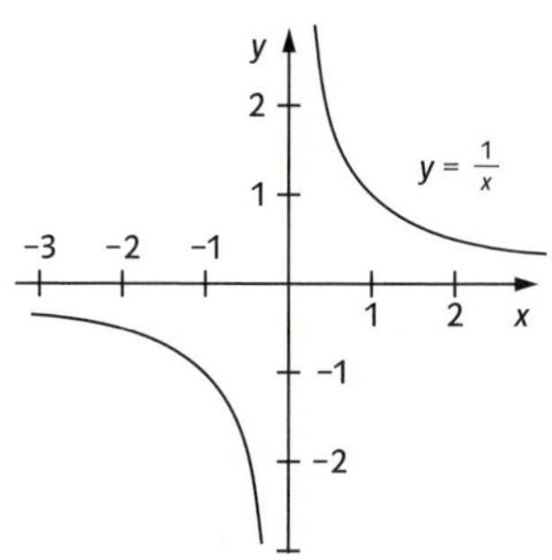

Fig. 4: Gebrochenrationale Funktion

Ist $f(x) = \frac{p(x)}{q(x)}$ mit $q(x_0) = 0$ und $p(x_0) \neq 0$, dann wachsen die Werte von $|f(x)|$ für $x \to x_0$ unbeschränkt. Die Stelle x_0 ist dann ein **Pol** oder eine **Polstelle** der rationalen Funktion f (Fig. 5).

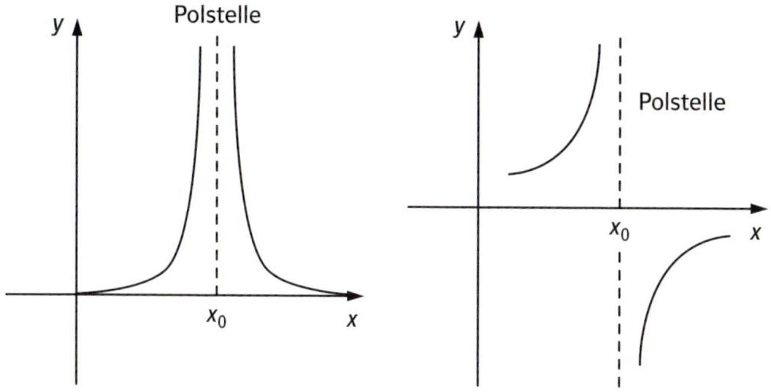

Fig. 5: Pol und Polasymptote

Ist aber $p(x_0) = q(x_0) = 0$, dann kann man die Polynome $p(x)$ und $q(x)$ durch $x - x_0$ teilen und erhält

$$f(x) = \frac{p_1(x)}{q_1(x)} \quad \text{mit} \quad \begin{cases} p_1(x) = p(x) : (x - x_0), \\ q_1(x) = q(x) : (x - x_0). \end{cases}$$

Eine Definitionslücke ist stetig hebbar oder eine Polstelle.

Ist $q_1(x_0) = 0$ und $p_1(x_0) \neq 0$, dann ist x_0 ein Pol von f. Ist aber $q_1(x_0) \neq 0$, dann ist x_0 eine stetig hebbare Definitionslücke (➤ s. S. 60).

Ist x_0 eine Polstelle, dann ist die Parallele zur y-Achse mit der Gleichung $x = x_0$ eine **Polasymptote** des Graphen. Bei Annäherung von links ($x \to x_0^-$) oder von rechts ($x \to x_0^+$) nimmt der Funktionswert beliebig große Beträge an, was man folgendermaßen notieren kann (➤ s. S. 53):

$$\lim_{x \to x_0^-} f(x) = -\infty \quad \text{oder} \quad \lim_{x \to x_0^-} f(x) = +\infty$$

$$\lim_{x \to x_0^+} f(x) = -\infty \quad \text{oder} \quad \lim_{x \to x_0^+} f(x) = +\infty$$

An den Polstellen haben die Graphen Polasymptoten.

Mit Hilfe der **Polynomdivision mit Rest** kann man den Funktionsterm einer gebrochenrationalen Funktion stets auf die Form $k(x) + \frac{r(x)}{q(x)}$ bringen, wobei $k(x)$, $r(x)$ Polynome sind und der Grad von $r(x)$ kleiner als der Grad von $q(x)$ ist.

Durch Polynomdivision mit Rest kann man den Term einer rationalen Funktion in die Form $k(x) + \frac{r(x)}{q(x)}$ bringen, wobei $k(x)$, $r(x)$, $q(x)$ Polynome sind und der Grad von $r(x)$ kleiner als der Grad von $q(x)$ ist.

Beispiel: Division von $x^5 - x + 1$ durch $x^3 + x$ mit Rest:

$$\begin{array}{l} x^5 \qquad - x + 1 = (x^3 + x) \cdot (x^2 - 1) + 1 \\ \underline{x^5 + x^3} \\ \quad -x^3 - x + 1 \\ \quad \underline{-x^3 - x} \\ \qquad\qquad 1 \end{array}$$

Man erhält $\frac{x^5 - x + 1}{x^3 + x} = x^2 - 1 + \frac{1}{x^3 + x}$.

Hat man den Funktionsterm einer rationalen Funktion mit Hilfe der Polynomdivision in die Form

$$f(x) = k(x) + \frac{r(x)}{q(x)}$$

Ist dabei $k(x)$ vom Grad 0, dann hat der Graph eine waagerechte Asymptote.

Ist $k(x)$ vom Grad 1, dann hat der Graph eine schräge Asymptote.

Ist $k(x)$ vom Grad 2, dann hat der Graph eine asymptotische Parabel.

gebracht, wobei $k(x)$, $r(x)$ Polynome sind und der Grad von $r(x)$ kleiner als der Grad von $q(x)$ ist, dann wird $\frac{r(x)}{q(x)}$ für große Beträge von x beliebig klein, da der Nenner stärker als der Zähler wächst. Für wachsende Beträge von x schmiegt sich der Graph von f daher an den Graphen von k an. Der Graph von k ist eine **asymptotische Kurve** des Graphen von f.

Beispiel:
Der Graph von f mit

$$f(x) = \frac{x^5 - x + 1}{x^3 + x}$$
$$= x^2 - 1 + \frac{1}{x^3 + x}.$$

schmiegt sich mit wachsendem Betrag von x an die Parabel mit der Gleichung $y = x^2 - 1$ (Fig. 6).

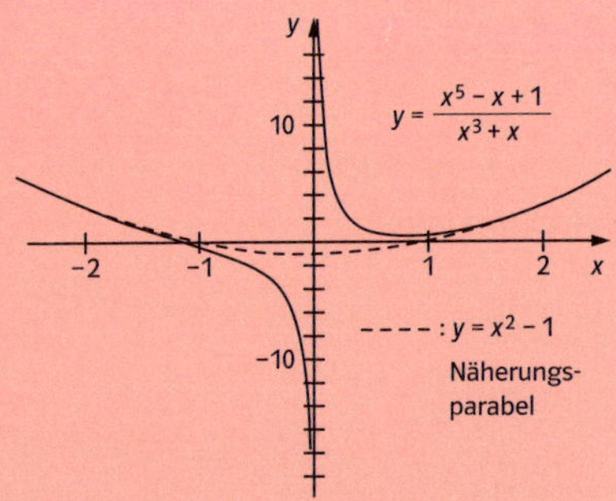

Fig. 6: Asymptotische Parabel

Ist bei der rationalen Funktion f mit $f(x) = \frac{p(x)}{q(x)}$ der Grad von $p(x)$ gleich dem Grad von $q(x)$, dann schmiegt sich der Graph an eine waagerechte Gerade an, er hat eine **waagerechte Asymptote**. Ist der Grad von $p(x)$ um 1 größer als der Grad von $q(x)$, dann schmiegt sich der Graph an eine schräg liegende Gerade an, er hat eine **schräge Asymptote**. Mit Hilfe des Begriffs des **Grenzwerts** von Funktionen (→ s. S. 53) kann man diesen Sachverhalt folgendermaßen ausdrücken:

$$\lim_{x \to -\infty} = (f(x) - k(x)) = \lim_{x \to +\infty} = (f(x) - k(x)) = 0$$

Alle Querverweise im Überblick:

Potenzfunktion: S. 36 → S. 45
Stetige Funktion: S. 38 → S. 58
Geradengleichung: S. 38 → S. 14
Heron-Verfahren: S. 39 → S. 11
Stetig hebbare Definitionslücke: S. 41 → S. 60
Tangentenverfahren: S. 39 → S. 80
Grenzwert von Funktionen: S. 42 → S. 53

Zusammenfassung:
Rationale Funktionen

Ein **Polynom** mit der Variablen x und Koeffizienten aus $\mathbb{R}$ hat die Form $a_n x^n + a_{n-1} x^{n-1} + \ldots + a_1 x + a_0$ mit $a_0, a_1, \ldots, a_{n-1}, a_n \in \mathbb{R}$. Ist dabei $a_n \neq 0$, dann hat das Polynom den **Grad** n.

Eine Funktion, deren Funktionsterm ein Polynom vom Grad n ist, ist eine **Polynomfunktion** vom Grad n. Werte einer Polynomfunktion kann man mit dem **Horner-Verfahren** berechnen.

Hat eine Polynomfunktion mit dem Term $f(x)$ die Nullstelle x_0, dann kann man $f(x)$ durch $x - x_0$ dividieren (**Polynomdivision**).

Nullstellen einer Funktion kann man mit dem **Intervallhalbierungsverfahren**, mit dem **Sekantenverfahren** (**Regula falsi**) oder dem **Fixpunktverfahren** berechnen.

Eine **rationale Funktion** ist der Quotient zweier Polynomfunktionen.
Eine rationale Funktion f mit dem Term $f(x) = \frac{p(x)}{q(x)}$ heißt **ganzrational**, wenn $q(x)$ vom Grad 0 ist, andernfalls **gebrochenrational**.

Die Nullstellen des Nennerpolynoms $q(x)$ der rationalen Funktion f mit dem Term $f(x) = \frac{p(x)}{q(x)}$ sind **Definitionslücken** von f. Ist eine Definitionslücke x_0 auch Nullstelle des Zählerpolynoms $p(x)$, dann kann man $x - x_0$ aus $\frac{p(x)}{q(x)}$ herauskürzen, so dass sich x_0 eventuell als **stetig hebbare Definitionslücke** erweist. Ist dagegen eine Definitionslücke x_0 nicht Nullstelle des Zählerpolynoms $p(x)$, dann ist x_0 eine **Polstelle** von f und der Graph von f hat dort eine senkrechte Asymptote (**Polasymptote**).

Durch **Polynomdivision mit Rest** kann man den Term einer rationalen Funktion f in die Gestalt $f(x) = k(x) + \frac{r(x)}{q(x)}$ bringen, wobei $k(x)$, $r(x)$, $q(x)$ Polynome sind und der Grad von $r(x)$ kleiner als der Grad von $q(x)$ ist. Der Graph der Polynomfunktion $k(x)$ ist dann eine **asymptotische Kurve** des Graphen von f. Ist $k(x)$ vom Grad 0 oder 1, dann liegt eine waagerechte oder schräge **Asymptote** des Graphen von f vor. Ist $k(x)$ vom Grad 2, dann liegt eine **asymptotische Parabel** vor.

Potenz-, Logarithmus- und Exponentialfunktionen

In diesem Kapitel erfahren Sie:

- Die Wurzelfunktionen sind die Umkehrungen der Potenzfunktionen $x \mapsto x^n$ mit $n \in \mathbb{N}^*$ für $x \geqq 0$.
- Die Potenzfunktionen, deren Exponenten Bruchzahlen sind, sind Verkettungen von Wurzelfunktionen mit Potenzfunktionen mit Exponenten aus $\mathbb{N}^*$.
- Potenzfunktionen mit reellen Exponenten lassen sich mit Hilfe des Grenzwertbegriffs definieren.
- Exponentialfunktionen $x \mapsto a^x$ (a > 0) lassen sich mit Hilfe des Grenzwertbegriffs definieren.
- Die Logarithmusfunktionen sind die Umkehrungen der Exponentialfunktionen.

Wurzelfunktionen

Für $n \in \mathbb{N}^*$ ist die Wurzelfunktion $x \mapsto \sqrt[n]{x}$ die Umkehrfunktion von $x \mapsto x^n$ $(x \geqq 0)$.

Die Umkehrfunktionen (➛ s. S. 34) der Potenzfunktionen $x \mapsto x^n$ mit $n \in \mathbb{N}^*$ sind die **Wurzelfunktionen** $x \mapsto \sqrt[n]{x}$. Dabei werden die Potenzfunktionen nur für $x \geqq 0$ betrachtet, so dass auch die Wurzelfunktionen nur für $x \geqq 0$ definiert sind:

Potenzfunktion	Wurzelfunktion
$f\colon x \mapsto x^n$	$f^{-1}\colon x \mapsto \sqrt[n]{x}$.
$(x \geqq 0)$	$(x \geqq 0)$

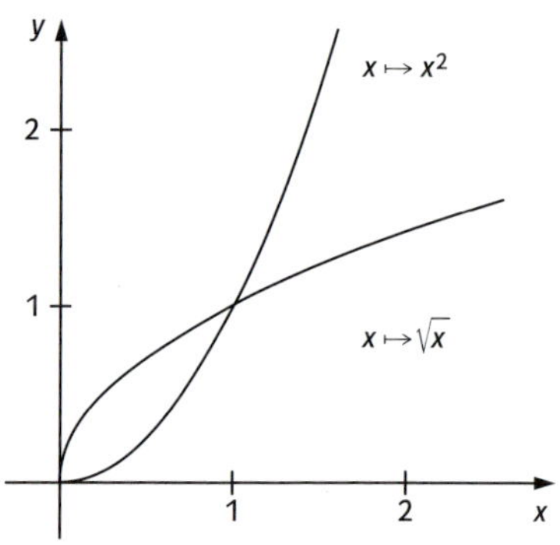

Fig. 1: Wurzelfunktion

Verknüpfungen von Funktionen $x \mapsto \sqrt[n]{x}$ mit rationalen Funktionen nennt man ebenfalls Wurzelfunktionen. Die Definitionsmenge ist durch die Bedingung festgelegt, dass die Radikanden nicht negativ sein dürfen.

Beispiele:

a) Die Funktion $f\colon x \mapsto \sqrt{x} + \sqrt{3-x}$ hat die Definitionsmenge [0; 3]. Außerhalb dieses Intervalls hat einer der beiden Radikanden negative Werte (Fig. 2).

b) Die Funktion $f\colon x \mapsto \sqrt[5]{x^2 + x - 6}$ ist überall außer in dem Intervall]−3; 2[definiert (Fig. 3). Denn es gilt $x^2 + x - 6 \geqq 0$ für $x \leqq -3$ und $x \geqq 2$ sowie $x^2 + x - 6 < 0$ für $-3 < x < 2$.

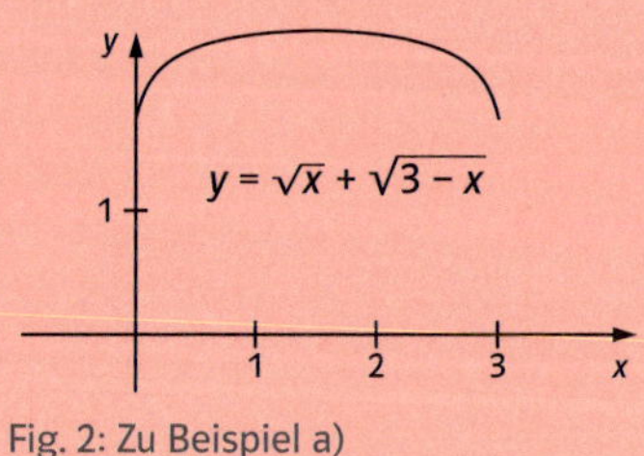

Fig. 2: Zu Beispiel a)

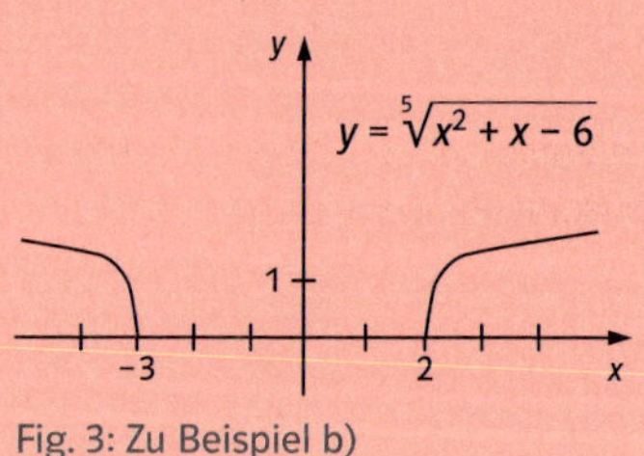

Fig. 3: Zu Beispiel b)

Potenzfunktionen

Für $p, q \in \mathbb{N}^*$ ist $x^{\frac{p}{q}} = \sqrt[q]{x^p} = \left(\sqrt[q]{x}\right)^p$.

Es gilt

$$\left(\sqrt[n]{x}\right)^n = x = \sqrt[n]{x^n}.$$

Statt $\sqrt[n]{x}$ schreibt man auch $x^{\frac{1}{n}}$. Es gilt dann

$$\left(x^{\frac{1}{n}}\right)^n = x = (x^n)^{\frac{1}{n}}.$$

Für $p, q \in \mathbb{N}$ und $x \geqq 0$ definiert man

$$x^{\frac{p}{q}} = \sqrt[q]{x^p} = \left(\sqrt[q]{x}\right)^p.$$

Die Umkehrfunktion von $x \mapsto x^{\frac{p}{q}}$ ist $x \mapsto x^{\frac{q}{p}}$, denn $\left(x^{\frac{q}{p}}\right)^{\frac{p}{q}} = x$.
Damit sind die **Potenzfunktionen** $x \mapsto x^r$ für alle positiven rationalen Zahlen r definiert. Setzt man noch $x^0 = 1$ und $x^{-r} = \frac{1}{x^r}$, dann sind sie für *alle* rationalen Exponenten definiert. Dabei gehört aber 0 nicht mehr zur Definitionsmenge.

Für rationale Zahlen r, s und positive reelle Zahlen x, x_1, x_2 gelten die **Potenzregeln**

$$x^r \cdot x^s = x^{r+s}, \quad (x^r)^s = x^{r \cdot s}, \quad x_1^r \cdot x_2^r = (x_1 \cdot x_2)^r.$$

Multiplizieren und Verketten von Potenzfunktionen ergibt stets wieder Potenzfunktionen: Für $f_1(x) = x^r$ und $f_2(x) = x^s$ ist

$$(f_1 f_2)(x) = x^{r+s} \quad \text{und} \quad (f_1 \circ f_2)(x) = r^{rs}.$$

Beispiel: Wegen $(-2)^3 = -8$ ist $\sqrt[3]{-8} = -2$. Deutet man aber Wurzeln als Potenzen mit rationalen Exponenten und benutzt die Potenzregeln sowie das übliche Rechnen mit Brüchen, dann darf man negative Basen nicht zulassen:

$$(-2) = \sqrt[3]{-8} = (-8)^{\frac{1}{3}} = (-8)^{\frac{2}{6}} = \sqrt[6]{(-8)^2} = \sqrt[6]{64} = +2$$

Es ergibt sich also der Widerspruch „$-2 = +2$“

Beispiel:
Der Graph von $f\colon x \mapsto x^{0,7}$ liegt zwischen den Graphen von $x \mapsto \sqrt{x}$ und $x \mapsto x$;
denn für $x > 1$ gilt

$$\sqrt{x} = x^{0,5} < x^{0,7} < x^1 = x,$$

für $0 < x < 1$ gilt

$$\sqrt{x} = x^{0,5} > x^{0,7} > x^1 = x.$$

An den Stellen 0 und 1 haben die Graphen gemeinsame Punkte (Fig. 4).

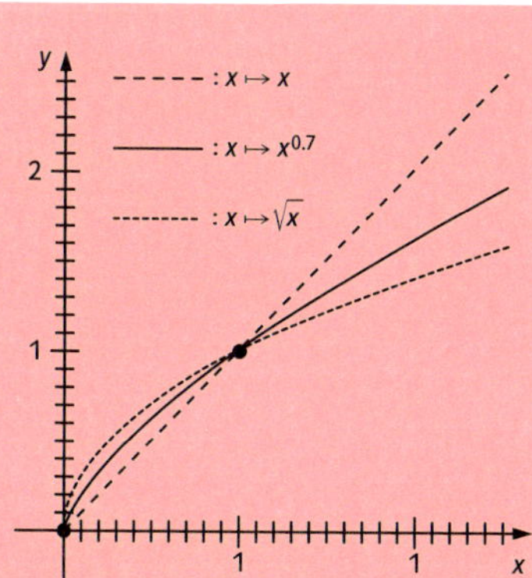

Fig. 4: Potenzfunktionen

Ist (r_n) eine Folge rationaler Zahlen und $\lim\limits_{n \to \infty} r_n = r$, dann ist für $x > 0$ $x^r = \lim\limits_{n \to \infty} x^{r_n}$.

Potenzfunktionen sind auch **mit reellen Exponenten** definiert:
Ist r der Grenzwert einer Folge (r_n) rationaler Zahlen (→ s. S. 23), dann definiert man x^r für $x > 0$ als den Grenzwert der Folge (x^{r_n}):

$$\lim_{n \to \infty} x^{r_n} = x^{\lim\limits_{n \to \infty} \sqrt{n}}$$

Exponentialfunktionen

Ist (x_n) eine Folge rationaler Zahlen und $\lim\limits_{n \to \infty} x_n = x$, dann ist für $b > 0$ $b^x = \lim\limits_{n \to \infty} b^{x_n}$.

Betrachtet man in einer Potenz u^v die Basis u als Variable und den Exponent v als feste Zahl, dann liegt eine Potenzfunktion vor. Betrachtet man aber das Basis u als feste Zahl und den Exponent v als Variable, dann liegt eine Exponentialfunktion vor.

Ist $b > 0$ und (r_n) eine Folge rationaler Zahlen mit dem Grenzwert r, dann setzt man

$$b^r = \lim_{n \to \infty} b^{r_n}.$$

$\exp_b$ ist die Exponentialfunktion zur Basis b, also $\exp_b(x) = b^x$.

Die auf $\mathbb{R}$ definierte Funktion $x \mapsto b^x$ heißt **Exponentialfunktion zur Basis** b.
Die Graphen der Exponentialfunktionen zur Basis b und $\frac{1}{b}$ liegen spiegelbildlich bezüglich der y-Achse (Fig. 5). Daher beschränken wir uns künftig auf $b > 1$.
Für die Exponentialfunktion $x \mapsto b^x$ benutzt man oft das Symbol $\exp_b$; es ist also $\exp_b(x) = b^x$. Es gilt

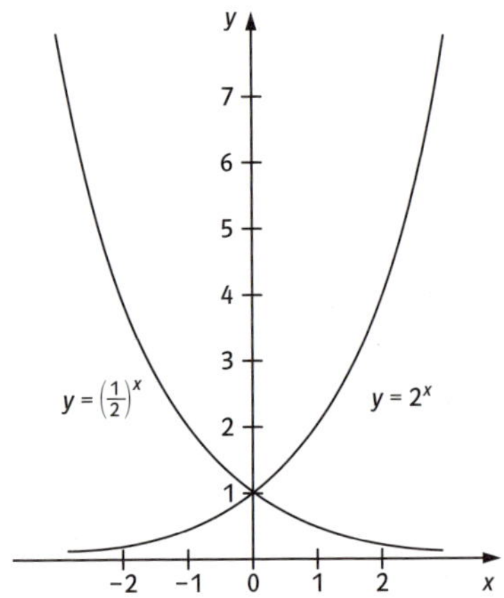

Fig. 5: Exponentialfunktionen

$$\exp_b(x_1 + x_2) = \exp_b(x_1) \cdot \exp_b(x_2),$$
$$\exp_b(rx) = (\exp_b(x))^r.$$

Logarithmusfunktionen

$\log_b$ ist die Logarithmusfunktion zur Basis b, also $\log_b(x) = \log_b x$.

$\log_b$ und $\exp_b$ sind Umkehrfunktionen voneinander.

Die **Logarithmusfunktion zur Basis** b mit $b > 1$ ist die Umkehrfunktion der Exponentialfunktion zur Basis b (Fig. 6):

$$f = \exp_b \qquad f^{-1} = \log_b$$
$$f\colon x \mapsto b^x \qquad f^{-1}\colon x \mapsto \log_b x$$
$$b^{\log_b x} = x = \log_b b^x$$

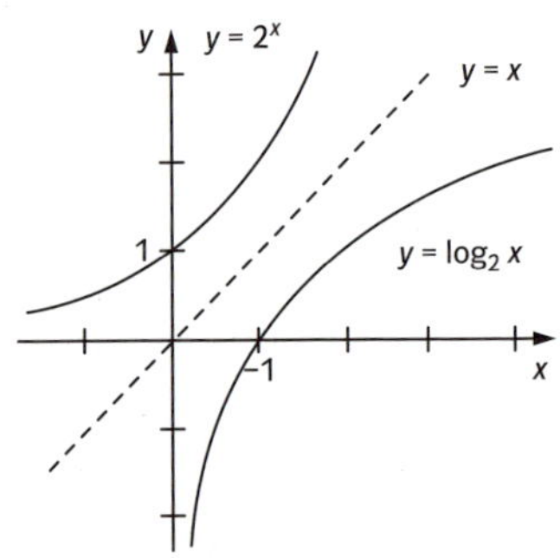

Fig. 6: Logarithmus zur Basis 2

Aus den Potenzregeln folgen die **Logarithmenregeln**:

$$\log_b(x_1 \cdot x_2) = \log_b x_1 + \log_b x_2$$

$$\log_b x^r = r \cdot \log_b x$$

Bei Übergang von der Basis b zur Basis a gilt

$$\log_a x = \log_a b \cdot \log_b x.$$

Denn

$$a^{\log_a b \cdot \log_b x} = b^{\log_b x} = x.$$

Der Logarithmus zur Basis 2 heißt **ld** (logarithmus dualis); der Logarithmus zur Basis 10 heißt **lg** (Zehnerlogarithmus); der Logarithmus zur Basis e (eulersche Zahl (➛ s. S. 73)) heißt **ln** (logarithmus naturalis); vgl. Fig. 7.

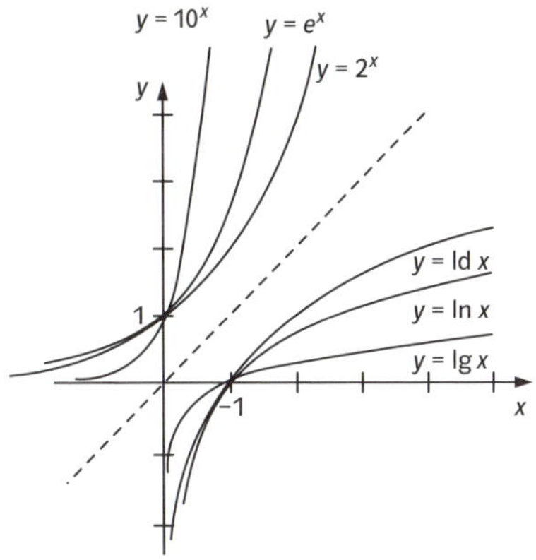

Fig. 7: Logarithmusfunktionen

Alle Querverweise im Überblick:

Umkehrfunktion: S. 44 ➛ S. 34
Grenzwert einer Folge: S. 46 ➛ S. 23
Eulersche Zahl e: S. 47 ➛ S. 73

Zusammenfassung:
Potenz-, Logarithmus- und Exponentialfunktionen

Für $n \in \mathbb{N}^*$ sind die Funktionen $x \mapsto x^n$ $(x \geqq 0)$ und $x \mapsto \sqrt[n]{x}$ $(x \geqq 0)$ **Umkehrfunktionen** voneinander.

Für $p, q \in \mathbb{N}^*$ und $x \geqq 0$ ist $x^{\frac{p}{q}} = \sqrt[q]{x^p} = \left(\sqrt[q]{p}\right)^p$;
insbesondere ist $x^{\frac{1}{q}} = \sqrt[q]{x}$.

Für eine positive rationale Zahl r ist $x^{-r} = \frac{1}{x^r}$, falls $x > 0$;
insbesondere ist $x^{-1} = \frac{1}{x}$, falls $x > 0$.

Ist die reelle Zahl r Grenzwert einer Folge (r_n) rationaler Zahlen, dann gilt für $x > 0$

$$x^r = \lim_{n \mapsto \infty} x^{r_n}.$$

Für $x \neq 0$ ist $x^0 = 1$; für $x > 0$ ist $0^x = 0$. Der Ausdruck 0^0 ist nicht definiert (undefinierter Ausdruck).

Die Funktionen $x \mapsto x^r$ heißen **Potenzfunktionen**.

Ist $b > 0$, dann ist die

Exponentialfunktion $\exp_b: x \mapsto b^x$

auf $\mathbb{R}$ definiert und dort umkehrbar. Ihre Umkehrfunktion ist die

Logarithmusfunktion $\log_b: x \mapsto \log_b x$,

welche auf der Menge der positiven reellen Zahlen definiert ist.

Aus den **Potenzregeln**

$$\exp_b(x_1 + x_2) = \exp_b(x_1) \cdot \exp_b(x_2) \quad \text{und} \quad \exp_b(rx) = (\exp_b(x))^r$$

folgen die **Logarithmenregeln**

$$\log_b(x_1 \cdot x_2) = \log x_1 + \log x_2 \quad \text{und} \quad \log_b(x^r) = r \cdot \log_b x.$$

Trigonometrische Funktionen

In diesem Kapitel erfahren Sie:

- Bedeutung von Sinus, Kosinus und Tangens eines Winkels und der trigonometrischen Funktionen sin, cos, tan.
- Einige wichtige Sätze der Trigonometrie.
- Das Bogenmaß eines Winkels wird statt des Gradmaßes bei den trigonometrischen Funktionen benutzt.
- Die Umkehrfunktionen der trigonometrischen Funktionen sind die Arkusfunktionen arcsin, arccos, arctan.

Sinus, Kosinus und Tangens eines Winkels

Die Koordinaten eines Punktes P auf dem Einheitskreis sind durch den Winkel α zwischen OP und der x-Achse festgelegt. Man nennt

die x-Koordinate **Kosinus** von α ($\cos\alpha$),
die y-Koordinate **Sinus** von α ($\sin\alpha$).

Dreht man also den Radius von der positiven x-Achse aus um den Winkel α, dann ist der Endpunkt $P(\cos\alpha \mid \sin\alpha)$. Dabei ist $\alpha > 0$ für eine Linksdrehung und $\alpha < 0$ für eine Rechtsdrehung. Es gilt $\sin^2\alpha + \cos^2\alpha = 1$.

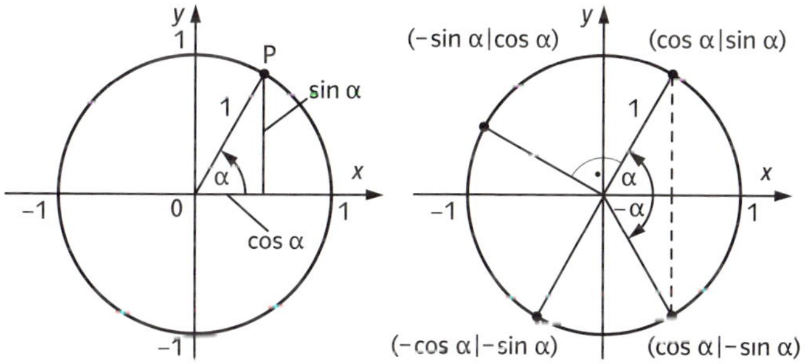

Fig. 1: Werte von sin und cos

Der Darstellung der Sinus- und Kosinuswerte am Einheitskreis (Fig. 1) kann man sofort folgende Beziehungen entnehmen:

$\sin(\alpha + 360°) = \sin\alpha$	$\cos(\alpha + 360°) = \cos\alpha$
$\sin(-\alpha) = -\sin\alpha$	$\cos(-\alpha) = \cos\alpha$
$\sin(\alpha + 90°) = \cos\alpha$	$\cos(\alpha + 90°) = -\sin\alpha$
$\sin(\alpha + 180°) = -\sin\alpha$	$\cos(\alpha + 180°) = -\cos\alpha$

Im rechtwinkligen Dreieck in Fig. 2 gilt:

$$\sin\alpha = \frac{\text{Gegenkathete}}{\text{Hypotenuse}}; \quad \cos\alpha = \frac{\text{Ankathete}}{\text{Hypotenuse}}.$$

Den Quotient aus sin α und cos α nennt man **Tangens** von α und bezeichnet ihn mit $\tan\alpha$:

$$\tan\alpha = \frac{\sin\alpha}{\cos\alpha} = \frac{\text{Gegenkathete}}{\text{Ankathete}}$$

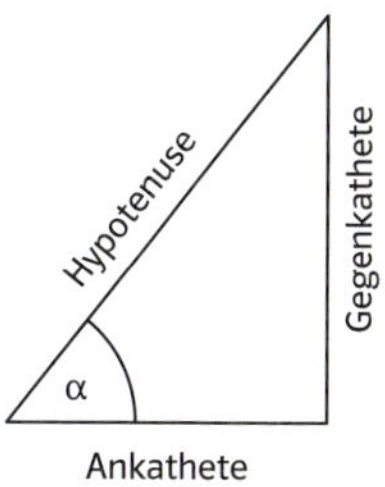

Fig. 2: Rechtwinkliges Dreieck

Für einen Winkel α im rechtwinkligen Dreieck ist

$\sin\alpha = \frac{\text{Gegenkathete}}{\text{Hypotenuse}}$,

$\cos\alpha = \frac{\text{Ankathete}}{\text{Hypotenuse}}$,

$\tan\alpha = \frac{\text{Gegenkathete}}{\text{Ankathete}}$.

Es gilt
$\tan\alpha = \frac{\sin\alpha}{\cos\alpha}$.

Trigonometrische Sätze

Einige Werte von sin, cos und tan sind einfach zu berechnen (Tabelle), in der Regel benutzt man den Taschenrechner. Diese Werte dienen zur Berechnung von Dreiecken, also zur Bestimmung aller Seiten und Winkel, wenn drei Bestimmungsstücke gegeben sind.

α	$\sin\alpha$	$\cos\alpha$	$\tan\alpha$
0°	0	1	0
30°	$\frac{1}{2}$	$\frac{1}{2}\sqrt{3}$	$\frac{1}{3}\sqrt{3}$
45°	$\frac{1}{2}\sqrt{2}$	$\frac{1}{2}\sqrt{2}$	1
60°	$\frac{1}{2}\sqrt{3}$	$\frac{1}{2}$	$\sqrt{3}$
90°	1	0	(∞)

Sinussatz: $\frac{a}{b} = \frac{\sin\alpha}{\sin\beta}$

In dem Dreieck in Fig. 3 sei h eine Höhe. Dann ist $a \sin\beta = h = b \sin\alpha$, also

$$\frac{a}{b} = \frac{\sin\alpha}{\sin\beta} \quad \textbf{(Sinussatz)}.$$

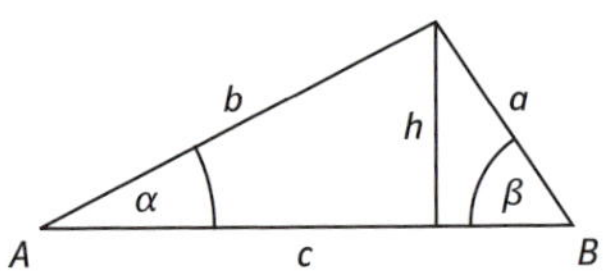

Fig. 3: Zum Sinussatz

Es gilt $c^2 = (a \sin\gamma)^2 + (b - a\cos\gamma)^2$ mit den Bezeichnungen in Fig. 4, also

$$c^2 = a^2 + b^2 - 2ab\cos\gamma \quad \textbf{(Kosinussatz)}.$$

Kosinussatz: $c^2 = a^2 + b^2 - 2ab\cos\gamma$

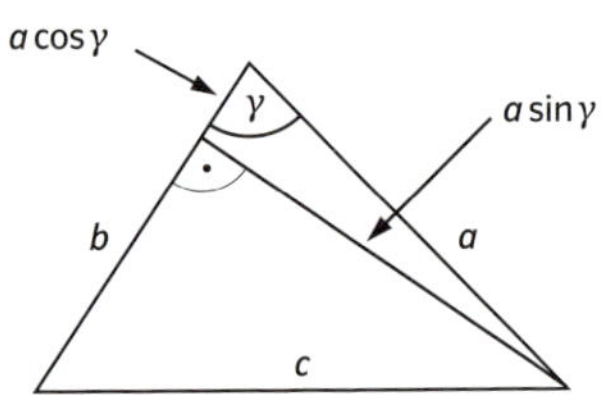

Fig. 4: Zum Kosinussatz

Die **Additionstheoreme** (➛ s. S. 185) lauten:

$$\sin(\alpha + \beta) = \sin\alpha\cos\beta + \cos\alpha\sin\beta,$$
$$\cos(\alpha + \beta) = \cos\alpha\cos\beta - \sin\alpha\sin\beta.$$

Sonderfall $\alpha = \beta$:

$$\sin 2\alpha = 2\sin\alpha\cos\alpha,$$
$$\cos 2\alpha = \cos^2\alpha - \sin^2\alpha.$$

Die trigonometrischen Funktionen

Jedem Winkel ordnet man als **Bogenmaß** die Länge des zugehörigen Bogens auf dem Einheitskreis zu, ein Winkel von 1° hat also das Bogenmaß $\frac{1}{360}$ von 2π bzw. $\frac{1}{180}$ von π. Dabei können die Winkel auch größer als 360° bzw. 2π sein, der Einheitskreis kann also mehrfach durchlaufen werden. Ein Winkel von $\alpha°$ hat das Bogenmaß $\frac{\alpha}{180} \cdot \pi$.

Das Bogenmaß eines Winkels von $\alpha°$ ist $\frac{\alpha}{360}$ des Umfangs des Einheitskreises, also $\frac{\alpha}{360} \cdot 2\pi = \frac{\alpha\pi}{180}$.

Trägt man in einem Koordinatenkreuz auf der x-Achse das Bogenmaß und auf der y-Achse die zugehörigen Werte von sin bzw. cos auf, dann erhält man die Graphen der **Sinusfunktion** und der **Kosinusfunktion** (Fig. 5). Diese Funktionen sind periodisch mit der Periode 2π:

$$\sin(x + 2\pi) = \sin x, \qquad \cos(x + 2\pi) = \cos x.$$

Die Funktionen sin, cos sind auf ℝ definiert und periodisch.

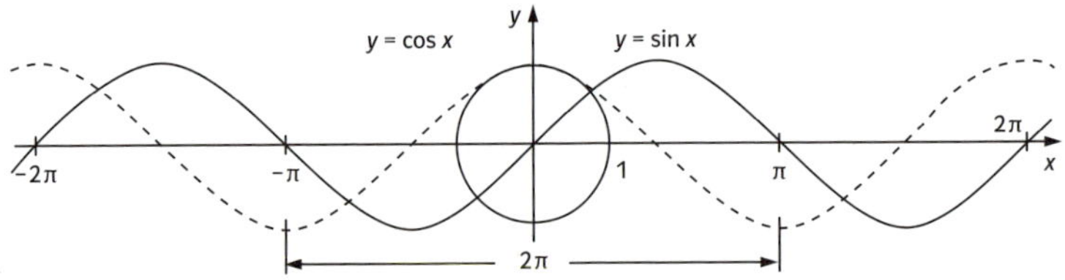

Fig. 5: Die Sinusfunktion und die Kosinusfunktion

Die **Tangensfunktion** ist definiert durch

$$\tan x = \frac{\sin x}{\cos x}.$$

Die Funktion tan hat Definitionslücken an den Nullstellen von cos (Fig. 6). Ihre Wertemenge ist $\mathbb{R}$. Sie ist periodisch mit der Periode π:

$$\tan(x + \pi) = \tan x,$$

denn

$$\frac{\sin(x+\pi)}{\cos(x+\pi)} = \frac{-\sin x}{-\cos x} = \frac{\sin x}{\cos x}.$$

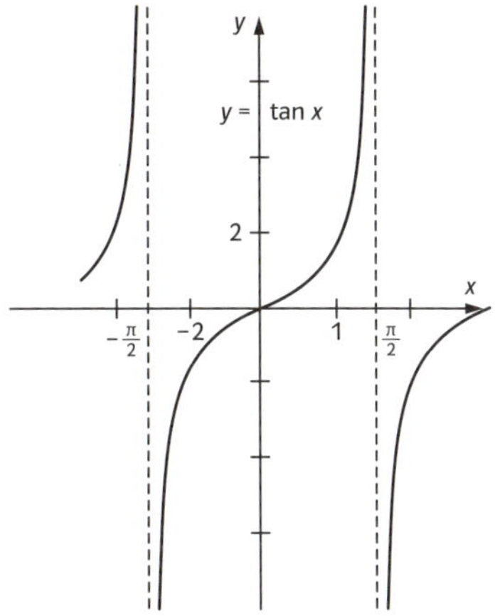

Fig. 6: Tangensfunktion

Die Funktion tan hat Definitionslücken an den Stellen $\frac{\pi}{2} + k\pi$ $(k \in \mathbb{Z})$.

Arkusfunktionen

Die Umkehrung der Sinusfunktion auf dem Intervall $\left[-\frac{\pi}{2}; \frac{\pi}{2}\right]$ ist die **Arkussinusfunktion**: $x \mapsto \arcsin x$.
Sie hat die Definitionsmenge $[-1; 1]$ und die Wertemenge $\left[-\frac{\pi}{2}; \frac{\pi}{2}\right]$ (Fig. 7).

Die Umkehrung der Kosinusfunktion auf dem Intervall $[0; \pi]$ ist die **Arkuskosinusfunktion**: $x \mapsto \arccos x$.
Sie hat die Definitionsmenge $[-1; 1]$ und die Wertemenge $[0; \pi]$ (Fig. 7).

Die Umkehrung der Tangensfunktion auf dem Intervall $\left[-\frac{\pi}{2}; \frac{\pi}{2}\right]$ ist die **Arkustangensfunktion**: $x \mapsto \arctan x$.
Sie hat die Definitionsmenge $\mathbb{R}$ und die Wertemenge $\left[-\frac{\pi}{2}; \frac{\pi}{2}\right]$ (Fig. 7).

Manchmal werden obige Funktionen mit $\sin^{-1}$, $\cos^{-1}$, $\tan^{-1}$ bezeichnet.

Auf geeigneten Intervallen existieren Umkehrfunktionen:
$\sin^{-1} = \arcsin$
$\cos^{-1} = \arccos$
$\tan^{-1} = \arctan$

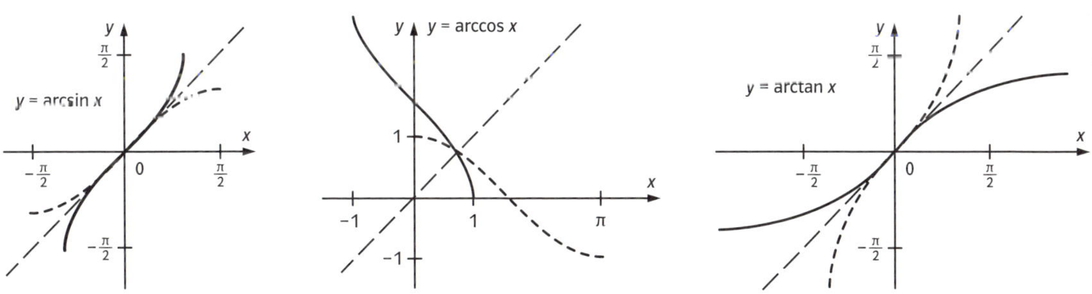

Fig. 7: Die Arkusfunktionen

Alle Querverweise im Überblick:

Additionstheoreme: S. 50 → S. 185

Zusammenfassung: Trigonometrische Funktionen

Sinus, **Kosinus** und **Tangens** eines Winkels α im rechtwinkligen Dreieck sind als Seitenverhältnisse definiert:

$$\sin\alpha = \frac{\text{Gegenkathete}}{\text{Hypotenuse}}; \quad \cos\alpha = \frac{\text{Ankathete}}{\text{Hypotenuse}}; \quad \tan\alpha = \frac{\text{Gegenkathete}}{\text{Ankathete}}.$$

Mit den Bezeichnungen aus Fig. 2 (→ s. S. 49) gilt:

$$\frac{a}{b} = \frac{\sin\alpha}{\sin\beta} \quad \text{(Sinussatz)}, \qquad c^2 = a^2 + b^2 - 2ab\cos\gamma \quad \text{(Kosinussatz)}.$$

Additionstheoreme der Trigonometrie nennt man die Formeln

$$\sin(\alpha+\beta) = \sin\alpha\cos\beta + \cos\alpha\sin\beta,$$

$$\cos(\alpha+\beta) = \cos\alpha\cos\beta - \sin\alpha\sin\beta$$

mit den Sonderfällen $\sin 2\alpha = 2\sin\alpha\cos\alpha$, $\cos 2\alpha = \cos^2\alpha - \sin^2\alpha$.

Das Bogenmaß eines Winkels ist die Länge des zugehörigen Bogens auf dem Einheitskreis; das Bogenmaß eines Winkels von $\alpha°$ ist also $\alpha \cdot \frac{\pi}{180}$.
Die trigonometrischen Funktionen geben die Werte von sin, cos, tan an, wenn der Winkel im Bogenmaß eingesetzt wird.

Die Sinusfunktion und die Kosinusfunktion sind periodisch mit der Periode 2π, die Tangensfunktion ist periodisch mit der Periode π.

Die Sinusfunktion und die Kosinusfunktion sind überall auf $\mathbb{R}$ definiert, während die Tangensfunktion Definitionslücken an den Stellen $\pm\frac{\pi}{2}, \pm\frac{3\pi}{2}, \frac{5\pi}{2}, \ldots$ hat; in der Umgebung dieser Stellen nimmt tan beliebig große Werte an.

Die Einschränkungen der trigonometrischen Funktionen auf gewisse Intervalle sind umkehrbar.

Auf $\left[-\frac{\pi}{2}; \frac{\pi}{2}\right]$ ist $\sin^{-1} = \arcsin$ (**Arkussinusfunktion**);

auf $[0; \pi]$ ist $\cos^{-1} = \arccos$ (**Arkuskosinusfunktion**);

auf $\left[-\frac{\pi}{2}; \frac{\pi}{2}\right]$ ist $\tan^{-1} = \arctan$ (**Arkustangensfunktion**).

Grenzwerte von Funktionen

In diesem Kapitel erfahren Sie:

- Der Begriff des Grenzwerts einer Funktion an einer Stelle x_0 kann mit Hilfe von Folgen mit dem Grenzwert x_0 definiert werden.
- Für Grenzwerte gilt das Einschließungskriterium.
- Ist f auf der Halbgeraden $[a; \infty[$ definiert, dann kann man den Grenzwert von f für $x \to \infty$ untersuchen.
- Sind f und g auf der Halbgeraden $[a; \infty[$ definiert und ist $\lim\limits_{x \to \infty} (f(x) - g(x)) = 0$, dann sind f und g für $x \to \infty$ asymptotisch gleich und der Graph von f schmiegt sich für $x \to \infty$ an den Graph von g bzw. umgekehrt.

Grenzwert an einer Stelle x_0

Die Funktion f sei für $|x - x_0| < r$ definiert, möglicherweise aber nicht an der Stelle x_0. Ferner sei $c \in \mathbb{R}$. Gibt es zu jedem ε mit $r > \varepsilon > 0$ ein $\delta_\varepsilon > 0$ derart, dass

$$|f(x) - c| < \varepsilon \quad \text{für alle } x \neq x_0 \text{ mit } |x - x_0| < \delta_\varepsilon,$$

dann heißt c der **Grenzwert** von f an der Stelle x_0 (Fig. 1) und man schreibt

$$\lim_{x \to x_0} f(x) = c.$$

$\lim\limits_{x \to x_0} f(x) = c$ bedeutet:
$f(x)$ liegt beliebig nahe bei c, wenn x hinreichend nahe bei x_0 liegt.

Die positive Zahl ε soll dabei beliebig klein gewählt werden können, aber stets findet man eine (von der Wahl von ε abhängige) Zahl δ_ε, so dass sich $f(x)$ von c um weniger als ε unterscheidet, falls sich x von x_0 um weniger als δ_ε unterscheidet.
Es gilt $\lim\limits_{x \to x_0} f(x) = c$, wenn für jede Folge (x_n) mit dem Grenzwert x_0 die Folge $(f(x_n))$ zum Grenzwert c konvergiert (→ s. S. 23).

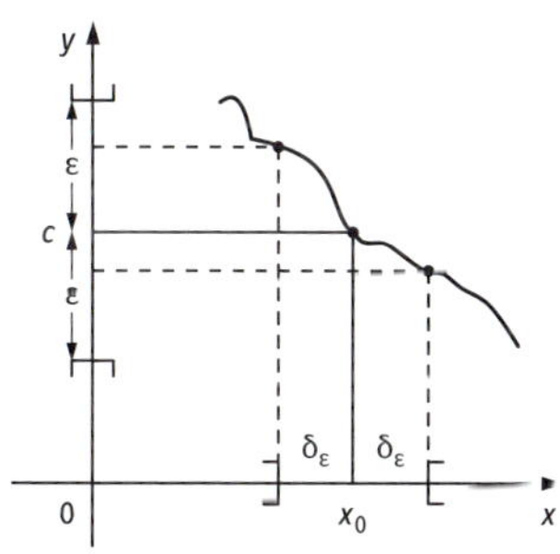

Fig. 1: Zum Grenzwertbegiff

Beispiel: Ein Unternehmen hat ermittelt, dass für die Herstellung von x Einheiten einer Ware die Kosten näherungsweise durch

$$K\colon x \mapsto \tfrac{1}{3}x^3 - 6x^2 + 48x + 80$$

gegeben sind. Nun soll die Änderung der Kosten pro Einheit an einer Stelle x_0 (**Änderungsrate**) berechnet werden. Wählt man eine Stelle x nahe bei x_0, dann ist die Änderungsrate näherungsweise

$$\frac{K(x) - K(x_0)}{x - x_0} = \frac{1}{3} \cdot \frac{x^3 - x_0^3}{x - x_0} - 6 \cdot \frac{x^2 - x_0^2}{x - x_0} + 48\frac{x - x_0}{x - x_0} = \frac{1}{3}\left(x^2 + x_0x + x_0^2\right) - 6(x + x_0) + 48.$$

Liegt nun x nahe bei x_0, so dass man die beiden Werte praktisch nicht unterscheiden muss, dann ergibt sich für die gesuchte Änderungsrate an der Stelle x_0

$$\lim_{x \to x_0} \frac{K(x) - K(x_0)}{x - x_0} = x_0^2 - 12x_0 + 48.$$

Für Grenzwerte von Funktionen gilt das **Einschließungskriterium**:
Ist $f(x) \leqq g(x) \leqq h(x)$ für alle x aus einer Umgebung von x_0 mit $x \neq x_0$ und gilt $\lim\limits_{x \to x_0} f(x) = c = \lim\limits_{x \to x_0} h(x)$, dann ist auch $\lim\limits_{x \to x_0} g(x) = c$.

Für Grenzwerte von Funktionen gilt das Einschließungskriterium.

Es gilt:

$\lim\limits_{x \to 0} \frac{\sin x}{x} = 1$

$\lim\limits_{x \to 0} \frac{1 - \cos^2 x}{x^2} = \frac{1}{2}$

Beispiel:

Der Grenzwert von $f(x) = \frac{\sin x}{x}$ an der Stelle 0 soll berechnet werden (➤ s. S. 49).
Weil $\frac{0}{0}$ ein unbestimmter Ausdruck ist, ist f an der Stelle 0 nicht definiert. Es sei $0 < x < \frac{\pi}{2}$. Ein Sektor des Einheitskreises zur Bogenlänge x hat den Flächeninhalt $\frac{x}{2}$ $\left(= \frac{x}{2\pi} \cdot \pi\right)$ (Fig. 2). Dieser ist größer als der Inhalt des rechtwinkligen Dreiecks mit den Katheten $\sin x$ und $\cos x$, aber kleiner als der Inhalt des rechtwinkligen Dreiecks mit den Katheten $\tan x$ und 1.
Also ist

$$\frac{1}{2} \cdot \sin x \cdot \cos x < \frac{x}{2} < \frac{1}{2} \cdot \tan x \cdot 1.$$

Daraus folgt

$$\frac{1}{\cos x} > \frac{\sin x}{x} > \cos x.$$

Dies gilt ebenso für $-\frac{\pi}{2} < x < 0$.

Aus $\lim\limits_{x \to 0} \cos x = 1$ und dem Einschließungskriterium folgt nun

$$\lim_{x \to 0} \frac{\sin x}{x} = 1.$$

Im Sinne dieses Grenzwerts gilt also in der Nähe von 0 die Beziehung $\sin x \approx x$.
In Fig. 3 ist dies durch die Graphen von $x \mapsto \sin x$ und $x \mapsto x$ veranschaulicht.

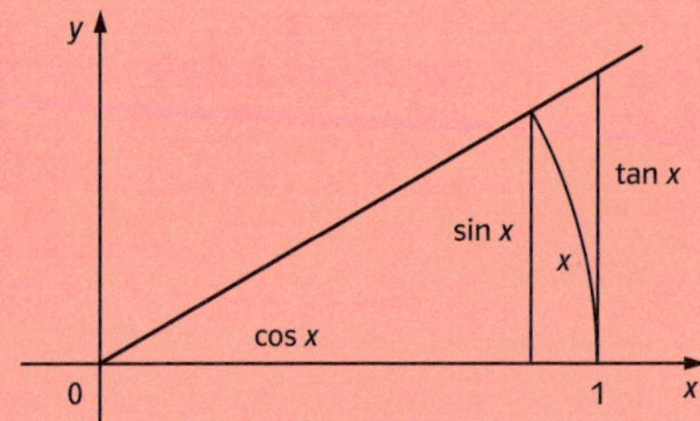

Fig. 2: Abschätzung von $\frac{\sin x}{x}$

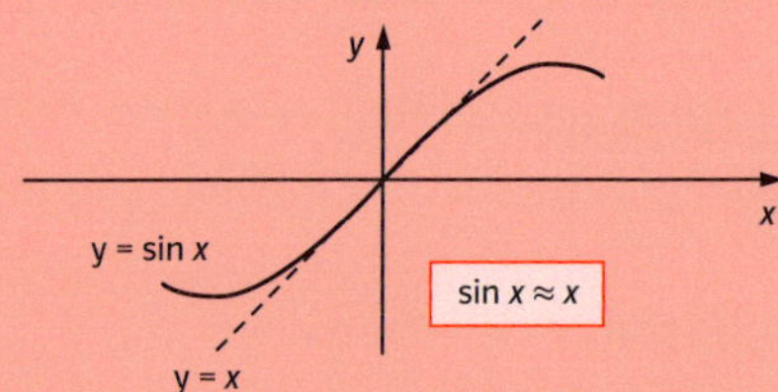

Fig. 3: Vergleich von sin x mit x

Wegen $\frac{1 - \cos x}{x^2} = \frac{1 - \cos^2 x}{x^2 (1 + \cos x)} = \frac{\sin^2 x}{x^2 (1 + \cos x)} = \left(\frac{\sin x}{x}\right)^2 \cdot \frac{1}{1 + \cos x}$

ergibt sich auch die Grenzwertbeziehung $\lim\limits_{x \to 0} \frac{1 - \cos x}{x^2} = \frac{1}{2}$.

An einer Sprungstelle von f sind die einseitigen Grenzwerte von f verschieden.

Lässt man beim Grenzübergang $x \mapsto x_0$ nur Werte $x < x_0$ oder nur Werte $x > x_0$ zu, was man durch $x \mapsto x_0^-$ bzw. $x \mapsto x_0^+$ ausdrückt, dann ergeben sich **einseitige Grenzwerte**, und zwar $\lim\limits_{x \mapsto x_0^-} f(x)$ (**linksseitiger** Gw), $\lim\limits_{x \mapsto x_0^+} f(x)$ (**rechtsseitiger** Gw). Sind diese verschieden, dann ist x_0 eine **Sprungstelle** von f.

Grenzwert von Funktionen für $x \to \infty$

$\lim\limits_{x \to \infty} f(x) = c$ bedeutet:

$f(x)$ liegt beliebig nahe bei c, wenn x einen hinreichend großen positiven Wert hat.

Die Funktion f sei auf $[a; \infty[$ definiert und es sei $c \in \mathbb{R}$. Gibt es zu jedem $\varepsilon > 0$ ein $x_\varepsilon > a$ derart, dass

$$|f(x) - c| < \varepsilon \text{ für alle } x > x_\varepsilon$$

(Fig. 4), dann heißt c der **Grenzwert** von f für x gegen unendlich ($x \to \infty$); man schreibt

$$\lim_{x \to \infty} f(x) = c.$$

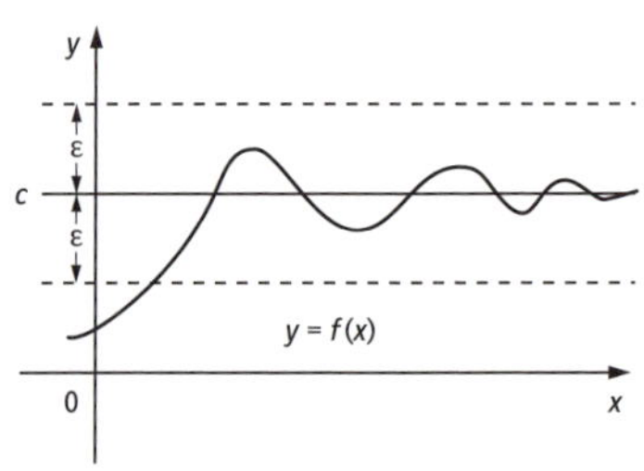

Fig. 4: Grenzwertbegriff

Genau dann gilt $\lim\limits_{x \to \infty} f(x) = c$, wenn für jede unbeschränkt wachsende Folge (x_n) aus $[a; \infty[$ die Folge $(f(x_n))$ zum Grenzwert c konvergiert (➤ s. S. 23). Genau dann gilt $\lim\limits_{x \to \infty} f(x) = c$, wenn $\lim\limits_{x \to 0^+} f\left(\frac{1}{x}\right) = c$.

Es gilt das **Einschließungskriterium**: Ist $f(x) \geqq g(x) \geqq h(x)$ für alle $x \geqq a$ und gilt $\lim\limits_{x \to \infty} f(x) = c = \lim\limits_{x \to \infty} h(x)$, dann ist auch $\lim\limits_{x \to \infty} g(x) = c$.

Analog zum Grenzwert für $x \to \infty$ betrachtet man den für $x \to -\infty$, wenn f auf $]-\infty; a]$ mit $a \in \mathbb{R}$ definiert ist.

Asymptotisches Verhalten von Funktionen

Die Funktion f sei für $x \geqq a$ mit festem $a \in \mathbb{R}$ definiert, so dass man ihr Verhalten für $x \to \infty$ untersuchen kann.
Existiert ein $c \in \mathbb{R}$ mit $\lim\limits_{x \to \infty} f(x) = c$ bzw. $\lim\limits_{x \to \infty} (f(x) - c) = 0$, dann ist die Gerade mit der Gleichung $y = c$ eine **waagerechte Asymptote** des Graphen von f. Man schreibt

$$f(x) \approx c \quad (x \to \infty).$$

Gilt $\lim\limits_{x \to \infty} (f(x) - (cx + d)) = 0$, mit $c, d \in \mathbb{R}$, und $c \neq 0$, dann ist die Gerade mit der Gleichung $y = cx + d$ eine **schräge Asymptote** des Graphen von f. Man schreibt

$$f(x) \approx cx + d \quad (x \to \infty).$$

Gilt $\lim\limits_{x \to \infty} (f(x) - (cx^2 + dx + e)) = 0$, mit $c, d, e \in \mathbb{R}$, und $c \neq 0$, dann ist die Parabel mit der Gleichung $y = cx^2 + dx + e$ eine **asymptotische Parabel** des Graphen von f. Man schreibt

$$f(x) \approx cx^2 + dx + e \quad (x \to \infty).$$

Allgemein bedeutet $f(x) \approx g(x)$ $(x \to \infty)$, dass $\lim\limits_{x \to \infty} (f(x) - g(x)) = 0$.
Ebenso ist $f(x) \approx g(x)$ $(x \to -\infty)$ zu verstehen. Das Zeichen „≈“ liest man hier: „ist asymptotisch gleich“.

Der Term einer rationalen Funktion f (➤ s. S. 40) lässt sich immer in der Form $f(x) = k(x) + \frac{r(x)}{q(x)}$ schreiben, wobei $k(x)$, $r(x)$, $p(x)$ Polynome sind und der Grad von $r(x)$ kleiner als der Grad von $q(x)$ ist. Wegen $\lim\limits_{x \to \infty} \frac{r(x)}{q(x)} = 0$ und $\lim\limits_{x \to -\infty} \frac{r(x)}{q(x)} = 0$ gilt dann $f(x) \approx k(x)$ $(x \to \pm\infty)$.

$\lim\limits_{x \to \infty} (f(x) - c) = 0$ bedeutet:

Die Gerade mit der Gleichung $y = c$ ist (waagerechte) Asymptote des Graphen von f.

$\lim\limits_{x \to \infty} (f(x) - l(x)) = 0$ mit einem linearen Polynom $l(x)$ bedeutet:

Die Gerade mit der Gleichung $y = l(x)$ ist Asymptote des Graphen von f.

$\lim\limits_{x \to \infty} (f(x) - p(x)) = 0$ mit einem quadratischen Polynom $p(x)$ bedeutet:

Die Parabel mit der Gleichung $y = p(x)$ ist asymptotische Kurve des Graphen von f.

Beispiele:

a) Für

$$f(x) = \frac{2x^2 - 4}{x^2 + 3} = 2 - \frac{10}{x^2 + 3}$$

gilt (Fig. 5)

$$f(x) \approx 2 \quad (x \to \infty).$$

Es liegt eine waagerechte Asymptote vor.

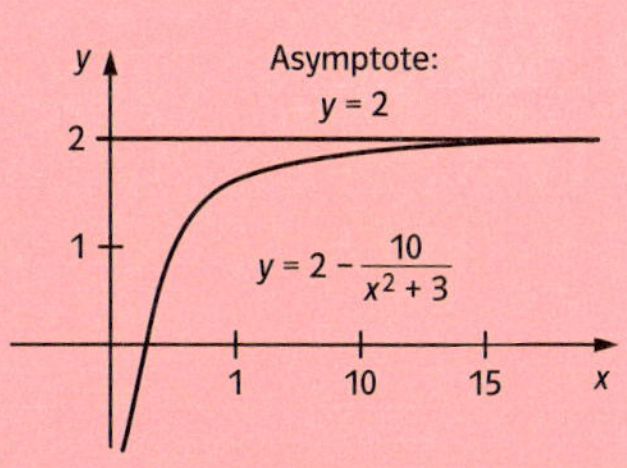

Fig. 5: Zu Beispiel a)

b) Für

$$f(x) = \frac{(x-3)^2+4}{x} = x - 6 + \frac{13}{x}$$

gilt (Fig. 6) $f(x) \approx x - 6 \ (x \to \pm\infty)$.

Es liegt eine schräge Asymptote vor.

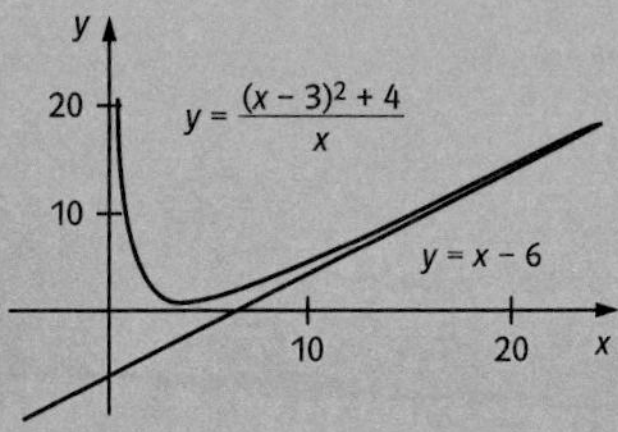

Fig. 6: Zu Beispiel b)

c) Für

$$f(x) = \frac{x^5 - x + 1}{x^3 + x} = x^2 - 1 + \frac{1}{x^3 + x}$$

gilt (Fig. 7) $f(x) \approx x^2 - 1 \ (x \to \pm\infty)$.

Es liegt eine asymptotische Parabel vor.

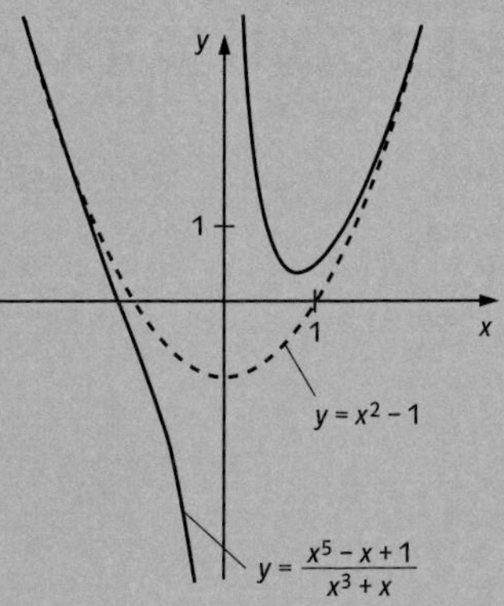

Fig. 7: Zu Beispiel c)

d) Die Funktion f mit

$$f(x) = \frac{x^3 + \sin x}{x - 1}$$

ist zwar nicht rational, aber auch hier lässt sich das asymptotische Verhalten feststellen. Es ist

$$f(x) = \frac{(x^3 - 1) + (1 + \sin x)}{x - 1} = x^2 + x + 1 + \frac{1 + \sin x}{x - 1}.$$

Also gilt

$$f(x) \approx x^2 + x + 1 \ (x \to \pm\infty).$$

Es liegt eine asymptotische Parabel vor.

e) Das asymptotische Verhalten der für $|x| \geqq 1$ definierten Funktion f mit $f(x) = x^2 - x\sqrt{x^2 - 1}$ soll untersucht werden. Für wachsende Beträge von x konvergiert die Differenz zwischen $|x|$ und $\sqrt{x^2 - 1}$ gegen 0, also ist einerseits $f(x) \approx 2x^2 \ (x \to -\infty)$. An der Umformung

$$f(x) = \frac{x^4 - x^2(x^2 - 1)}{x^2 + x\sqrt{x^2 - 1}} = \frac{x}{x + \sqrt{x^2 - 1}}$$

erkennt man andererseits

$$f(x) \approx \frac{1}{2} \ (x \to +\infty). \quad \text{(Fig. 8).}$$

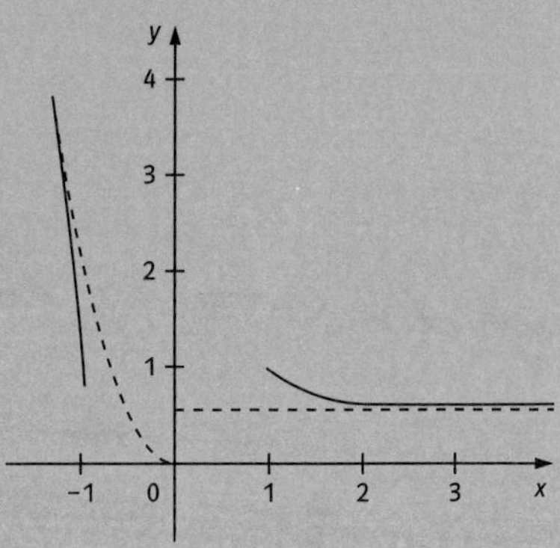

Fig. 8: Zu Beispiel e)

Alle Querverweise im Überblick:

Grenzwert von Folgen: S. 53, 54 → S. 23
Sinusfunktion: S. 54 → S. 49
Rationale Funktion: S. 55 → S. 40

Zusammenfassung:
Grenzwerte von Funktionen

$\lim\limits_{x \to x_0} f(x) = c$ bedeutet: Gibt man eine (beliebig kleine) positive reelle Zahl ε vor, dann findet man immer eine positive reelle Zahl δ_ε, so dass

$$|f(x) - c| < \varepsilon \text{ für alle } x \text{ mit } |x - x_0| < \delta_\varepsilon.$$

$\lim\limits_{x \to \infty} f(x) = c$ bedeutet: Gibt man eine (beliebig kleine) positive reelle Zahl ε vor, dann findet man immer eine positive reelle Zahl x_ε, so dass

$$|f(x) - c| < \varepsilon \text{ für alle } x \text{ mit } x > x_\varepsilon.$$

Genau dann gilt $\lim\limits_{x \to x_0} f(x) = c$, wenn für jede Folge (x_n) mit dem Grenzwert x_0 die Folge $\big(f(x_n)\big)$ zum Grenzwert c konvergiert.

Genau dann gilt $\lim\limits_{x \to \infty} f(x) = c$ wenn für jede unbeschränkt wachsende Folge (x_n) die Folge $\big(f(x_n)\big)$ zum Grenzwert c konvergiert.

Gilt $\lim\limits_{x \to \infty} (f(x) - g(x)) = 0$, dann nennt man f und g **asymptotisch gleich** und schreibt

$$f(x) \approx g(x) \quad (x \to \infty).$$

Ist dabei $g(x)$ ein Polynom vom Grad 0, 1 oder 2, dann hat f eine **waagerechte Asymptote**, **schräge Asymptote** oder **asymptotische Parabel**.

Die beiden folgenden Grenzwertbeziehungen werden später benötigt:

$$\lim_{x \to 0} \frac{\sin x}{x}, \quad \lim_{x \to 0} \frac{1 - \cos x}{x^2} = \frac{1}{2}.$$

Stetigkeit von Funktionen

In diesem Kapitel erfahren Sie:

- Eine stetige Funktion $x \mapsto f(x)$ zeichnet sich dadurch aus, dass bei geringfügiger Änderung von x auch der Wert $f(x)$ sich nur geringfügig ändert.
- Rationale Funktionen, Potenzfunktionen und Exponentialfunktionen sowie ihre jeweiligen Umkehrfunktionen sind stetig. Verknüpfen stetiger Funktionen (Addieren, Multiplizieren, Dividieren, Verketten) ergibt wieder stetige Funktionen.
- Eine auf einem abgeschlossenen Intervall stetige Funktion nimmt dort ein Minimum und ein Maximum an.
- Eine auf einem abgeschlossenen Intervall stetige Funktion nimmt dort jeden Wert zwischen ihrem Minimum und ihrem Maximum an (Zwischenwertsatz). Insbesondere gilt: Nimmt eine stetige Funktion auf einem abgeschlossenen Intervall negative und positive Werte an, dann nimmt sie dort auch den Wert 0 an (Nullstellensatz).
- Ist f auf einem Intervall I mit Ausnahme einer Stelle x_0 definiert und stetig, dann kann man f zu einer auf I definierten und dort stetigen Funktion ergänzen, wenn $\lim\limits_{x \to x_0} f(x)$ existiert. Man nennt dann x_0 eine stetig hebbare Definitionslücke.

Begriff der Stetigkeit

Wir betrachten eine Funktion f, die auf einem offenen Intervall I definiert ist, und eine Stelle $x_0 \in I$. Die Funktion f heißt **stetig** an der Stelle x_0, wenn

$$\lim_{x \to x_0} f(x) = f(x_0)$$

(➛ s. S. 53).

Genau dann ist f also stetig an der Stelle x_0, wenn für jedes $\varepsilon > 0$ ein $\delta > 0$ derart existiert, dass

$$|f(x) - f(x_0)| < \varepsilon$$

für alle $x \in I$ mit $|x - x_0| < \delta$ (Fig. 1). Ist die Funktion f an jeder Stelle eines Intervalls I stetig, dann heißt f auf I **stetig**.

Die Funktion f ist stetig an der Stelle x_0, wenn $\lim\limits_{x \to x_0} f(x) = f(x_0)$.

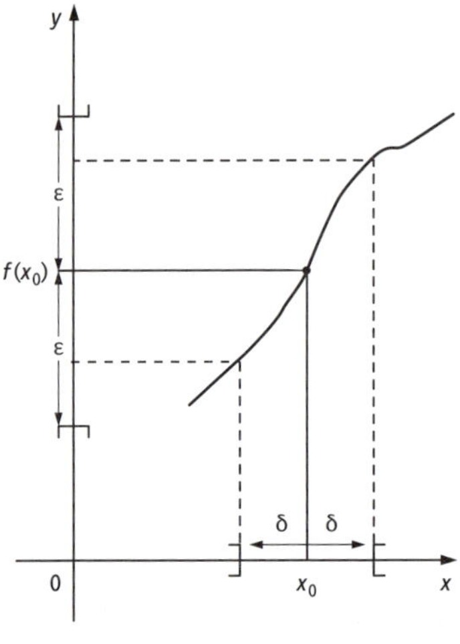

Fig. 1: Stetigkeit

Beispiel: Die Funktion $f: x \mapsto x^2$ ist offensichtlich auf $\mathbb{R}$ stetig. Um abzuschätzen, wie stark sich der Funktionswert an der Stelle $x_0 = 7$ ändert, wenn man x geringfügig ändert, betrachten wir Werte x mit $6 < x < 8$: Es ist $|x^2 - 7^2| = |x + 7| \cdot |x - 7| < 15 \cdot |x - 7|$. Die Abweichung $|f(x) - f(7)|$ ist kleiner als ε, wenn $|x - 7| < \frac{\varepsilon}{15}$ gilt.

Beispiel: Die Exponentialfunktion $x \mapsto 2^x$ ist überall stetig, denn es gilt

$$2^x - 2^{x_0} = 2^{x_0}(2^{x-x_0} - 1) \quad \text{und} \quad \lim_{u \to 0} 2^u = 1.$$

Damit ist auch jede andere Exponentialfunktion stetig, denn für $a > 0$ ist $a^x = 2^{x \log_2 a}$ (➤ s. S. 46).

Rationale Funktionen, Exponentialfunktionen, trigonometrische Funktionen und ihre jeweiligen Umkehrfunktionen sind stetig.

Der Graph einer stetigen Funktion ist zusammenhängend, es gibt keine Sprungstellen (➤ s. S. 54). Es gibt aber stetige Funktionen, deren Graph auch in einem endlichen Intervall nicht vollständig gezeichnet werden kann.

Beispiel: Die Funktion f sei auf $\mathbb{R}$ definiert durch

$$f(x) = \begin{cases} x \sin \frac{1}{x} & \text{für } x \neq 0, \\ 0 & \text{für } x = 0. \end{cases}$$

Die Funktion ist an der Stelle 0 stetig, denn

$$\lim_{x \to 0} x \sin \frac{1}{x} = 0.$$

Es ist aber nicht möglich, den Graph in einem Intervall um 0 vollständig zu zeichnen (Fig. 2).

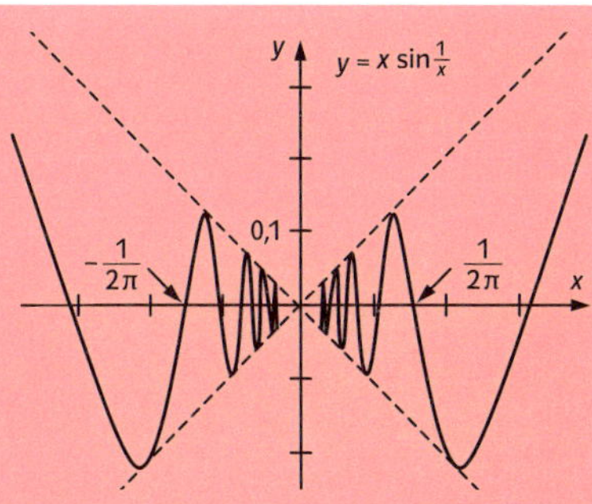

Fig. 2: Graph von $x \mapsto x \sin \frac{1}{x}$

Die **Struktursätze** für stetige Funktionen besagen, dass mit zwei stetigen Funktionen f und g auch deren Summe, deren Produkt, deren Quotient und deren Verkettung stetig ist.
Die konstanten Funktionen und die identische Funktion sind offensichtlich stetig. Also ist auch die Funktion $x \mapsto ax^n$ mit $a \in \mathbb{R}$, $n \in \mathbb{N}$ als Produkt stetiger Funktionen wieder stetig. Dann sind auch Polynomfunktionen als Summe solcher Funktionen stetig, ferner sind rationale Funktionen als Quotienten stetiger Funktionen stetig.
Die Funktionen sin und cos sind stetig, also ist auch tan stetig. Ferner sind alle Exponentialfunktionen stetig, also ist auch jede Funktion, die aus rationalen Funktionen, trigonometrischen Funktionen und Exponentialfunktionen durch Addition, Multiplikation, Division und Verkettung entsteht, wieder stetig.
Ist eine Funktion f umkehrbar, dann ist auch ihre Umkehrfunktion f^{-1} stetig. Also sind die Wurzelfunktionen (als Umkehrungen von Potenzfunktionen), die Logarithmusfunktionen (als Umkehrungen von Exponentialfunktionen) und die Arkusfunktionen (als Umkehrungen von trigonometrischen Funktionen) stetig.

Die Struktursätze für stetige Funktionen besagen, dass die Verknüpfung (Addition, Multiplikation, Division, Verkettung, Umkehrung) stetiger Funktionen wieder eine stetige Funktion ergibt.

Ist f auf einem abgeschlossenen Intervall definiert und x_0 der linke bzw. rechte Randpunkt des Intervalls, dann ist f an der Stelle x_0 stetig, wenn der rechtsseitige bzw. linksseitige Grenzwert (➤ s. S. 54) an der Stelle x_0 existiert.

Sätze über stetige Funktionen

Ist die Funktion f auf $[a;\, b]$ stetig, dann gilt:

Die Funktion f nimmt auf $[a;\, b]$ ein Minimum und ein Maximum an.

Die Funktion f nimmt auf $[a;\, b]$ jeden Wert zwischen ihrem Minimum und ihrem Maximum an.

Die Funktion f nimmt auf $[a;\, b]$ den Wert 0 an, wenn $f(a) < 0 < f(b)$.

Satz vom Minimum und Maximum:
Ist die Funktion f auf dem Intervall $[a;\, b]$ stetig, dann gibt es Stellen $u,\, v \in [a;\, b]$ mit $f(u) \leqq f(x) \leqq f(v)$ für alle $x \in [a;\, b]$ (Fig. 3). Man schreibt dann

$$f(u) = \min_{[a;\, b]} f(x), \quad f(v) = \max_{[a;\, b]} f(x)$$

und nennt $f(u)$ das Minimum und $f(v)$ das Maximum von f auf dem Intervall $[a;\, b]$.

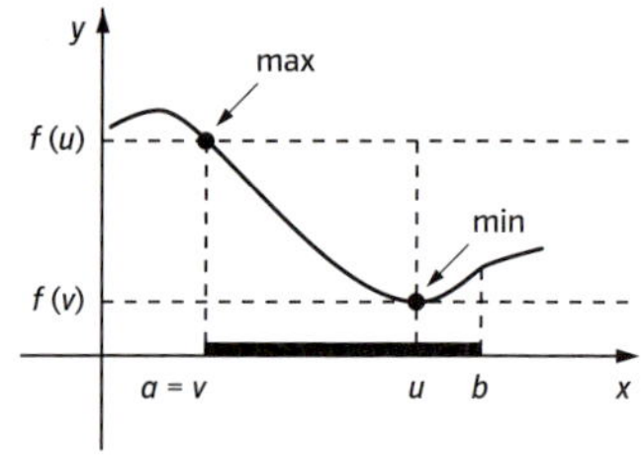

Fig. 3: Minimum, Maximum

Zwischenwertsatz:
Ist die Funktion f auf dem Intervall $[a;\, b]$ stetig und gilt

$$\min_{[a;\, b]} f(x) \leqq d \leqq \max_{[a;\, b]} f(x),$$

dann gibt es ein $c \in [a;\, b]$ mit $f(c) = d$ (Fig. 4).
Der folgende Satz ist ein Sonderfall des Zwischenwertsatzes:

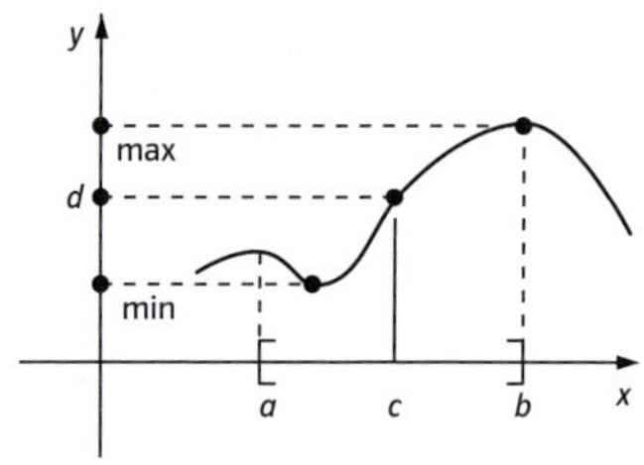

Fig. 4: Zwischenwertsatz

Nullstellensatz:
Ist die Funktion f auf dem Intervall stetig und haben $f(a)$ und $f(b)$ verschiedene Vorzeichen, dann gibt es eine Stelle $c \in [a;\, b]$ mit $f(c) = 0$ (Fig. 5).

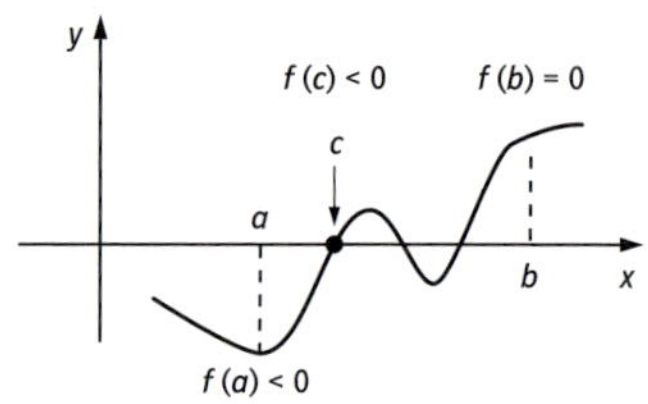

Fig. 5: Nullstellensatz

Jede Polynomfunktion von ungeraden Grad besitzt eine Nullstelle.

Jede Polynomfunktion $f\colon\ x \mapsto x^n + a_{n-1}x^{n-1} + \ldots + a_2x^2 + a_1x + a_0$ mit ungeradem Grad n besitzt mindestens eine Nullstelle in $\mathbb{R}$. Denn wegen $\lim\limits_{x \to \pm\infty} \frac{f(x)}{x^n} = 1$ gibt es eine Schranke M mit $\frac{f(x)}{x^n} \geqq \frac{1}{2}$ für $|x| > M$, und damit gilt

$$f(-M) \leqq \tfrac{1}{2}(-M)^n < 0 \quad \text{und} \quad f(M) \geqq \tfrac{1}{2}M^n > 0.$$

Aufgrund des Nullstellensatzes gibt es also ein $c \in \,]-M;\, M[$ mit $f(c) = 0$.

Beispiel: Die Gleichung $x^4 + 2x^3 - x^2 + 7x - 19 = 0$ besitzt mindestens eine Lösung zwischen 1 und 2. Denn für die Funktion $f\colon x \mapsto x^4 + 2x^3 - x^2 + 7x - 19$ gilt

$$f(1) = -10 < 0 < 23 = f(2).$$

Stetige Ergänzung einer Funktion

Die Funktion f sei auf einem offenen Intervall I mit Ausnahme der Stelle $x_0 \in I$ definiert, x_0 sei also eine Definitionslücke von f. Wenn der Grenzwert (➔ s. S. 53) $\lim\limits_{x \to x_0} f(x) = c$ existiert, dann ist die Funktion f^* mit

$$f^*(x) = f(x) \quad \text{für } x \in I \text{ und } x \neq x_0, \quad f^*(x_0) = c$$

auf I definiert und an der Stelle x_0 stetig. In diesem Fall nennt man x_0 eine **stetig hebbare Definitionslücke** von f.

Beispiel: Rationale Funktionen $f\colon x \mapsto \frac{p(x)}{q(x)}$ haben Definitionslücken an den Nullstellen des Nenners $q(x)$ (➤ s. S. 40). Ist aber neben $q(x_0) = 0$ auch $p(x_0) = 0$, dann ist x_0 möglicherweise eine stetig hebbare Definitionslücke: Man kann $p(x)$ und $q(x)$ durch $x - x_0$ teilen und erhält für $x \neq x_0$

$$f(x) = \frac{(x - x_0)\,p_1(x)}{(x - x_0)\,q_1(x)} = \frac{p_1(x)}{q_1(x)}.$$

Ist nun $q_1(x_0) \neq 0$, dann ist x_0 eine stetig hebbare Definitionslücke; man kann f zu einer auch an der Stelle x_0 stetigen Funktion f^* ergänzen, indem man $f^*(x_0) = \frac{p_1(x_0)}{q_1(x_0)}$ setzt.

Ist x_0 eine Definitionslücke von f, dann kann man f zu einer an der Stelle x_0 stetigen Funktion ergänzen, wenn der Grenzwert $\lim\limits_{x \to x_0} f(x)$ existiert.

Beispiel: Die rationale Funktion f mit $f(x) = \frac{x^5 - x_0^5}{x - x_0}$ hat an der Stelle x_0 eine stetig hebbare Definitionslücke. Mit Polynomdivision (➤ s. S. 37) findet man

$$f(x) = x^4 + x_0 x^3 + x_0^2 x^2 + x_0^3 x + x_0^4.$$

Es ist also $\lim\limits_{x \to x_0} f(x) = 5x_0^4$. Man kann daher f zu einer auch an der Stelle x_0 stetigen Funktion f^* ergänzen, indem $f^*(x_0) = 5x_0^4$ setzt.

Beispiel: Die Funktion $f\colon x \mapsto \frac{\sin x}{x}$ hat an der Stelle 0 eine Definitionslücke. Diese ist stetig hebbar, denn $\lim\limits_{x \to 0} f(x) = 1$ (➤ s. S. 54).

Beispiel: Die Funktion

$$f\colon x \mapsto |x| \ln |x|$$

(Fig. 6) hat an der Stelle 0 eine stetig hebbare Defintionslücke: Mit $u = \frac{1}{|x|}$ ist

$$\lim_{x \to 0} f(x) = \lim_{u \to \infty} \frac{1}{u} \ln \frac{1}{u} = -\lim_{u \to \infty} \frac{\ln u}{u} = 0. \quad (➤ \text{ s. S. 88})$$

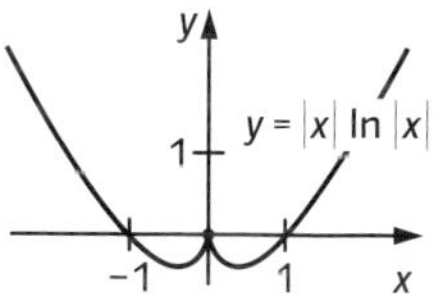

Fig. 6: Graph von f

Alle Querverweise im Überblick:

Grenzwert von Funktionen: S. 58 ➤ S. 53

Logarithmus: S. 59 ➤ S. 46

Sprungstelle: S. 59 ➤ S. 54

Einseitiger Grenzwert: S. 59 ➤ S. 54

Rationale Funktionen: S. 61 ➤ S. 40

Polynomdivision: S. 61 ➤ S. 37

$\lim\limits_{x \to 0} \frac{\sin x}{x}$: S. 61 ➤ S. 54

$\lim\limits_{x \to 0} \frac{\ln x}{x}$: S. 61 ➤ S. 88

Zusammenfassung:
Stetigkeit von Funktionen

Die Funktion f ist **stetig** an der Stelle x_0, wenn $\lim_{x \to x_0} f(x) = f(x_0)$. Eine Funktion ist stetig auf einem Intervall I, wenn sie an jeder Stelle von I stetig ist. Der Graph einer stetigen Funktion ist zusammenhängend, er hat keine **Sprungstellen**.

Die **Struktursätze** für stetige Funktionen besagen, dass die Verknüpfung (Addition, Multiplikation, Division, Verkettung) und die Umkehrung stetiger Funktionen wieder stetige Funktionen liefern.

Die rationalen Funktionen, Wurzelfunktionen, Exponentialfunktion, Logarithmusfunktionen, trigonometrischen Funktionen und Arkusfunktionen sind stetig auf ihren jeweiligen Definitionsmengen.

Satz vom Minimum und Maximum: Ist die Funktion f auf dem Intervall $[a; b]$ stetig, dann gibt es Stellen $u, v \in [a; b]$ mit

$$f(u) \leqq f(x) \leqq f(v) \text{ für alle } x \in [a; b].$$

Zwischenwertsatz: Ist die Funktion f auf $[a; b]$ stetig und ist

$$\min_{[a;b]} f(x) \leqq d \leqq \max_{[a;b]} f(x),$$

dann existiert ein $c \in [a; b]$ mit $f(c) = d$.

Nullstellensatz: Ist die Funktion f auf $[a; b]$ stetig und haben $f(a)$ und $f(b)$ verschiedene Vorzeichen, dann gibt es eine Stelle $c \in [a; b]$ mit $f(c) = 0$ (Folgerung aus dem Zwischenwertsatz).

Ist x_0 eine Definitionslücke von f, dann ist dies eine **stetig hebbare Definitionslücke**, wenn der Grenzwert $\lim_{x \to x_0} f(x)$ existiert; man kann dann f zu einer an der Stelle x_0 stetigen Funktion ergänzen.

Ableitung einer Funktion

In diesem Kapitel erfahren Sie:

- Die Ableitung oder der Differenzialquotient $f'(x_0)$ einer Funktion f an der Stelle x_0 gibt die Steigung des Graphen von f an der Stelle x_0 an. Sie beschreibt also die Änderungsrate oder Änderungsgeschwindigkeit von f an der Stelle x_0.
- Die Tangente des Graphen von f an der Stelle x_0 hat die Gleichung $y = f(x_0) + f'(x_0) \cdot (x - x_0)$.
- Ist f an der Stelle x_0 differenzierbar, dann kann man f an der Stelle x_0 linear approximieren: $f(x) \approx f(x_0) + f'(x_0) \cdot (x - x_0)$.
- Die Ableitungsfunktion f' einer Funktion f ordnet jeder Stelle x_0, an der f differenzierbar ist, die Ableitung $f'(x_0)$ zu.

Die Ableitung einer Funktion an einer Stelle x_0

Eine Funktion f sei auf einem Intervall I definiert und es sei $x_0 \in I$. Für $x \in I$ mit $x \neq x_0$ heißt

$$\frac{f(x) - f(x_0)}{x - x_0}$$

ein **Differenzenquotient** von f an der Stelle x_0. Dieser gibt die Steigung der Sekante des Graphen von f durch die Punkte $(x_0|f(x_0))$ und $(x|f(x))$ an (Fig. 1). Wenn der Grenzwert dieses Quotienten für $x \to x_0$ existiert, dann schreibt man

$$f'(x_0) = \lim_{x \to x_0} \frac{f(x) - f(x_0)}{x - x_0}$$

und nennt diese Zahl die **Ableitung** (oder den **Differenzialquotienten**) von f an der Stelle x_0. Man kann $f'(x_0)$ als die Steigung der Tangente im Kurvenpunkt $(x_0|f(x_0))$ deuten (Fig. 2).

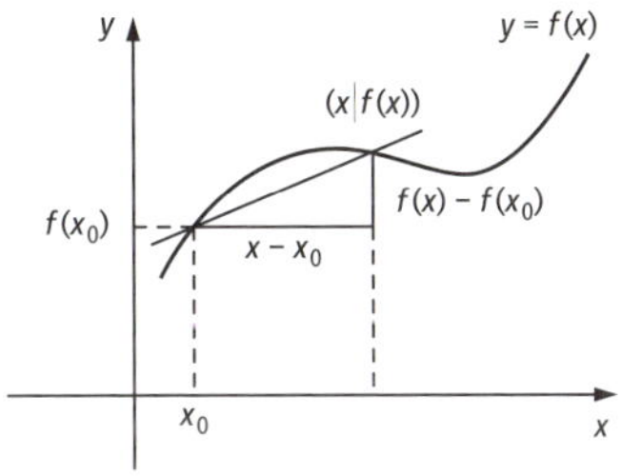

Fig 1: Differenzenquotient

Der Differenzialquotient (die Ableitung) von f an der Stelle x_0 ist der Grenzwert des Differenzenquotienten von f an der Stelle x_0 für $x \to x_0$:

$$f'(x_0) = \lim_{x \to x_0} \frac{f(x) - f(x_0)}{x - x_0}$$

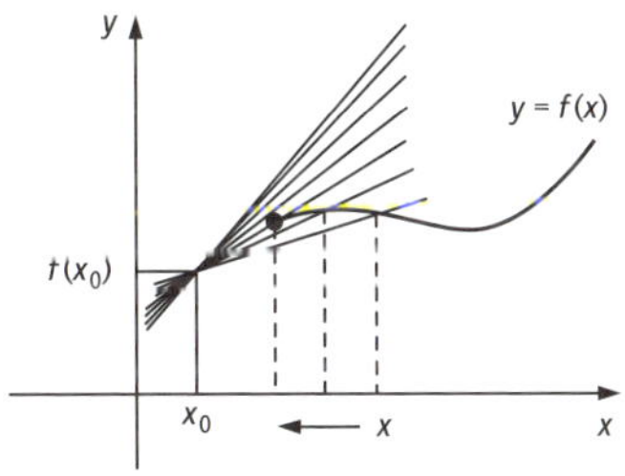

Fig. 2: Steigung in x_0

Die Ableitung von f an der Stelle x_0 ist die Steigung des Graphen von f an der Stelle x_0.

Beispiel: Der Inhalt eines kegelförmigen Behälters wird mit Hilfe der Höhe des Flüssigkeitsspiegels gemessen (Fig. 3). Ändert sich die Höhe von h_0 zu h, dann hat sich das Volumen von V_0 zu V geändert. Mit $V = ch^3$ (c Konstante) ist dann die durchschnittliche Änderungsrate zwischen h_0 und h

$$\frac{V - V_0}{h - h_0} = c \cdot \frac{h^3 - h_0^3}{h - h_0} = c \cdot \left(h^2 + h_0 h + h_0^2\right).$$

Die momentane Änderungsrate an der Stelle x_0 ist dann die Ableitung $V'(h_0)$, nämlich der Grenzwert des obigen Differenzenquotienten $\lim\limits_{h \to h_0} c \cdot \left(h^2 + h_0 h + h_0^2\right) = 3c \cdot h_0^2$.

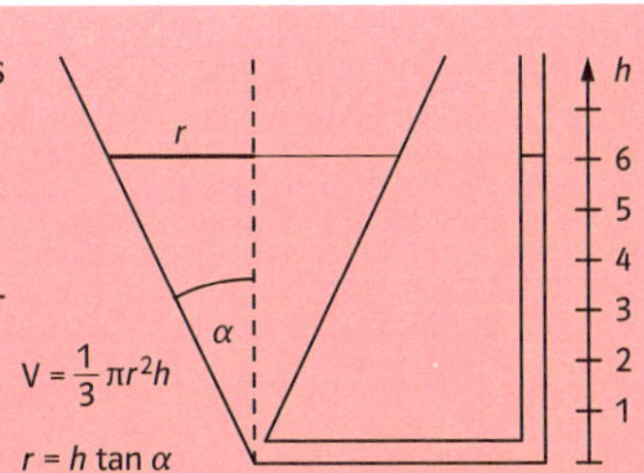

Fig. 3 Kegelvolumen

Die Ableitung von f an der Stelle x_0 beschreibt die Änderungsrate (Änderungsgeschwindigkeit) der Funktion an der Stelle x_0.

Beispiel: Hat ein Fahrzeug zum Zeitpunkt t die Strecke $s(t)$ zurückgelegt, dann hat es zwischen den Zeitpunkten t und t_0 die Durchschnittsgeschwindigkeit $\frac{s(t) - s(t_0)}{t - t_0}$.
Die Momentangeschwindigkeit zum Zeitpunkt t_0 ist dann der Grenzwert

$$\lim_{t \to t_0} \frac{s(t) - s(t_0)}{t - t_0}, \quad \text{also } s'(t_0).$$

Existiert die Ableitung von f an der Stelle x_0, dann nennt man f an der Stelle x_0 **differenzierbar**. Ist f an der Stelle x_0 differenzierbar, dann ist f dort auch stetig. Das Umgekehrte muss aber nicht gelten, wie folgendes Beispiel zeigt.

Beispiel: Die Funktion $f: x \mapsto |x^2 - 1|$ ist an der Stelle 1 stetig, aber nicht differenzierbar. Denn

$$\lim_{x \to 1^-} \frac{f(x) - f(1)}{x - 1} = \lim_{x \to 1^-} \frac{-(x^2 - 1)}{x - 1} = \lim_{x \to 1^-} (-(x + 1)) = -2,$$

$$\lim_{x \to 1^+} \frac{f(x) - f(1)}{x - 1} = \lim_{x \to 1^+} \frac{(x^2 - 1)}{x - 1} = \lim_{x \to 1^+} (x + 1) = 2.$$

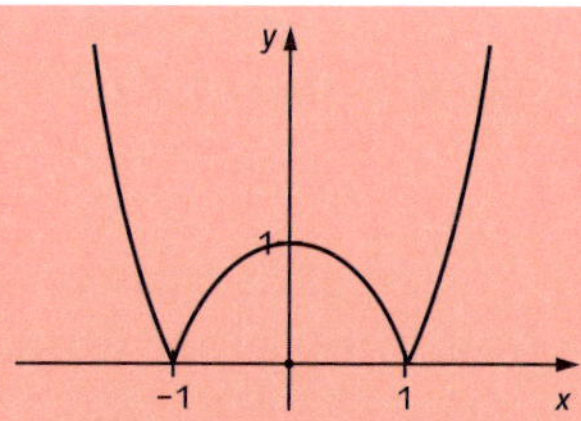

Fig. 4: Graph mit Spitzen

Dabei haben wir einseitige Grenzwerte betrachtet (➤ s. S. 54). Weil diese einseitigen Grenzwerte verschieden sind, existiert der Grenzwert an der Stelle 1 nicht, die Funktion ist dort nicht differenzierbar. An der Stelle −1 liegen dieselben Verhältnisse vor. Der Graph hat an den Stellen 1 und −1 **Spitzen** (Fig. 4).

Beispiel: Die Funktion $x \mapsto x \sin \frac{1}{x}$ hat an der Stelle 0 eine stetig hebbare Definitionslücke (➤ s. S. 59). Setzt man den Wert an der Stelle 0 gleich 0, dann erhält man eine überall stetige Funktion. An der Stelle 0 ist sie aber nicht differenzierbar: Der Differenzenquotient an der Stelle 0 nimmt in jeder Umgebung von 0 alle Werte zwischen 1 und −1 an, insbesondere ist:

$$\frac{x \sin \frac{1}{x} - 0}{x - 0} = \sin \frac{1}{x} = \begin{cases} +1 & \text{für } x = \frac{2}{\pi}, \frac{2}{5\pi}, \frac{2}{9\pi}, \ldots \\ 0 & \text{für } x = \frac{1}{\pi}, \frac{1}{2\pi}, \frac{1}{3\pi}, \ldots \\ -1 & \text{für } x = \frac{2}{3\pi}, \frac{2}{7\pi}, \frac{2}{11\pi}, \ldots \end{cases}$$

Tangentengleichung und lineare Aproximation

Ist f an der Stelle x_0 differenzierbar, dann ist die Gleichung der Tangente an den Graph von f im Punkt $(x_0 | y_0)$ mit $y_0 = f(x_0)$
$\frac{y - y_0}{x - x_0} = f'(x_0)$.

Die Funktion f habe an der Stelle x_0 die Ableitung $f'(x_0)$. Die Gerade t durch den Punkt $(x_0 | f(x_0))$ mit der Steigung $f'(x_0)$ ist die Tangente an den Graph von f an der Stelle x_0 (Fig. 5). Die Gleichung von t ist

$$\frac{y - f(x_0)}{x - x_0} = f'(x_0)$$

(➤ s. S. 14). Denn auf beiden Seiten dieser Gleichung steht die Steigung, also der Tangens des Steigungswinkels von t.

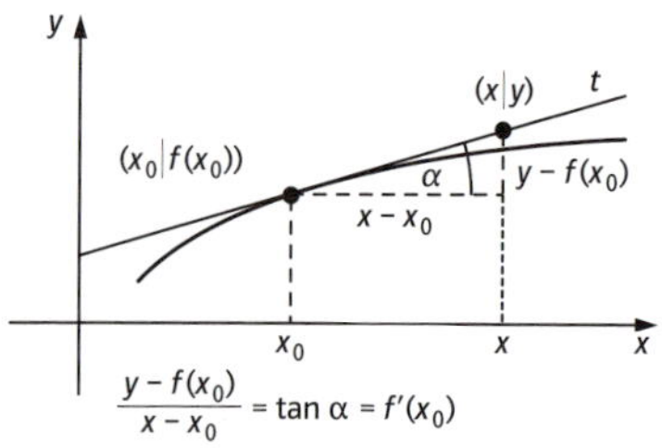

Fig. 5: Tangentengleichung

Die **Tangentengleichung** kann man umformen zu

$$y = f(x_0) + f'(x_0) \cdot (x - x_0).$$

Ist f differenzierbar an der Stelle x_0, dann gilt in einer Umgebung von x_0 die Näherungsformel

$$f(x) \approx f(x_0) + f'(x_0) \cdot (x - x_0).$$

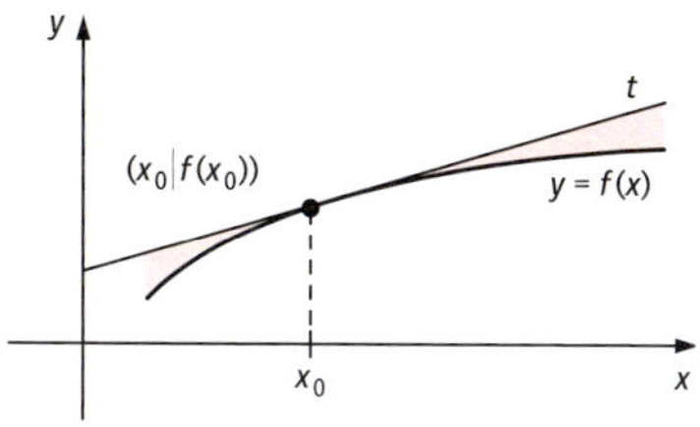

Fig. 6: Lineare Näherung

(Fig. 6). Dies ist die Approximation des Graphen von f durch eine Gerade. Man spricht von der **linearen Approximation** von f.

Beispiel: Die Ableitung der Funktion $f\colon x \mapsto \sqrt{1+x}$ an der Stelle 0 ist

$$\lim_{x \to 0} \frac{\sqrt{1+x}-1}{x-0} = \lim_{x \to 0} \frac{x}{(\sqrt{1+x}+1) \cdot x} = \lim_{x \to 0} \frac{1}{\sqrt{1+x}+1} = \frac{1}{2}.$$

Also gilt in der Umgebung von 0 die Näherung $\sqrt{1+x} \approx 1 + \frac{1}{2}x$.

Beispielsweise ist $\sqrt{53} = \sqrt{49\left(1+\frac{4}{49}\right)} = 7\sqrt{1+\frac{4}{49}} \approx 7\left(1+\frac{2}{49}\right) = 7 + \frac{2}{7}$.

Beispiel: Es soll die Gleichung der Tangente an die Parabel mit der Gleichung $y = ax^2$ bestimmt werden. Die Steigung an der Stelle x_0 ist

$$\lim_{x \to x_0} \frac{ax^2 - ax_0^2}{x - x_0} = \lim_{x \to x_0} a \cdot (x + x_0) = 2ax_0.$$

Die Tangentengleichung ist also

$$\frac{y - ax_0^2}{x - x_0} = 2ax_0$$

bzw. $y = 2ax_0 \cdot x - ax_0^2$.

Der Betrag des y-Achsenabschnitts ist also gleich dem y-Wert des Berührpunkts (Fig. 7). Dies liefert ein einfaches Verfahren zur Konstruktion von Parabeltangenten.

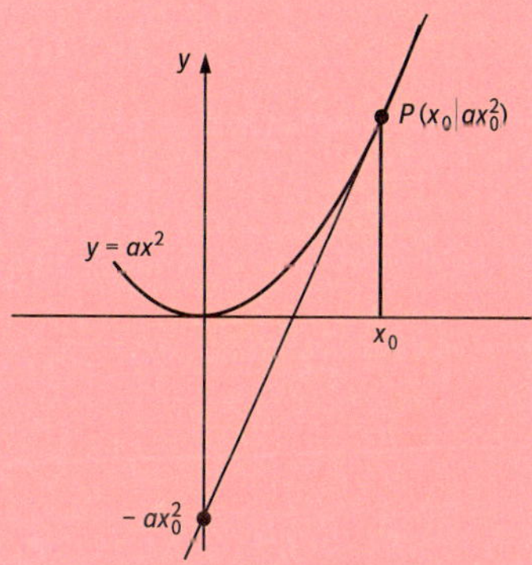

Fig. 7: Parabeltangente

Die Ableitungsfunktion einer Funktion

Eine Funktion heißt auf einem offenen Intervall **differenzierbar**, wenn sie an jeder Stelle des Intervalls differenzierbar ist. Ist f auf dem offenen Intervall I differenzierbar, dann nennt man die Funktion $x \mapsto f'(x)$ die **Ableitungsfunktion** von f auf I. Für $x \in I$ gilt

$$f'(x) = \lim_{h \to 0} \frac{f(x+h) - f(x)}{h}.$$

Die Ableitungen der auf dem Intervall I differenzierbaren Funktion f bilden die Ableitungsfunktion f'.

Beispiele:

a) Der Fahrtenschreiber im LKW zeichnet zur Weg-Zeit-Funktion $t \mapsto s(t)$ die Geschwindigkeit-Zeit-Funktion $t \mapsto v(t)$ auf, also den Graph der Ableitungsfunktion $s' = v$ der Weg-Zeit-Funktion.

b) Es gilt $\left(\frac{1}{x}\right)' = -\frac{1}{x^2}$. Denn $\frac{\frac{1}{x+h} - \frac{1}{x}}{h} = -\frac{1}{x(x+h)} \xrightarrow{h \to 0} -\frac{1}{x^2}$.

Diese Ableitungsfunktion wird in folgendem Sachzusammenhang verwendet:
Fährt ein IC einen Streckenabschnitt von 80 km planmäßig mit 150 $\frac{\text{km}}{\text{Std}}$, so benötigt er $\frac{80}{150}$ Std. Um Verspätungen auszugleichen, darf der Lokführer die Geschwindigkeit geringfügig steigern. Die benötigte Zeit bei der Geschwindigkeit $x \frac{\text{km}}{\text{Std}}$ ist $f(x) = \frac{80}{x}$ Std.
Es gilt

$$f(x) - \frac{80}{150} \approx f'(150)(x - 150) = -\frac{80}{150^2}(x - 150).$$

Eine Steigerung der Geschwindigkeit um $1 \frac{\text{km}}{\text{Std}}$ ergibt daher einen Zeitgewinn von etwa $\frac{80}{150^2}$ Std, also etwa 12,8 Sekunden.

Monotonie von Funktionen

Auf dem Intervall I ist f monoton wachsend bzw. fallend, wenn $f'(x) < 0$ bzw. $f'(x) > 0$ für alle $x \in I$.

An der Stelle x_0 hat der Graph von f eine waagerechte Tangente, wenn $f'(x_0) = 0$.

Ist f differenzierbar auf dem offenen Intervall I, dann ist f
- streng monoton wachsend auf I, wenn $f'(x) > 0$ für alle $x \in I$,
- streng monoton fallend auf I, wenn $f'(x) < 0$ für alle $x \in I$.

Gilt $f'(x_0) = 0$ für eine Stelle $x_0 \in I$, dann hat der Graph von f dort eine waagerechte Tangente.

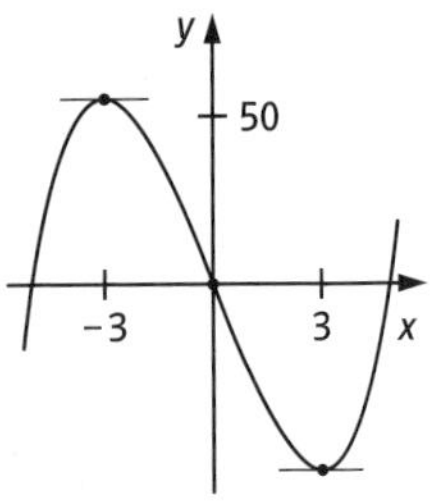

Fig. 8: $y = x^3 - 27x$

Beispiel: Die Funktion $f: x \mapsto x^3 - 27x$ (Fig. 8) hat die Ableitungsfunktion $f': x \mapsto 3x^2 - 27$.
Denn

$$\lim_{h \to 0} \frac{(x+h)^3 - 27(x+h) - (x^3 - 27x)}{h} = \lim_{h \to 0} (3x^2 + 3xh + h^2 - 27) = 3x^2 - 27.$$

Für $|x| < 3$ ist $f'(x) < 0$, für $|x| = 3$ ist $f'(x) = 0$ und für $|x| > 3$ ist $f'(x) > 0$.
Der Graph von f hat also waagerechte Tangenten an den Stellen ± 3 und ist streng monoton fallend für $-3 < x < 3$, streng monoton wachsend für $x < -3$ und für $x > 3$.

Alle Querverweise im Überblick:

Einseitige Grenzwerte: S. 64 → S. 54
Funktion: $x \mapsto x \sin \frac{1}{x}$ S. 64 → S. 59
Geradengleichung: S. 64 → S. 14

Zusammenfassung:
Ableitung einer Funktion

Die **Ableitung** (der **Differenzialquotient**) einer Funktion f an der Stelle x_0 ist der Grenzwert

$$f'(x_0) = \lim_{x \to x_0} \frac{f(x) - f(x_0)}{x - x_0}.$$

Die Ableitung $f'(x_0)$ ist die **Steigung** des Graphen von f (genauer: der Tangente des Graphen von f) an der Stelle x_0.

Die Ableitung $f'(x_0)$ ist die **Änderungsrate** (**Änderungsgeschwindigkeit**) von $f(x)$ an der Stelle x_0.

Ist f an der Stelle x_0 differenzierbar, dann hat die Tangente an den Graph von f an der Stelle x_0 die Gleichung

$$y = f(x_0) + f'(x_0)\,(x - x_0).$$

An der Stelle x_0 gilt die Näherungsformel (**lineare Approximation**)

$$f(x) \approx f(x_0) + f'(x_0)\,(x - x_0).$$

Ist f an allen Stellen des Intervalls I differenzierbar, dann ist $x \mapsto f'(x)$ die **Ableitungsfunktion** von f auf I.

Auf dem Intervall I ist f streng **monoton wachsend** bzw. **fallend**, wenn $f'(x) < 0$ bzw. $f'(x) > 0$ für alle $x \in I$. An der Stelle x_0 hat der Graph von f eine **waagerechte Tangente**, wenn $f'(x_0) = 0$.

Ableitungsregeln

In diesem Kapitel erfahren Sie:

- Für die Bildung der Ableitungsfunktion differenzierbarer Funktionen gelten folgende Regeln:

  Summenregel: $(f(x) + g(x))' = f'(x) + g'(x)$

  Faktorregel: $(r f(x))' = rf'(x) \quad (r \in \mathbb{R})$

  Produktregel: $(f(x) \cdot g(x))' = f'(x) \cdot g(x) + f(x) \cdot g'(x)$

  Quotientenregel: $\left(\frac{f(x)}{g(x)}\right)' = \frac{f'(x) \cdot g(x) - f(x) \cdot g'(x)}{(g(x))^2}$

  Kettenregel: $(f(g(x)))' = f'(g(x)) \cdot g'(x)$

  Umkehrregel: $(f^{-1})'(x) = \frac{1}{f'(f^{-1}(x))}$

Summenregel, Faktorregel, Produktregel

Summenregel:
$(f + g)' = f' + g$

Faktorregel:
$(rf)' = rf'$

Produktregel:
$(fg)' = f'g + fg'$

Sind f, g im Intervall I differenzierbar, dann gilt die **Summenregel**

$$(f+g)' = f' + g'$$

und die **Faktorregel**

$$(rf)' = rf' \quad \text{für } r \in \mathbb{R}.$$

Diese Regeln sind sofort einsichtig.

Weiterhin gilt die **Produktregel**:

$$(f \cdot g)' = f' \cdot g + f \cdot g'.$$

Diese ergibt sich mit Fig. 1:

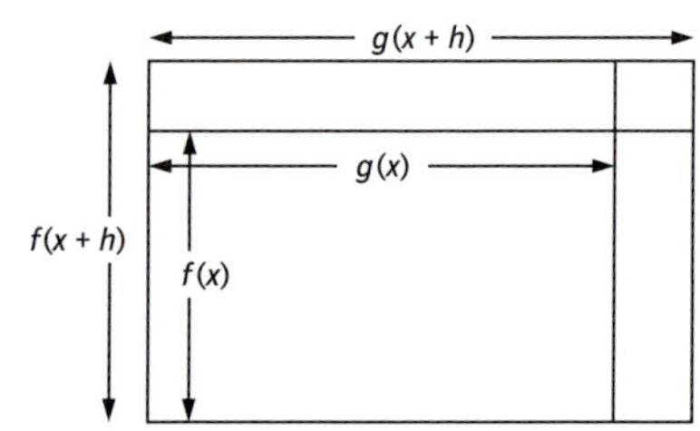

Fig. 1: Zur Produktregel

$$\frac{f(x+h)g(x+h) - f(x)g(x)}{h} = \frac{(f(x+h) - f(x)) \cdot g(x) + f(x+h) \cdot (g(x+h) - g(x))}{h}$$

$$= \frac{f(x+h) - f(x)}{h} \cdot g(x) + f(x+h) \cdot \frac{g(x+h) - g(x)}{h}$$

$$\xrightarrow{h \to 0} f'(x) \cdot g(x) + f(x) \cdot g'(x)$$

Beispiel: Aus der Produktregel ergibt sich mit vollständiger Induktion (→ s. S. 21) $(x^n)' = nx^{n-1}$ für alle $n \in \mathbb{N}^*$. Denn diese Formel gilt für $n = 1$, und gilt sie für eine feste natürliche Zahl n, dann auch für die nächste:

$$(x^{n+1})' = (x \cdot x^n)' = 1 \cdot x^n + x \cdot nx^{n-1} = (n+1)x^n$$

Ebenso ergibt sich induktiv die Formel $(x^{-n})' = -nx^{-(n+1)}$.

Beispiel: Aus der Produktregel ergibt sich auch die Ableitung von $\sqrt{x}$:

$1 = x' = (\sqrt{x} \cdot \sqrt{x})' = (\sqrt{x})' \cdot \sqrt{x} + \sqrt{x} \cdot (\sqrt{x})' = 2\sqrt{x} \cdot (\sqrt{x})'$, also $(\sqrt{x})' = \frac{1}{2\sqrt{x}}$.

Mit Hilfe der Produktregel ergibt sich daraus z. B.

$$((1 + x^2)\sqrt{x})' = 2x \cdot \sqrt{x} + (1 + x^2) \cdot \frac{1}{2\sqrt{x}} = \frac{1 + 5x^2}{2\sqrt{x}}.$$

Quotientenregel

Sind f, g, F differenzierbar und gilt $f = F \cdot g$, also $F = \frac{f}{g}$ überall dort, wo g nicht den Wert 0 hat, dann folgt aus der Produktregel $f' = F' \cdot g + F \cdot g'$. Löst man dies nach F' auf, dann ergibt sich die **Quotientenregel**:

$$\left(\frac{f}{g}\right)' = \frac{f' \cdot g - f \cdot g'}{g^2}$$

Quotientenregel: $\left(\frac{f}{g}\right)' = \frac{f'g - fg'}{g^2}$

Beispiel: Aus der Quotientenregel ergibt sich die schon oben mit vollständiger Induktion bewiesene Formel $(x^{-n})' = -nx^{-(n+1)}$:

$$\frac{1}{x^n} = \frac{0 \cdot x^n - 1 \cdot (nx^{n-1})}{x^{2n}} = -\frac{nx^{n-1}}{x^{2n}} = -\frac{n}{x^{n+1}}.$$

Beispiel: Weiß man, dass $(\sin x)' = -\cos x$ und $(\cos x)' = \sin x$ gilt (➤ s. S. 72), dann kann man die Ableitung von tan berechnen:

$$(\tan x)' = \left(\frac{\sin x}{\cos x}\right)' = \frac{\cos^2 x + \sin^2 x}{\cos^2 x} = \frac{1}{\cos^2 x}.$$

Kettenregel

Ist f differenzierbar, dann gilt dies auch für $F\colon x \mapsto f(ax + b)$, wobei $a, b \in \mathbb{R}$ und $a \neq 0$: Es ist

Spezielle Kettenregel: $(f(ax + b))' = af'(ax + b)$

$$\frac{F(x+h) - F(x)}{h} = \frac{f(a(x+h)+b) - f(ax+b)}{h}$$
$$= \frac{f((ax+b)+ah) - f(ax+b)}{h} = a \cdot \frac{f((ax+b)+ah) - f(ax+b)}{ah}.$$

Setzt man $k = ah$, dann strebt mit h auch k gegen 0. Mit $u = ax + b$ ist also

$$F'(x) = \lim_{h \to 0} \frac{F(x+h) - F(x)}{h} = a \cdot \lim_{k \to 0} \frac{f(u+k) - f(u)}{k} = a \cdot f'(u) = a \cdot f'(ax+b).$$

Man merke sich also die Formel $(f(ax + b))' = a \cdot f'(ax + b)$. Dies ist eine **spezielle Form der Kettenregel**, welche nun in allgemeinerer Form dargestellt wird.

Es sei g in einer Umgebung von x differenzierbar und $g'(x) \neq 0$. Denkt man an die lineare Approximierkeit von g in einer Umgebung von x, dann kann man aufgrund der speziellen Kettenregel vermuten, dass für die Verkettung $(f \circ g)(x) = f(g(x))$ (➤ s. S. 33) folgende **Kettenregel** gilt:

$$(f(g(x)))' = g'(x) \cdot f'(g(x))$$

Diese Regel gewinnt man aus folgender Umformung des Differenzenquotienten:

$$\frac{f(g(x+h)) - f(g(x))}{h} = \frac{f(g(x+h)) - f(g(x))}{g(x+h) - g(x)} \cdot \frac{g(x+h) - g(x)}{h}.$$

Üblicherweise schreibt man $(f(g(x)))' = f'(g(x)) \cdot g'(x)$ und nennt $g'(x)$ die **innere Ableitung** von $f(g(x))$. Der Sonderfall $g(x) = ax + b$ wurde oben schon dargestellt.

Allgemeine Kettenregel: $(f(g(x)))' = f'(g(x)) \cdot g'(x)$

Beispiel: $\left(\sqrt{x^2 + 1}\right)' = \frac{1}{2\sqrt{x^2+1}} \cdot 2x = \frac{x}{\sqrt{x^2+1}}$

Umkehrregel

Umkehrregel:
$(f^{-1})'(x) = \frac{1}{f'(f^{-1}(x))}$

Die Funktion f sei differenzierbar und umkehrbar (➝ s. S. 34). Ist $(u\,|\,v)$ ein Punkt des Graphen von f, dann ist $(v\,|\,u)$ ein Punkt des Graphen von f^{-1}. Die Steigung von f an der Stelle u und die Steigung von f^{-1} an der Stelle v sind reziprok zueinander (Fig. 2), also

$$(f^{-1})'(v) = \frac{1}{f'(u)}$$

Wegen $v = f(u)$ bzw. $u = f^{-1}(v)$ gilt also

$$(f^{-1})'(v) = \frac{1}{f'(f^{-1}(v))}.$$

Bei dieser anschaulichen Überlegung muss man natürlich voraussetzen, dass die Ableitung von f nirgends den Wert 0 annimmt. Es gilt also die **Umkehrregel**

$$(f^{-1})'(x) = \frac{1}{f'(f^{-1}(x))}.$$

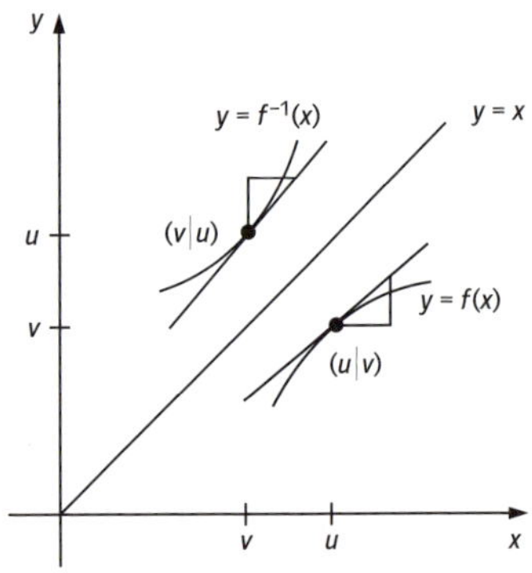

Fig. 2: Zur Umkehrregel

Die Umkehrregel folgt aus der Kettenregel, wenn man bereits weiß, dass mit f auch f^{-1} differenzierbar ist: Aus $f(f^{-1}(x)) = x$ folgt durch Ableiten $f'(f^{-1}(x)) \cdot (f^{-1})'(x) = 1$ und daraus die Umkehrregel.

Beispiel: Die Umkehrregel liefert die Ableitung der Wurzelfunktionen $x \mapsto \sqrt[n]{x}$, welche ja die Umkehrfunktionen der Potenzfunktionen $x \mapsto x^n$ auf der Menge der positiven reellen Zahlen sind:

$$(\sqrt[n]{n})' = \frac{1}{n(\sqrt[n]{x})^{n-1}} = \frac{\sqrt[n]{x}}{nx}.$$

Beispiel: Es soll $(x^r)'$ mit rationalem r berechnet werden. Für positives oder negatives ganzzahliges r kennen wir bereits die Ableitung: $(x^r)' = rx^{r-1}$. Es sei nun $r = \frac{z}{n}$ mit einer ganzen Zahl z und einer natürlichen Zahl n. Dann ist nach der Kettenregel

$$(x^r)' = (\sqrt[n]{x^z})' = \frac{1}{nx^z}\sqrt[n]{x^z} \cdot zx^{z-1} = \frac{z}{n} \cdot x^{\frac{z}{n}-1}.$$

Für alle rationalen Zahlen r gilt also wie bei ganzen Zahlen die Formel

$$(x^r)' = rx^{r-1}.$$

Alle Querverweise im Überblick:

Vollständige Induktion: S. 68 ➝ S. 21
Ableitung von sin und cos: S. 69 ➝ S. 72
Verkettung: S. 69 ➝ S. 33
Umkehrfunktion: S. 70 ➝ S. 34

Zusammenfassung:
Ableitungsregeln

Mit Hilfe der Ableitungsregeln kann man die Ableitung zusammengesetzter Funktionen (z.B. Summe, Produkt, Verkettung von Funktionen) mit Hilfe der Ableitungen der einzelnen Funktionen berechnen.

Es gibt folgende Ableitungsregeln:

Summenregel: $(f(x) + g(x))' = f'(x) + g'(x)$

Faktorregel: $(r f(x))' = rf'(x)$

Produktregel: $(f(x) \cdot g(x))' = f'(x) \cdot g(x) + f(x) \cdot g'(x)$

Quotientenregel: $\left(\frac{f(x)}{g(x)}\right)' = \frac{f'(x) \cdot g(x) - f(x) \cdot g'(x)}{(g(x))^2}$

Spezielle Kettenregel: $\big(f(ax + b)\big)' = af'(ax + b)$

Allgemeine Kettenregel: $\big(f(g(x))\big)' = f'\big(g(x)\big) \cdot g'(x)$

Umkehrregel: $(f^{-1})'(x) = \frac{1}{f'(f^{-1}(x))}$

Mit Hilfe dieser Ableitungsregeln kann man alleine mit der Formel $x' = 1$ die folgenden Ableitungen berechnen:

$(x^n)' = n x^{n-1} \quad (n \in \mathbb{N}^*)$

$(x^{-n})' = (-n) x^{-(n+1)}$ bzw. $\left(\frac{1}{x^n}\right)' = -\frac{n}{x^{n+1}} \quad (n \in \mathbb{N}^*)$

$\left(x^{\frac{1}{n}}\right)' = \frac{1}{n} x^{\left(\frac{1}{n}-1\right)}$ bzw. $(\sqrt[n]{x})' = \frac{\sqrt[n]{x}}{nx} \quad (n \in \mathbb{N}^*)$

$(x^r)' = r x^{r-1} \quad (r \in \mathbb{Q}$; Verallgemeinerung obiger Fälle)

Ableitung der trigonometrischen Funktionen und der Exponentialfunktionen

In diesem Kapitel erfahren Sie:

- Berechnung der Ableitungsfunktionen von sin, cos und tan.
- Berechnung der Ableitungsfunktionen von $\exp_a$ und $\log_a$.
- Sonderstellung der eulerschen *e*-Funktion.

Man benötigt das Additionstheorem der Sinusfunktion (➛ s. S. 185) und die folgenden Grenzwerte:

$$\lim_{h \to 0} = \frac{\sin h}{h} = 1 \quad (\text{➛ s. S. 54}), \qquad \lim_{h \to 0} = \frac{1 - \cos h}{h} = 0.$$

Der zweite Grenzwert ergibt sich aus dem ersten, denn wegen
$1 - \cos^2 h = \sin^2 h$ ist

$$1 - \cos h = \frac{\sin^2 h}{1 + \cos h}, \quad \text{also} \quad \frac{1 - \cos h}{h} = \frac{\sin h}{h} \cdot \frac{\sin h}{1 + \cos h}.$$

- Berechnung von $(\sin x)'$:

$$\frac{\sin(x+h) - \sin x}{h} = \frac{\sin x \cos h + \cos x \sin h - \sin x}{h}$$
$$= \sin x \cdot \frac{\cos h - 1}{h} + \cos x \cdot \frac{\sin h}{h} \xrightarrow{h \to 0} \cos x$$

Es gilt
$(\sin x)' = \cos x$,
$(\cos x)' = -\sin x$,
$(\tan x)' = 1 + \tan^2 x$.

- Berechnung von $(\cos x)'$ mit der speziellen Kettenregel (➛ s. S. 69):

$$(\cos x)' = \left(\sin\left(\frac{\pi}{2} - x\right)\right)' = (-1) \cdot \cos\left(\frac{\pi}{2} - x\right) = -\sin x$$

- Berechnung von $(\tan x)'$ mit der Quotientenregel (➛ s. S. 69):

$$(\tan x)' = \left(\frac{\sin x}{\cos x}\right)' = \frac{\cos x \cdot \cos x - (-\sin x) \cdot \sin x}{\cos^2 x}$$
$$= \frac{1}{\cos^2 x} = 1 + \tan^2 x$$

Beispiel: Die Funktionen *f*, *g* mit

$$f(x) = x^2 \sin \frac{1}{x} \quad \text{und} \quad g(x) = x^3 \sin \frac{1}{x}$$

haben an der Stelle 0 eine stetig hebbare Definitionslücke (➛ s. S. 61). Setzt man den Funktionswert an der Stelle 0 gleich 0, dann entstehen Funktionen, die auch an der Stelle 0 definiert und dort stetig sind. Wir wollen untersuchen, ob auch für die Ableitungsfunktionen *f'*, *g'* die Definitionslücke 0 stetig hebbar ist. Für $x \neq 0$ ist

$$f'(x) = 2x \sin \frac{1}{x} + x^2 \cos \frac{1}{x} \cdot \left(-\frac{1}{x^2}\right) = 2x \sin \frac{1}{x} - \cos \frac{1}{x},$$

$$g'(x) = 3x^2 \sin \frac{1}{x} + x^3 \cos \frac{1}{x} \cdot \left(-\frac{1}{x^2}\right) = 3x^2 \sin \frac{1}{x} - x \cos \frac{1}{x}.$$

Es gilt $\lim\limits_{x \to 0} x \sin \frac{1}{x} = \lim\limits_{x \to 0} x^2 \sin \frac{1}{x} = \lim\limits_{x \to 0} x \cos \frac{1}{x} = 0$. Der Grenzwert von $\cos \frac{1}{x}$ für $x \to 0$ existiert aber nicht, die Werte von $\cos \frac{1}{x}$ schwanken in jeder Umgebung von 0 zwischen 1 und −1. Also gilt:

$$\lim_{x \to 0} f'(x) \text{ existiert nicht,} \quad \lim_{x \to 0} g'(x) = 0.$$

Folglich ist die Definitionslücke von *f'* nicht stetig hebbar, die von *g'* ist aber stetig hebbar, man muss dazu an der Stelle 0 für *g'* den Funktionswert 0 setzen.

Die **Ableitungen der Arkusfunktionen** berechnet man mit Hilfe der Umkehrregel (➤ s. S. 70). Auf den jeweiligen Definitionsmengen ergibt sich

$$(\arcsin x)' = \frac{1}{\sqrt{1-x^2}}, \quad (\arccos x)' = -\frac{1}{\sqrt{1-x^2}}, \quad (\arctan x)' = \frac{1}{1+x^2}.$$

Die Ableitungen der Arkusfunktionen berechnet man mit Hilfe der Umkehrregel.

Beispiel: Es soll $(\arctan x)'$ für $-\frac{\pi}{2} < x < \frac{\pi}{2}$ berechnet werden.
Man benutzt die Umkehrregel $(f^{-1})'(x) = \frac{1}{f'(f^{-1}(x))}$ mit $f = \tan$.
Wegen $(\tan x)' = 1 + (\tan x)^2$ und $\tan(\arctan x) = x$ erhält man

$$(\arctan x)' = \frac{1}{1 + (\tan(\arctan x))^2} = \frac{1}{1+x^2}.$$

Ableitung der Exponentialfunktionen

Es sei f die Exponentialfunktion zur Basis $a > 0$, also $f\colon x \mapsto a^x$. Es gilt

$$\frac{f(x+h) - f(x)}{h} = \frac{a^{x+h} - a^x}{h} = a^x \cdot \frac{a^h - 1}{h}.$$

Zur Berechnung von $f'(x)$ benötigt man also nur $f'(0) = \lim\limits_{h \to 0} \frac{a^h - 1}{h}$.
Ist $a = e$, wobei e die eulersche Zahl ist (➤ s. S. 24), dann ist dieser Grenzwert 1, denn für große Werte von $n \in \mathbb{N}$ ist $e \approx \left(1 + \frac{1}{n}\right)^n$, mit $h = \frac{1}{n}$ gilt also

$$\frac{e^h - 1}{h} \approx \frac{\left(\left(1 + \frac{1}{n}\right)^n\right)^{\frac{1}{n}} - 1}{\frac{1}{n}} = n\left(1 + \frac{1}{n} - 1\right) - 1.$$

(Diese heuristische Überlegung kann man auch exakt begründen.) Es ist also

$$(e^x)' = e^x.$$

Es gilt $(e^x)' = e^x$ und allgemein $(a^x)' = \ln a \cdot a^x$.

Mit ln bezeichnet man den Logarithmus zur Basis e (**natürlicher Logarithmus** (➤ s. S. 46)). Wegen $a = e^{\ln a}$ ergibt sich nun mit der speziellen Kettenregel

$$(a^x)' = (e^{x \ln a})' = \ln a \cdot e^{x \ln a} = \ln a \cdot a^x.$$

Die Exponentialfunktion $f\colon x \mapsto e^x$ zur Basis e nennt man die **natürliche** oder **eulersche** Exponentialfunktion. Sie hat die bemerkenswerte Eigenschaft

$$f' = f \quad \text{und} \quad f(0) = f'(0) = 1.$$

Die eulersche Exponentialfunktion stimmt mit ihrer Ableitungsfunktion überein.

Beispiel: Der Graph von $f\colon x \mapsto 5e^{-x}\cos x$ für $x \geqq 0$ stellt eine gedämpfte Schwingung dar (Fig. 1). Die Stellen maximaler Ausschläge sind die Stellen mit der Steigung 0. Wegen

$$f'(x) = -5e^{-x} \cdot \cos x + 5e^{-x} \cdot (-\sin x)$$
$$= -5e^{-x}(\cos x + \sin x)$$

sind dies die Lösungen von

$$\cos x + \sin x = 0,$$

also $\tan x = -1$, und das sind die Stellen
$\frac{3}{4}\pi, \frac{7}{4}\pi, \frac{11}{4}\pi, \frac{15}{4}\pi, \ldots$

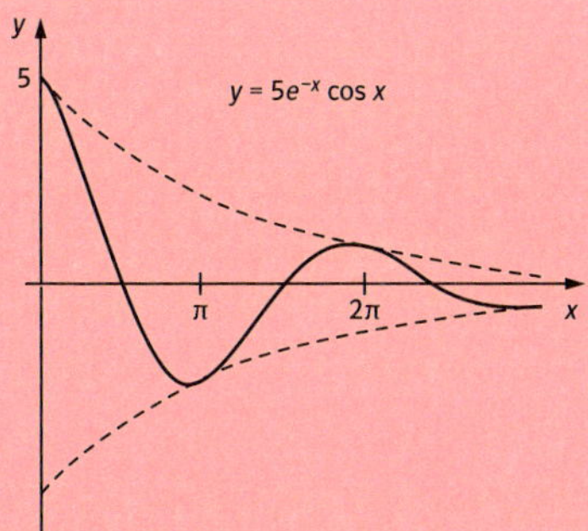

Fig. 1: Gedämpfte Schwingung

Beispiel: Die Funktion

$$\varphi: x \mapsto \frac{1}{\sqrt{2\pi}} e^{-\frac{1}{2}x^2}$$

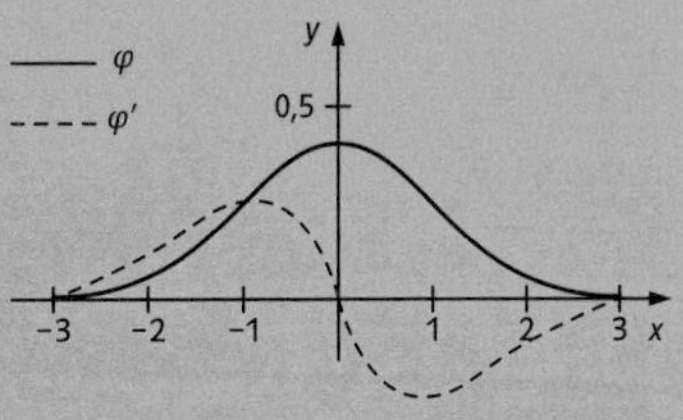

Fig. 2: Normalverteilungskurve

(Fig. 2) spielt eine wichtige Rolle in der Statistik (Normalverteilung). Von Interesse sind die Stellen, an denen die Steigung einen größtmöglichen Betrag hat. Die Steigung wird durch die Ableitungsfunktion φ' beschrieben. Der Graph von φ' hat waagerechte Tangenten und damit einen maximalen Wert an den Stellen, an denen $(\varphi')'$ (**zweite Ableitung** von φ (→ s. S. 76)) den Wert 0 hat. Es gilt $\varphi'(x) = -x\varphi'(x)$ und

$$(\varphi'(x))' = -\varphi(x) + x(x\varphi(x)) = (x^2 - 1)\varphi(x).$$

Die Stellen mit größtem Steigungsbetrag sind also ±1.

Ableitung der Logarithmusfunktionen

Für $a > 0$ gilt $(\log_a x)' = \frac{1}{x \cdot \ln a}$.

Es sei $a > 1$ und $\log_a$ die Logarithmusfunktion (→ s. S. 46) zur Basis a, also die Umkehrfunktion der Exponentialfunktion $x \mapsto a^x$. Dann gilt für $x > 0$ wegen $(a^x)' = \ln a \cdot a^x$ nach der Umkehrregel

$$(\log_a x)' = \frac{1}{a^{\log_a x} \cdot \ln a} = \frac{1}{x \cdot \ln a}, \quad \text{insbesondere } (\ln x)' = \frac{1}{x}.$$

Beispiel: Für $x > 0$ ist

$$(x^x)' = (e^{x \ln x})' = e^{x \ln x}\left(\ln x + x \cdot \tfrac{1}{x}\right) = (1 + \ln x)x^x.$$

Dabei wurde die Kettenregel und die Produktregel benötigt.

Beispiel: Im Folgenden benötigen wir, dass für jede differenzierbare Funktion f mit positiven Werten aufgrund der Kettenregel gilt:

$$(\ln f(x))' = \frac{f'(x)}{f(x)}$$

Alle Querverweise im Überblick:

Additionstheorem: S. 72 → S. 185
Grenzwert $\lim\limits_{x \to 0} \frac{\sin x}{x}$: S. 72 → S. 54
Spezielle Kettenregel: S. 72 → S. 69
Quotientenregel: S. 72 → S. 69
Stetig hebbare Definitionslücke: S. 72 → S. 61
Umkehrregel: S. 73 → S. 70
Eulersche Zahl: S. 73 → S. 24
Natürlicher Logarithmus: S. 73 → S. 46
Zweite Ableitung: S. 74 → S. 76
Logarithmusfunktion: S. 74 → S. 46

Zusammenfassung:
Ableitung der trigonometrischen Funktionen und der Exponentialfunktionen

Ableitung der Sinusfunktion: $(\sin x)' = \cos x$

Ableitung der Kosinusfunktion: $(\cos x)' = -\sin x$

Ableitung der Tangensfunktion: $(\tan x)' = \frac{1}{\cos^2 x} = 1 + \tan^2 x$

Ableitung der Arkussinusfunktion: $(\arcsin x)' = \frac{1}{\sqrt{1-x^2}}$

Ableitung der Arkuskosinusfunktion: $(\arccos x)' = -\frac{1}{\sqrt{1-x^2}}$

Ableitung der Arkustangensfunktion: $(\arctan x)' = \frac{1}{1+x^2}$

Hat man die Ableitung von sin gewonnen, dann folgen die übrigen alle mit Hilfe der Ableitungsregeln. Zum Berechnen der Ableitung von sin benötigt man den Grenzwert

$$\lim_{x \to 0} \frac{\sin x}{x} = 1.$$

Ableitung der Exponentialfunktion: $(a^x)' = \ln a \cdot a^x \quad (a > 0)$

Ableitung der eulerschen Exponentialfunktion: $(e^x)' = e^x$

Ableitung der Logarithmusfunktion: $(\log_a x)' = \frac{1}{\ln a \cdot x}$

Ableitung der naturlichen Logarithmusfunktion: $(\ln x)' = \frac{1}{x}$

Diese Regeln folgen alle mit Hilfe der Ableitungsregeln aus $(e^x)' = e^x$.
Zum Berechnen der Ableitung von e^x benötigt man den Grenzwert

$$\lim_{x \to 0} \frac{e^x - 1}{x} = 1.$$

Alle aus obigen Funktionen und den rationalen Funktionen zusammengesetzten Funktionen (Summen, Vielfache, Produkte, Quotienten, Verkettungen) lassen sich mit Hilfe der Ableitungsregeln differenzieren.

Untersuchung von Funktionsgraphen

In diesem Kapitel erfahren Sie:

- Die zweite Ableitung einer zweimal differenzierbaren Funktion *f* beschreibt die Krümmung des Graphen von *f*.
- An einer Extremalstelle von *f* hat die Ableitung den Wert 0. Liegt ein Maximum vor, dann ist die zweite Ableitung negativ, liegt ein Minimum vor, dann ist die zweite Ableitung positiv.
- An einer Wendestelle von *f* hat die zweite Ableitung den Wert 0.
- Die Taylor-Polynome dienen zur Approximation von Funktionen.

Zweite und höhere Ableitungen

Ist die Ableitungsfunktion f' von f differenzierbar, dann ist $(f')' = f''$ die zweite Ableitungsfunktion von *f*.

Ist f differenzierbar und ist f' ebenfalls differenzierbar, dann nennt man

$$f'' = (f')'.$$

die **zweite Ableitungsfunktion** von f.

Ist $f''(x) < 0$ auf einem Intervall I, dann nimmt die Steigung des Graphen von f über I ab, der Graph beschreibt also eine **Rechtskurve** (Fig. 1).

Ist $f''(x) > 0$ auf einem Intervall I, dann nimmt die Steigung des Graphen von f über I zu, der Graph beschreibt also eine **Linkskurve**.

f'' beschreibt das Krümmungsverhalten des Graphen von *f*.

Ist $f''(x_0) = 0$ und hat $f''(x)$ links und rechts von x_0 verschiedene Vorzeichen, dann geht an der Stelle x_0 eine Rechts- in eine Linkskurve über oder umgekehrt. Es liegt dann an der Stelle x_0 ein **Wendepunkt** vor.

Hat $|f''(x)|$ große Werte, dann ändert sich die Steigung stark, der Graph ist **stark gekrümmt**. Hat dagegen $|f''(x)|$ kleine Werte, dann ist der Graph nur **schwach gekrümmt**.

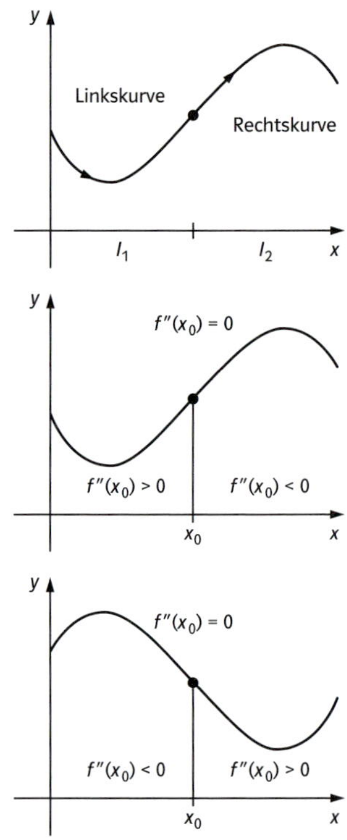

Fig. 1: Krümmungsverhalten

Beispiel: Ist $t \mapsto s(t)$ das Weg-Zeit-Gesetz einer geradlinigen Bewegung, dann ist $t \mapsto s'(t)$ die Geschwindigkeitsfunktion und $t \mapsto s''(t)$ die Beschleunigungsfunktion. Beim freien Fall in der Nähe der Erdoberfläche ohne Berücksichtigung des Luftwiderstandes ist

$$s''(t) = g = 9{,}81\,\frac{\text{m}}{\text{sek}^2}, \quad s'(t) = gt; \quad s(t) = \frac{1}{2}gt^2.$$

Dabei bedeutet *t* die seit dem Beginn der Bewegung vergangene Zeit.

Beispiel: Stellt man die Kosten für den „Warenkorb“ durch eine zweimal differenzierbare Funktion $t \mapsto K(t)$ in Abhängigkeit von der Zeit t dar, dann gibt $t \mapsto K'(t)$ die Inflationsrate an. Die Inflation „beschleunigt sich“, wenn $K''(t) > 0$, sie „verlangsamt sich“, wenn $K''(t) < 0$.

Ist f'' differenzierbar, dann kann man die dritte Ableitungsfunktion $f''' = (f'')'$ bilden; ist f''' differenzierbar, dann kann man die vierte Ableitungsfunktion $f^{(4)} = (f''')'$ bilden usw. Die erste Ableitung f' beschreibt die Änderungsgeschwindigkeit der Funktionswerte, also die Steigung des Graphen; f'' beschreibt die Änderungsgeschwindigkeit der Steigung des Graphen von f, also seine Krümmung (Fig. 2). Die dritte Ableitung f''' beschreibt das Änderungsverhalten der Krümmung.

Ist die n-te Ableitungsfunktion $f^{(n)}$ von f differenzierbar, dann ist $(f^{(n)})' = f^{(n+1)}$ die $(n+1)$-te Ableitungsfunktion von f.

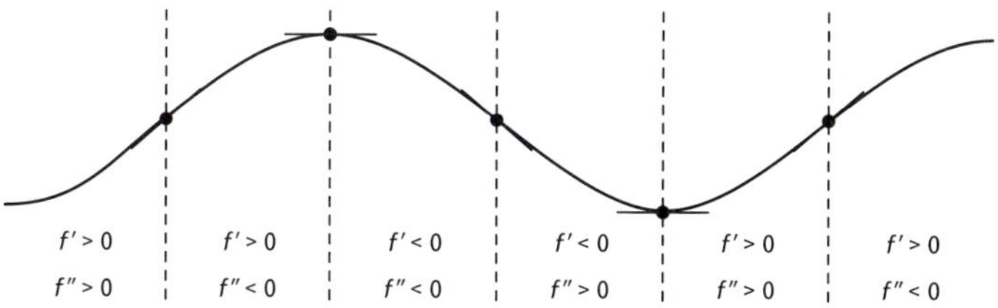

Fig. 2: Geometrische Interpretation der Ableitungen

Extremalpunkte und Wendepunkte

Die Funktion f sei auf dem Intervall I definiert. Die Stelle $x_0 \in I$ heißt

$$\begin{cases} \textbf{Stelle eines Minimums} \\ \textbf{Stelle eines Maximums} \end{cases},$$

wenn es eine Umgebung U von x_0 gibt, so dass

$$\begin{cases} f(x) \geqq f(x_0) \\ f(x) \leqq f(x_0) \end{cases} \quad \text{für alle } x \in U.$$

Der Funktionswert $f(x_0)$ heißt dann ein **lokales Minimum** bzw. **lokales Maximum** von f. Der Punkt $(x_0 | f(x_0))$ heißt **Tiefpunkt** bzw. **Hochpunkt** des Graphen von f. Ein lokales Minimum oder Maximum heißt **lokales Extremum**.

Im Gegensatz zu einem lokalen Minimum oder Maximum ist das **globale** oder **absolute** Minimum oder Maximum der kleinste bzw. größte Wert von f auf dem gesamten Intervall I (Fig. 3).

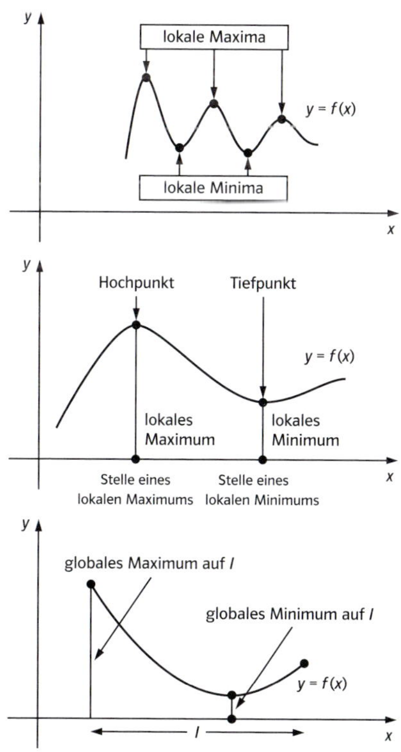

Fig. 3: Extrema

Ein globales Extremum kann auch am Rand des Intervalls liegen; man spricht dann von einem **Randextremum**.

Liegt an der Stelle x_0 ein lokales Minimum der differenzierbaren Funktion f vor, gilt dann

$$\lim_{x \to x_0^-} \frac{f(x) - f(x_0)}{x - x_0} \leqq 0 \quad \text{und} \quad \lim_{x \to x_0^+} \frac{f(x) - f(x_0)}{x - x_0} \geqq 0, \quad \text{also} \quad \lim_{x \to x_0} \frac{f(x) - f(x_0)}{x - x_0} = f'(x_0) = 0.$$

Liegt ein lokales Maximum vor, so gilt ebenfalls $f'(x_0) = 0$.

Ist $f'(x_0) = 0$ und $f''(x_0) > 0$, dann liegt an der Stelle x_0 ein Minimum vor.

Ist $f'(x_0) = 0$ und $f''(x_0) < 0$, dann liegt an der Stelle x_0 ein Maximum vor.

Ist $f'(x_0) = 0$, und $f''(x_0) = 0$, dann liegt an der Stelle x_0 ein Sattelpunkt vor, falls $f'''(x_0) \neq 0$.

Ein Extremum liegt an der Stelle x_0 im Fall $f'(x_0) = 0$ aber nur dann vor, wenn f' an dieser Stelle das Vorzeichen wechselt; andernfalls liegt an der Stelle x_0 ein **Sattelpunkt** vor (Fig. 4).

Ist f zweimal differenzierbar und gilt neben $f'(x_0) = 0$

- $f''(x_0) > 0$, dann ändert f' an der Stelle x_0 das Vorzeichen von negativ zu positiv, es liegt somit ein Minimum vor;
- $f''(x_0) < 0$, dann ändert f' an der Stelle x_0 das Vorzeichen von positiv zu negativ, es liegt somit ein Maximum vor;
- $f''(x_0) = 0$, dann liegt ein Sattelpunkt vor, falls $f'''(x_0) \neq 0$.

Ist $f'(x_0) = f''(x_0) = f'''(x_0)$, dann kann ein Extremum vorliegen, z. B. wenn $f^{(4)}(x_0) \neq 0$. Zur Klärung des Sachverhalts kann man Taylor-Polynome benutzen (➛ s. S. 81).

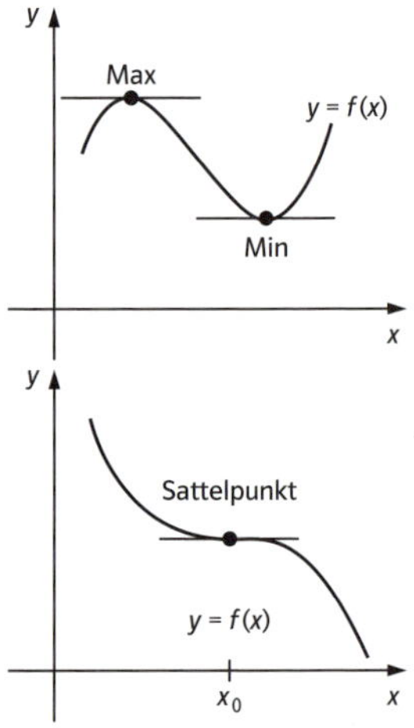

Fig. 4: Extrema, Sattelpunkt

Beispiel: Es soll der Graph von $f: x \mapsto 2x\sqrt{1 - x^2}$ auf Extremalpunkte und Wendepunkte untersucht werden. Die Funktion f ist definiert für $|x| \leqq 1$. Der Graph (Fig. 5) ist punktsymmetrisch zum Ursprung, denn $f(-x) = -f(x)$.
Die Ableitungen sind

$$f'(x) = \frac{2 - 4x^2}{\sqrt{1 - x^2}},$$

$$f''(x) = \frac{4x^3 - 6x}{(1 - x^2)\sqrt{1 - x^2}}.$$

$T\left(-\frac{1}{2}\sqrt{2}\,|\,1\right)$ ist ein Tiefpunkt.
$H\left(\frac{1}{2}\sqrt{2}\,|\,1\right)$ ist ein Hochpunkt.
$W(0\,|\,0)$ ist ein Wendepunkt mit der Steigung 2 ($f'(0) = 2$). Die Steigungen in den Randpunkten des Definitionsintervalls sind $-\infty$, denn

$$\lim_{x \to -1^+} f'(x) = \lim_{x \to 1^-} f'(x) = -\infty.$$

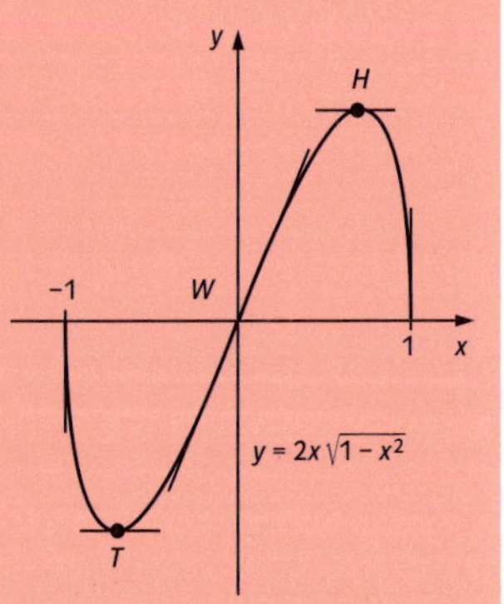

Fig. 5: Funktionsgraph

Beispiel: Es soll der Graph von $f\colon x \mapsto x^2 e^x$ auf Extremalpunkte und Wendepunkte untersucht werden. Die Funktion ist definiert auf $\mathbb{R}$ und es gilt $\lim\limits_{x \to -\infty} f(x) = 0$ und $\lim\limits_{x \to \infty} f(x) = \infty$. Die Ableitungen sind

$$f'(x) = (x^2 + 2x)e^x, \quad f''(x) = (x^2 + 4x + 2)e^x, \quad f'''(x) = (x^2 + 6x + 6)e^x.$$

Einzige Nullstelle ist 0; dies ist auch eine Extremalstelle (ein globales Minimum wegen $x^2 e^x > 0$ für alle $x \neq 0$).
Stellen mit waagerechter Tangente sind 0 und -2.
Es gilt $f''(0) = 2 > 0$ und $f''(-2) = -2e^{-2} < 0$.
Also ist $T(0\,|\,0)$ ein Tiefpunkt und $H(-2\,|\,4e^{-2})$ ein Hochpunkt.
Die Gleichung $f''(x) = 0$ hat die Lösungen $-2 \pm \sqrt{2}$.
Wegen $f'''(-2 \pm \sqrt{2}) = \pm 2\sqrt{2}e^{-2 \pm \sqrt{2}} \neq 0$ handelt es sich um Wendestellen. Man erhält die Wendepunkte $W_1(-3{,}41\,|\,0{,}38)$, $W_2(-0{,}59\,|\,0{,}19)$.
Die Steigungen in den Wendepunkten sind $f'(-2-\sqrt{2}) \approx \frac{1}{6}$ und $f'(-2+\sqrt{2}) \approx -\frac{1}{2}$. Mit diesen Daten ist in Fig. 6 der Graph von f gezeichnet.

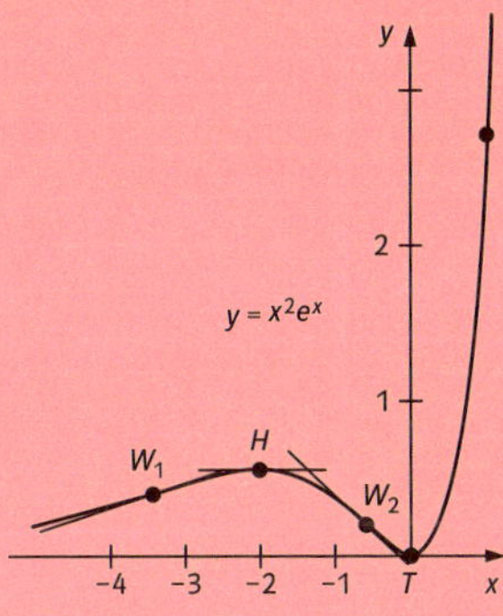

Fig. 6: Funktionsgraph

Krümmungskreis in Extremalpunkten

Für eine Zeichnung des Funktionsgraphen ist es nützlich, den Krümmungskreis in den Hoch- und Tiefpunkten zu kennen, also den Kreis, welcher sich der Kurve bestmöglich anschmiegt (Fig. 7). Der Kreis mit dem Mittelpunkt $M(x_0\,|\,y^*)$ durch den Punkt $H(x_0\,|\,f(x_0))$ hat die Gleichung

$$(x - x_0)^2 + (y - y^*)^2 = r^2$$

mit $r = f(x_0) - y^*$. Der obere Halbkreisbogen wird durch eine Funktion k mit

$$k(x) = y^* + \sqrt{r^2 - (x - x_0)^2}$$

beschrieben. Dann ist

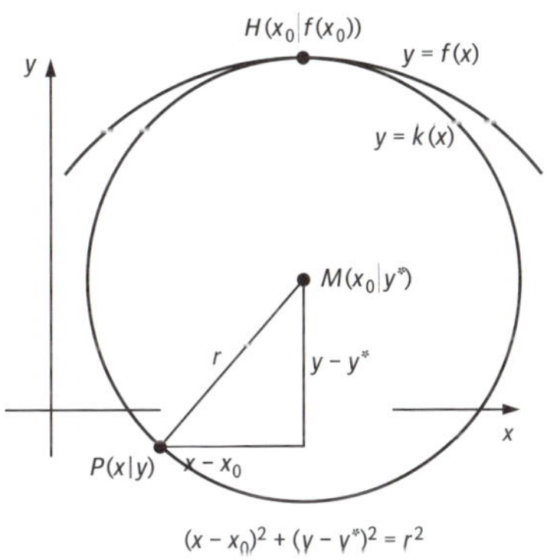

Fig. 7: Krümmungskreis in H

$$k'(x) = \frac{-(x - x_0)}{\sqrt{r^2 - (x - x_0)^2}}, \quad k''(x) = -\frac{r^2}{\left(\sqrt{r^2 - (x - x_0)^2}\right)^3}.$$

Es gilt $k(x_0) = f(x_0)$ und $k'(x_0) = f'(x_0)$. Nun soll auch $k''(x_0) = f''(x_0)$ gelten. Aus dieser Forderung folgt

$$f''(x_0) = -\frac{1}{r} \quad \text{bzw.} \quad r = -\frac{1}{f''(x_0)}.$$

Der Krümmungsradius in einem Extremalpunkt $(x_0\,|\,f(x_0))$ ist $r = \frac{1}{|f''(x_0)|}$.

Beispiel:
Die Gleichung der Normalparabel ist $y = x^2$.
Die zweite Ableitung von $x \mapsto x^2$ hat stets den Wert 2, also auch an der Stelle 0.
Der Krümmungsradius im Scheitel ist also $\frac{1}{2}$ (Fig. 8).

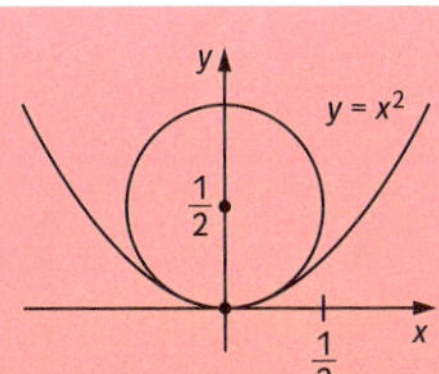

Fig. 8: Normalparabel

Beispiel: Die Sinusfunktion hat wegen $(\sin x)'' = -\sin x$ in ihren Hoch- und Tiefpunkten den Krümmungsradius 1. Mit Hilfe der Krümmungskreise und der Steigungen in den Nullstellen lässt sich die Sinuskurve recht genau zeichnen (Fig. 9).

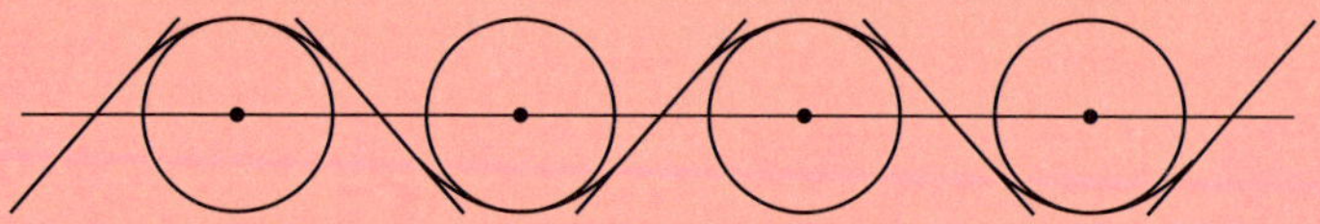

Fig. 9: Sinuskurve

Newton-Verfahren zur Nullstellenberechnung

Bei der Untersuchung des Funktionsgraphen einer Funktion f ist es von Bedeutung, die Nullstellen der Funktionen f, f' und f'' zu bestimmen. In komplizierten Fällen benötigt man hierfür Näherungsverfahren. Neben dem Sekantenverfahren (➤ s. S. 38) und dem Fixpunktverfahren (➤ s. S. 38) kann man das folgende **Tangentenverfahren** oder **Newton-Verfahren** (nach Isaac Newton, 1643–1727) verwenden: Es sei f stetig in $[a; b]$ und differenzierbar in $]a; b[$. Es sei ferner $f'(x) \neq 0$ für alle $x \in]a; b[$, so dass f zwischen a und b streng monoton wächst oder streng monoton fällt. Haben $f(a)$ und $f(b)$ verschiedene Vorzeichen, dann besitzt f genau eine Nullstelle in $]a; b[$. Ist x_0 ein Näherungswert für die Nullstelle, dann hat die Tangente an den Graph von f im Punkt $(x_0 | f(x_0))$ die Gleichung

$$y = f(x_0) + f'(x_0)(x - x_0).$$

Sie schneidet die x-Achse an der Stelle

$$x_1 = x_0 - \frac{f(x_0)}{f'(x_0)}.$$

Dies ist im Allgemeinen ein besserer Näherungswert für die Nullstelle als x_0. Man berechnet also einen Näherungswert für die Nullstelle rekursiv (Fig. 10):

$$x_0 = a, \quad x_{n+1} = x_n - \frac{f(x_n)}{f'(x_n)}$$

für $n \in \mathbb{N}$. Leider konvergiert die Folge (x_n) nicht immer gegen die gesuchte Nullstelle. Man ist sich dessen aber sicher, wenn für alle $x \in]a; b[$ gilt: $f(x) f''(x) < (f'(x))^2$. (Das wird hier nicht begründet.)

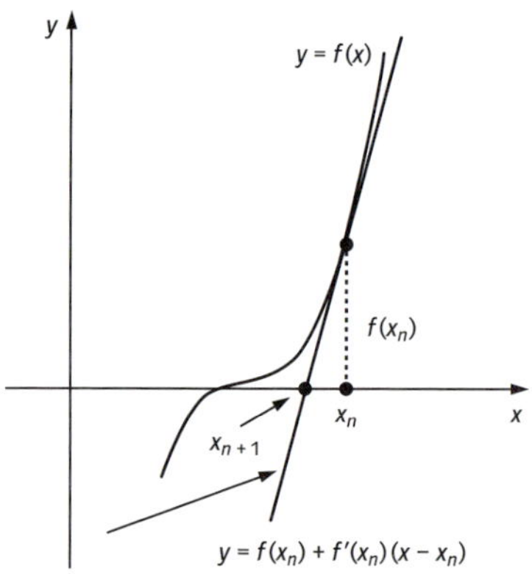

Fig. 10: Newton-Verfahren

Das Newton-Verfahren oder Sekantenverfahren dient zur näherungsweisen Berechnung von Nullstellen einer Funktion.

Beispiel: Die Funktion $f: x \mapsto x^3 + 2x - 5$ besitzt genau eine Nullstelle zwischen 1 und 2. Denn wegen $f'(x) = 3x^2 + 2 > 0$ ist f streng monoton wachsend, und ferner gilt: $-2 = f(1) < 0 < f(2) = 7$. Das Newton-Verfahren ist anwendbar, denn für $1 \leqq x \leqq 2$ gilt

$$\left|\frac{f(x) f''(x)}{(f'(x))^2}\right| = \left|\frac{(x^3 + 2x - 5) \cdot 6x}{(3x^2 + 2)^2}\right| < \frac{6x^4}{9x^4} = \frac{2}{3} < 1.$$

Beginnend mit $x_0 = \frac{3}{2} = 1{,}5$ erhält man im nächsten Schritt $x_1 = \frac{3}{2} - \frac{\frac{11}{8}}{\frac{35}{4}} = \frac{94}{70} \approx 1{,}343.$

Taylor-Polynome

Die Funktion f sei in einer Umgebung von 0 mindestens n-mal differenzierbar. Für die Polynomfunktion p_n mit $p_n = a_n x^n + \ldots + a_2 x^2 + a_1 x + a_0$ soll gelten:

$$\begin{array}{lll} p_n(0) = f(0), & \text{also} & a_0 = f(0) \\ p_n'(0) = f'(0), & \text{also} & a_1 = f'(0) \\ p_n''(0) = f''(0), & \text{also} & 2 \cdot a_2 = f''(0) \\ p_n'''(0) = f'''(0), & \text{also} & 3 \cdot 2 \cdot a_3 = f'''(0) \\ p_n^{(4)}(0) = f^{(4)}(0), & \text{also} & 4 \cdot 3 \cdot 2 \cdot a_4 = f^{(4)}(0) \end{array}$$

usw. und schließlich $p_n^{(n)}(0) = f_n^{(n)}(0)$, also

$$n \cdot \ldots \cdot 4 \cdot 3 \cdot 2 \cdot a_n = f^{(n)}(0).$$

Mit $i! = 1 \cdot 2 \cdot 3 \cdot \ldots \cdot i$ („i Fakultät“) und $0! = 1$ ist dann

$$p_n(x) = \frac{f(0)}{0!} + \frac{f'(0)}{1!} + \frac{f''(0)}{2!} + \ldots + \frac{f^{(n)}(0)}{n!}.$$

Dies ist das **Taylor-Polynom** (nach Brook Taylor, 1685–1731) von f vom Grad n an der Stelle 0. Mit Hilfe der Taylor-Polynome lässt sich die Funktion f an der Stelle 0 approximieren. Analog könnte man die Approximation einer Funktion an einer Stelle x_0 durch Polynome in $x - x_0$ untersuchen.

Beispiel: Für die e-Funktion $f\colon x \mapsto e^x$ gilt $f^{(n)}(0) = 1$ für alle $n \in \mathbb{N}$.
Also lautet das n-te Taylor-Polynom der e-Funktion

$$p_n(x) = 1 + \frac{x}{1!} + \frac{x^2}{2!} + \frac{x^3}{3!} + \ldots + \frac{x^n}{n!}.$$

Eine an der Stelle 0 n-mal differenzierbare Funktion kann man durch ein Taylor-Polynom vom Grad n approximieren.

Beispiel: Für die Funktion $f\colon x \mapsto \sin x$ lautet das $(2n+1)$-te Taylor Polynom

$$p_{2n+1}(x) = x - \frac{x^3}{3!} + \frac{x^5}{5!} - \frac{x^7}{7!} + - \ldots + (-1)^{(n+1)} \frac{x^{2n+1}}{(2n+1)!}.$$

Die ersten Taylor-Polynome lauten

$p_1(x) = x,$

$p_3(x) = x - \frac{x^3}{6},$

$p_5(x) = x - \frac{x^3}{6} + \frac{x^5}{120}$

(Fig. 11).

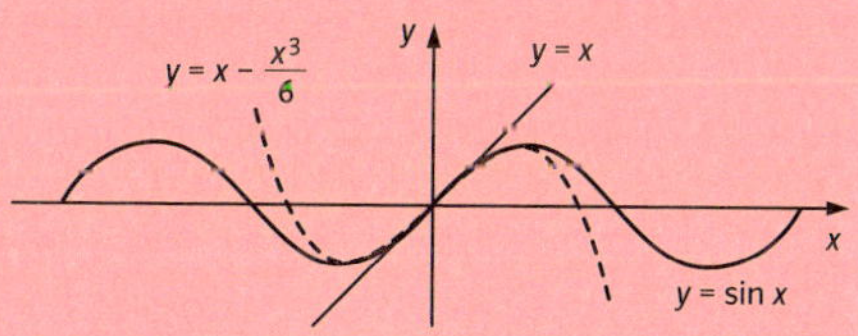

Fig. 11: Taylor-Approximation

Alle Querverweise im Überblick:

Taylor-Polynome: S. 78 → S. 81
Sekantenverfahren: S. 80 → S. 38
Fixpunktverfahren: S. 80 → S. 38

Zusammenfassung:
Untersuchung von Funktionsgraphen

Die zweite Ableitung beschreibt das Krümmungsverhalten des Graphen (Änderungsverhalten der Steigung).

Eine Stelle x_0 mit $f'(x_0) = 0$ und $f''(x_0) > 0$ ist eine **Minimalstelle**, f hat dort ein **lokales Minimum**.
Eine Stelle x_0 mit $f'(x_0) = 0$ und $f''(x_0) < 0$ ist eine **Maximalstelle**, f hat dort ein **lokales Maximum**.
Eine Stelle x_0 mit $f''(x_0) = 0$ und $f'''(x_0) \neq 0$ ist eine **Wendestelle**, f hat dort einen **Wendepunkt**.

Hat der Graph von f an der Stelle x_0 einen Extremalpunkt, dann hat der Krümmungskreis an der Stelle x_0 den Radius $\left|\frac{1}{f''(x_0)}\right|$.

Nullstellen einer Funktion kann man mit dem **Tangentenverfahren** (**Newton-Verfahren**) bestimmen.

Funktionen, die an einer Stelle n-mal differenzierbar sind, lassen sich dort durch das n-te **Taylor-Polynom** annähern:

$$f(x) \approx \frac{f(0)}{0!} + \frac{f'(0)}{1!}x + \frac{f''(0)}{2!}x^2 + \ldots + \frac{f^{(n)}(0)}{n!}x^n$$

bzw. allgemeiner

$$f(x) \approx \frac{f(x_0)}{0!} + \frac{f'(x_0)}{1!}(x - x_0) + \frac{f''(x_0)}{2!}(x - x_0)^2 + \ldots + \frac{f^{(n)}(x_0)}{n!}(x - x_0)^n.$$

Extremwertaufgaben

In diesem Kapitel erfahren Sie:

- Ist ein funktionaler Zusammenhang $y = f(x)$ zwischen zwei geometrischen, physikalischen oder weiteren Größen x, y gegeben, dann kann man versuchen, mit Hilfe der Differenzialrechnung extreme Werte (Minimum, Maximum) der Größe y in Abhängigkeit von den Werten der Größe x zu finden.

Eine Größe y sei von einer Größe x mittels einer Funktion f abhängig, es sei also $y = f(x)$. Dabei sei f im Intervall I zweimal differenzierbar. Aus den Bedingungen

$$f'(x) = 0,\ f''(x) < 0 \text{ bzw. } f'(x) = 0,\ f''(x) > 0$$

erhält man die Stellen relativer Maxima und Minima von f in I. Oft ist die Berechnung von $f''(x)$ mühsam. Dann kann man versuchen, am Term von f' abzulesen, ob die Ableitung an einer Stelle x_0 mit $f'(x_0) = 0$ von positiven zu negativen Werten übergeht (Maximum) oder umgekehrt (Minimum). Meistens geht die Existenz eines Minimums oder Maximums aus dem sachlichen Zusammenhang der Extremwertaufgabe hervor. Beispielsweise besitzt das Volumen einer quadratischen Pyramide mit fester Seitenkante und variabler Grundkante x *selbstverständlich* genau ein Maximum, fraglich ist nur die *Stelle* dieses Maximums (vgl. Beispiel 2).

Aus $f'(x) = 0$, $f''(x) < 0$ erhält man Stellen relativer Maxima, aus $f'(x) = 0$, $f''(x) > 0$ erhält man Stellen relativer Minima.

Manchmal ist die Größe y zunächst in Abhängigkeit von *zwei* Variablen u, v gegeben, also $y = F(u, v)$, wobei dann aber zwischen den Variablen ein Zusammenhang besteht, etwa $v = g(u)$. Es ergibt sich dann $y = F(u(g(u)) = f(u)$, also y in Abhängigkeit von nur noch einer einzigen Variablen.

Es werden nun Beispiele für solche Extremwertaufgaben vorgestellt.

Beispiel 1: Von einem quadratischen Blech mit der Seitenlänge a werden an den Ecken gleiche Quadrate der Seitenlänge x weggeschnitten (Fig. 1). Aus dem verbleibenden Blech wird eine Schachtel gebogen. Die Frage ist, für welches x der Inhalt dieser Schachtel maximal ist. Der Inhalt der Schachtel ist

$$f(x) = x(a - 2x)^2 = 4x^3 - 4ax^2 + a^2x.$$

Die Gleichung

$$f'(x) = 12x^2 - 8ax + a^2 = 0$$

hat die Lösungen $\frac{a}{2}$ und $\frac{a}{6}$.

Für die erste Lösung ist der Inhalt der Schachtel 0, mit der zweiten Lösung liegt offensichtlich ein Maximum des Inhalts vor. Dieses beträgt $\frac{2}{27}a^3$.

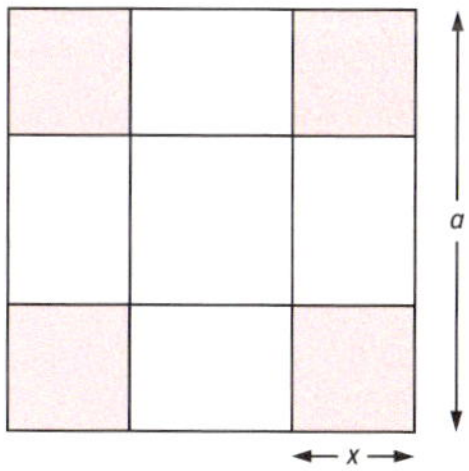

Fig. 1: Zu Beispiel 1

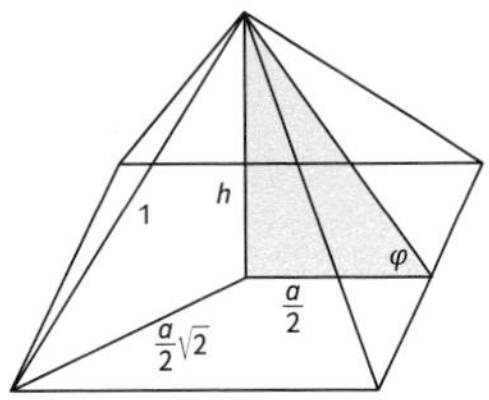

Fig. 2: Zu Beispiel 2

Beispiel 2: Aus vier Stäben der Länge 1 soll ein Zelt in Form einer quadratischen Pyramide mit größtmöglichem Volumen gebildet werden. Gefragt ist nach der Höhe h, der Grundkantenlänge a und dem Böschungswinkel φ dieser Pyramide (Fig. 2).

Das Volumen beträgt $V = \frac{1}{3}a^2 h$.

Für a und h gilt $\left(\frac{a}{2}\sqrt{2}\right)^2 + h^2 = 1$. Daraus folgt

$$a^2 = 2(1 - h^2), \quad \text{also} \quad V = \frac{2}{3}h(1 - h^2) = \frac{2}{3}(h - h^3).$$

Die Funktion $V\colon h \mapsto \frac{2}{3}(h - h^3)$ hat die Ableitung

$$V'(h) = \frac{2}{3}(1 - 3h^2),$$

und diese hat die Nullstellen $\pm\frac{1}{3}\sqrt{3}$. Wegen $h > 0$ ergibt sich die Extremalstelle $h_0 = \frac{1}{3}\sqrt{3}$. Der Wert von a ist dann $a_0 = \frac{2}{3}\sqrt{3}$. Wegen $h_0 = \frac{a_0}{2}$ beträgt der Böschungswinkel $\varphi_0 = 45°$.

Beispiel 3: Die Lichtgeschwindigkeit ist in unterschiedlichen Medien verschieden. Dies ist der Grund, warum ein Lichtstrahl beim Übertritt z. B. von Luft in Glas gebrochen wird. Das Brechungsgesetz (Fig. 3) ergibt sich aus der Annahme, dass das Licht stets den zeitlich kürzesten Weg zurücklegt (und bestätigt auch umgekehrt diese Annahme).

Die benötigte Zeit von P_1 nach P_2 ist mit den Bezeichnungen in Fig. 3

$$f(x) = \frac{\sqrt{x^2 + a^2}}{c_1} + \frac{\sqrt{(d - x)^2 + b^2}}{c_2},$$

wobei c_1, c_2 die unterschiedlichen Lichtgeschwindigkeiten sind. Diese Zeit ist minimal, wenn $f'(x) = 0$,

also $\displaystyle \frac{x}{c_1\sqrt{x^2 + a^2}} - \frac{(d - x)}{c_2\sqrt{(d - x)^2 + b^2}} = 0.$

Für die Winkel α, β in Fig. 3 bedeutet dies

$$\frac{\sin\alpha}{c_1} = \frac{\sin\beta}{c_2} \quad \text{bzw.} \quad \frac{\sin\alpha}{\sin\beta} = \frac{c_1}{c_2}.$$

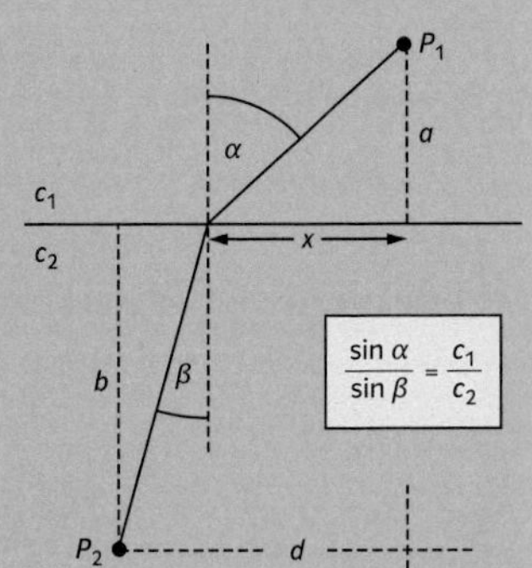

Fig. 3: Zu Beispiel 3

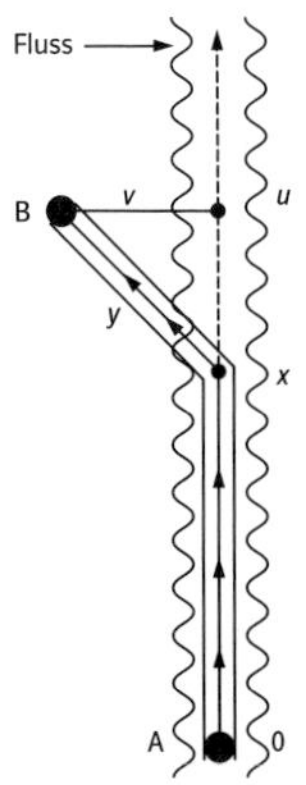

Fig. 4: Zu Beispiel 4

Beispiel 4: Eine Ladung soll von A nach B transportiert werden, wobei sowohl der Wasserweg als auch der Landweg zur Verfügung steht. In Fig. 4 sind die Orte A, B durch die km-Angaben u, v festegelegt. Für den Transport seien die Kosten auf dem Wasser a und auf dem Land b (Geldeinheiten pro km), wobei $a < b$. Es soll der kostengünstigste Weg bestimmt werden.

Die Kosten sind $K = ax + by$ mit $(x - u)^2 + v^2 = y^2$.

Die Kostenfunktion $f\colon x \mapsto ax + b\sqrt{(x - u)^2 + v^2}$ hat die

Ableitungen $\displaystyle f'(x) = a + b\frac{x - u}{\sqrt{(x - u)^2 + v^2}}, \quad f''(x) = \frac{bv^2}{((x - u)^2 + v^2)\sqrt{(x - u)^2 + v^2}}.$

Die Gleichung $f'(x) = 0$ hat in $[0; u]$ nur die Lösung $x_0 = u - \frac{av}{\sqrt{b^2 - a^2}}$. An dieser Stelle liegt ein Minimum vor, denn f'' hat nur positive Werte. Die minimalen Kosten betragen $f(x_0) = au + v\sqrt{b^2 - a^2}$.

Beispiel 5: Ein Denkmal besteht aus einem Sockel von 6 m Höhe und einer Figur von 12 m Höhe. Es soll untersucht werden, in welcher Entfernung x vom Fußpunkt des Denkmals die Figur unter einem möglichst großen Winkel φ erscheint. Aus Fig. 5 entnimmt man

$$\tan(\alpha + \varphi) = \frac{18}{x} \quad \text{und} \quad \tan\alpha = \frac{6}{x}.$$

Aus den Additionstheoremen für sin und cos (→ s. S. 185) folgt

$$\tan(\alpha + \varphi) = \frac{\tan\alpha + \tan\varphi}{1 - \tan\alpha \cdot \tan\varphi}.$$

Also gilt

$$\frac{18}{x} = \frac{\frac{6}{x} + \tan\varphi}{1 - \frac{6}{x}\tan\varphi} = \frac{6 + x\tan\varphi}{x - 6\tan\varphi}.$$

Daraus folgt

$$\tan\varphi = \frac{12x}{x^2 + 108}.$$

Der Winkel φ ist für $0° < \varphi < 90°$ genau dann maximal, wenn $\tan\varphi$ maximal ist.
Die einzige positive Stelle der Funktion $x \mapsto \frac{12x}{x^2 + 108}$ mit verschwindender Ableitung ist $\sqrt{108} \approx 10{,}4$. Die gesuchte Entfernung ist also 10,4 m.

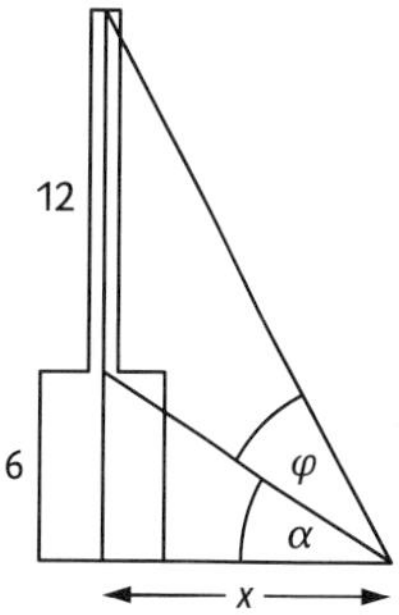

Fig. 5: Zu Beispiel 5

Beispiel 6: Der Querschnitt einer Bienenzelle ist ein regelmäßiges Sechseck, sie ist vorne offen und hinten durch drei kongruente Rauten verschlossen. Das Volumen der Bienenzelle hängt nur von a und b, nicht aber von x ab (vgl. Fig. 6). Messungen haben bestätigt, dass die Biene die Rauten so wählt, dass die gesamte Oberfläche der Zelle minimal ist, nämlich mit Winkeln von etwa 70° und 110°. Dieses Extremwertproblem der Biene soll hier gelöst werden.

Die Rauten haben die Seitenlänge $\sqrt{a^2 + x^2}$. Die Rautendiagonale AB ist auch eine Sechsecksdiagonale, hat also die Länge $a\sqrt{3}$. Der Inhalt der Raute ist daher

$$\frac{1}{2} \cdot a\sqrt{3} \cdot \sqrt{a^2 + 4x^2} = \frac{a}{2} \cdot \sqrt{3a^2 + 12x^2}.$$

Der Inhalt des Seitentrapes ist $\frac{a(2b - x)}{2}$, der gesamte Oberflächeninhalt ist daher $1{,}5a \cdot f(x)$ mit $f(x) = 4b - 2x + \sqrt{3a^2 + 12x^2}$.

Die Ableitung $f'(x) = -2 + \frac{12x}{\sqrt{3a^2 + 12x^2}}$ hat die einzige positive Nullstelle $x_0 = \frac{a}{\sqrt{8}}$.

Da $f''(x) > 0$ für alle x gilt, liegt an der Stelle x_0 ein Minimum von f vor.

Für diesen Wert von x ist $\tan\varphi = \frac{a\sqrt{3}}{\sqrt{a^2 + 4 \cdot \frac{a^2}{8}}} = \sqrt{2}$ und damit $\varphi = 54°44'$.

Der größere Winkel der Raute ist also $2\varphi = 109°28'$.

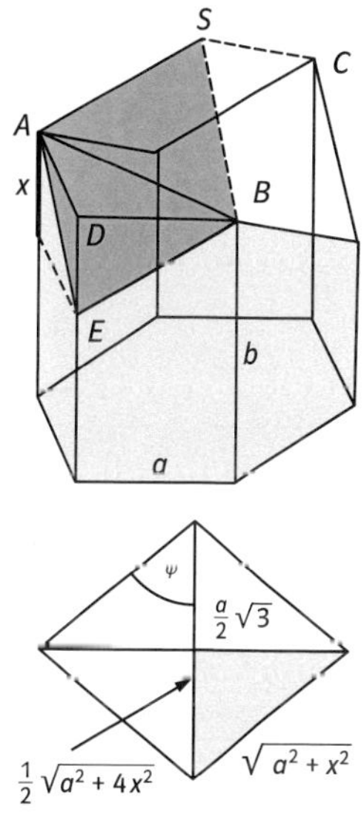

Fig. 6: Zu Beispiel 6

Alle Querverweise im Überblick:

Additionstheoreme von sin und cos: S. 85 → S. 185

Zusammenfassung:
Extremwertaufgaben

Bei Extremwertaufgaben handelt es sich darum, extremale (maximale, minimale) Werte einer Größe in Abhängigkeit von einer anderen Größe mit Hilfe der Differenzialrechnung zu bestimmen. Man benötigt dazu folgende Eigenschaft einer zweimal differenzierbaren Funktion f:

Ist $f'(x_0) = 0$ und $f''(x_0) > 0$ bzw. $f''(x_0) < 0$, dann liegt an der Stelle x_0 ein lokales Minimum bzw. ein lokales Maximum vor.

In Sachzusammenhängen geometrischer, physikalischer oder anderer Art ist es zuweilen mühsam, aus dem gegebenen Aufgabentext die zu untersuchende Funktion herauszufinden.

Auf die Überprüfung der zweiten Ableitung kann man manchmal verzichten, wenn nämlich aus dem Sachzusammenhang klar hervorgeht, dass ein lokales Extremum existieren muss.

Grenzwertuntersuchungen

In diesem Kapitel erfahren Sie:

- Haben die Funktionen f und g an einer Stelle x_0 beide den Wert 0, dann ist $\frac{f(x_0)}{g(x_0)}$ ein unbestimmter Ausdruck und $x \mapsto \frac{f(x)}{g(x)}$ hat an dieser Stelle eine Definitionslücke. Diese ist stetig hebbar, wenn der Grenzwert $\lim\limits_{x \to x_0} \frac{f(x)}{g(x)}$ existiert. Mit Mitteln der Differenzialrechnung kann man die Frage der Existenz dieses Grenzwerts untersuchen, falls f, g differenzierbar sind.
- Die Regeln von de l'Hospital dienen zur Untersuchung von Grenzwerten von Funktionen an Definitionslücken sowie von Grenzwerten für $x \to \infty$.

Sind die Funktionen f, g in einem Intervall I stetig differenzierbar, dann gelten für $x_0 \in I$ in einer Umgebung von x_0 die linearen Approximationen

$$f(x) \approx f(x_0) + f'(x_0)(x - x_0),$$
$$g(x) \approx g(x_0) + g'(x_0)(x - x_0)$$

(➤ s. S. 65). Ist $f(x_0) = g(x_0) = 0$ und ist $g'(x_0) \neq 0$, dann ist also

$$\frac{f(x)}{g(x)} \approx \frac{f'(x_0)(x - x_0)}{g'(x_0)(x - x_0)} = \frac{f'(x_0)}{g'(x_0)}$$

(Fig. 1). Damit ist folgende Behauptung plausibel (aber nicht streng bewiesen!):

Ist für obige Funktionen $f(x_0) = g(x_0) = 0$ und $g'(x_0) \neq 0$, dann gilt

$$\lim_{x \to x_0} \frac{f(x)}{g(x)} = \lim_{x \to x_0} \frac{f'(x)}{g'(x)}.$$

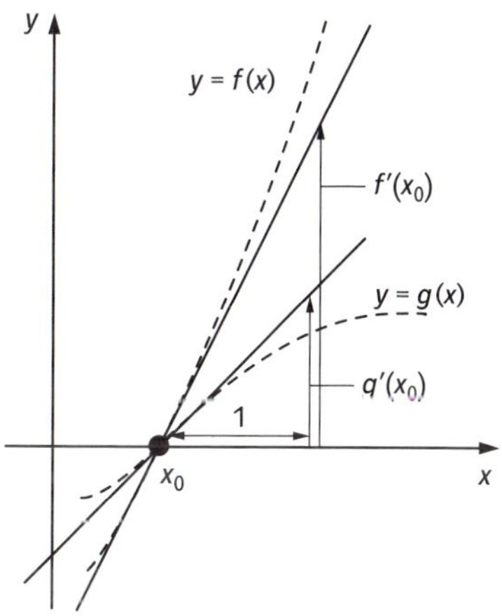

Fig. 1: Grenzwert von $\frac{f(x)}{g(x)}$

Regeln von de l'Hospital:
Gilt für $x \to x_0$ oder für $x \to \infty$
$\lim f(x) = \lim g(x) = 0$
oder
$\lim f(x) = \lim g(x) = \infty$,
dann gilt
$\lim \frac{f(x)}{g(x)} = \lim \frac{f'(x)}{g'(x)}$.

Man kann diese Regel auch folgendermaßen plausibel machen:

$$\frac{f(x)}{g(x)} = \frac{f(x) - f(x_0)}{x - x_0} \cdot \frac{x - x_0}{g(x) - g(x_0)} = \frac{\frac{f(x) - f(x_0)}{x - x_0}}{\frac{g(x) - g(x_0)}{x - x_0}} \xrightarrow{x - x_0} \frac{f'(x_0)}{g'(x_0)}$$

Ist auch $f'(x_0) = g'(x_0) = 0$, dann kann man die Regel ein weiteres Mal anwenden.

Ist x_0 ein Randpunkt des Definitionsintervalls, dann kann man diese Regel als eine Regel für einseitige Grenzwerte (➤ s. S. 54) formulieren.

Obige Regel gilt auch für den Fall, dass f, g für $x \to x_0^+$ oder $x \to x_0^-$ unbeschränkt wachsen. Man stelle dazu den Quotient $\frac{f}{g}$ in der Form $\frac{1}{g} : \frac{1}{f}$ dar und beachte $\left(\frac{1}{f}\right)' = -\frac{f'}{f^2}$ usw.

Analoge Regeln erhält man für Grenzübergänge $x \to \infty$; dazu betrachte man statt $\lim\limits_{x \to \infty} f(x)$ die Grenzwerte $\lim\limits_{t \to 0^+} f\left(\frac{1}{t}\right)$. Es gilt also auch:

Ist $\lim\limits_{x \to \infty} f(x) = \lim\limits_{x \to \infty} g(x) = 0$ oder $\lim\limits_{x \to \infty} f(x) = \lim\limits_{x \to \infty} g(x) = \infty$, dann ist

$$\lim_{x \to \infty} \frac{f(x)}{g(x)} = \lim_{x \to \infty} \frac{f'(x)}{g'(x)}.$$

Die vorgestellten Regeln zur Berechnung von Grenzwerten sind hier nicht exakt bewiesen, sondern nur plausibel gemacht. Sie heißen **Regeln von de l'Hospital** (nach G. F. A. de l'Hospital, 1661–1704).

Beispiele vom Typ „$\frac{0}{0}$": $\lim\limits_{x \to 0} \frac{\ln(1+x)}{x} = \lim\limits_{x \to 0} \frac{\frac{1}{(1+x)}}{1} = 1$

$$\lim_{x \to 0} \frac{\sin x}{x} = \lim_{x \to 0} \frac{\cos x}{1} = \cos 0 = 1$$

Beispiele vom Typ „$\frac{\infty}{\infty}$": $\lim\limits_{x \to \infty} \frac{\ln x}{x^r} = \lim\limits_{x \to \infty} \frac{\frac{1}{x}}{r x^{r-1}} = \lim\limits_{x \to \infty} \frac{1}{r x^r} = 0$ für $r > 0$

$$\lim_{x \to \infty} \frac{x^2}{e^x} = \lim_{x \to \infty} \frac{2x}{e^x} = \lim_{x \to \infty} \frac{2}{e^x} = 0$$

Hier musste die Regel von de l'Hospital zweimal angewendet werden.
Allgemein erhält man so $\lim\limits_{x \to \infty} \frac{x^n}{e^x} = 0$ für alle $n \in \mathbb{N}$.

Im folgenden Beispiel liegt der Typ „$0 \cdot \infty$" vor, den man aber in den Typ „$\frac{\infty}{\infty}$" verwandeln kann.

Beispiel: $\lim\limits_{x \to 0^+} x \ln x = \lim\limits_{x \to 0^+} \frac{\ln x}{\frac{1}{x}} = \lim\limits_{x \to 0^+} \frac{\frac{1}{x}}{-\frac{1}{x^2}} = \lim\limits_{x \to 0^+} (-x) = 0$

Im nächsten Beispiel handelt es sich um den Typ „∞^0"; diesen kann man mit Hilfe der e-Funktion auf den Typ „$\frac{\infty}{\infty}$" zurückführen.

Beispiel: $\lim\limits_{x \to \infty} x^{\frac{1}{x}} = \lim\limits_{x \to \infty} e^{\frac{\ln x}{x}} = e^{\lim\limits_{x \to \infty} \frac{\ln x}{x}} = e^0 = 1$

Alle Querverweise im Überblick:

Lineare Approximation: S. 87 → S. 65
Einseitige Grenzwerte: S. 87 → S. 54

Zusammenfassung: Grenzwertuntersuchungen

Die **Regeln von de l'Hospital** dienen zur Berechnung von Grenzwerten von Quotienten $\frac{f(x)}{g(x)}$, wenn $f(x)$ und $g(x)$ bei dem betrachteten Grenzübergang beide den Wert 0 annehmen oder beide unbeschränkt wachsen. Der Grenzübergang kann dabei von der Form $x \to x_0$ mit $x_0 \in \mathbb{R}$ oder von der Form $x \to \infty$ sein. Die Regeln besagen, dass in diesen Fällen der Grenzwert von $\frac{f(x)}{g(x)}$ gleich dem Grenzwert von $\frac{f'(x)}{g'(x)}$ ist.

Zur Begründung dieser Regeln betrachte man für $f(x_0) = \lim\limits_{x \to x_0} f(x) = 0$ und $g(x_0) = \lim\limits_{x \to x_0} g(x) = 0$ die Umformung

$$\frac{f(x)}{g(x)} = \frac{f(x) - f(x_0)}{x - x_0} \cdot \frac{x - x_0}{g(x) - g(x_0)} = \frac{\frac{f(x) - f(x_0)}{x - x_0}}{\frac{g(x) - g(x_0)}{x - x_0}}.$$

Wachsen f und g für $x \to x_0$ unbeschränkt, dann betrachte man den Quotient $\frac{1}{g} : \frac{1}{f} \left(= \frac{f}{g}\right)$. Für Grenzübergänge $x \to \infty$ betrachte man statt $\lim\limits_{x \to \infty} f(x)$ die Grenzwerte $\lim\limits_{t \to 0^+} f\left(\frac{1}{t}\right)$.

Differenzialgleichungen

In diesem Kapitel erfahren Sie:

- Für Gleichungen wie $f''(x) - 3f'(x) + xf(x) = h(x)$, in denen eine unbekannte Funktion f und ihre Ableitungen auftreten, kann man manchmal mit Hilfe der Regeln der Differenzialrechnung eine Lösung $f(x)$ finden.

Eine Gleichung für $f, f', f'', \dots$, welcher eine gesuchte Funktion f genügen soll, heißt eine Differenzialgleichung.

Eine Gleichung, in welcher neben einer Variablen f für eine Funktion auch Ableitungen von f vorkommen, heißt **Differenzialgleichung**. Lösungen einer solchen Gleichung sind Funktionen. Eine Differenzialgleichung hat in der Regel unendlich viele Lösungen, eine spezielle Lösung ist durch zusätzliche Bedingungen festgelegt. Das einfachste Beispiel einer Differenzialgleichung ist $f'(x) = h(x)$ (h gegebene Funktion); dabei geht es um die Bestimmung einer Stammfunktion von h (→ s. S. 95).

$f' = kf$ ist die Differenzialgleichung des exponentiellen Wachstums.

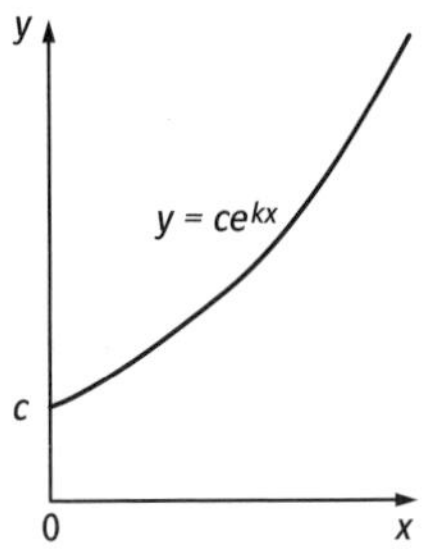

Fig. 1: Exponentielles Wachstum

Beispiel 1: Eine Größe werde in Abhängigkeit von der Zeit durch die Funktion f beschrieben. Ist die Änderungsrate zu jeder Zeit proportional zur vorhandenen Größe, gilt also $f'(t) = k \cdot f(t)$ mit einer Konstanten k, dann spricht man von **natürlichem Wachstum** (für $k > 0$) bzw. **natürlichem Zerfall** (für $k < 0$).

Es gilt dann $\frac{f'(t)}{f(t)} = (\ln f(t))' = k$
und daher $\ln f(t) = kt + c$ mit einer Konstanten c.
Daraus folgt $f(t) = e^{kt+c} = e^c \cdot e^{kt}$.
Setzt man $a = e^c$, dann ist $f(t) = a \cdot e^{kt}$.

Die Konstante a gibt die Größe zum Zeitpunkt $t = 0$ an. Wegen der Darstellung von f durch die Exponentialfunktion spricht man hier auch von **exponentiellem** Wachstum bzw. Zerfall (Fig. 1). Zwei verschiedene Lösungen f_1, f_2 unterscheiden sich nur in der Konstanten a, denn

$$\left(\frac{f_1}{f_2}\right)' = \frac{f_1'f_2 - f_2f_1'}{f_2^2} = \frac{kf_1f_2 - kf_2f_1}{f_2^2} = 0.$$

$f' = k(B - f)$ ist die Differenzialgleichung des beschränkten Wachstums.

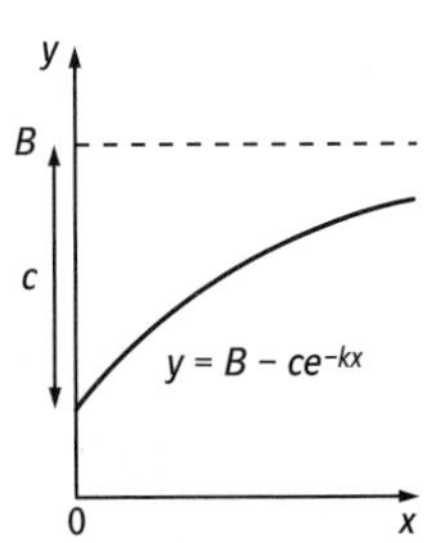

Fig. 2: Beschränktes Wachstum

Beispiel 2: Gilt für die Größe f mit positiven Konstanten k und B die Gleichung $f'(t) = k \cdot (B - f(t))$, dann liegt **beschränktes Wachstum** vor (Fig. 2). Hier wächst die Funktion proportional zur Differenz ihres Wertes und einer gegebenen oberen Schranke B. Wegen $\ln(B - f(t))' = \frac{-f'(t)}{B - f(t)}$ ergibt sich $(\ln(B - f(t)))' = -k$, also $\ln(B - f(t)) = -kt + c$ bzw. $B - f(t) = e^{-kt+c} = ae^{-kt}$ mit einer Konstanten a.
Also ist

$$f(t) = B - ae^{-kt} \quad \text{mit } a = B - f(0) \text{ und } B = \lim_{t \to \infty} f(t).$$

Zwei verschiedene Lösungen f_1, f_2 unterscheiden sich nur in der Konstanten a, denn es gilt

$$(f_1 - f_2)' = k(f_1 - f_2), \quad \text{also } f_1 - f_2 = be^{-kt} \quad \text{mit } b \in \mathbb{R}.$$

Beispiel 3: Ist die Änderungsrate sowohl zum Bestand als auch zur Restmenge proportional, dann spricht man von **logistischem Wachstum** (Fig. 3). Mit $k, B \in \mathbb{R}$ ist dann

$$f'(t) = k \cdot f(t) \cdot (B - f(t)).$$

Diese Bedingung wird von der Funktion f mit

$f(t) = \frac{aB}{a + e^{-Bkt}}$ $(a \in \mathbb{R})$ erfüllt, denn

$$f'(t) = \frac{aB^2ke^{-Bkt}}{(a + e^{-Bkt})^2} = k \cdot \frac{aB}{a + e^{-Bkt}} \cdot \frac{Be^{-Bkt}}{a + e^{-Bkt}}$$
$$= k \cdot \frac{aB}{a + e^{-Bkt}} \cdot \left(B - \frac{aB}{a + e^{-Bkt}}\right).$$

Der Nachweis, dass keine weitere Lösung existiert, ist etwas schwierig.

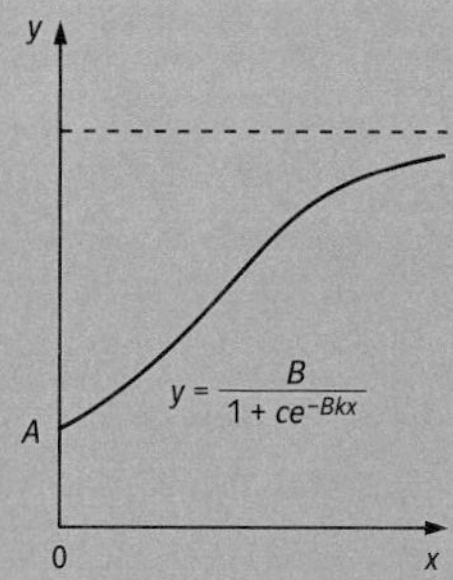

Fig. 3: Logistisches Wachstum

$f' = kf(B - f)$ ist die Differenzialgleichung des logistischen Wachstums.

Beispiel 4: Es soll die Differenzialgleichung $\varphi'(x) + x\varphi(x) = 0$ gelöst werden.
Aus $\frac{\varphi'(x)}{\varphi(x)} = -x$ folgt $\ln \varphi(x) = \frac{1}{2}x^2 + c$ mit $c \in \mathbb{R}$, wie man durch Differenzieren bestätigt. Also ist

$$\varphi(x) = ke^{-\frac{1}{2}x^2} \quad \text{mit } k = e^c.$$

Mit $k = \frac{1}{\sqrt{2\pi}}$ ergibt sich die aus der Statistik bekannte Funktion, welche die **gaußsche Glockenkurve** (Normalverteilung) beschreibt.

$f' + xf = 0$ ist die Differenzialgleichung der Normalverteilungsfunktion.

Beispiel 5: Bei einer **harmonischen Schwingung** ist die rücktreibende Kraft und damit die Beschleunigung $s''(t)$ proportional zur Auslenkung $s(t)$ zum Zeitpunkt t, aber der Auslenkungsrichtung entgegengesetzt.

Es gilt also

$$s''(t) = -k^2 \cdot s(t) \quad \text{mit } k \in \mathbb{R}.$$

Diese Differenzialgleichung zweiter Ordnung hat die Lösungen $t \mapsto c_1 \sin kt$ und $t \mapsto c_2 \cos t$,
also auch die Lösungen $t \mapsto c_1 \sin kt + c_2 \cos kt$
mit beliebigen Werten $c_1, c_2 \in \mathbb{R}$.

Liegt zum Zeitpunkt 0 die Auslenkung 0 vor, so ist $c_2 = 0$. Dann ist c_1 die Amplitude (größte Auslenkung) der Schwingung (Fig. 4).

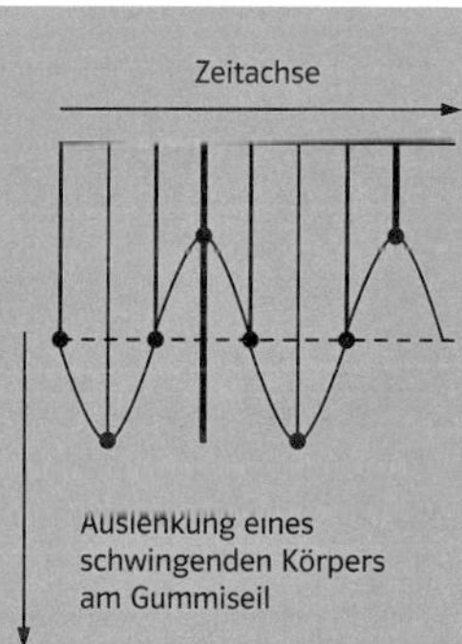

Fig. 4: Harmonische Schwingung

$f'' = -k^2f$ ist die Differenzialgleichung des harmonischen Schwingung.

Alle Querverweise im Überblick:

Stammfunktion: S. 90 ➛ S. 95

Zusammenfassung:
Differenzialgleichungen

Die Differenzialgleichung

$f' = kf$	hat die Lösungen	$f(x) = ce^{kx}$;
$f' = k(B - f)$	hat die Lösungen	$f(x) = B - ce^{-kx}$;
$f' = kf(B - f)$	hat die Lösungen	$f(x) = \frac{B}{1 + ce^{-Bkx}}$;
$f' + xf = 0$	hat die Lösungen	$f(x) = ce^{-\frac{1}{2}x^2}$;
$f'' = -k^2 f$	hat die Lösungen	$f(x) = c_1 \sin kx + c_2 \cos kx$.

Dabei sind k, B gegebene Werte und c, c_1, c_2 beliebige Werte aus $\mathbb{R}$.

Ist h eine gegebene Funktion, dann bedeutet das Lösen der Differenzialgleichung $f'(x) = h(x)$ das Bestimmen von Stammfunktionen von h. Dieses Problem tritt in der Integralrechnung auf.

Integral einer Funktion

In diesem Kapitel erfahren Sie:

- Das Integral einer Funktion über einem Intervall kann als Flächeninhalt gedeutet werden.
- Die Summenregel und die Faktorregel für Integrale sowie die Intervalladditivität gelten nur, wenn man Flächeninhalte mit einem Vorzeichen versieht.
- Der Hauptsatz der Differenzial- und Integralrechnung führt die Bestimmung eines Integrals auf das Aufsuchen einer Stammfunktion zurück, was Umkehrung der Differenziation bedeutet.

Der Begriff des Integrals

Es sei f eine Funktion auf $[a; b]$ mit $f(x) \geqq 0$ für alle $x \in [a; b]$. Wenn der Flächeninhalt A zwischen der x-Achse und dem Graph von f über $[a; b]$ existiert (was bei stetigem f stets der Fall ist; Fig. 1), dann bezeichnen wir ihn als das **Integral von f über $[a; b]$** und schreiben

$$A = \int_a^b f(x)\,dx$$

Ist durch $a = x_0 < x_1 < x_2 < \ldots < x_n = b$ eine Zerlegung des Intervalls in Teilintervalle gegeben und setzt man $\Delta x_i = x_{i+1} - x_i$ sowie

$$m_i = \min_{x_i \leqq x \leqq x_{i+1}} f(x), \quad M_i = \max_{x_i \leqq x \leqq x_{i+1}} f(x),$$

dann liegt das Integral zwischen der **Untersumme**

$$m_1 \Delta x_1 + m_2 \Delta x_2 + \ldots + m_n \Delta x_n$$

und der **Obersumme**

$$M_1 \Delta x_1 + M_2 \Delta x_2 + \ldots + M_n \Delta x_n$$

des Integrals bezüglich der gegebenen Einteilung des Intervalls. Durch diese kann man das Integral bei feiner werdender Unterteilung immer besser abschätzen (Fig. 2).

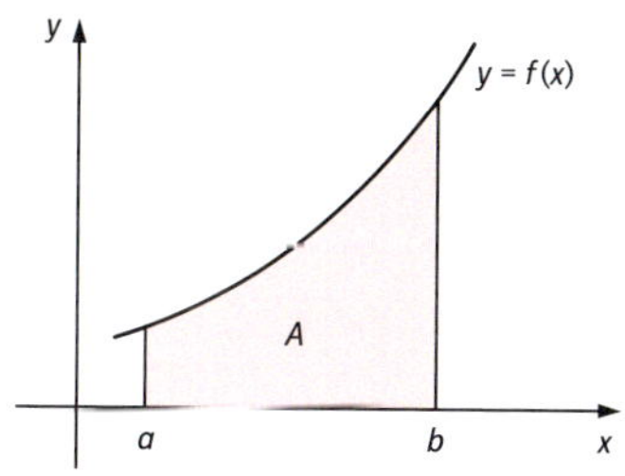

Fig. 1: Integraldefinition

$\int_a^b f(x)\,dx$

ist der Inhalt der Fläche zwischen der x-Achse und dem Graph von f zwischen den Stellen a und b.

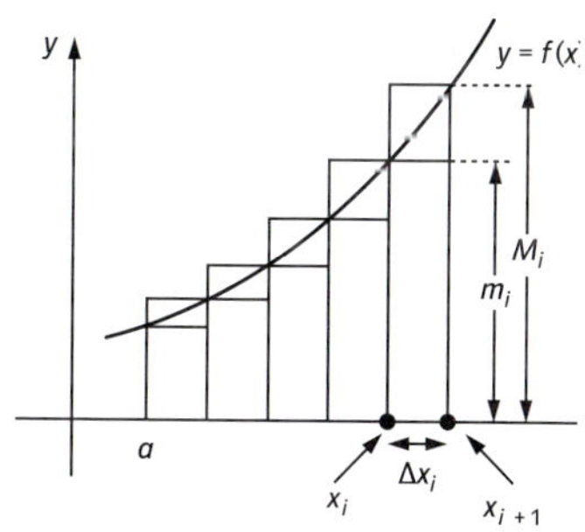

Fig. 2: Unter- und Obersumme

Integrale können durch Untersummen und Obersummen abgeschätzt werden.

Beispiel: Die Dreiecksfläche, die der Graph von $x \mapsto x$ mit der x-Achse zwischen 0 und x_0 einschließt, hat den Inhalt $\frac{1}{2} \cdot x_0 \cdot x_0$. Für $0 < a < b$ ist also

$$\int_a^b x\,dx = \frac{1}{2}\left(b^2 - a^2\right).$$

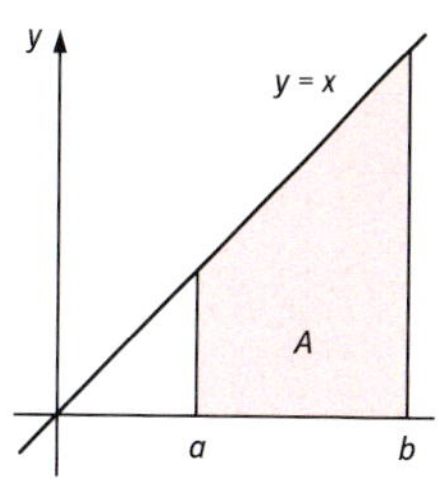

Fig. 3:
Integral von $x \mapsto x$

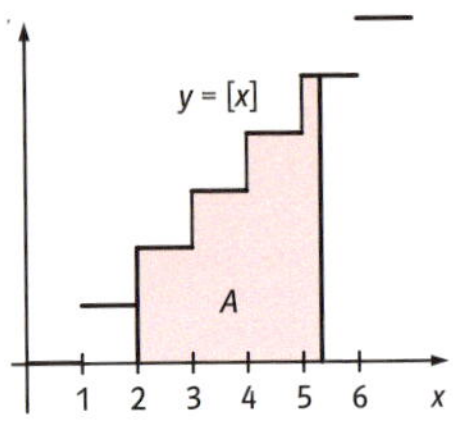

Fig. 4: Integral von $x \mapsto [x]$

Beispiel: Für die Ganzteilfunktion $x \mapsto [x]$ (Fig. 4) gilt $\int_2^{5,3} [x]\,dx = 10{,}5$. Für $n \in \mathbb{N}$ ist

$$\int_0^{n+1} [x]\,dx = \frac{n(n+1)}{2}.$$

Beispiel: Es soll das Integral von $x \mapsto x^2$ über $[0; a]$ berechnet werden (Fig. 5). Teilt man das Intervall in n gleichlange Teile und setzt $\Delta = \frac{a}{n}$, dann ist

$$\overline{S_n} = \Delta^2 \cdot \Delta + (2\Delta)^2 \cdot \Delta + \ldots + (n\Delta)^2 \cdot \Delta = (1^2 + 2^2 + \ldots + n^2) \cdot \Delta^3 = \frac{n(n+1)(2n+1)}{6} \cdot \frac{a^3}{n^3}$$

(→ s. S. 18) eine Obersumme und $\underline{S_n} = \overline{S_n} - a^2\Delta$ eine Untersumme des Integrals.

Wegen $\lim\limits_{n \to \infty} \underline{S_n} = \lim\limits_{n \to \infty} \overline{S_n} = \frac{1}{3}a^3$ ist $\int_0^a x^2\,dx = \frac{1}{3}a^3$.

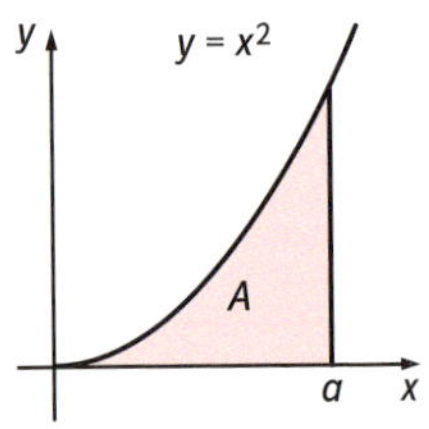

Fig. 5: Integral von $x \mapsto x^2$

Die **Summenregel** $\int_a^b (f(x) + g(x))\,dx = \int_a^b f(x)\,dx + \int_a^b g(x)\,dx$ gilt nur allgemein, wenn man festsetzt:

$$\int_a^b -f(x)\,dx = -\int_a^b f(x)\,dx \quad \text{(Fig. 6).}$$

Flächenstücke unterhalb der x-Achse haben negativen Inhalt.

Stets gilt die **Faktorregel** $\int_a^b cf(x)\,dx = c\int_a^b f(x)\,dx \quad (c \in \mathbb{R})$.

Es gilt die Summenregel $\int (f+g) = \int f + \int g$, die Faktorregel $\int (rf) = r\int f \quad (r \in \mathbb{R})$

Die Regel

$$\int_a^b f(x)\,dx + \int_b^c f(x)\,dx = \int_a^c f(x)\,dx \qquad (\textbf{Intervalladditivität}\text{, Fig. 7})$$

gilt nur dann allgemein, wenn man festsetzt: $\int_b^a f(x)\,dx = -\int_a^b f(x)\,dx$

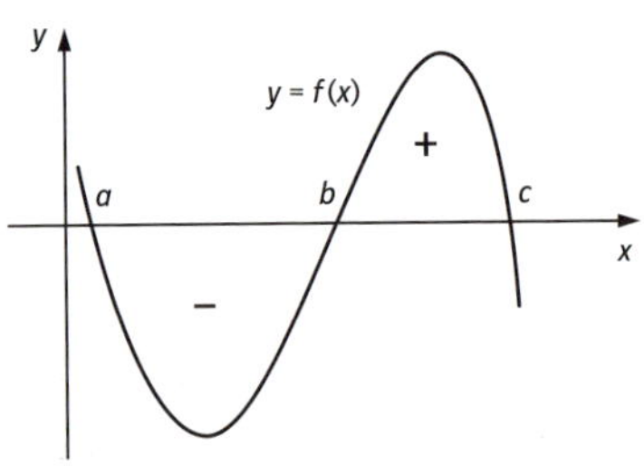

Fig. 6: Vorzeichen des Integrals

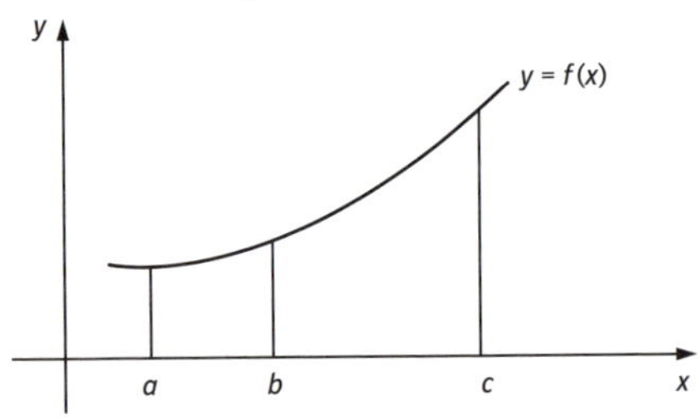

Fig. 7: Intervalladditivität

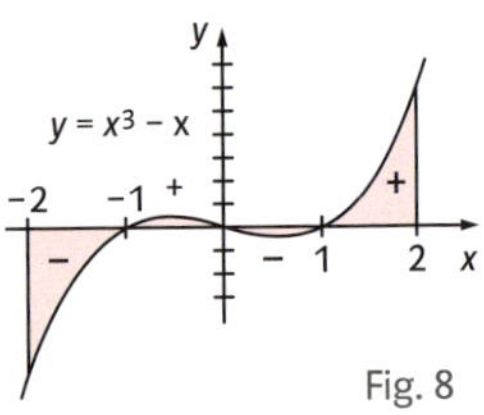

Fig. 8

Beispiel: Der Graph von $x \mapsto x^3$ ist punktsymmetrisch zum Ursprung (Fig. 8).
Also ist für jedes $a \in \mathbb{R}$ $\int_{-a}^{a} f(x)\,dx = 0$.

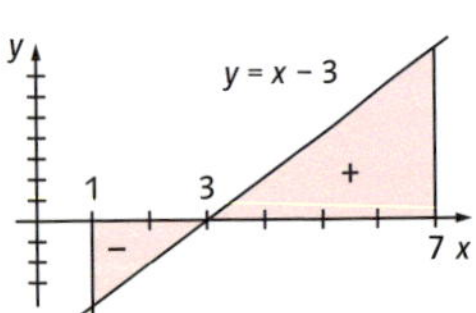

Fig. 9

Beispiel: Es gilt $\int_1^3 (x-3)\,dx = -2$ und $\int_3^7 (x-3)\,dx = +8$ (Fig. 9).
Also ist $\int_1^7 (x-3)\,dx = -2 + 8 = 6$.

Der Hauptsatz der Differenzial-und Integralrechnung

Es sei f eine stetige Funktion (➤ s. S. 58) über $[a; b]$. Dann existiert das Integral

$$F_a(x) = \int_a^x f(t)\,dt$$

für alle $x \in [a; b]$. Gilt auch $x + h \in [a; b]$, dann ist

$$\frac{F_a(x+h) - F_a(x)}{h} = \frac{1}{h} \int_x^{x+h} f(t)\,dt.$$

Aufgrund der Stetigkeit von f existiert das Minimum m und das Maximum M von f zwischen x und $x + h$, so dass

$$m = \frac{1}{h} \cdot mh \leqq \frac{1}{h} \int_x^{x+h} f(t)\,dt \leqq \frac{1}{h} \cdot Mh = M$$

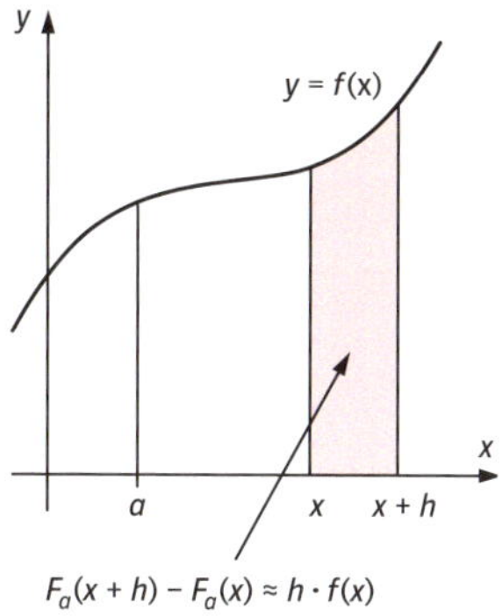

Fig. 10: Zum Hauptsatz

Ist f stetig und $F_a(x) = \int_a^x f(t)\,dt$, dann ist $F_a'(x) = f(x)$.

Dies ist der Hauptsatz der Differenzial- und Integralrechnung.

(Fig. 10). Strebt h gegen 0, dann streben m und M aufgrund der Stetigkeit von f gegen $f(x)$. Es ergibt sich

$$F_a'(x) = f(x).$$

Zusammen mit $F_a(a) = 0$ ist dadurch die Funktion F_a eindeutig bestimmt. Diesen Zusammenhang zwischen dem Integral und der Ableitung nennt man den **Hauptsatz der Differenzial- und Integralrechnung.**

Ist f stetig und $F' = f$ auf $[a; b]$, dann gilt also

$$\int_a^b f(x)\,dx = F(x)\Big|_a^b = F(b) - F(a).$$

Man nennt dann F eine **Stammfunktion** von f. Sind F_1, F_2 zwei Stammfunktionen von f, dann gilt $(F_1(x) - F_2(x))' = f(x) - f(x) = 0$ für alle $x \in [a; b]$, also ist $F_1 - F_2$ konstant; F_1 und F_2 unterscheiden sich nur durch eine additive Konstante.
Die Menge aller Stammfunktionen von f bezeichnet man mit $\int f$ oder auch $\int f(x)\,dx$ und nennt sie das **unbestimmte Integral** von f.
Regeln für das Rechnen mit Stammfunktionen bzw. unbestimmten Integralen werden alle auf Ableitungsregeln (➤ s. S. 68) zurückgeführt.
Sind beispielweise F, G Stammfunktionen von f, g, dann ist $F + G$ eine Stammfunktion von $f + g$ und cF eine Stammfunktion von cf ($c \in \mathbb{R}$). Man schreibt dies als Regeln für unbestimmte Integrale:

$$\int (f+g) = \int f + \int g, \qquad \int cf = c \int f.$$

Ist $F' = f$, dann heißt F eine Stammfunktion von f; es gilt dann: $\int_a^b f(x)\,dx = F(b) - F(a)$

Zwei Stammfunktionen von f unterscheiden sich nur durch eine additive Konstante.

Die Menge aller Stammfunktionen von F bezeichnet man mit $\int f$ und nennt diese Menge das unbestimmte Integral von f.

Beispiel: Die folgenden Formeln für unbestimmte Integrale bestätigt man durch Differenzieren; dabei bedeutet der Zusatz „+ const.", dass die Stammfunktion nur bis auf eine additive Konstante bestimmt ist:

$$\int x^r\,dx = \frac{1}{r+1} x^{r+1} + \text{const.} \quad (r \neq -1)$$

$$\int \frac{1}{x}\,dx = \ln x + \text{const.} \qquad \int e^x\,dx = e^x + \text{const.}$$

$$\int \sin x\,dx = -\cos x + \text{const.} \qquad \int \cos x\,dx = \sin x + \text{const.}$$

Beispiel: Die beiden folgenden Formeln werden häufig benötigt; man beweist sie durch Differenzieren. Dabei muss f' stetig sein, und in der zweiten Formel darf f nur positive Werte haben. Auf den Zusatz „+ const." haben wir verzichtet, er versteht sich von alleine:

$$\int f(x) f'(x)\, dx = \frac{1}{2}(f(x))^2 \qquad\qquad \int \frac{f'(x)}{f(x)}\, dx = \ln f(x)$$

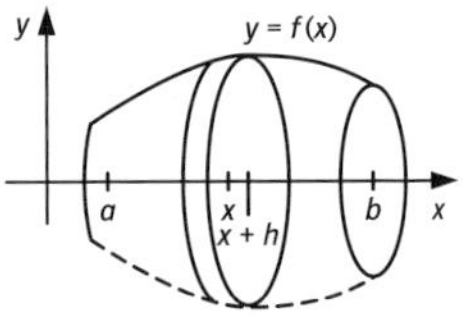

Fig. 11: Rotationskörper

Beispiel: Rotiert das Kurvenstück $\{(x\,|\,y)\,|\,y = f(x),\ a \leqq x \leqq b\}$ um die x-Achse, so erzeugt es einen Rotationskörper (➤ s. S. 108). Für das Volumen $V(x)$ zwischen a und x gilt

$$\frac{V(x+h) - V(x)}{h} \approx \frac{\pi (f(x))^2 \cdot h}{h} \approx \pi (f(x))^2,$$

also

$$V'(x) = \lim_{h \to 0} \frac{V(x+h) - V(x)}{h} = \pi (f(x))^2.$$

Nach dem Hauptsatz ist daher das Volumen zwischen a und b

$$V = \pi \int_a^b (f(x))^2\, dx.$$

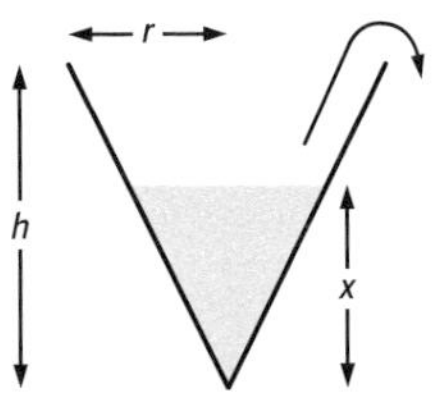

Fig. 12 Hubarbeit

Beispiel: Ein mit Wasser gefüllter Trichter wird von einer Pumpe über den oberen Rand geleert. Gefragt ist nach der Arbeit, welche die Pumpe verrichten muss. In Fig. 12 sind die Maße in cm gegeben; man beachte, dass 1 cm³ Wasser definitionsgemäß 1 g wiegt. Die Wasserschicht zwischen den Stellen x und $x + \Delta x$ hat näherungsweise das Gewicht $\pi\left(r \cdot \frac{x}{h}\right)^2 \cdot \Delta x$, erfordert also die Hubarbeit (Kraft mal Weg)

$$\Delta W = \pi\left(r \cdot \frac{x}{h}\right)^2 \cdot \Delta x \cdot (h - x).$$

Ist $W(x)$ die bei der Füllhöhe x insgesamt zu leistende Hubarbeit, dann gilt also

$$W'(x) = \lim_{\Delta x \to 0} \frac{\Delta W}{\Delta x} = \pi\left(r \cdot \frac{x}{h}\right)^2 \cdot (h - x).$$

Die gesamte Hubarbeit $W = W(h)$ ist daher

$$W = \frac{\pi r^2}{h^2} \int_0^h x^2 (h - x)\, dx = \frac{\pi r^2 h^2}{12} \text{ (cm g)}.$$

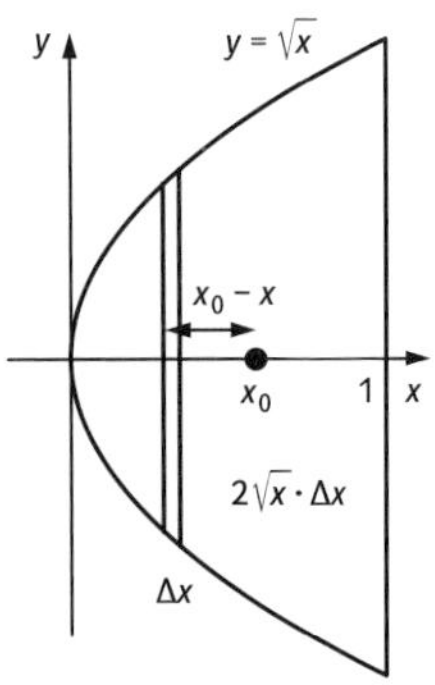

Fig. 13: Schwerpunkt

Beispiel: Man denke sich die Parabelfläche in Fig. 13 homogen mit Masse belegt. Der Schwerpunkt $(x_0\,|\,0)$ dieser Fläche ist definiert durch die Bedingung, dass die Summe der Drehmomente (Kraft mal Kraftarm) 0 ist. Es muss also gelten:

$$\int_0^{x_0} 2\sqrt{x}\,(x_0 - x)\, dx = \int_{x_0}^1 2\sqrt{x}\,(x - x_0)\, dx.$$

Dies lässt sich umformen zu

$$x_0 \int_0^1 \sqrt{x}\, dx = \int_0^1 x\sqrt{x}\, dx.$$

Das erste Integral hat den Wert $\frac{2}{3}$, das zweite $\frac{2}{5}$, es ergibt sich damit $x_0 = 0{,}6$.

Beispiel: Der Spitzensteuersatz $p(x)$ beim Jahreseinkommen x ist der Steuersatz, den man für den nächsten Euro zahlen muss. Ist also $S(x)$ die für das Einkommen x zu entrichtende Steuer, dann ist

$$S'(x) = p(x).$$

Fig. 14 zeigt hierfür ein Beispiel.

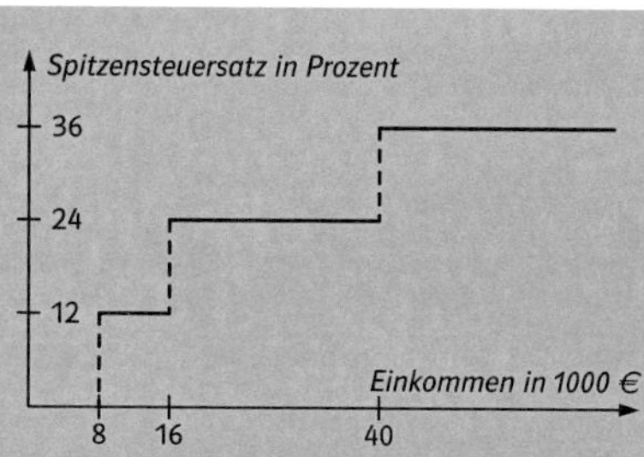

Fig. 14: Spitzensteuersatz

Ist S nur intervallweise differenzierbar wie in Fig. 14, so gilt diese Beziehung in den einzelnen Intervallen. Es folgt, dass

$$S(x) = \int_0^x p(t)\,dt.$$

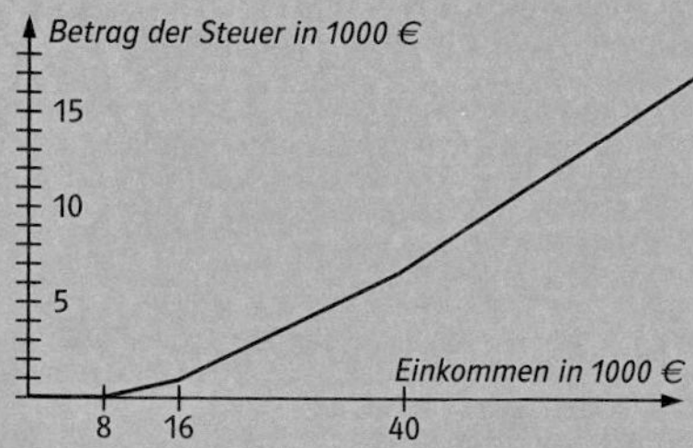

Fig. 15: Steuerkurve

Für den in Fig. 14 dargestellten Spitzensteuersatz ist der Steuerbetrag $S(x)$ in Fig. 15 dargestellt. Fig. 16 zeigt den mittleren Steuersatz $\frac{S(x)}{x}$. Es gilt

$S(x) = 0$ für $0 \leqq x \leqq 8000$,
$S(x) = 0{,}12x - 960$ für $8000 < x \leqq 16\,000$,
$S(x) = 0{,}24x - 2880$ für $16\,000 < x \leqq 40\,000$,
$S(x) = 0{,}36x - 7680$ für $x > 40\,000$.

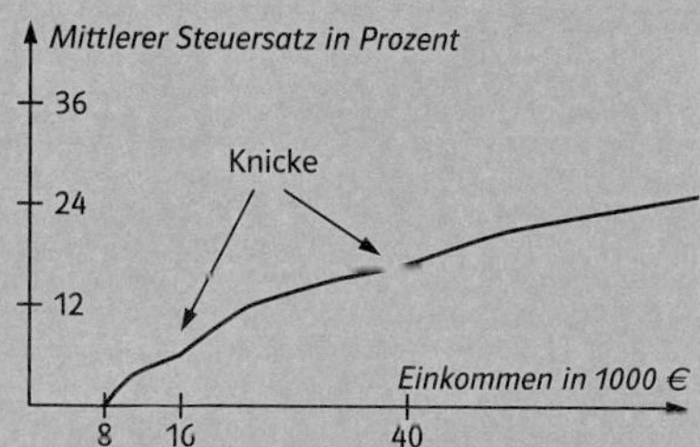

Fig. 16: Mittlerer Steuersatz

Bei dem Steuermodell

$p(x) = 0$ für $x \leqq 8000$,

$p(x) = \frac{x - 8000}{16\,000}$ für $8000 < x \leqq 12\,000$,

$p(x) = 0{,}25 + 0{,}17 \cdot \frac{x - 12\,000}{40\,000}$ für $12\,000 < x \leqq 52\,000$,

$p(x) = 0{,}42$ für $x > 52\,000$

betragen die Steuern für ein Einkommen von 60 000 Euro

$$\int_0^{60\,000} p(x)\,dx = \int_{8000}^{12\,000} p(x)\,dx + \int_{12\,000}^{52\,000} p(x)\,dx + \int_{52\,000}^{60\,000} p(x)\,dx$$

$$= 500 + 13\,400 + 3360 = 17\,260 \text{ (Euro).}$$

Der Spitzensteuersatz ist hier 42 %, der mittlere Steuersatz ist $\frac{17\,260}{60\,000} \approx 28{,}8\,\%$.

Alle Querverweise im Überblick:

Quadratsumme: S. 94 → S. 18
Stetige Funktion: S. 95 → S. 58
Ableitungsregeln: S. 95 → S. 68
Volumen eines Rotationskörpers: S. 96 → S. 108

Zusammenfassung:
Integral einer Funktion

Es sei eine Funktion f mit $[a;\, b] \subseteq D_f$ gegeben. Den Inhalt der Fläche zwischen der x-Achse und dem Graph von f zwischen den Stellen a und b nennt man das **Integral** von f über $[a;\, b]$ und bezeichnet dieses mit

$$\int_a^b f(x)\,\mathrm{d}x.$$

Ist f auf $[a;\, b]$ stetig, dann exististiert dieses Integral, aber auch bei manchen unstetigen Funktionen kann es existieren. Flächenstücke unterhalb der x-Achse haben negativen Inhalt, das Integral ist negativ.

Integrale können durch **Untersummen** und **Obersummen** abgeschätzt werden.

Es gelten die **Summenregel** und die **Faktorregel**

$$\int (f+g) = \int f + \int g, \qquad \int (rf) = r \int f \ (r \in \mathbb{R}).$$

Für $c \in [a;\, b]$ gilt (**Intervalladditivität**)

$$\int_a^c f(x)\,\mathrm{d}x + \int_c^b f(x)\,\mathrm{d}x = \int_a^b f(x)\,\mathrm{d}x.$$

Ist f stetig und $F' = f$, dann heißt F eine **Stammfunktion** von f; es gilt dann:

$$\int_a^b f(x)\,\mathrm{d}x = F(b) - F(a)$$

Dies ist der **Hauptsatz der Differenzial- und Integralrechnung**.

Zwei Stammfunktionen von f unterscheiden sich nur durch eine additive Konstante: Sind F_1, F_2 Stammfunktionen von f, dann gilt $F_1 - F_2 = c$ mit $c \in \mathbb{R}$.
Die Menge aller Stammfunktionen von f bezeichnet man mit

$$f(x)\,\mathrm{d}x \text{ oder kurz } \int f$$

und nennt diese Menge das **unbestimmte Integral** von f.

Integrationsmethoden

In diesem Kapitel erfahren Sie:

- Aus der Produktregel der Differenziation gewinnt man die Produktregel der Integration (Regel der partiellen Integration).
- Aus der Kettenregel der Differenziation gewinnt man die Substitutionsregel der Integration.
- Bei rationalen Funktion erweist sich oft die Partialbruchzerlegung als nützlich für die Berechnung des Integrals.

Produktintegration (partielle Integration)

Für differenzierbare f, g gilt $(f \cdot g)' = f' \cdot g + f \cdot g'$ (➛ s. S. 68). Sind f', g' stetig, dann folgt $f \cdot g = \int (f' \cdot g) + (f \cdot g')$, also $\int (f \cdot g') = f \cdot g - \int (f' \cdot g)$ bzw. als Regel für bestimmte Integrale über $[a; b]$

$$\int_a^b f(x) g'(x)\,\mathrm{d}x = f(x) g(x)\Big|_a^b - \int_a^b f'(x) g(x)\,\mathrm{d}x.$$

Man kann sich diese Regel folgendermaßen einprägen:

unverändert übernehmen — differenzieren

$$\int u \cdot v = u \cdot V - \int u' \cdot V$$

Stammfunktion bilden — unverändert übernehmen

Produktintegration bzw. partielle Integration für unbestimmte Integrale:

$\int f \cdot g' = f \cdot g - \int f' \cdot g$

Der Nutzen dieser **Produktregel** oder **Regel von der partiellen Integration** liegt darin, dass man bei geschickter Aufspaltung des Integranden in zwei Faktoren f und g' das Produkt $f' \cdot g$ oft leichter integrieren kann als das Produkt $f \cdot g'$. Die Schwierigkeit in der Anwendung dieser Regel liegt in der Entscheidung, was eine „geschickte Aufspaltung" des Integranden in Faktoren ist.

Beispiel: $\int x \cos x\,\mathrm{d}x = x \cdot \sin x - \int 1 \cdot \sin x\,\mathrm{d}x = x \sin x + \cos x$

Beispiel: $\int x e^x\,\mathrm{d}x = x \cdot e^x - \int 1 \cdot e^x\,\mathrm{d}x = x e^x - e^x = (x-1)\,e^x$

$\int x^2 e^x\,\mathrm{d}x = x^2 \cdot e^x - \int 2x \cdot e^x\,\mathrm{d}x$

$= x^2 e^x - 2(x-1)\,e^x = (x^2 - 2x + 2)\,e^x$

(Zweimalige Anwendung der Produktregel)

Beispiel: In manchen Fällen ist es zwecks Anwendung der Produktregel sinnvoll, den Integranden $f(x)$ als Produkt $f(x) \cdot 1$ zu schreiben:

$\int \ln x\,\mathrm{d}x = \int (\ln x) \cdot 1\,\mathrm{d}x = (\ln x) \cdot x - \int \frac{1}{x} \cdot x\,\mathrm{d}x = x \ln x - \int 1\,\mathrm{d}x = x \ln x - x$

Substitutionsregel

Es sei F eine Stammfunktion von f, also $F' = f$.
Aus der Kettenregel (➤ s. S. 69) $F(g(x))' = f(g(x)) \cdot g'(x)$ folgt

$$F(g(x)) = \int f(g(x)) \cdot g'(x)\,dx.$$

Führt man durch $t = g(x)$ auf der linken Seite eine neue Variable ein, dann ergibt sich über dem x-Intervall $[a; b]$

$$\int_{g(a)}^{g(b)} f(t)\,dt = \int_a^b f(g(x)) \cdot g'(x)\,dx.$$

Dabei soll die Funktion g stetig differenzierbar sein und es soll $g'(x) \neq 0$ für $x \in [a; b]$ gelten. Dann ist die Funktion g umkehrbar, jedem t ist also eindeutig ein x zugeordnet: $x = g^{-1}(t)$.

Diese Integrationsregel heißt **Substitutionsregel**, weil man die Variable t durch $g(x)$ ersetzt (substituiert) bzw. den Term $g(x)$ durch die neue Variable t ersetzt.

Substitutionsregel für unbestimmte Integrale: Es gilt $\int (f(g(x)) \cdot g'(x)\,dx = F(g(x))$, wobei F eine Stammfunktion von f ist.

Beispiel (Substitutionsregel mit $f(x) = x$):

$$\int_a^b g(x)g'(x)\,dx = \int_{g(a)}^{g(b)} t\,dt = \frac{1}{2}t^2\Big|_{g(a)}^{g(b)} = \frac{1}{2}(g(x))^2\Big|_a^b$$

Beispiel (Substitutionsregel mit $f(x) = \frac{1}{x}$):

$$\int_a^b \frac{g'(x)}{g(x)}\,dx = \int_{g(a)}^{g(b)} \frac{1}{t}\,dt = \ln t\Big|_{g(a)}^{g(b)} = \ln g(x)\Big|_a^b$$

Beispiel (Substitution $t = \sin x$):

$$\int_0^1 \sqrt{1 - t^2}\,dt = \int_0^{\frac{\pi}{2}} \sqrt{1 - \sin^2 x} \cdot \cos x\,dx = \int_0^{\frac{\pi}{2}} \cos^2 x\,dx$$

$$= \int_0^{\frac{\pi}{2}} \frac{1 + \cos 2x}{2}\,dx = \frac{1}{2}x + \frac{1}{4}\sin 2x\Big|_0^{\frac{\pi}{2}} = \frac{\pi}{4} - 0 = \frac{\pi}{4}$$

Beispiel (Substitution $t = \tan x$):

$$\int_0^1 \frac{1}{1 + t^2}\,dt = \int_0^{\frac{\pi}{4}} \frac{1}{1 + \tan^2 x} \cdot \tan' x\,dx$$

$$= \int_0^{\frac{\pi}{4}} \frac{1}{1 + \tan^2 x} \cdot (1 + \tan^2 x)\,dx = \int_0^{\frac{\pi}{4}} 1\,dx = \frac{\pi}{4}$$

Allgemeiner ergibt sich (➤ s. S. 73)

$$\int_0^u \frac{1}{1 + t^2}\,dt = \int_0^{\arctan u} 1\,dx = \arctan u \quad \text{für } u \in \mathbb{R}.$$

Methode der Partialbruchzerlegung

Lässt sich im Term $f(x)$ einer rationalen Funktion f das Nennerpolynom in ein Produkt von Polynomen zerlegen, dann kann man versuchen, $f(x)$ als eine Summe von rationalen Termen zu schreiben, bei denen die Stammfunktionen möglicherweise einfacher zu erkennen sind als bei dem Ausgangsterm.

Beispiel:

Es gilt $\frac{1}{1-x^2} = \frac{1}{2}\left(\frac{1}{1+x} + \frac{1}{1-x}\right)$ und daher

$$\int \frac{1}{1-x^2}\,dx = \frac{1}{2}\left(\int \frac{1}{1+x} + \int \frac{1}{1-x}\right)$$

$$= \frac{1}{2}(\ln(1+x) - \ln(1-x)) = \frac{1}{2}\ln\frac{1+x}{1-x}.$$

Typische Partialbruchzerlegung:

$$\frac{a-b}{x^2-(a+b)x+ab} = \frac{1}{x-a} - \frac{1}{x-b}$$

Beispiel: Der Nenner des Terms $\frac{x^2+x+1}{x^3-3x^2+4x-12}$ hat die Nullstelle 3.

Mit Polynomdivision (➛ s. S. 37) findet man $x^3 - 3x^2 + 4x - 12 = (x-3)(x^2+4)$.

Mit dem Ansatz

$$\frac{x^2+x+1}{x^3-3x^2+4x-12} = \frac{A}{x-3} + \frac{Bx+C}{x^2+4}$$ ergibt sich $$\frac{x^2+x+1}{x^3-3x^2+4x-12} = \frac{1}{x-3} + \frac{1}{x^2+4}.$$

Es ist also $\int_4^8 \frac{x^2+x+1}{x^3-3x^2+4x-12}\,dx = \int_4^8 \frac{1}{x-3}\,dx + \int_4^8 \frac{1}{x^2+4}\,dx.$

Im ersten Integral substituiert man $x = u + 3$, im zweiten $x = 2v$ und erhält (➛ s. S. 73)

$$\int_1^5 \frac{1}{u}\,du + \frac{1}{4}\int_2^4 \frac{1}{v^2+1} \cdot 2\,dv = \ln 5 + \frac{\arctan 4 - \arctan 2}{2}$$

Alle Querverweise im Überblick:

Produktregel der Differenziation: S. 99 ➛ S. 68
Kettenregel der Differenziation: S. 100 ➛ S. 69
Ableitung von arctan: S. 100 ➛ S. 73
Polynomdivision: S. 101 ➛ S. 37

Zusammenfassung: Integrationsmethoden

Die **Produktregel** der Integration bzw. Regel der **partiellen Integration** lautet:

$$\int_a^b f(x)\,g'(x)\,\mathrm{d}x = f(b)\,g(b) - f(a)\,g(a) - \int_a^b f'(x)\,g(x)\,\mathrm{d}x$$

Bei der Anwendung dieser Regel muss man also den Integrand so in zwei Faktoren f, g' zerlegen, dass man zu dem zweiten Faktor g' leicht eine Stammfunktion g findet.

Die **Substitutionsregel** der Integration lautet:

$$\int_a^b f(g(x))\,g'(x)\,\mathrm{d}x = \int_{g(a)}^{g(b)} f(t)\,\mathrm{d}t$$

Bei der Anwendung dieser Regel muss man

- entweder den Integrand in der Form $f(g(x)) \cdot g'(x)$ darzustellen versuchen
- oder im Integrand $f(t)$ für t den Term $g(x)$ einsetzen, wobei g eine umkehrbare differenzierbare Funktion ist, die Integrationsgrenzen der neuen Variablen anpassen und hoffen, dass der entstehende Integrand leicht zu bearbeiten ist.

Bei machen rationalen Integranden ist die **Partialbruchzerlegung** hilfreich, mit welcher man den Integrand als Summe von Termen der Form

$$\frac{1}{x+A}, \frac{1}{x^2+A}, \frac{x}{x^2+A}$$

darstellen kann.

Numerische Integration

In diesem Kapitel erfahren Sie:

- Verfahren der näherungsweisen Integration (numerische Integration) benötigt man in solchen Fällen, wo die Bestimmung einer Stammfunktion auf Schwierigkeiten stößt oder wo die Werte der Stammfunktion selbst nur schwer zu berechnen sind.
- Zwecks numerischer Integration approximiert man den Flächeninhalt, welcher das Integral darstellt, durch Rechtecke oder Trapeze. Durch hinreichend feine Unterteilung des Integrationsintervalls kann man das Integral beliebig genau zahlenmäßig bestimmen.
- Bei der keplerschen Fassregel bzw. der Regel von Simpson approximiert man die zu integrierenden Funktionen durch Parabelbögen.

Einfache Verfahren zur numerischen Integration sind die Rechtecksregel, die Trapezregel, die Tangentenregel.

Rechtecksregel, Trapezregel, Tangentenregel

Die Näherung $\int_a^b f(x)\,dx \approx u \cdot (b - a)$ (vgl. Fig. 1) heißt

(1) **Rechtecksregel**, wenn $u = f(a)$,

(2) **Trapezregel**, wenn $u = \frac{f(a) + f(b)}{2}$,

(3) **Tangentenregel**, wenn $u = f\left(\frac{a+b}{2}\right)$.

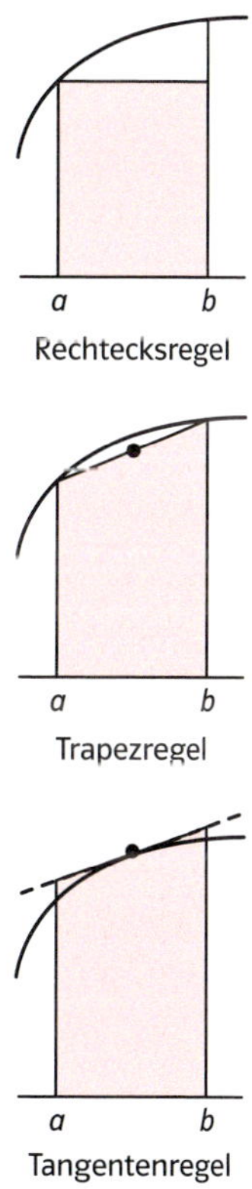

Fig. 1

Teilt man $[a; b]$ durch die Teilpunkte

$$a = x_0 < x_1 < x_2 < \ldots < x_n = b$$

in n Teile der Länge h, dann ergeben sich folgende Näherungen, welche ebenfalls Rechtecksregel usw. heißen:

(1) $\left(f(x_0) + f(x_1) + \ldots + f(x_{n-1})\right) \cdot h$

(2) $\left(\frac{f(x_0)}{2} + f(x_1) + \ldots + f(x_{n-1}) + \frac{f(x_n)}{2}\right) \cdot h$

(3) $\left(f\left(\frac{x_0 + x_1}{2}\right) + f\left(\frac{x_1 + x_2}{2}\right) + \ldots + f\left(\frac{x_{n-1} + x_n}{2}\right)\right) \cdot h$

Beispiel: Es ist

$$\int_1^2 \frac{1}{x}\,dx = \ln 2 \approx 0{,}69315.$$

Eine Berechnung dieses Integrals hat also den Sinn, die Zahl ln 2 zu bestimmen.
Bei Zerlegung von [1; 2] in vier gleichlange Teile ergibt

- die Rechtecksregel $\left(1 + \frac{4}{5} + \frac{4}{6} + \frac{4}{7}\right) \cdot \frac{1}{4} \approx 0{,}7595$,
- die Trapezregel $\left(\frac{1}{2} + \frac{4}{5} + \frac{4}{6} + \frac{4}{7} + \frac{1}{4}\right) \cdot \frac{1}{4} \approx 0{,}6970$,
- die Tangentenregel $\left(\frac{8}{9} + \frac{8}{11} + \frac{8}{13} + \frac{8}{15}\right) \cdot \frac{1}{4} \approx 0{,}6912$.

Die Tangentenregel liefert also den besten Wert.

Oft kann man den Graph einer Funktion über $[a;\, b]$ gut durch einen Parabelbogen durch die drei Punkte $(a\,|\,f(a))$, $\left(\frac{a+b}{2}\,\middle|\,f\left(\frac{a+b}{2}\right)\right)$, $(b\,|\,f(b))$ annähern (Fig. 2). Integriert man diesen Parabelbogen, dann ergibt sich die **keplersche Fassregel** (Johannes Kepler, 1571–1630):

$$\int_a^b f(x)\,\mathrm{d}x \approx \frac{b-a}{6}\left(f(a) + 4\cdot f\left(\frac{a+b}{2}\right) + f(b)\right)$$

Zerlegt man $[a;\, b]$ in gleichlange Intervalle und wendet für jedes Teilintervall die keplersche Fassregel an, dann ergibt sich die **simpsonsche Regel** (Thomas Simpson, 1710–1761).

Bei der keplerschen Fassregel (Simpson-Regel) wird der Integrand f durch eine Parabel p approximiert, wobei an den Intervallenden und in der Intervallmitte die Werte von f und p übereinstimmen.

Die keplersche Fassregel lautet ursprünglich (Fig. 2): Hat ein Fass der lichten Höhe H eine lichte Grundfläche mit dem Inhalt A, eine lichte Deckfläche mit dem Inhalt B und genau in der Mitte eine lichte Schnittfläche mit dem Inhalt M, dann hat das Fass das Volumen

$$V = \frac{H}{6}(A + 4M + B)$$

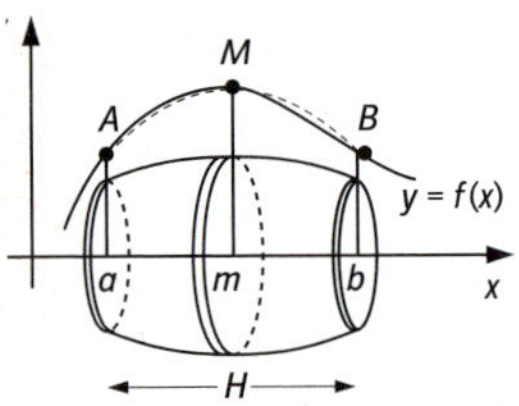

Fig. 2: Fassregel

Beispiel: $\ln 2 = \int_1^2 \frac{1}{x}\,\mathrm{d}x \approx \frac{1}{6}\left(1 + 4\cdot\frac{2}{3} + \frac{1}{2}\right) = \frac{25}{36} \approx 0{,}6944.$

Beispiel: Es gilt $\int_0^1 \frac{1}{1+x^2}\,\mathrm{d}x = \arctan x\Big|_0^1 = \frac{\pi}{4}$ (➛ s. S. 73).

Mit der keplerschen Fassregel gewinnt man daraus einen Näherungswert für π:

$$\pi = 4\int_0^1 \frac{1}{1+x^2}\,\mathrm{d}x = 4\cdot\frac{1}{6}\left(1 + 4\cdot\frac{4}{5} + \frac{1}{2}\right) \approx 3{,}13.$$

Beispiel: Das Integral von $f\colon x \mapsto e^{-\frac{1}{2}x^2}$ spielt eine große Rolle in der Statistik. Es existiert zwar eine Stammfunktion (weil jede stetige Funktion eine Stammfunktion besitzt), man kann aber eine solche nicht mit einfachen Termen angeben. Daher muss man sich mit numerischer Integration begnügen. Wir wollen das Integral von f über $[0;\, 1]$ berechnen, und zwar zunächst mit der Trapezregel bei einer Unterteilung des Intervalls in 10 Teile. Mit dem Taschenrechner ergeben sich die Zahlen in der angegebenen Tabelle. Bildet man die Summe entsprechend der Trapezregel, so erhält man

$$\int_0^1 f(x)\,\mathrm{d}x \approx 0{,}8551.$$

x_k	$f(x_k)$	
0	1,0000	0,05000
0,1	0,9950	0,09950
0,2	0,9802	0,09802
0,3	0,9560	0,09560
0,4	0,9231	0,09231
0,5	0,8825	0,08825
0,6	0,8353	0,08353
0,7	0,7827	0,07827
0,8	0,7261	0,07261
0,9	0,6670	0,06670
1	0,6065	0,03033

Die keplersche Fassregel liefert: $\int_0^1 f(x)\,\mathrm{d}x \approx \frac{1}{6}\left(1 + 4\cdot e^{-0{,}125} + e^{-0{,}5}\right) \approx 0{,}8561.$

Der korrekte Wert 0,8555 (auf 4 Stellen genau) liegt zwischen den gefunden Werten.

Alle Querverweise im Überblick:

arctan: S. 104 ➛ S. 73

Zusammenfassung:
Numerische Integration

Eine numerische Integration führt man durch, indem man das Integrationsintervall gleichabständig unterteilt und auf jedes Teilintervall eine der folgenden Regeln anwendet:

Rechtecksregel: $$\int_a^b f(x)\,dx \approx (b-a)\cdot f(a)$$

Trapezregel: $$\int_a^b f(x)\,dx \approx (b-a)\cdot \frac{f(a)+f(b)}{2}$$

Tangentenregel: $$\int_a^b f(x)\,dx \approx (b-a)\cdot f\left(\frac{a+b}{2}\right)$$

Simpson-Regel: $$\int_a^b f(x)\,dx \approx (b-a)\cdot \frac{1}{6}\left(f(a)+4f\left(\frac{a+b}{2}\right)+f(b)\right)$$

Numerische Integration dient zur Berechnung gewisser irrationaler Zahlen, wenn diese durch ein einfaches Integral darzustellen sind, etwa

$$\ln 2 = \int_1^2 \frac{1}{x}\,dx, \qquad \pi = 4\int_0^1 \frac{1}{1+x^2}\,dx.$$

Bogenlänge und Volumen

In diesem Kapitel erfahren Sie:

- Die Länge einer Kurve (Bogenlänge), die als Graph einer stetig differenzierbaren Funktion über einem Intervall gegeben ist, kann man als Integral ausdrücken und berechnen.
- Das Volumen von Körpern kann man in vielen Fällen mit Hilfe der Integralrechnung bestimmen, insbesondere wenn diese Körper durch Rotation eines Kurvenstücks um eine Achse entstanden sind (Rotationsvolumen).

Bogenlänge

Die Länge des Graphen von f zwischen den Stellen a und b ist $\int_a^b \sqrt{1+(f'(x))^2}\,dx$.

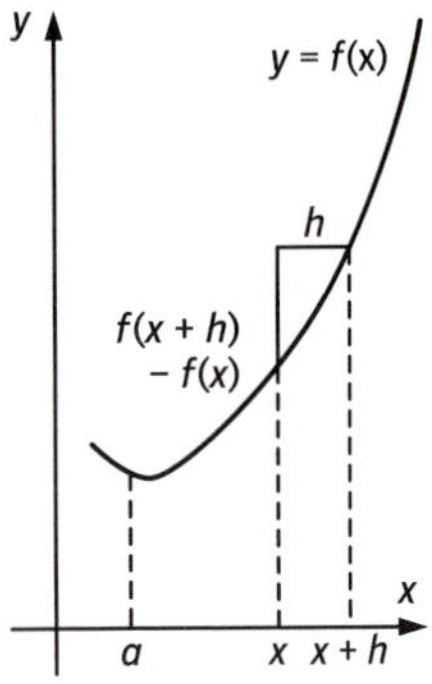

Fig. 1: Bogenlänge

Ein Kurvenstück sei als Teil des Graphen einer differenzierbaren Funktion f über einem Intervall $[a; b]$ gegeben. Ist $s(x)$ die Länge des Kurvenstücks zwischen den Stellen a und x für $a \leqq x \leqq b$, dann ist

$$\lim_{h\to 0}\frac{s(x+h)-s(x)}{h} = \lim_{h\to 0}\frac{\sqrt{h^2+(f(x+h)-f(x))^2}}{h}$$

$$= \lim_{h\to 0}\sqrt{1+\left(\frac{f(x+h)-f(x)}{h}\right)^2} = \sqrt{1+(f'(x))^2}$$

(Fig. 1). Aus $s'(x) = \sqrt{1+(f'(x))^2}$ folgt aufgrund des Hauptsatzes

$$s(x) = \int_a^x \sqrt{1+(f'(x))^2}\,dx.$$

Der Integrand ist stetig, wenn f' stetig ist, wenn also f stetig differenzierbar ist.

Beispiel: Die Länge L des Kurvenstücks $\{(x\,|\,y)\mid y = x\sqrt{x},\ 0 \leqq x \leqq 4\}$ soll berechnet werden. Für $f(x) = x\sqrt{x} = x^{\frac{3}{2}}$ ist $f'(x) = \frac{3}{2}\sqrt{x}$, also ist

$$L = \int_0^4 \sqrt{1+\tfrac{9}{4}x}\,dx = \tfrac{8}{27}\left(1+\tfrac{9}{4}x\right)\sqrt{1+\tfrac{9}{4}x}\,\Big|_0^4 = \tfrac{8}{27}(10\sqrt{10}-1).$$

Beispiel: Der Graph von $f\colon x \mapsto \frac{e^x+e^{-x}}{2}$ heißt **Kettenlinie** (Fig. 2). Die Länge L der Kettenlinie zwischen −1 und 1 ist

$$\int_{-1}^{1}\sqrt{1+\left(\frac{e^x-e^{-x}}{2}\right)^2}\,dx = \int_{-1}^{1}\frac{e^x+e^{-x}}{2}\,dx$$

$$= \frac{e^x-e^{-x}}{2}$$

$$= e - e^{-1}.$$

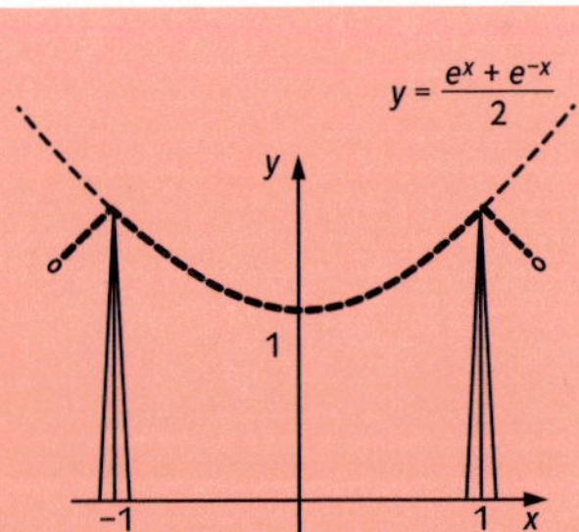

Fig. 2: Kettenlinie

Volumen

Ein Körper sei in einem kartesischen Koordinatensystem gegeben (Fig. 3). Zur Berechnung seines Volumens dient häufig das **cavalierische Prinzip**: Hat die rechtwinklig zur x-Achse liegende Schnittfläche eines Körpers an der Stelle x den Flächeninhalt $q(x)$, dann hat der Körper zwischen a und b das Volumen

$$V = \int_a^b q(x)\,dx.$$

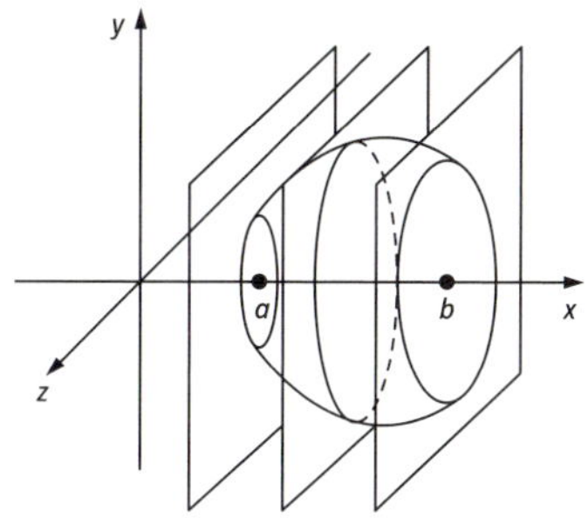

Fig. 3: Volumenberechnung

Ein Körper im Koordinatensystem habe rechtwinklig zur x-Achse an der Stelle x eine Schnittfläche mit dem Inhalt $q(x)$.
Dann ist sein Volumen für $a \leqq x \leqq b$
$\int_a^b q(x)\,dx$.

Dies folgt aus dem Hauptsatz der Differenzial- und Integralrechnung: Ist $V(x)$ das Volumen zwischen den Stellen a und x, dann ist

$$V'(x) = \lim_{h \to 0} \frac{V(x+h) - V(x)}{h} = q(x).$$

Bonaventura Cavalieri (1598–1647) formulierte: „Werden zwei Körper von parallelen Ebenen begrenzt und haben sie in diesen und in allen dazwischen verlaufenden Parallelebenen inhaltsgleiche Schnittfiguren, so haben sie gleiches Volumen."

Beispiel: Das cavalierische Prinzip soll auf den allgemeinen Kegel (Fig. 4) angewendet werden (➤ s. S. 27). Die Querschnittsfläche im Abstand x von der Grundfläche hat den Inhalt

$$q(x) = G \cdot \left(\frac{x-h}{h}\right)^2$$

(G Grundflächeninhalt, h Höhe des Kegels).

Das Volumen ist also

$$V = \frac{G}{h^2} \int_0^h (x-h)^2\,dx$$
$$= \frac{G}{h^2} \cdot \frac{1}{3}(x-h)^3 \Big|_0^h = \frac{1}{3}Gh.$$

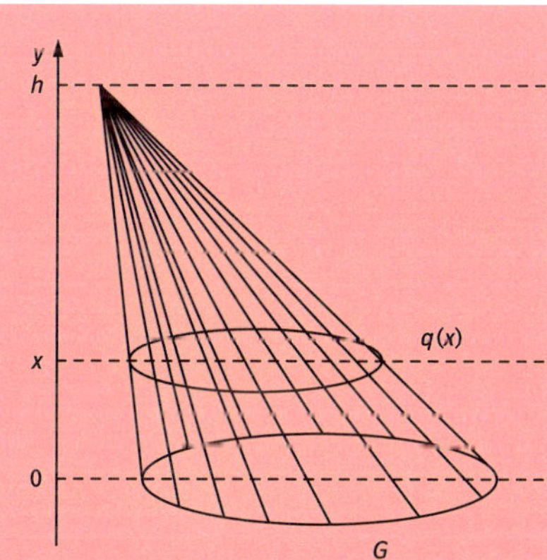

Fig. 4: Kegelvolumen

Beispiel: Ein **Konoid** mit dem Grundkreisradius r und der Höhe h hat rechtwinklig zum Grundkreis und zur Deckkante dreiecksförmige Schnittflächen (Fig. 5).
Das Dreieck im Abstand x vom Mittelpunkt des Grundkreises hat den Inhalt

$$q(x) = h\sqrt{r^2 - x^2}.$$

Das Volumen des Konoids beträgt also

$$V = 2h \int_0^r \sqrt{r^2 - x^2}\,dx = 2h \cdot \frac{\pi r^2}{4} = \frac{\pi r^2 h}{2}.$$

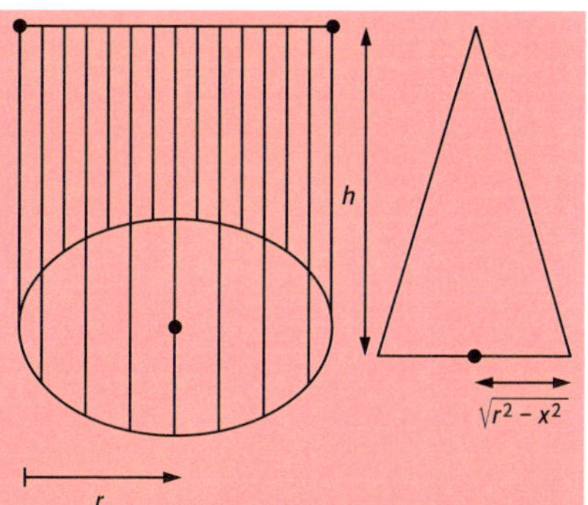

Fig. 5: Konoid

Beispiel: Aus einem zylindrischen Gefäß mit dem Grundkreisradius r und der Höhe h wird eine Flüssigkeit ausgegossen (Fig. 6). Es soll berechnet werden, wie viel Flüssigkeit noch im Gefäß ist, wenn der Boden gerade noch zur Hälfte bedeckt ist. (Diese Aufgabe geht zurück auf Archimedes, 287–212 v. Chr.) Die Querschnitte rechtwinklig zur x-Achse in Fig. 6 sind zueinander ähnliche rechtwinklige Dreiecke mit den Kathetenlängen

$$\sqrt{r^2 - x^2} \quad \text{und} \quad \frac{h}{r}\sqrt{r^2 - x^2}.$$

Sie haben also den Inhalt

$$q(x) = \frac{1}{2} \cdot \frac{h}{r} \cdot (r^2 - x^2).$$

Das gesuchte Volumen ist daher

$$V = \frac{h}{2r}\int_{-r}^{r}(r^2 - x^2)\,dx = \frac{h}{r}\int_{0}^{r}(r^2 - x^2)\,dx = \frac{h}{r} \cdot \frac{2}{3}r^3 = \frac{2}{3}r^2h.$$

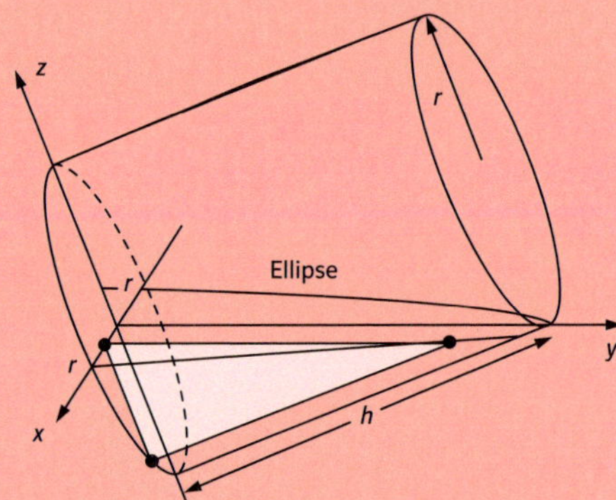

Fig. 6: Aufgabe von Archimedes

Rotiert der Graph von f für $a \leqq x \leqq b$ um die x-Achse, dann ist das Volumen des Rotationskörpers $\pi\int_a^b (f(x))^2\,dx$.

Durch Rotation einer Kurve um eine Gerade entsteht ein **Drehkörper** oder **Rotationskörper** (Fig. 7). Seine Schnittflächen rechtwinklig zur Rotationsachse sind Kreise. Ist die Kurve der Graph einer Funktion f über $[a; b]$, dann hat die Querschnittsfläche an der Stelle x den Inhalt

$$q(x) = \pi(f(x))^2.$$

Ist f stetig, dann ist das Volumen des Rotationskörpers also

$$V = \pi\int_a^b (f(x))^2\,dx.$$

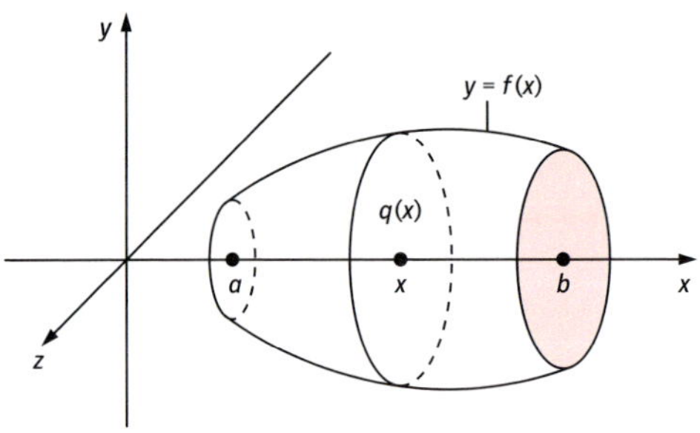

Fig. 7: Rotationskörper

Beispiel: Der Halbkreis mit der Gleichung $y = \sqrt{r^2 - x^2}$ $(-r \leqq x \leqq r)$ erzeugt bei Rotation um die x-Achse eine Kugel mit dem Volumen

$$V = \pi\int_{-r}^{r}(r^2 - x^2)\,dx = 2\pi\int_{0}^{r}(r^2 - x^2)\,dx$$
$$= 2\pi \cdot \left(r^2x - \frac{1}{3}x^3\right)\Big|_0^r = \frac{4}{3}\pi r^3.$$

Beispiel: Durch Rotation des Kreises mit der Gleichung $x^2 + (y - R)^2 = r^2$ um die x-Achse entsteht ein **Torus** (Fig. 8). Das Torusvolumen ist die Differenz des vom oberen Halbkreis und des vom unteren Halbkreis erzeugten Rotationsvolumens:

$$V = \pi \int_{-r}^{r} \left(R + \sqrt{r^2 - x^2}\right)^2 dx - \pi \int_{-r}^{r} \left(R - \sqrt{r^2 - x^2}\right)^2 dx = 4\pi R \int_{-r}^{r} \sqrt{r^2 - x^2}\, dx.$$

Das letzte Integral ist der Inhalt des Halbkreises, also ist

$$V = 4\pi R \cdot \frac{\pi r^2}{2} = 2\pi^2 R r^2.$$

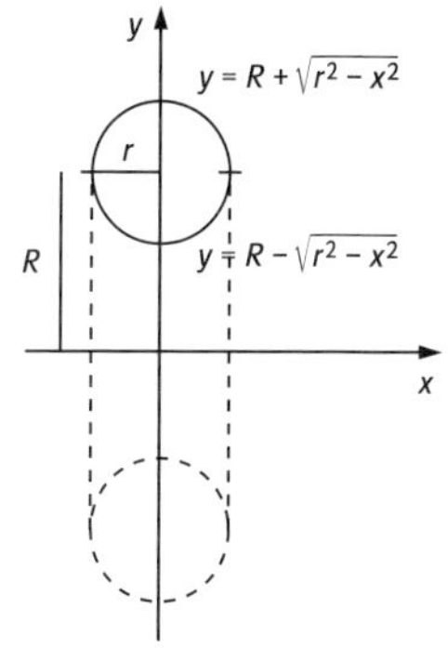

Fig. 8: Torusvolumen

Beispiel: Der Graph von $f\colon x \mapsto e^{-\frac{1}{2}x^2}$ für $0 \leqq x \leqq c$ erzeugt bei Rotation um die y-Achse einen Körper (Fig. 9). Derselbe Körper entsteht, wenn der Graph der Umkehrfunktion $f^{-1}\colon x \mapsto \sqrt{-2 \ln x}$ für $\varepsilon \leqq x \leqq 1$ mit $\varepsilon = e^{-\frac{1}{2}c^2}$ um die x-Achse rotiert (Fig. 10). Dieses Volumen ist

$$V_\varepsilon = \pi \int_{\varepsilon}^{1} (-2 \ln x)\, dx = 2\pi (x - x \ln x)\Big|_{\varepsilon}^{1} = 2\pi(1 - \varepsilon + \varepsilon \ln \varepsilon).$$

Dabei haben wir das unbestimmte Integral $\int \ln x\, dx = x \ln x - x$ benötigt, welches man mit der Methode Produktintegration (➤ s. S. 99) erhält. Es ist $\lim\limits_{\varepsilon \to 0^+} V_\varepsilon = 2\pi$, denn es gilt $\lim\limits_{\varepsilon \to 0^+} \varepsilon \ln \varepsilon = 0$ (➤ s. S. 88).

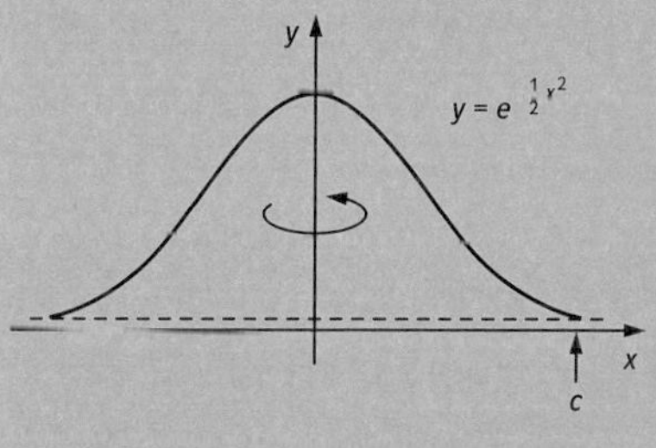

Fig. 9: Rotation um y-Achse

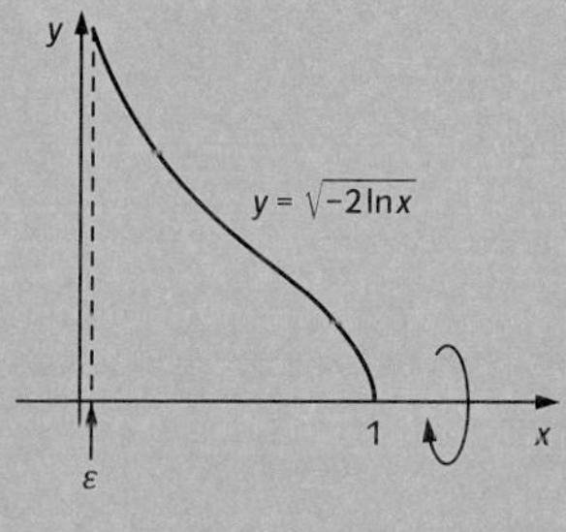

Fig. 10: Rotation um x-Achse

Es ist damit ein so genanntes uneigentliches Integral (➤ s. S. 111) berechnet worden, nämlich $\int_0^1 \left(\ln \frac{1}{x}\right) dx = 1$.

Alle Querverweise im Überblick:

Kegelvolumen: S. 107 ➤ S. 27
Stammfunktion von ln x: S. 109 ➤ S. 99
Grenzwert $\lim\limits_{x \to 0^+} x \ln x$: S. 109 ➤ S. 88
Uneigentliches Integral: S. 109 ➤ S. 111

Zusammenfassung:
Bogenlänge und Volumen

Die **Länge des Graphen** von f (**Bogenlänge**) zwischen den Stellen a und b ist

$$\int_a^b \sqrt{1 + (f'(x))^2}\, dx.$$

Dieses Integral existiert, wenn f' im Intervall $[a; b]$ stetig ist.

Ein Körper sei in ein xyz-Koordinatensystem eingespannt. Er habe rechtwinklig zur x-Achse an der Stelle x eine Schnittfläche mit dem Inhalt $q(x)$. Dann ist sein **Volumen** für $a \leqq x \leqq b$

$$\int_a^b q(x)\, dx.$$

Ein Sonderfall dieser Formel ergibt sich für **Rotationskörper**: Rotiert der Graph der Funktion $x \mapsto f(x)$ $(a \leqq x \leqq b)$ um die x-Achse, dann ist das Volumen dieses Rotationskörpers

$$\pi \int_a^b (f(x))^2\, dx.$$

Uneigentliche Integrale

In diesem Kapitel erfahren Sie:

- Die Fläche zwischen einem Funktionsgraph und der *x*-Achse kann aus zwei Gründen unbeschränkt sein: Die Funktion hat eine Definitionslücke, in deren Umgebung der Graph unbeschränkt ist, oder der Definitionsbereich der Funktion ist unbeschränkt.
- Auch unbeschränkte Flächen können endliche Inhalte haben. Diese werden als Grenzwerte von Integralen berechnet.

Die Funktion sei für $a \leqq x < b$ stetig, an der Stelle b aber nicht definiert; beispielsweise sei f für $x \to b^-$ unbeschränkt wachsend (Fig. 1). Wenn der linksseitige Grenzwert

$$\lim_{u \to b^-} \int_a^u f(x)\,dx$$

existiert, dann nennt man ihn das **uneigentliche Integral** von f über $[a; b]$ und bezeichnet dieses wie das eigentliche Integral mit $\int_a^b f(x)\,dx$. Die Existenz des Grenzwerts hängt davon ab, wie stark f bei Annäherung an die Stelle b wächst. In gleicher Weise definiert man das uneigentliche Integral, wenn f an der Stelle a nicht definiert ist.

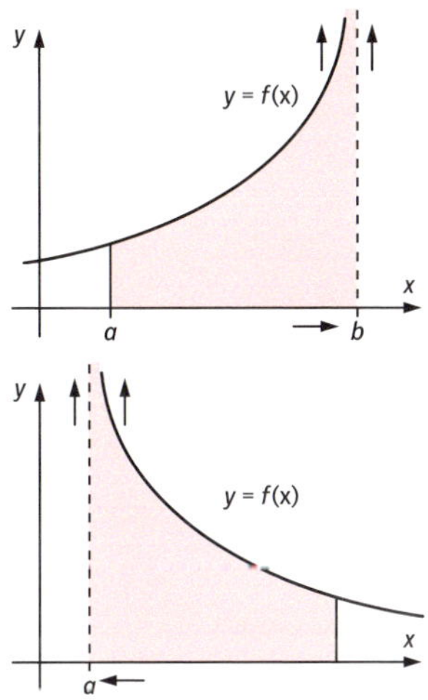

Fig. 1: Unbeschränkte Funktion

$$\lim_{u \to b^-} \int_a^u f(x)\,dx = \int_a^b f(x)\,dx.$$

Die Funktion f sei für alle x mit $x \geqq a$ stetig. Wenn der Grenzwert

$$\lim_{u \to \infty} \int_a^u f(x)\,dx$$

existiert, dann nennt man ihn das **uneigentliche Integral** von f über $[a; \infty[$ und bezeichnet dieses mit $\int_a^\infty f(x)\,dx$. Die Existenz des Grenzwerts hängt davon ab, wie stark $f(x)$ für $x \to \infty$ abnimmt. In gleicher Weise definiert man das uneigentliche Integral von f über $]-\infty; a]$.

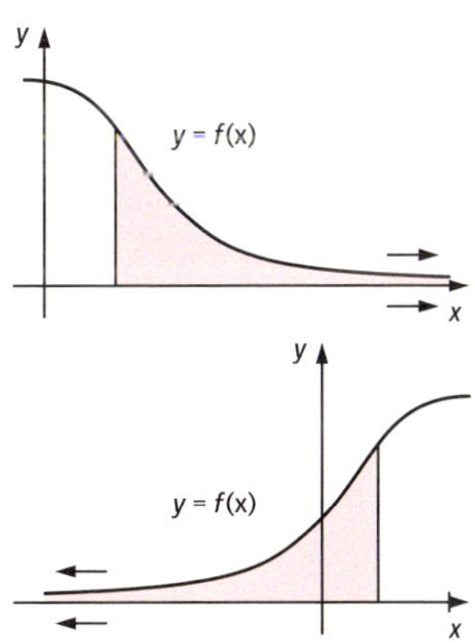

Fig. 2: Unbeschränktes Intervall

$$\lim_{u \to \infty} \int_a^u f(x)\,dx = \int_a^\infty f(x)\,dx$$

Beispiel:

Für $0 < \varepsilon < 1$ ist $\int\limits_{2+\varepsilon}^{3} \frac{1}{\sqrt{x-2}}\,dx = 2\sqrt{x-2}\,\Big|_{2+\varepsilon}^{3} = 2 - 2\sqrt{\varepsilon}$.

Für $\varepsilon \to 0^+$ hat das Integral den Grenzwert 2, also ist $\int\limits_{2}^{3} \frac{1}{\sqrt{x-2}}\,dx = 2$.

Beispiel: Das uneigentliche Integral

$$\int\limits_0^1 \frac{1}{x^\alpha}\,dx \text{ (Fig. 3)}$$

existiert für für $\alpha < 1$, aber nicht für $\alpha > 1$:
Für $\alpha \neq 1$ und $\varepsilon > 0$ ist

$$\int\limits_\varepsilon^1 \frac{1}{x^\alpha}\,dx = \frac{x^{1-\alpha}}{1-\alpha}\Big|_\varepsilon^1 = \frac{1-\varepsilon^{1-\alpha}}{1-\alpha}$$

und $\begin{cases} \lim\limits_{\varepsilon \to 0^+} \varepsilon^{1-\alpha} = 0 & \text{für } \alpha < 1, \\ \lim\limits_{\varepsilon \to 0^+} \varepsilon^{1-\alpha} = \infty & \text{für } \alpha > 1. \end{cases}$

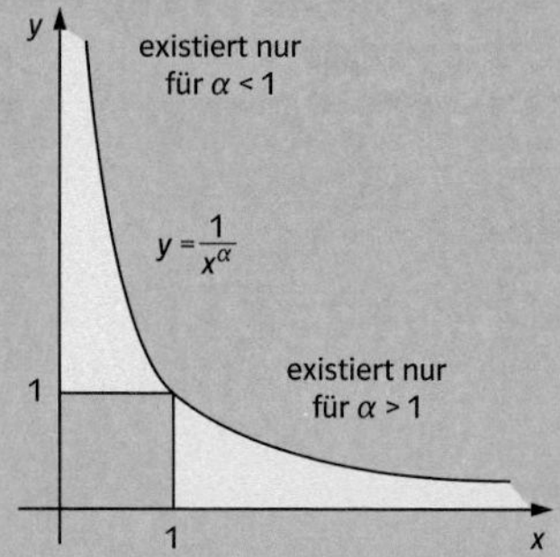

Fig. 3: Uneigentliche Integrale

Das uneigentliche Integral

$$\int\limits_1^\infty \frac{1}{x^\alpha}\,dx \text{ (Fig. 3)}$$

existiert für $\alpha > 1$, aber nicht für $\alpha < 1$: Für $\alpha \neq 1$ und $u > 1$ ist

$\int\limits_1^u \frac{1}{x^\alpha}\,dx = \frac{x^{1-\alpha}}{1-\alpha}\Big|_1^u = \frac{u^{1-\alpha}-1}{1-\alpha}$ und $\begin{cases} \lim\limits_{u \to \infty} u^{1-\alpha} = 0 & \text{für } \alpha > 1, \\ \lim\limits_{u \to \infty} u^{1-\alpha} = \infty & \text{für } \alpha < 1. \end{cases}$

Beispiel: In der Entfernung x vom Erdmittelpunkt wird auf eine Masse m die Erdanziehungskraft $\frac{mgR^2}{x^2}$ ausgeübt $\left(g = 9{,}81\,\frac{m}{sek^2}, R = 6{,}4 \cdot 10^6\,m \text{ Erdradius}\right)$. Um einen Gegenstand vom Gewicht $1\,t$ (Masse von 10^6 Gramm) ins Weltall zu befördern, benötigt man die Energie (Arbeit)

$$W = \int\limits_R^\infty \frac{mgR^2}{x^2}\,dx = mgR \approx 6{,}3 \cdot 10^{12}\,\frac{\text{Gramm} \cdot \text{Meter}^2}{\text{Sekunden}^2} \approx (1{,}8 \cdot 10^6 \text{ kWh}).$$

Beispiel: Mit der Methode der Produktintegration findet man

$$\int\limits_0^a xe^{-x}\,dx = -xe^{-x} - e^{-x}\Big|_0^a = -ae^{-a} - e^{-a} + 1.$$

Wegen $\lim\limits_{x\to\infty} e^{-x} = \lim\limits_{x\to\infty} xe^{-x} = 0$ (→ s. S. 88) ist $\int\limits_0^\infty xe^{-x}\,dx = 1$.

Beispiel: Es gilt (→ s. S. 73)

$$\int_{-u}^{u} \frac{1}{1+x^2}\,dx = 2\int_{0}^{u} \frac{1}{1+x^2}\,dx = 2\arctan x\Big|_0^u = 2\arctan u.$$

Wegen $\lim\limits_{u \to \infty} \arctan u = \frac{\pi}{2}$ ist

$$\int_{-\infty}^{\infty} \frac{1}{1+x^2}\,dx = \pi.$$

Wegen $\int_{0}^{1} \frac{1}{1+x^2}\,dx = \frac{\pi}{4}$ ist dann auch

$$\int_{1}^{\infty} \frac{1}{1+x^2}\,dx = \frac{\pi}{4} \quad \text{(Fig. 4).}$$

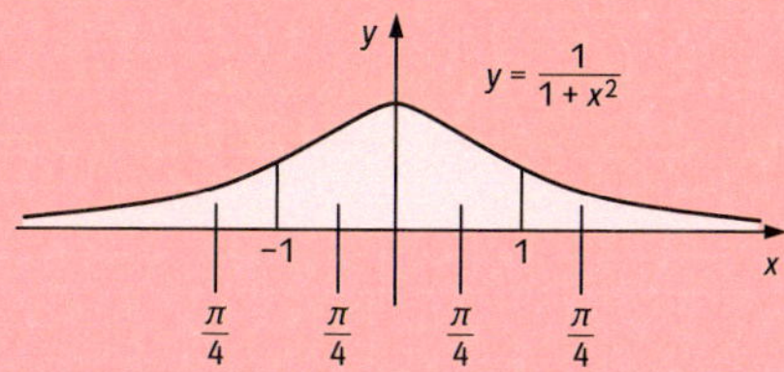

Fig. 4: $\int_{-\infty}^{\infty} \frac{1}{1+x^2}\,dx = \pi$

Beispiel: In der Statistik ist es üblich, Häufigkeitsverteilungen durch stetige Funktionen zu approximieren (Fig. 5). Beispielsweise spielen Verteilungen eine Rolle, die durch eine Funktion der Form cf mit

$$f(x) = (1+x)^2\,e^{-2x} \quad \text{für } x \geqq -1$$

approximiert werden. Dabei ist c so zu wählen, dass $\lim\limits_{K \to \infty} \int_{-1}^{K} c f(x)\,dx = 1.$

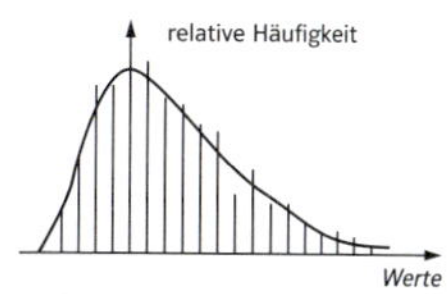

Fig. 5: Häufigkeitsverteilung

Wir wollen diese Konstante c berechnen. Mit zweimaliger Produktintegration ergibt sich

$$\int_{-1}^{K} f(x)\,dx = -\frac{1}{2}(1+K)^2\,e^{-2K} - \frac{1}{2}(1+K)\,e^{-2K} - \frac{1}{4}e^{-2K} + \frac{1}{4}e^{2}.$$

Wegen $\lim\limits_{x \to \infty} e^{-x} = \lim\limits_{x \to \infty} xe^{-x} = \lim\limits_{x \to \infty} x^2 e^{-x} = 0$ (→ s. S. 88) erhält man

$$\lim_{K \to \infty} \int_{-1}^{K} f(x)\,dx = \frac{e^2}{4} \quad \text{und damit} \quad c = \frac{4}{e^2} \approx 0{,}54.$$

Beispiel: Bei Rotation des Graphen von $f\colon x \mapsto e^{-\frac{1}{2}x^2}$ $(x \in \mathbb{R})$ um die y-Achse entsteht ein (unbeschränkter) Rotationskörper mit dem Volumen

$$A = \pi \int_0^1 (-2 \ln x)\,dx = 2\pi$$ (➤ s. S. 109).

Schneidet man den Rotationskörper mit einer zur xy-Ebene parallelen Ebene im Abstand z, dann hat die Schnittfläche den Inhalt

$$A \cdot e^{-\frac{1}{2}z^2} \quad \text{(Fig. 6).}$$

Nach den cavalierischen Prinzip (➤ s. S. 107) hat der Rotationskörper das Volumen

$$\int_{-\infty}^{\infty} A \cdot e^{-\frac{1}{2}z^2} dz = A^2$$

Also ist $A = \sqrt{2\pi}$ und man erhält das für die Statistik (Normalverteilung) wichtige Ergebnis

$$\int_{-\infty}^{\infty} e^{-\frac{1}{2}x^2}\,dx = \sqrt{2\pi}.$$

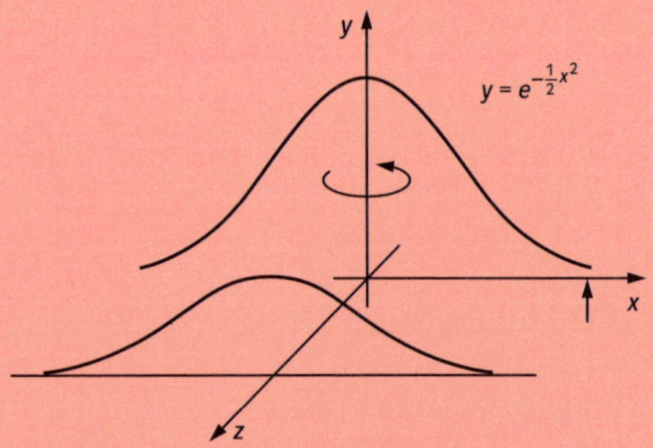

Fig. 6: Normalverteilungskurve

Alle Querverweise im Überblick:

Integral der Funktion $x \mapsto (1 + x^2)^{-1}$: S. 113 ➤ S. 73
Grenzwert von xe^{-x}: S. 113 ➤ S. 88
Integral der Funktion $x \mapsto -2 \ln x$: S. 114 ➤ S. 109
Cavalierisches Prinzip: S. 114 ➤ S. 107

Zusammenfassung:
Uneigentliche Integrale

Das Integral von f über ein Intervall I ist zunächst nur definiert, wenn die Funktion f auf I beschränkt ist und I eine endliches Intervall ist. Uneigentliche Integrale geben den Inhalt von **nicht beschränkten Flächenstücken** an.

Ist f auf dem halboffenen Intervall $[a; b[$ definiert und in der Umgebung von b nicht beschränkt, dann ist

$$\int_a^b f(x)\,\mathrm{d}x = \lim_{u \to b^-} \int_a^u f(x)\,\mathrm{d}x,$$

falls dieser Grenzwert existiert, ein **uneigentliches Integral**.

Ist f auf der Halbgeraden $[a; \infty[$ definiert, dann ist

$$\int_a^\infty f(x)\,\mathrm{d}x = \lim_{u \to \infty} \int_a^u f(x)\,\mathrm{d}x,$$

falls dieser Grenzwert existiert, ein **uneigentliches Integral**.

ANALYTISCHE GEOMETRIE UND LINEARE ALGEBRA

Lineare Gleichungen

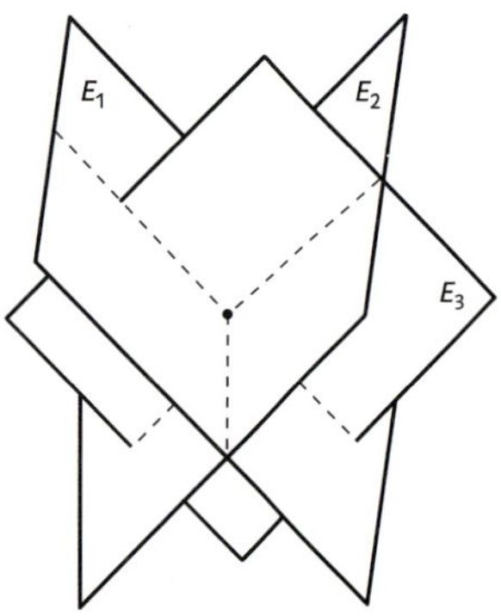

Den Schnittpunkt S der Ebenen
E_1: $x_1 - 3x_2 + 2x_3 = 11$,
E_2: $2x_1 - 5x_2 + 5x_3 = 29$,
E_3: $x_1 - 2x_2 + 4x_3 = 23$
ist die Lösung eines linearen Gleichungssystems (LGS):

$$\begin{aligned} x_1 - 3x_2 + 2x_3 &= 11 \\ 2x_1 - 5x_2 + 5x_3 &= 29 \\ x_1 - 2x_2 + 4x_3 &= 23 \end{aligned}$$

⇓

Äquivalenzumformungen

⇓

$$\begin{aligned} x_1 - 3x_2 + 2x_3 &= 11 \\ x_2 + x_3 &= 7 \\ x_3 &= 5 \end{aligned}$$

⇓

$x_3 = 5$
$x_2 = 7 - 5 = 2$
$x_1 = 11 + 3 \cdot 2 - 2 \cdot 5 = 7$

$S(7|2|5)$

Vektoren

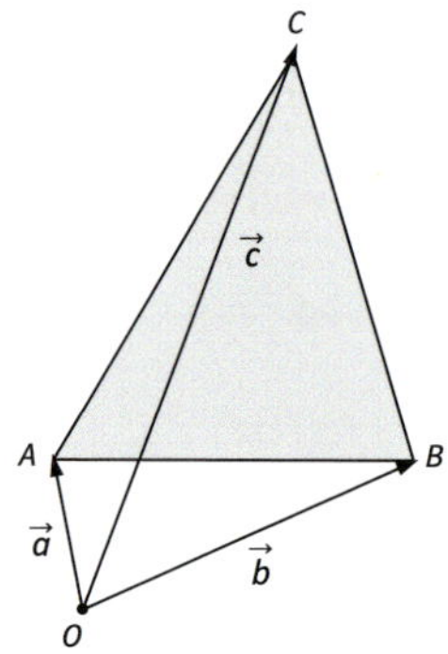

Vektoren treten in der Physik als **gerichtete Größen** und in der Geometrie als **Verschiebungen** auf. Ferner kann man mit ihrer Hilfe die **Lösungsmengen** von linearen Gleichungen und Gleichungssystemen beschreiben.

Die Gerade durch den Punkt P mit dem Richtungsvektor $\vec{u}$ hat die Vektorgleichung

$$x = \vec{p} + t\vec{u}.$$

Die Ebene durch den Punkt P mit den Spannvektoren $\vec{u}$ und $\vec{v}$ hat die Vektorgleichung

$$x = \vec{p} + r\vec{u} + s\vec{v}.$$

Skalarprodukt

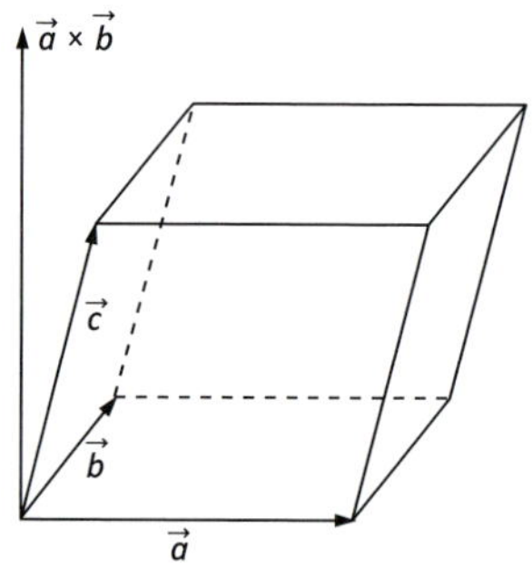

Das **Skalarprodukt** der Vektoren

$$\vec{a} = \begin{pmatrix} a_1 \\ a_2 \\ \vdots \\ a_n \end{pmatrix}, \quad \vec{b} = \begin{pmatrix} b_1 \\ b_2 \\ \vdots \\ b_n \end{pmatrix}$$

aus $\mathbb{R}^n$ ist

$$a \bullet b = a_1b_1 + a_2b_2 + \ldots + a_nb_n.$$

Das **Vektorprodukt** der Vektoren

$$\vec{a} = \begin{pmatrix} a_1 \\ a_2 \\ a_3 \end{pmatrix}, \quad \vec{b} = \begin{pmatrix} b_1 \\ b_2 \\ b_3 \end{pmatrix}$$

aus $\mathbb{R}^3$ ist

$$\vec{a} \times \vec{b} = \begin{pmatrix} a_2b_3 - a_3b_2 \\ a_3b_1 - a_1b_3 \\ a_1b_2 - a_2b_1 \end{pmatrix}.$$

Das **Spatprodukt** der Vektoren $\vec{a}, \vec{b}, \vec{c}$ aus $\mathbb{R}^3$ ist

$$(\vec{a} \times \vec{b}) \bullet \vec{c}.$$

FORMELÜBERBLICK

Kreise, Kugeln → s. S. 163

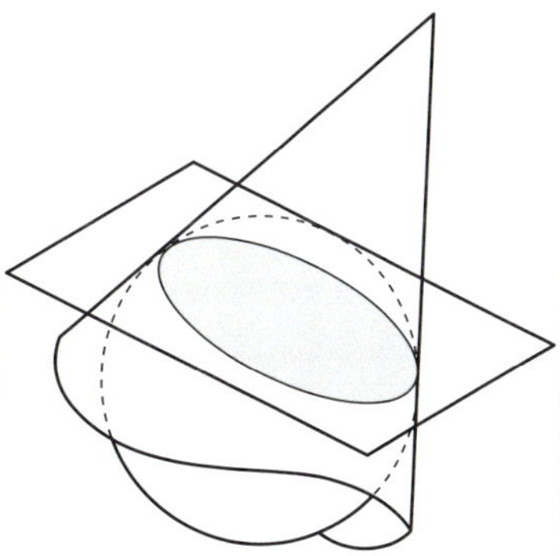

Die Vektorgleichung

$$(\vec{x} - \vec{m})^2 = r^2$$

beschreibt in der Ebene einen Kreis und im Raum eine Kugel mit dem Mittelpunkt M und dem Radius r.

Die **Tangente** im Kreispunkt B bzw. die **Tangentialebene** im Kugelpunkt B hat die Gleichung

$$(\vec{b} - \vec{m})^2 \bullet (\vec{x} - \vec{m})^2 = r^2.$$

Der **Tangentialkegel** mit der Spitze P berührt die Kugel in einem Kreis; dieser liegt in der Ebene mit der Gleichung

$$(\vec{p} - \vec{m})^2 \bullet (\vec{x} - \vec{m})^2 = r^2.$$

Die Höhe des Tangentialkegels ist $\dfrac{(\vec{p} - \vec{m})^2 - r^2}{|\vec{p} - \vec{m}|}$.

Affinitäten

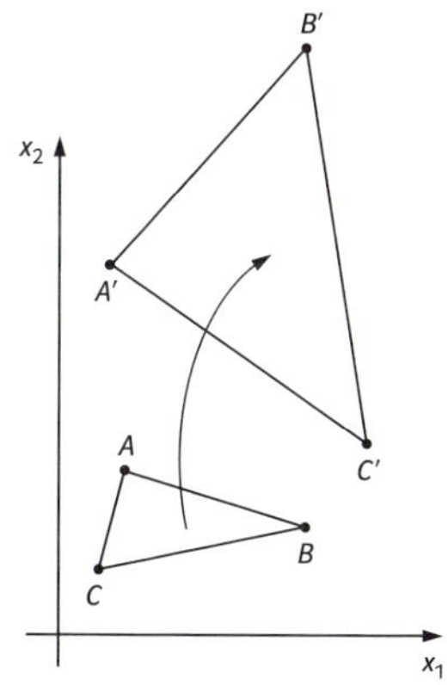

Eine **affine Abbildung** der Ebene auf sich ist umkehrbar und teilverhältnistreu. Bezüglich eines Koordinatensystems hat sie die Darstellung

$$\vec{x} \mapsto A\vec{x} + \vec{b}$$

mit der Matrix

$$A = \begin{pmatrix} a_{11} & a_{12} \\ a_{22} & a_{22} \end{pmatrix}$$

und einem Vektor $\vec{b}$. Dabei ist die Determinante

$$|A| = a_{11}a_{22} - a_{12}a_{21}$$

von 0 verschieden.

Typische affine Abbildungen sind Parallelstreckungen und Scherungen.

Eine winkeltreue affine Abbildung ist eine **Ähnlichkeitsabbildung**, eine längentreue und damit auch winkeltreue affine Abbildung ist eine **Kongruenzabbildung**.

Kegelschnitte

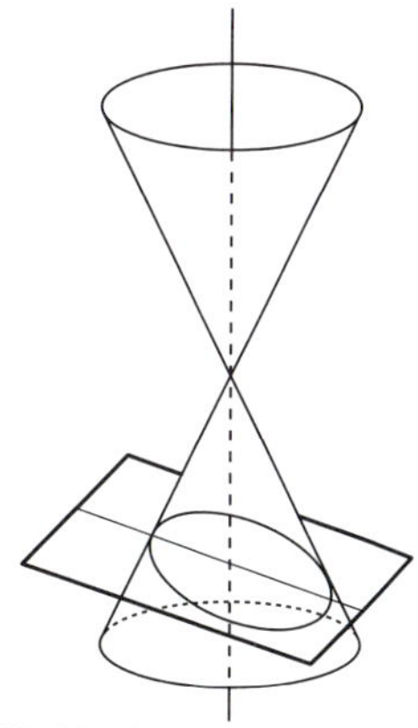

Ellipsen, **Hyperbeln** und **Parabeln** entstehen als Schnittkurven einer Ebene mit einem Kegel (Doppelkegel).

Der geometrische Ort aller Punkte, für welche

- die Summe der Abstände von zwei gegebenen Punkten konstant ist, ist eine **Ellipse**;
- die Differenz der Abstände von zwei gegebenen Punkten konstant ist, ist eine **Hyperbel**;
- der Abstand von einem gegebenen Punkt gleich dem Abstand von einer gegebenen Geraden ist, ist eine **Parabel**.

Die Schnittlinien von Ebenen und **Flächen zweiter Ordnung** (Ellipsoide, Hyperboloide, Paraboloide) sind Kegelschnittskurven.

Analytische Geometrie und Lineare Algebra

Lineare Gleichungen und Gleichungssysteme

In diesem Kapitel erfahren Sie:

- Die Lösungen einer linearen Gleichung mit 2, 3, 4, … Variablen sind Zahlenpaare, Zahlentripel, Zahlenquadrupel, … .
- Die Lösung eines linearen Gleichungssystems mit zwei Variablen und zwei Gleichungen kann man bezüglich eines Koorodinatensystems als Schnittpunkt zweier Geraden in der Ebene deuten.
- Die Lösung eines linearen Gleichungssystems mit drei Variablen und drei Gleichungen kann man bezüglich eines Koordinatensystems als Schnittpunkt dreier Ebenen im Raum deuten.
- Die Lösungsmenge eines linearen Gleichungssystems ist entweder leer, besteht aus genau einem Element oder ist unendlich.

Lineare Gleichungen

$ax_1 = b$,
$ax_1 + bx_2 = c$,
$ax_1 + bx_2 + cx_3 = d$
sind lineare Gleichungen mit 1, 2 bzw. 3 Variablen.

Eine algebraische Gleichung heißt **linear**, wenn die Variablen $x_1, x_2, x_3, \ldots$ nur in der ersten Potenz und nicht als Produkte vorkommen. Beispielsweise sind die Gleichungen $2x_1 = 7$, $5x_1 - 11x_2 = 9$, $x_1 + x_2 - 4x_3 = 0$ linear; dagegen sind die Gleichungen $x_1^2 = 2$, $x_1x_2 = 1$, $x_1^2 + x_2^2 + x_3^2 = 17$ nicht linear. Die Koeffizienten in einer solchen Gleichung sollen reelle Zahlen, also Elemente von $\mathbb{R}$ sein.
Zu jeder Gleichung muss man die Menge angeben, aus welcher die Lösungen stammen sollen. Die Lösung der linearen Gleichung $ax_1 = b$ mit $a \neq 0$ ist eine reelle Zahl (Element von $\mathbb{R}$). Die Lösungen der linearen Gleichung $ax_1 + bx_2 = c$ mit $(a; b) \neq (0; 0)$ sind Zahlenpaare (Elemente von $\mathbb{R}^2$). Die Lösungen der linearen Gleichung $ax_1 + bx_2 + cx_3 = d$ mit $(a; b; c) \neq (0; 0; 0)$ sind Zahlentripel (Elemente von $\mathbb{R}^3$) usw. Dabei bedeutet $(a; b; c) \neq (0; 0; 0)$, dass mindestens eine der Zahlen a, b, c von 0 verschieden ist.

$ax_1 + bx_2 = c$ ist die Gleichung einer Geraden.

$ax_1 + bx_2 + cx_3 = d$ ist die Gleichung einer Ebene.

Bezüglich eines ebenen Koordinatensystems beschreibt die Lösungsmenge von

$$ax_1 + bx_2 = c$$

mit $(a; b) \neq (0; 0)$ eine **Gerade** (→ s. S. 13). Bezüglich eines räumlichen $x_1x_2x_3$-Koordinatensystems beschreibt die Lösungsmenge von

$$ax_1 + bx_2 + cx_3 = d$$

mit $(a; b; c) \neq (0; 0; 0)$ eine **Ebene** (Fig. 1). Ist einer der Koeffizienten 0, dann ist die Ebene parallel zu der entsprechenden Koordinatenachse.

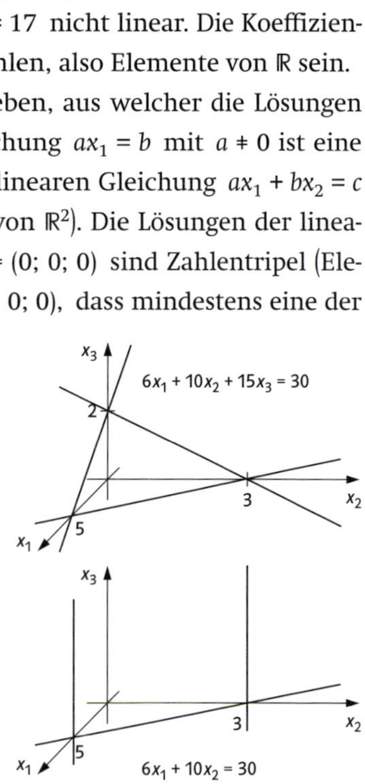

Fig. 1: Ebenen

Die Lösungsmenge einer linearen Gleichung mit mehr als drei Variablen lässt sich nicht mehr geometrisch deuten; man nennt sie eine **Hyperebene**. Hat die Gleichung n Variable, dann sind ihre Lösungen n-**Tupel** $(x_1; x_2; \dots ; x_n)$ reeller Zahlen, also Elemente von $\mathbb{R}^n$.

Ist $b \neq 0$, dann besteht die Lösungsmenge von $ax_1 + bx_2 = c$ über $\mathbb{R}^2$ aus allen Paaren $(x_1; x_2)$ mit $x_1 = r$, $x_2 = \frac{c}{b} - \frac{a}{b}r$ mit beliebigem $r \in \mathbb{R}$, die Lösungsmenge ist also

$$\left\{(x_1; x_2) \in \mathbb{R}^2 \mid x_1 = r,\ x_2 = \frac{c}{b} - \frac{a}{b}r \text{ mit } r \in \mathbb{R}\right\},$$

was man auch kürzer schreiben kann in der Form

$$\left\{\left(r; \frac{c}{b} - \frac{a}{b}r\right) \mid r \in \mathbb{R}\right\}.$$

Ist $c \neq 0$, dann ist die Lösungsmenge von $ax_1 + bx_2 + cx_3 = d$ über $\mathbb{R}^3$ die Menge

$$\left\{\left(r; s; \frac{d}{c} - \frac{a}{c}r - \frac{b}{c}s\right) \mid r, s \in \mathbb{R}\right\}.$$

Die Lösungen von $ax_1 + bx_2 = c$ über $\mathbb{R}^2$ sind Paare.

Die Lösungen von $ax_1 + bx_2 + cx_3 = d$ über $\mathbb{R}^3$ sind Tripel.

Die Lösungen von $a_1x_1 + a_2x_2 + \dots + \dots + a_nx_n = c$ über $\mathbb{R}^n$ sind n-Tupel.

Die Lösungen einer linearen Gleichung kann man nur angeben, wenn klar ist, in welcher **Grundmenge** die Lösungen liegen sollen. Dies ist besonders wichtig, wenn ein Koeffizient in der Gleichung 0 ist, die betreffende Variable also nicht in der Gleichung vorzukommen scheint. Daher ist oben nach der Gleichung der Zusatz „über $\mathbb{R}^2$" bzw. „über $\mathbb{R}^3$" hinzugefügt worden.

Beispiel: Soll die Gleichung $3x_1 + 7x_3 = 11$ über $\mathbb{R}^4$ gelöst werden, so liegt eigentlich die Gleichung $3x_1 + 0x_2 + 7x_3 + 0x_4 = 11$ vor. Für x_2 und x_4 darf man beliebige Zahlen $s, t \in \mathbb{R}$ einsetzen. Wählt man für x_1 den Wert $r \in \mathbb{R}$, dann liegt der Wert von x_3 fest, nämlich $x_3 = -\frac{3}{7}r + \frac{11}{7}$. Die Lösungsmenge ist also

$$\left\{\left(r; s; -\frac{3}{7}r + \frac{11}{7}; t\right) \mid r, s, t \in \mathbb{R}\right\}.$$

Sucht man für eine Gleichung mit ganzzahligen Koeffizienten auch nur ganzzahlige Lösungen, so liegt ein **diophantisches Problem** vor (nach Diophant von Alexandria, um 100 n. Chr.).

Beispiel: Möchte man für genau 60 Euro Gegenstände zum Stückpreis von 3 Euro und zum Stückpreis von 4 Euro kaufen, so ergeben sich die möglichen Einkäufe als Lösungen der diophantischen Gleichung $3x_1 + 4x_2 = 60$ mit der zusätzlichen Bedingung $x_1, x_2 \geqq 0$.

Eine lineare Gleichung der Form $a_1x_1 + a_2x_2 + \dots + a_nx_n = \mathbf{0}$ heißt **homogen**. Ist $(x_1^*; x_2^*; \dots; x_n^*)$ eine Lösung, dann ist auch jedes Vielfache $(tx_1^*; tx_2^*; \dots; tx_n^*)$ $(t \in \mathbb{R})$ eine Lösung. Ist $(x_1'; x_2'; \dots; x_n')$ eine weitere Lösung, dann ist auch die Summe $(x_1^* + x_1'; x_2^* + x_2'; \dots; x_n^* + x_n')$ eine Lösung. Insbesondere hat die homogene Gleichung stets die Lösung $(0; 0; \dots; 0)$ (**triviale Lösung**).

Lineare Gleichungssysteme mit zwei Variablen

Sollen die *beiden* Gleichungen $a_1x_1 + a_2x_2 = a$ und $b_1x_1 + b_2x_2 = b$ erfüllt sein, so schreibt man sie untereinander und nennt dies ein **lineares Gleichungssystem (LGS)**:

$$a_1x_1 + a_2x_2 = a$$
$$b_1x_1 + b_2x_2 = b$$

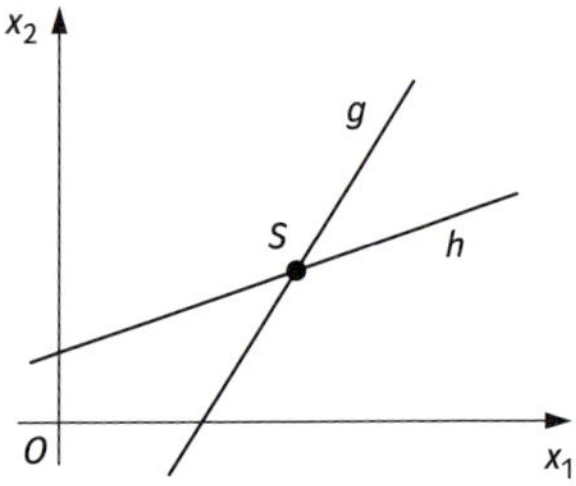

Fig. 2: Schnittpunkt

Die Lösungsmenge des LGS ist die Schnittmenge der Lösungsmengen der beiden Gleichungen. Diese beschreiben im Koordinatensystem Geraden, die Lösungsmenge besteht also im Allgemeinen aus dem Schnittpunkt dieser Geraden (Fig. 2). Die Geraden sind parallel, wenn $(a_1; a_2)$ ein Vielfaches von $(b_1; b_2)$ ist, wenn also $b_1 = ka_1$, $b_2 = ka_2$ mit $k \in \mathbb{R}$ und damit $a_1b_2 - b_1a_2 = 0$. Dann haben die Geraden keinen Schnittpunkt. Ist auch $b = ka$ mit dem gleichen k wie oben, dann sind die beiden Geraden gleich.

Ein LGS mit 2 Variablen und 2 Gleichungen hat entweder keine Lösung, genau eine Lösung oder alle Lösungen einer der beiden Gleichungen als Lösungen.

Die Lösungsmenge des LGS ändert sich nicht, wenn man folgende **Äquivalenzumformungen** vornimmt:
- Vertauschung zweier Gleichungen
- Multiplikation einer Gleichung mit einer von 0 verschiedenen Zahl
- Addition oder Subtraktion zweier Gleichungen

Subtrahiert man das a_2-fache der zweiten Gleichung vom b_2-fachen der ersten Gleichung, dann erhält man als erste Gleichung

$$(a_1b_2 - b_1a_2)x_1 = ab_2 - ba_2.$$

Subtrahiert man das b_1-fache der ersten Gleichung vom a_1-fachen der zweiten Gleichung, dann erhält man als zweite Gleichung

$$(a_1b_2 - b_1a_2)x_2 = a_1b - b_1a.$$

Im Fall $a_1b_2 - b_1a_2 \neq 0$ ergibt sich so die Lösung:

$$x_1 = \frac{ab_2 - ba_2}{a_1b_2 - b_1a_2}, \qquad x_2 = \frac{a_1b - b_1a}{a_1b_2 - b_1a_2}.$$

Dies ist ein Sonderfall der **cramerschen** Regel (→ s. S. 161).

Im Fall $a_1b_2 - b_1a_2 = 0$ ist das LGS nur dann lösbar, wenn $a_1b = b_1a$ und $ab_2 = ba_2$, wenn die beiden Gleichungen des LGS also bis auf einen Faktor übereinstimmen.

Beispiel:

Das LGS $\left\{ \begin{array}{l} 2x_1 + 3x_2 = 7 \\ 6x_1 + 9x_2 = b \end{array} \right\}$ ist mit $\left\{ \begin{array}{r} 2x_1 + 3x_2 = 7 \\ 0 = b - 21 \end{array} \right\}$

äquivalent (Subtraktion des 3-fachen der ersten Gleichung von der zweiten). Im Fall $b \neq 21$ existiert keine Lösung, im Fall $b = 21$ ist die zweite Gleichung die „Nullgleichung" $0 = 0$ und die Lösungen des LGS sind die Lösungen der ersten Gleichung.

Lineare Gleichungssysteme mit drei Variablen

Die Lösungsmenge eines LGS aus zwei Gleichungen mit drei Variablen stellt im Koordinatensystem die Schnittmenge zweier Ebenen dar, also im Allgemeinen eine Gerade (Fig. 3). Die Lösungsmenge des LGS

$$\begin{aligned} a_1x_1 + a_2x_2 + a_3x_3 &= a \\ b_1x_1 + b_2x_2 + b_3x_3 &= b \end{aligned}$$

gewinnt man wieder durch Aquivalenzumformungen: Ist $a_1 \neq 0$, dann subtrahiert man das b_1-fache der ersten Gleichung vom a_1-fachen der zweiten Gleichung und erhält ein LGS der Form

$$\begin{aligned} a_1x_1 + a_2x_2 + a_3x_3 &= a \\ c_2x_2 + c_3x_3 &= c \end{aligned}$$

Nun setzt man für x_2 oder für x_3 einen Parameter t ein und kann den Wert der beiden anderen Variablen in Abhängigkeit von t bestimmen.

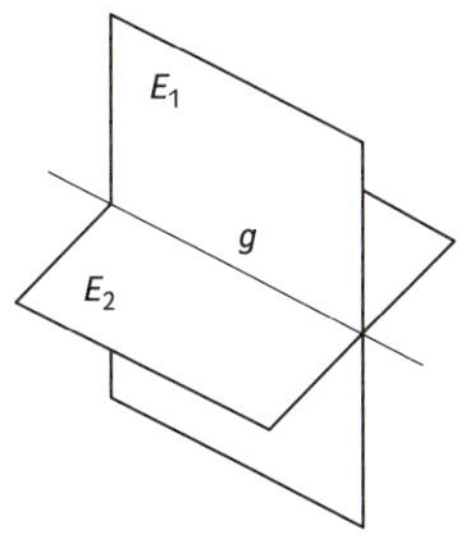

Fig. 3: Zwei sich schneidende Ebenen

Die Lösungen eines LGS mit 3 Variablen und 2 Gleichungen bilden im Allgemeinen im Koordinatensystem die Schnittgerade von zwei Ebenen.

Die Lösung eines LGS mit 3 Variablen und 3 Gleichungen ist im Allgemeinen im Koordinatensystem der Schnittpunkt von drei Ebenen.

Ein LGS aus drei Gleichungen mit drei Variablen hat im Allgemeinen genau eine Lösung, da sich drei Ebenen – von Ausnahmen abgesehen (Fig. 4) – in einem Punkt schneiden. Ein LGS

$$\begin{aligned} a_1x_1 + a_2x_2 + a_3x_3 &= a \\ b_1x_1 + b_2x_2 + b_3x_3 &= b \\ c_1x_1 + c_2x_2 + c_3x_3 &= c \end{aligned}$$

formt man durch wiederholte Äquivalenzumformungen so um, dass eine Gleichung nur noch zwei und eine Gleichung nur noch eine einzige Variable enthält, wie es z. B. bei folgender „Dreiecksgestalt" der Fall ist:

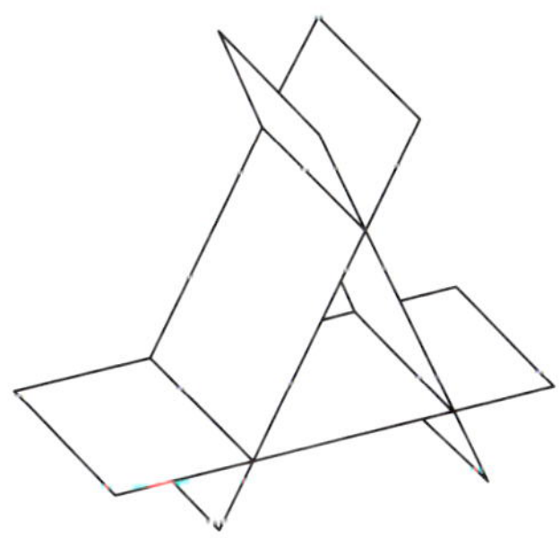

Fig. 4: Drei Ebenen ohne gemeinsamen Punkt

$$\begin{aligned} a_1x_1 + a_2x_2 + a_3x_3 &= a \\ u_2x_2 + u_3x_3 &= u \\ v_3x_3 &= v \end{aligned}$$

Daraus kann man die Lösung berechnen. Sind a_1, u_2, v_3 alle von 0 verschieden, dann gibt es genau eine Lösung. Ist eine der Zahlen a_1, u_2, v_3 gleich 0, dann gibt es entweder keine Lösung oder unendlich viele Lösungen.

Beispiel:

In dem LGS $\left\{\begin{array}{rcrcrcr} x_1 & + & 5x_2 & + & x_3 & = & 6 \\ x_1 & + & 8x_2 & + & x_3 & = & 12 \\ 4x_1 & + & 3x_2 & + & 2x_3 & = & -4 \end{array}\right\}$ nehme man folgende Aquivalenzumformungen vor: Subtraktion der ersten Gleichung von der zweiten und des Doppelten der ersten Gleichung von der dritten.

Man erhält das LGS $\left\{\begin{array}{rcrcrcr} x_1 & + & 5x_2 & + & x_3 & = & 6 \\ & & 3x_2 & & & = & 6 \\ 2x_1 & - & 7x_2 & & & = & -16 \end{array}\right\}$.

Die zweite Gleichung liefert $x_2 = 2$; die dritte ergibt dann $x_1 = -1$, die erste damit schließlich $x_3 = -3$. Die Lösung ist also $(-1; 2; -3)$.

Beispiel:

$\left\{\begin{array}{r} x_1 - 5x_2 + 7x_3 = 1 \\ 2x_1 - 9x_2 + 5x_3 = 6 \end{array}\right\}$ und $\left\{\begin{array}{r} x_1 - 5x_2 + 7x_3 = 1 \\ x_2 - 9x_3 = 4 \end{array}\right\}$ sind äquivalent (Subtraktion des 2-fachen der ersten Gleichung von der zweiten). Setzt man $x_3 = t$, dann ist $x_2 = 4 + 9t$ und $x_1 = 1 + 5(4 + 9t) - 7t = 21 + 38t$. Die Lösungsmenge ist also

$$\{(21 + 38t; 4 + 9t; t) \mid t \in \mathbb{R}\}.$$

Sie bildet im räumlichen Koordinatensystem die Gerade durch die Punkte $P(21|4|0)$ (für $t = 0$) und $Q(59|13|1)$ (für $t = 1$).

Alle Querverweise im Überblick:

Geradengleichung: S. 118 ➤ S. 13
Cramersche Regel: S. 120 ➤ S. 161

Zusammenfassung:
Lineare Gleichungen und Gleichungssysteme

Lineare Gleichungen mit 2 Variablen können in einem ebenen Koordinatensystem als Gleichungen von Geraden gedeutet werden. Das Lösen eines **linearen Gleichungssystems (LGS)** mit 2 Variablen und 2 Gleichungen bedeutet dann die Bestimmung des Schnittpunkts zweier Geraden.

Das LGS

$$\begin{aligned} a_1x_1 + a_2x_2 &= a \\ b_1x_1 + b_2x_2 &= b \end{aligned}$$

hat die Lösung

$$x_1 = \frac{ab_2 - ba_2}{a_1b_2 - b_1a_2}, \quad x_2 = \frac{a_1b - b_1a}{a_1b_2 - b_1a_2},$$

falls $a_1b_2 - b_1a_2 \neq 0$.

Lineare Gleichungen mit 3 Variablen können in einem räumlichen Koordinatensystem als Gleichungen von Ebenen gedeutet werden. Das Lösen eines LGS mit 3 Variablen und 2 Gleichungen bedeutet dann die Bestimmung der Schnittgeraden zweier Ebenen, das Lösen eines LGS mit 3 Variablen und 3 Gleichungen bedeutet die Bestimmung des Schnittpunkts dreier Ebenen.

Ein LGS löst man mit Hilfe von **Äquivalenzumformungen**:

- Vertauschung zweier Gleichungen
- Multiplikation einer Gleichung mit einer von 0 verschiedenen Zahl
- Addition oder Subtraktion zweier Gleichungen

Mit Hilfe von Äquivalenzumformungen kann man ein LGS auf Dreiecksgestalt bringen und aus dieser die Lösungen leicht ablesen.

Lösungsverfahren für ein LGS

In diesem Kapitel erfahren Sie:

- Lineare Gleichungssysteme löst man mit Hilfe von Äquivalenzumformungen.
- Jedes LGS lässt sich auf Staffelform bringen, aus welcher man die Lösungsmenge leicht ablesen kann.
- Zum Bestimmen einer Staffelform verwendet man zweckmäßigerweise nur die Koeffizientenmatrix bzw. erweiterte Koeffizientenmatrix des LGS.
- Alle Lösungen eines LGS erhält man, indem man zu einer speziellen Lösung des LGS eine beliebige Lösung des zugehörigen homogenen LGS addiert.

Die Staffelform eines LGS

Um ein LGS zu lösen, versucht man zunächst, mit Hilfe einer der Gleichungen eine Variable aus den übrigen Gleichungen zu eliminieren, indem man geeignete Vielfache dieser Gleichung zu den übrigen Gleichungen addiert. Die entsprechenden Operationen notiert man neben den einzelnen Gleichungen.

Um ein LGS zu lösen, bringt man es zunächst auf Staffelgestalt (Stufenform).

Beispiel:

$$\begin{array}{rcrl}
x_1 - 3x_2 + 5x_3 - 6x_4 & = & 17 & \quad | \cdot(-2) \quad | \cdot(+1) \quad | \cdot(-3) \\
2x_1 - 5x_2 + 15x_3 - 11x_4 & = & 40 & \quad + \\
-x_1 + 4x_2 + 3x_3 + 7x_4 & = & -5 & \quad + \\
3x_1 - 5x_2 + 18x_3 - 16x_4 & = & 47 & \quad + \\
\hline
x_1 - 3x_2 + 5x_3 - 6x_4 & = & 17 & \\
x_2 + 5x_3 + x_4 & = & 6 & \\
x_2 + 8x_3 + x_4 & = & 12 & \\
4x_2 + 3x_3 + 2x_4 & = & -4 & \\
\hline
\end{array}$$

Das LGS aus den letzten drei Gleichungen hat die Lösung $(x_2; x_3; x_4) = (-1; 2; -3)$. Damit kann man aus der ersten Gleichung x_1 $(= -14)$ berechnen. Man erhält die Lösung $(x_1; x_2; x_3; x_4) = (-14; -1; 2; -3)$.

Ein LGS ist in **Stufengestalt** oder **Staffelform**, wenn gilt: Von Gleichung zu Gleichung rückt der erste von 0 verschiedene Koeffizient stets weiter nach rechts. Das Koeffizientenschema der Staffelform sieht also folgendermaßen aus:

x_1	x_2	x_3	x_4	x_5	x_6	x_7	x_8	x_9	=
⊛	*	*	*	*	*	*	*	*	*
			⊛	*	*	*	*	*	*
				⊛	*	*	*	*	*
						⊛	*	*	*

⊛: Koeffizient ≠ 0
*: beliebiger Koeffizient
freier Platz: Koeffizient 0

Die Staffelform erreicht man durch folgende **Äquivalenzumformungen**:
- Vertauschung zweier Gleichungen
- Multiplikation einer Gleichung mit einer Zahl $\neq 0$
- Addition einer Gleichung zu einer anderen

Entsteht dabei eine Gleichung, in der alle Koeffizienten der Variablen 0 sind, dann
- lässt man diese weg, wenn auch rechts 0 steht;
- ist das LGS unlösbar, wenn rechts eine Zahl $\neq 0$ steht.

Die Werte von x_2, x_3, x_6, x_8, x_9 in obiger Staffelform sind frei wählbar; man ersetzt diese Variablen durch **Parameter** r, s, t, u, v, welche beliebige Werte annehmen dürfen. Die Werte von x_1, x_4, x_5, x_7 lassen sich dann in Abhängigkeit von r, s, t, u, v bestimmen.

Das Gauß-Verfahren

Nach Carl Friedrich Gauß (1777–1855) ist folgendes Lösungsverfahren benannt: Man bringe das LGS mit n Variablen auf Staffelform, welche aus k Gleichungen besteht. Dann ersetze man alle Variablen, die nicht als erste mit einem Koeffizient $\neq 0$ in einer Gleichung auftreten, durch Parameter $t_1, t_2, \ldots, t_{n-k}$ und stelle die übrigen k Variablen in Abhängigkeit von $t_1, t_2, \ldots, t_r$ dar. Es ergeben sich alle Lösungen, wenn jeder der Parameter die Menge $\mathbb{R}$ durchläuft. Dieses Verfahren ist oben schon an einem Sonderfall erklärt worden.

Das Gauß-Verfahren liefert allgemein die Lösungsmenge eines LGS mit n Variablen.

Beispiel:

Setzt man in $\left\{\begin{array}{rl} x_1 + 2x_2 - 4x_3 + 7x_4 &= 21 \\ x_2 + 3x_3 - x_4 &= 9 \end{array}\right\}$ für

x_3, x_4 die Parameter r, s, dann erhält man aus der zweiten Gleichung $x_2 = 9 - 3r + s$ und damit aus der ersten Gleichung $x_1 = 3 + 10r - 9s$. Die Lösungen sind also

$(3 + 10r - 9s; 9 - 3r + s; r; s) = (3; 9; 0; 0) + r(10; -3; 1; 0) + s(-9; 1; 0; 1) \quad (r, s \in \mathbb{R})$.

Hat die Staffelform eines LGS mit n Variablen genau k Gleichungen, dann enthält die Lösungsmenge $n - k$ frei wählbare Parameter.

In diesem Beispiel haben wir die Vervielfachung und die Addition von n-Tupeln benutzt, welche folgendermaßen definiert sind:

Vervielfachung: $r(u_1; u_2; \ldots; u_n) = (ru_1; ru_2; \ldots; ru_n)$

Addition: $(u_1; u_2; \ldots; u_n) + (v_1; v_2; \ldots; v_n) = (u_1 + v_1; u_2 + v_2; \ldots; u_n + v_n)$

Beim Lösen eines LGS spart man Schreibarbeit, wenn man die Umformung in Staffelform nur anhand der **Koeffzientenmatrix** bzw. der um die Konstantenspalte **erweiterten Koeffzientenmatrix** durchführt.

Beispiel:

$$\begin{array}{rl} 2x_1 + 14x_2 - 5x_3 + x_4 - 3x_5 = 21 & (2) \\ x_3 + x_4 + 4x_5 = 17 & (4) \\ x_1 + 7x_2 - 3x_3 + x_4 - 2x_5 = 5 & (1) \\ 5x_1 + 35x_2 - 14x_3 + 4x_4 - 9x_5 = 36 & (3) \end{array} \qquad \left[\begin{array}{rrrrr|r} 2 & 14 & -5 & 1 & -3 & 21 \\ 0 & 0 & 1 & 1 & 4 & 17 \\ 1 & 7 & -3 & 1 & -2 & 5 \\ 5 & 35 & -14 & 4 & -9 & 36 \end{array}\right]$$

Zweckmäßigerweise vertauscht man die Gleichungen entsprechend der Nummerierung:

$$\begin{array}{r} x_1 + 7x_2 - 3x_3 + x_4 - 2x_5 = 5 \\ 2x_1 + 14x_2 - 5x_3 + x_4 - 3x_5 = 21 \\ 5x_1 + 35x_2 - 14x_3 + 4x_4 - 9x_5 = 36 \\ x_3 + x_4 + 4x_5 = 17 \end{array} \qquad \left[\begin{array}{rrrrr|r} 1 & 7 & -3 & 1 & -2 & 5 \\ 2 & 14 & -5 & 1 & -3 & 21 \\ 5 & 35 & -14 & 4 & -9 & 36 \\ 0 & 0 & 1 & 1 & 4 & 17 \end{array}\right]$$

Addiert man das (−2)-fache der ersten Gleichung zur zweiten und das (−5)-fache der ersten Gleichung zur dritten, dann ergibt sich

$$\begin{array}{r} x_1 + 7x_2 - 3x_3 + x_4 - 2x_5 = 5 \\ x_3 - x_4 + x_5 = 11 \\ x_3 - x_4 + x_5 = 11 \\ x_3 + x_4 + 4x_5 = 17 \end{array} \qquad \left[\begin{array}{rrrrr|r} 1 & 7 & -3 & 1 & -2 & 5 \\ 0 & 0 & 1 & -1 & 1 & 11 \\ 0 & 0 & 1 & -1 & 1 & 11 \\ 0 & 0 & 1 & 1 & 4 & 17 \end{array}\right]$$

Addition des (−1)-fachen der zweiten zur dritten Gleichung liefert eine Nullgleichung (0 = 0), man kann die dritte Gleichung also weglassen. Addiert man das (−1)-fache der zweiten Gleichung zur vierten, dann ergibt sich

$$\begin{array}{r} x_1 + 7x_2 - 3x_3 + x_4 - 2x_5 = 5 \\ x_3 - x_4 + x_5 = 11 \\ 2x_4 + 3x_5 = 6 \end{array} \qquad \left[\begin{array}{rrrrr|r} 1 & 7 & -3 & 1 & -2 & 5 \\ 0 & 0 & 1 & -1 & 1 & 11 \\ 0 & 0 & 0 & 2 & 3 & 6 \end{array}\right]$$

Jetzt hat das LGS Staffelform. Man kann x_1, x_3, x_4 berechnen, wenn man für x_2, x_5 Werte wählt. Wir setzen $x_2 = r$ und (geschickterweise) $x_5 = 2s$ $(r, s \in \mathbb{R})$ und erhalten (von unten nach oben gerechnet)

$$x_4 = 3 - 3s, \quad x_3 = 14 - 5s, \quad x_1 = 44 - 7r - 8s.$$

Die Lösungen sind also

$$(44; 0; 14; 3; 0) + r(-7; 1; 0; 0; 0) + s(-8; 0; -5; -3; 2) \quad (r, s \in \mathbb{R}).$$

Ein Vielfaches einer Lösung und die Summe von zwei Lösungen eines homogenen LGS sind wieder Lösungen des homogenen LGS.

Ein LGS heißt **homogen**, wenn die Konstanten rechts vom Gleichheitszeichen alle den Wert 0 haben. Andernfalls heißt das LGS **inhomogen**. Für ein homogenes LGS gilt offensichtlich:

- Jedes Vielfache einer Lösung ist wieder eine Lösung.
- Die Summe von zwei Lösungen ist wieder eine Lösung.

Es liegt ein Beispiel für einen **Vektorraum** vor (➛ s. S. 129).

Das Gauß-Verfahren ergibt die Lösungen eines homogenen LGS mit n Variablen in der Form

$$t_1\mathbf{u}^{(1)} + t_2\mathbf{u}^{(2)} + \ldots + t_r\mathbf{u}^{(r)} \text{ mit } t_1, t_2, \ldots, t_r \in \mathbb{R} \text{ und } \mathbf{u}^{(1)}, \mathbf{u}^{(2)}, \ldots, \mathbf{u}^{(r)} \in \mathbb{R}^n.$$

Ersetzt man in einem inhomogenen LGS die Konstanten rechts vom Gleichheitszeichen alle durch 0, dann entsteht das **zugehörige homogene LGS.** Die Differenz zweier Lösungen des inhomogenen LGS ist eine Lösung des zugehörigen homogenen LGS, denn aus

$$a_1u_1 + a_2u_2 + \ldots + a_nu_n = a \quad \text{und} \quad a_1v_1 + a_2v_2 + \ldots + a_nv_n = a$$

ergibt sich

$$a_1(u_1 - v_1) + a_2(u_2 - v_2) + \ldots + a_n(u_n - v_n) = 0.$$

Daraus folgt: Ist $(x_1^*; x_2^*, \ldots; x_n^*)$ eine Lösung eines inhomogenen LGS, dann ergibt sich jede Lösung dieses inhomogenen LGS als Summe der angegebenen Lösung und einer Lösung des zugehörigen homogenen LGS.

Die Lösungen eines inhomogenen LGS sind als Summe einer speziellen Lösung und einer Lösung des zugehörigen homogenen LGS zu schreiben.

Entsteht beim Herstellen einer Staffelform eines LGS eine Gleichung „0 = 0“ (Nullgleichung), dann lässt man diese weg. Entsteht aber eine Gleichung der Form „0 = c“ mit $c \neq 0$, dann hat das LGS keine Lösung.

Im zuletzt behandelten Beispiel ist (44; 0; 14; 3; 0) eine Lösung des inhomogenen LGS, während die Lösungen des zugehörigen homogenen LGS die Form $r(-7; 1; 0; 0; 0) + s(-8; 0; -5; -3; 2)$ $(r, s \in \mathbb{R})$ haben. Daher sind die Lösungen des inhomogenen LGS, wie schon oben angegeben,

$$(44; 0; 14; 3; 0) + r(-7; 1; 0; 0; 0) + s(-8; 0; -5; -3; 2) \ (r, s \in \mathbb{R}).$$

Alle Querverweise im Überblick:

Vektorraum: S. 126 ➤ S. 129

Zusammenfassung:
Lösungsverfahren für ein LGS

Gauß-Verfahren zum Lösen eines LGS: Man bringe das LGS mit n Variablen auf Staffelform, welche aus k Gleichungen besteht. Dann ersetze man alle Variablen, die nicht als erste mit einem Koeffzient $\neq 0$ in einer Gleichung auftreten, durch Parameter $t_1, t_2, \ldots, t_r$ (mit $r = n - k$) und stelle die übrigen k Variablen in Abhängigkeit von $t_1, t_2, \ldots, t_r$ dar. Es ergeben sich alle Lösungen, wenn jeder der Parameter die Menge $\mathbb{R}$ durchläuft.

Die **Lösungen eines homogenen LGS** mit n Variablen sind von der Form

$$t_1\mathbf{u}^{(1)} + t_2\mathbf{u}^{(2)} + \ldots + t_r\mathbf{u}^{(r)},$$

mit $t_1, t_2, \ldots, t_r \in \mathbb{R}$ und $\mathbf{u}^{(1)}, \ldots, \mathbf{u}^{(r)} \in \mathbb{R}^n$.

Ist $\mathbf{x}^* = (x_1^*; x_2^*, \ldots; x_n^*)$ eine Lösung eines inhomogenen LGS mit n Variablen, dann ergibt sich jede Lösung dieses inhomogenen LGS als Summe der angegebenen Lösung und einer beliebigen Lösung des zugehörigen homogenen LGS, also in der Form

$$\mathbf{x}^* + t_1\mathbf{u}^{(1)} + t_2\mathbf{u}^{(2)} + \ldots + t_r\mathbf{u}^{(r)}.$$

Vektoren

In diesem Kapitel erfahren Sie:

- Vektoren treten in der Physik als „gerichtete Größen" auf.
- Vektoren kann man zur Untersuchung geometrischer Zusammenhänge benutzen.

Der Begriff des Vektorraums

Es sei V eine Menge, deren Elemente wir mit $\vec{a}, \vec{b}, \vec{c}, \ldots$ bezeichnen und **Vektoren** nennen. In V sei eine Verknüpfung + definiert, welche man **Addition** nennt; je zwei Elementen $\vec{a}, \vec{b} \in V$ sei also ein Element $\vec{a} + \vec{b} \in V$ zugeordnet, die **Summe** von $\vec{a}$ und $\vec{b}$. Dabei fordert man:

(1) Für alle $\vec{a}, \vec{b} \in V$ gilt $\vec{a} + \vec{b} = \vec{b} + \vec{a}$ (Kommutativgesetz).

(2) Für alle $\vec{a}, \vec{b}, \vec{c} \in V$ gilt $(\vec{a} + \vec{b}) + \vec{c} = \vec{a} + (\vec{b} + \vec{c})$ (Assoziativgesetz).

(3) Es gibt ein $\vec{o} \in V$ mit $\vec{a} + \vec{o} = \vec{a}$ für alle $\vec{a} \in V$ (Existenz eines neutralen Elements).

(4) Zu jedem $\vec{a} \in V$ existiert ein $\vec{a}' \in V$ mit $\vec{a} + \vec{a}' = \vec{o}$ (Existenz inverser Elemente).

Ferner sei für jedes $r \in \mathbb{R}$ und jedes $\vec{a} \in V$ ein Element $r\vec{a} \in V$ definiert, das man **r-faches** von $\vec{a}$ nennt. Für diese **Vervielfachung** fordert man:

Vektoren kann man addieren und mit reellen Zahlen vervielfachen, wobei die vertrauten Regeln aus der Algebra gelten.

(5) Für alle $r, s \in \mathbb{R}$ und alle $\vec{a} \in V$ gilt $(rs)\,\vec{a} = r\,(s\vec{a})$.

(6) Für alle $r \in \mathbb{R}$ und alle $\vec{a}, \vec{b} \in V$ gilt $r\,(\vec{a} + \vec{b}) = r\vec{a} + r\vec{b}$.

(7) Für alle $r, s \in \mathbb{R}$ und alle $\vec{a} \in V$ gilt $(r + s)\,\vec{a} = r\vec{a} + s\vec{a}$.

(8) Für alle $\vec{a} \in V$ gilt $1\vec{a} = \vec{a}$.

Dann heißt V ein **Vektorraum**. Man nennt $\vec{o}$ den **Nullvektor**. Statt $\vec{a}'$ schreibt man $-\vec{a}$ und nennt $-\vec{a}$ den **Gegenvektor** von $\vec{a}$. Statt $\vec{a} + (-\vec{b})$ schreibt man dann kurz $\vec{a} - \vec{b}$. Aus den Axiomen (1) bis (8) erhält man weitere Aussagen, die in allen Vektorräumen gelten, beispielsweise

- $0\vec{a} = \vec{o}$ für alle $\vec{a} \in V$,
- $r\vec{o} = \vec{o}$ für alle $r \in \mathbb{R}$,
- aus $r\vec{a} = \vec{o}$ folgt $r = 0$ oder $\vec{a} = \vec{o}$,
- der Nullvektor $\vec{o}$ ist eindeutig bestimmt,
- der Gegenvektor $-\vec{a}$ zu einem Vektor $\vec{a}$ ist eindeutig bestimmt.

Beispiele:

- Zur Darstellung der Lösungen eines LGS haben wir Summen und Vielfache von n-Tupeln reeller Zahlen gebildet (→ s. S. 125). Da alle Vektorraumregeln (1) bis (8) gelten, ist $\mathbb{R}^n$ damit ein Vektorraum.
- Die Menge aller Polynome $a_n x^n + a_{n-1} x^{n-1} + \ldots + a_1 x + a_0$ vom Grad $\leqq n$ (→ s. S. 36) bildet bezüglich Addition und Vervielfachung einen Vektorraum. Dieser ist im Wesentlichen der Vektorraum $\mathbb{R}^{n+1}$, da man ja eigentlich nur mit den $(n+1)$-Tupeln der Koeffizienten rechnet.
- Die Menge aller Folgen reeller Zahlen (→ s. S. 18) bildet einen Vektorraum, wenn man Folgen gliedweise addiert und vervielfacht.
- Die Menge aller Funktionen (→ s. S. 33), deren Definitions- und Wertebereich in $\mathbb{R}$ liegen, bildet einen Vektorraum bezüglich der Addition $(f+g)(x) = f(x) + g(x)$ und der Vervielfachung $(rf)(x) = rf(x)$.

Die Linearkombinationen von k fest gegebenen Vektoren aus V bilden einen Unterraum von V.

Eine Vielfachensumme $r_1\vec{a}_1 + r_2\vec{a}_2 + \ldots + r_k\vec{a}_n$ nennt man eine **Linearkombination** von Vektoren aus V. Die Menge aller Linearkombinationen von k fest gegebenen Vektoren eines Vektorraums V bildet selbst wieder einen Vektorraum. Dies ist ein **Untervektorraum** oder kurz **Unterraum** von V. Allgemein bildet eine Teilmenge U von V einen Unterraum von V, wenn U bezüglich der in V definierten Addition und Vervielfachung selbst wieder einen Vektorraum bildet.

Beispiele:

- Die Menge aller Tripel reeller Zahlen, bei denen die zweite Koordinate den Wert 0 hat, bildet einen Unterraum des Vektorraums $\mathbb{R}^3$.
- Die Menge aller n-Tupel reeller Zahlen, bei denen die Koordinatensumme den Wert 0 hat, bildet einen Unterraum des Vektorraums $\mathbb{R}^n$.
- Die Lösungen eines homogenen LGS mit n Variablen (→ s. S. 129) bilden einen Unterraum von $\mathbb{R}^n$. Dagegen bilden die Lösungen eines inhomogenen LGS keinen Vektorraum, da hier die Summe zweier Lösungen und ein Vielfaches einer Lösung nicht wieder Lösungen sind.
- Die konvergenten Folgen reeller Zahlen (→ s. S. 23) bilden einen Unteraum des Vektorraums aller Folgen reeller Zahlen. Denn die Summe konvergenter Folgen und jedes Vielfache einer konvergenten Folge sind wieder konvergent.

Folgt aus $r_1\vec{a}_1 + r_2\vec{a}_2 + \ldots + r_k\vec{a}_k = \vec{o}$, dass $r_1 = r_2 = \ldots = r_k = 0$, dann ist $\{a_1, a_2, \ldots, a_k\}$ linear unabhängig.

Eine Menge $\{\vec{a}_1, \vec{a}_2, \ldots, \vec{a}_k\}$ von Vektoren eines Vektorraums V heißt **linear abhängig**, wenn es reelle Zahlen $r_1, r_2, \ldots, r_k$ gibt mit

$$r_1\vec{a}_1 + r_2\vec{a}_2 + \ldots + r_k\vec{a}_k = \vec{o},$$

wobei mindestens eine der Zahlen $r_1, r_2, \ldots, r_k$ von 0 verschieden ist. Kann aber eine solche Gleichung nur mit $r_1 = r_2 = \ldots = r_k = \mathbf{0}$ bestehen, dann heißt die Vektormenge **linear unabhängig**. (Man sagt dann auch, die Vektoren $\vec{a}_1, \vec{a}_2, \ldots, \vec{a}_k$ seien linear unabhängig bzw. linear abhängig.)

Beispiel: Die Vektoren (1; 1; 2), (3; 0; 5), (2; 1; 0) $\in \mathbb{R}^3$ sind linear unabhängig,

denn das homogene LGS $\left\{\begin{array}{l} r + 3s + 2t = 0 \\ r + \quad + t = 0 \\ 2r + 5s \quad = 0 \end{array}\right\}$ hat nur die Lösung (0; 0; 0).

Je vier Vektoren aus $\mathbb{R}^3$ sind linear abhängig, denn ein homogenes LGS mit 4 Variablen und 3 Gleichungen hat stets auch eine von (0; 0; 0) verschiedene Lösung.

Eine maximale Menge $\{\vec{b}_1, \vec{b}_2, \ldots, \vec{b}_n\}$ linear unabhängiger Vektoren eines Vektorraums V nennt man eine **Basis** von V. Jeder Vektor $\vec{v} \in V$ ist eine Linearkombination der Basisvektoren, wobei die Koeffizienten in

$$\vec{v} = r_1\vec{b}_1 + r_2\vec{b}_2 + \ldots + r_n\vec{b}_n$$

eindeutig bestimmt sind.

Jeder Vektor aus V ist eindeutig als Linearkombination von Vektoren einer Basis von V darstellbar.

In obiger Basisdarstellung $\vec{v} = r_1\vec{b}_1 + r_2\vec{b}_2 + \ldots + r_n\vec{b}_n$ nennt man die Summanden $r_i\vec{b}_i$ die **Komponenten** von $\vec{v}$ bezüglich der Basis $\{\vec{b}_1, \vec{b}_2, \ldots, \vec{b}_n\}$. Man kann dann $\vec{v}$ durch das n-Tupel $(r_1; r_2; \ldots; r_n)$ der Koeffizienten beschreiben, jedem Vektor aus V ist damit eindeutig eine Vektor aus $\mathbb{R}^n$ zugeordnet und umgekehrt. Die Koeffzienten r_i nennt man auch die **Koordinaten** von $\vec{v}$ bezüglich der gegebenen Basis.

Beispiel: Die Vektoren (1, 1, 2), (3; 0; 5), (2; 1; 0) bilden eine Basis von $\mathbb{R}^3$, wie oben gezeigt worden ist. Zur Darstellung von (14; 3; 39) in dieser Basis löst man

das LGS $\left\{\begin{array}{l} r + 3s + 2t = 14 \\ r + \quad + t = 3 \\ 2r + 5s \quad = 39 \end{array}\right\}$. Dieses hat genau eine Lösung, nämlich (7; 5; −4).

Also ist (14; 3; 39) = 7(1; 1; 2) + 5(3; 0; 5) − 4(2; 1; 0).

Die Anzahl der Vektoren in einer Basis von V nennt man die **Dimension** von V. Diese Definition ist zulässig, weil zwei verschiedene Basen eines Vektorraums stets die gleiche Anzahl von Vektoren enthalten.

Ein n-dimensionaler Vektorraum kann bezüglich einer gegebenen Basis stets als der Vektorraum $\mathbb{R}^n$ interpretiert werden, indem man mit den n-Tupeln der Koeffizienten rechnet.

Die Dimension eines Vektorraums V ist die Anzahl der Vektoren in einer Basis von V.

Eine Basis von $\mathbb{R}^2$ ist {(1; 0), (0; 1)};
eine Basis von $\mathbb{R}^3$ ist {(1; 0; 0), (0; 1; 0), (0; 0; 1)};
eine Basis von $\mathbb{R}^4$ ist {(1; 0; 0; 0), (0; 1; 0; 0), (0; 0; 1; 0), (0; 0; 0; 1)};
usw. Man nennt dies die **kanonische Basis** von $\mathbb{R}^2$, $\mathbb{R}^3$, $\mathbb{R}^4$ usw.

Die Dimension eines Vektorraums kann auch „unendlich“ sein. Beispielsweise ist der Vektorraum $\mathbb{R}^\infty$ aller Folgen reeller Zahlen unendlichdimensional.

Vektoren in der Physik

In der Physik versteht man unter Vektoren gerichtete Größen.

Kräfte und Geschwindigkeiten sind Beispiele für „gerichtete Größen"; hier ist nicht nur der Betrag, sondern auch die Richtung von Bedeutung. Solche Größen werden durch Pfeile dargestellt, welche die Richtung der Größen zeigen und deren Länge die Beträge der Größen angeben. Sie werden gemäß der **Parallelogrammregel** addiert (Fig. 1). Vervielfachung bedeutet Vervielfachung der Länge der Pfeile. Für diese gerichteten Größen wurde in der Physik der Name **Vektor** (lat. Träger, Fahrer) eingeführt. Dieser Name wurde dann in der Mathematik für abstraktere Zusammenhänge verwendet.

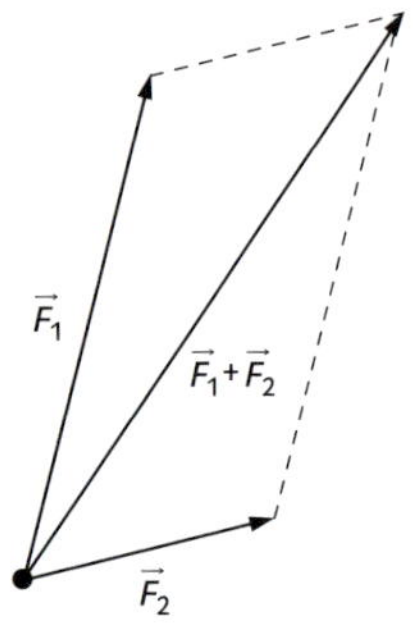

Fig. 1: Parallelogrammregel

Beispiel:
Drei Schlepper bugsieren eine Bohrinsel.
Die Bewegungsrichtung der Bohrinsel ergibt sich durch Addition der drei Kraftvektoren (Fig. 2).

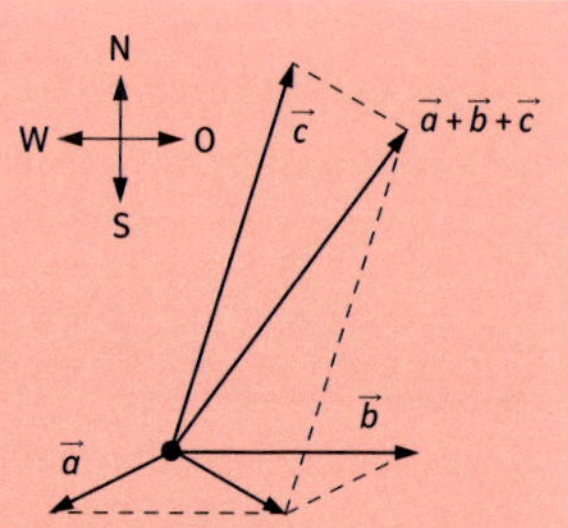

Fig. 2: Bugsieren

Beispiel:
Ein Flugzeug soll einen bestimmten Kartenkurs einhalten. Es hat eine Eigengeschwindigkeit $\vec{v}_E$. Herrscht ein Wind der Geschwindigkeit $\vec{v}_W$, dann ist $\vec{v}_E + \vec{v}_W$ die Geschwindigkeit über Grund. Man muss also $\vec{v}_E$ so einrichten, dass die Geschwindigkeit über Grund die gewünschte Richtung hat (Fig. 3).

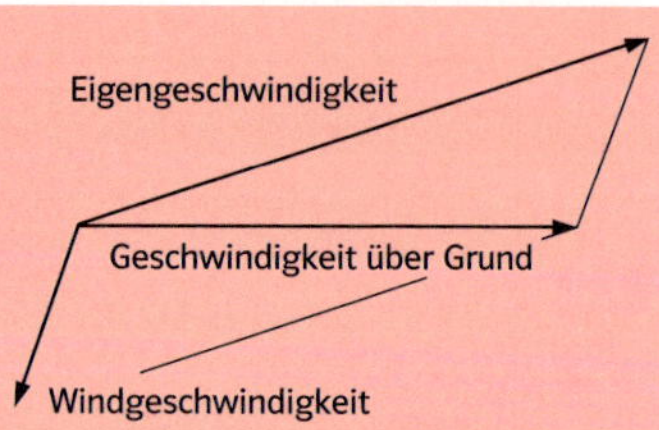

Fig. 3: Fliegen

Beispiel:
Beim Segeln spielt die Zerlegung der Windkraft in Komponenten rechtwinklig und parallel zum Segel und parallel und rechtwinklig zur Fahrtrichtung eine wichtige Rolle. In Fig. 4 wirkt nur die Komponente $\vec{s}$ der Windstärke auf das Segel und von dieser nur die Komponente $\vec{b}$ in Fahrtrichtung. Man kann zeigen (Extremwertaufgabe!), dass der Betrag von $\vec{b}$ maximal ist, wenn der Winkel α zwischen Windrichtung und Segel gleich dem Winkel β zwischen Segel und Fahrtrichtung ist.

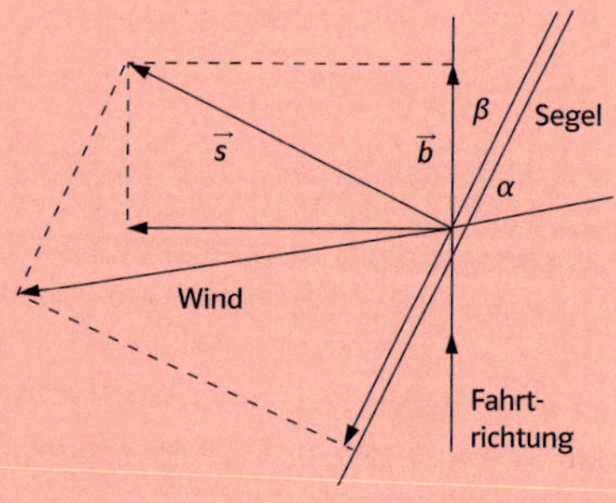

Fig. 4: Segeln

Vektoren in der Geometrie

Wird bei einer **Verschiebung** der Ebene oder des Raums der Punkt P auf den Punkt Q abgebildet, dann bezeichnet man diese Verschiebung mit $\overrightarrow{PQ}$. In einer Zeichnung deutet man sie durch einen Pfeil von P nach Q an. Genau dann ist $\overrightarrow{PQ} = \overrightarrow{RS}$, wenn die Strecken PQ und RS parallel und gleich lang sind und die Pfeile in die gleiche Richtung zeigen (Fig. 5). Die Punkte P, Q, R, S bilden dann ein Parallelogramm und es gilt auch $\overrightarrow{PR} = \overrightarrow{QS}$. Führt man Verschiebungen nacheinander aus, so spricht man von der **Addition** von Verschiebungen. Um die Summe von $\overrightarrow{AB}$ und $\overrightarrow{CD}$ zu bestimmen, ersetzt man $\overrightarrow{CD}$ durch $\overrightarrow{BU}$ und erhält (Fig. 6)

$$\overrightarrow{AB} + \overrightarrow{CD} = \overrightarrow{AB} + \overrightarrow{BU} = \overrightarrow{AU}.$$

Für Verschiebungen ist eine **Vervielfachung** erklärt: Für $r \in \mathbb{R}$ hat der Pfeil von $r\overrightarrow{AB}$ die r-fache Länge des Pfeils von $\overrightarrow{AB}$ und für $r > 0$ die gleiche Richtung, für $r < 0$ die entgegengesetzte Richtung. Damit bilden die Verschiebungen der Ebene bzw. des Raums jeweils einen Vektorraum. Der Nullvektor ist $\overrightarrow{AA}$ (**Nullverschiebung**), der Gegenvektor zu $\overrightarrow{AB}$ ist $\overrightarrow{BA} = -\overrightarrow{AB}$ (**Gegenverschiebung**).
Für Verschiebungen benutzt man wie allgemein für Vektoren die Variablenbezeichnungen $\vec{a}$, $\vec{b}$, $\vec{c}$, ... Die Nullverschiebung bezeichnet man mit $\vec{o}$.
Der Vektorraum der Verschiebungen der Ebene hat die Dimension 2. Sind nämlich zwei Verschiebungen $\vec{a}$, $\vec{b}$ gegeben, von denen keine ein Vielfaches der anderen ist, dann kann man jede Verschiebung als Linearkombination von $\vec{a}$ und $\vec{b}$ darstellen (Fig. 7). Der Vektorraum der Verschiebungen des Raums hat die Dimension 3.
Mit Hilfe von Verschiebungen kann man zahlreiche geometrische Sätze beweisen. Strecken in einer geometrischen Figur werden dabei durch Verschiebungsvektoren beschrieben, also als „gerichtete" Strecken gedeutet. Die Aussage „$\vec{a} = \overrightarrow{AB}$" bedeutet dabei, dass die Verschiebung $\vec{a}$ den Punkt A auf den Punkt B abbildet. Bildet sie gleichzeitig den Punkt C auf den Punkt D ab, dann ist $\overrightarrow{AB} = \vec{a} = \overrightarrow{CD}$, die Strecken AB und CD sind aber als geometrische Gebilde (Punktmengen) zu unterscheiden.

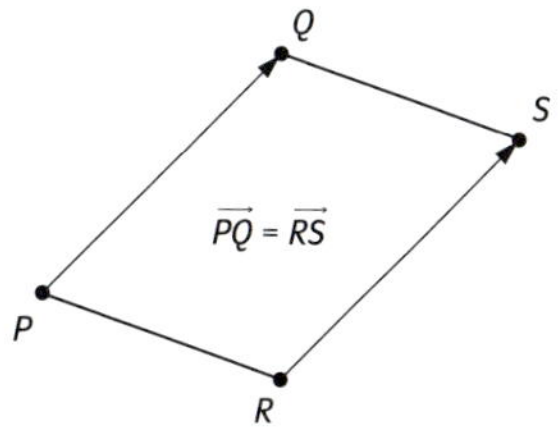

Fig. 5: Verschiebungen

Die Verschiebungen der Ebene bzw. des Raums bilden einen Vektorraum der Dimension 2 bzw. 3.

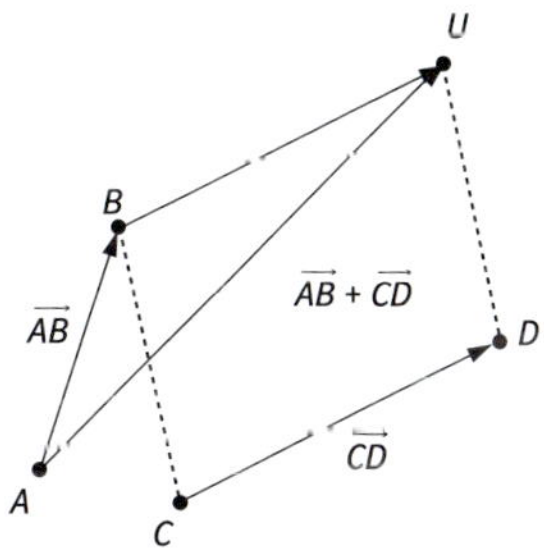

Fig. 6: Addition

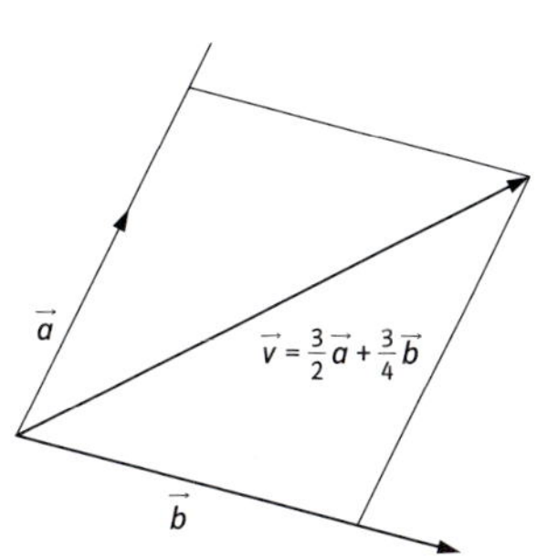

Fig. 7: Basisdarstellung

Beispiel:
Zwei Verschiebungsvektoren $\vec{a}, \vec{b}$ spannen ein Parallelogramm auf (Fig. 8). Für den Mittelpunkt M der Diagonalen gilt

$$\overrightarrow{OM} = \frac{1}{2}\left(\vec{a} + \vec{b}\right).$$

Ferner ist

$$\overrightarrow{AB} = \vec{b} - \vec{a} \quad \text{und} \quad \overrightarrow{BA} = \vec{a} - \vec{b}.$$

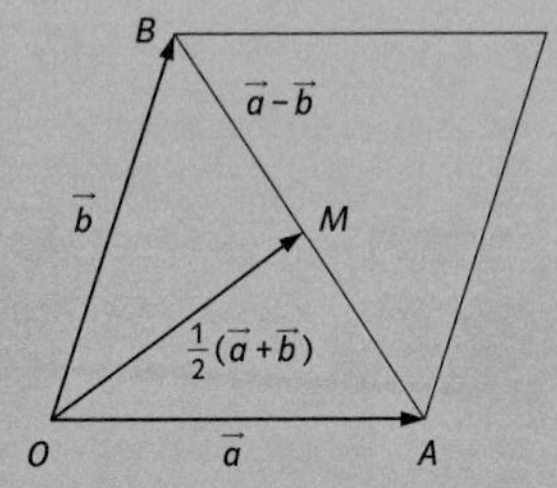

Fig. 8: Parallelogramm

Beispiel:
An Fig. 9 soll gezeigt werden, dass die Seitenmitten eines Vierecks stets ein Parallelogramm bilden. Es gilt

$$\overrightarrow{RU} = \overrightarrow{RA} + \overrightarrow{AU} = \frac{1}{2}\left(\overrightarrow{BA} + \overrightarrow{AD}\right),$$
$$\overrightarrow{ST} = \overrightarrow{SC} + \overrightarrow{CT} = \frac{1}{2}\left(\overrightarrow{BC} + \overrightarrow{CD}\right).$$

Daraus folgt durch Subtraktion

$$\overrightarrow{ST} - \overrightarrow{RU} = \frac{1}{2}\left(\overrightarrow{AB} + \overrightarrow{BC} + \overrightarrow{CD} + \overrightarrow{DA}\right) = \vec{o},$$

also $\overrightarrow{ST} = \overrightarrow{RU}$ und damit auch $\overrightarrow{RS} = \overrightarrow{UT}$.

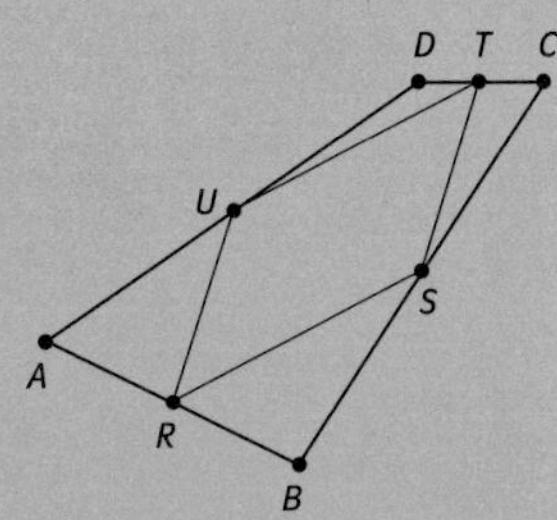

Fig. 9: Viereck

Beispiel:
Verbindet man die Ecke A eines Parallelogramms wie in Fig. 10 mit den gegenüberliegenden Seitenmitten, dann wird die Diagonale BD gedrittelt. Es gibt nämlich Zahlen $r, s \in \mathbb{R}$ mit

$$\overrightarrow{AE} = r\left(\vec{a} + \frac{1}{2}\vec{b}\right) = \vec{a} + s\left(\vec{b} - \vec{a}\right),$$

also

$$(r - 1 + s)\,\vec{a} + \left(\frac{r}{2} - s\right)\vec{b} = \vec{0},$$

woraus wegen der linearen Unabhängigkeit von $\{\vec{a}, \vec{b}\}$ folgt: $r = 1 - s$ und $\frac{1}{2}r = s$.
Daraus ergibt sich $r = \frac{2}{3}$, $s = \frac{1}{3}$.

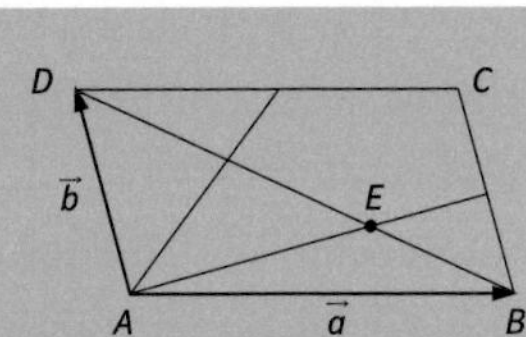

Fig. 10: Teilverhältnis

Beispiel:
Es soll gezeigt werden, dass sich die Seitenhalbierenden eines Dreiecks in einem Punkt S schneiden und sich dort im Verhältnis 2 : 1 teilen.
Man betrachte das Dreieck ABC in Fig. 11.
Es sei O ein festgewählter Punkt und $\vec{a} = \overrightarrow{OA}$, $\vec{b} = \overrightarrow{OB}$, $\vec{c} = \overrightarrow{OC}$, ferner S_a der Punkt auf der Seitenhalbierenden AM_a mit $\overrightarrow{AS_a} = 2\,\overrightarrow{S_aM_a}$. Dann ist

$$\overrightarrow{OS_a} = \vec{a} + \frac{2}{3}\left(\frac{1}{2}\left(\vec{b} + \vec{c}\right) - \vec{a}\right) = \frac{1}{3}\left(\vec{a} + \vec{b} + \vec{c}\right).$$

Dasselbe ergibt sich für die beiden anderen Seitenhalbierenden.

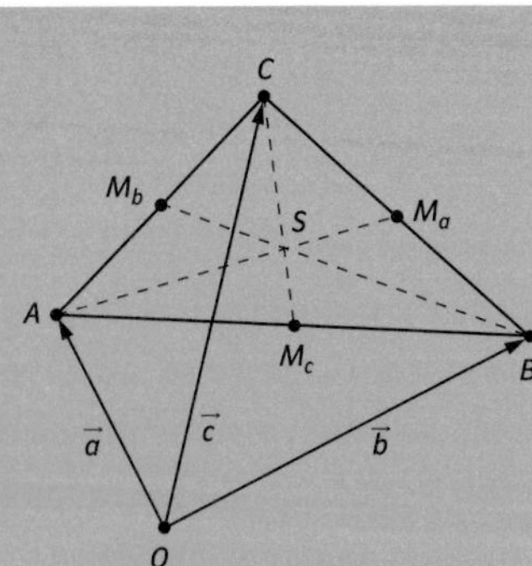

Fig. 11: Schwerpunkt im Dreieck

Gilt für einen Punkt X auf der Geraden durch A, B (Fig. 12)

$$\overrightarrow{AX} = \lambda\,\overrightarrow{XB},$$

dann nennt man λ das **Teilverhältnis** des Punktetripels (A, X, B) und schreibt

$$TV(A, X, B) = \lambda.$$

Es ist dann $\overrightarrow{AX} = \lambda\left(\overrightarrow{AB} - \overrightarrow{AX}\right)$, also

$$\overrightarrow{AX} = \frac{\lambda}{1+\lambda}\,\overrightarrow{AB}.$$

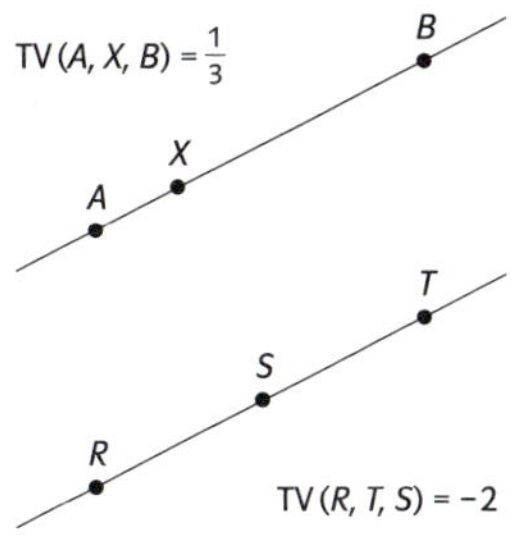

Fig. 12: Teilverhältnisse

Zur Berechnung von Teilverhältnissen benutzt man oft das „Verfahren des geschlossenen Vektorzuges“: Man sucht Vektoren mit der Summe $\vec{o}$, wobei End- und Teilungspunkte der zu untersuchenden Strecke als Anfangs- oder Endpunkte von Vektoren auftreten. Dann stellt man alle diese Vektoren als Linearkombination von 2 (in der Ebene) bzw. 3 (im Raum) linear unabhängigen Vektoren $\vec{a}, \vec{b}$ bzw. $\vec{a}, \vec{b}, \vec{c}$ dar und verfährt wie in folgenden Beispielen.

Das Verfahren des geschlossenen Vektorzuges dient zur Berechnung von Teilverhältnissen.

Beispiel:
Im Dreieck ABC sei D der Mittelpunkt der Seitenhalbierenden von AB und E der Schnittpunkt der Geraden durch A und D mit BC (Fig. 13). Es soll $TV(A, D, E)$ und $TV(B, E, C)$ berechnet werden.

Ein geeigneter geschlossener Vektorzug ist $\overrightarrow{AD} + \overrightarrow{DE} + \overrightarrow{EB} + \overrightarrow{BA} = \vec{o}$.

Mit geeigneten Zahlen $x, y \in \mathbb{R}$ gilt

$\overrightarrow{AD} = \frac{1}{2}\overrightarrow{AB} - \frac{1}{2}\left(\overrightarrow{AC} - \frac{1}{2}\overrightarrow{AB}\right) = \frac{1}{4}\overrightarrow{AB} + \frac{1}{2}\overrightarrow{AC},$

$\overrightarrow{DF} = x\,\overrightarrow{AD} = x\cdot\left(\frac{1}{4}\overrightarrow{AB} + \frac{1}{2}\overrightarrow{AC}\right),$

$\overrightarrow{EB} = y\,\overrightarrow{CB} = y\left(\overrightarrow{AB} - \overrightarrow{AC}\right)$

$\overrightarrow{BA} = -\overrightarrow{AB}.$

Daraus ergibt sich durch Einsetzen in den geschlossenen Vektorzug die Gleichung

$$\left(\frac{1}{4} + \frac{1}{4}x + y - 1\right)\overrightarrow{AB} + \left(\frac{1}{2} + \frac{1}{2}x - y\right)\overrightarrow{AC} = \vec{o}.$$

Wegen der linearen Unabhängigkeit von $\{\overrightarrow{AB}, \overrightarrow{AC}\}$ müssen die Terme in den Klammern den Wert 0 haben.

Es folgt $x = \frac{1}{3}$, $y = \frac{2}{3}$ und damit $TV(A, D, E) = 3$ und $TV(B, E, C) = 2$.

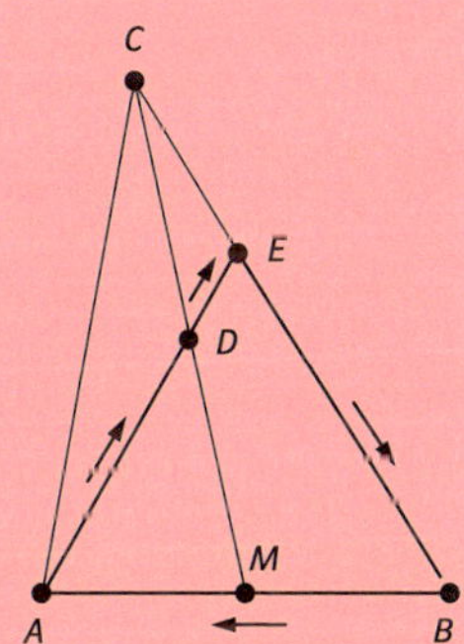

Fig. 13: Geschlossener Vektorzug

Beispiel:
Ein Würfel werde von den Vektoren $\vec{a}, \vec{b}, \vec{c}$ aufgespannt (Fig. 14). Eine Ebene durch die Mittelpunkte benachbarter Kanten teilt dann die Raumdiagonale im Verhältnis 1 : 5.
Denn die Gleichung

$$t\left(\vec{a} + \vec{b} + \vec{c}\right) = \frac{1}{2}\vec{c} + r\cdot\frac{1}{2}\left(\vec{a} - \vec{c}\right) + s\cdot\frac{1}{2}\left(\vec{b} - \vec{c}\right)$$

liefert wegen der linearen Unabhängigkeit von $\{\vec{a}, \vec{b}, \vec{c}\}$ die Beziehung $r = s = 2t$ und damit $1 - 4t = 2t$, also $t = \frac{1}{6}$.

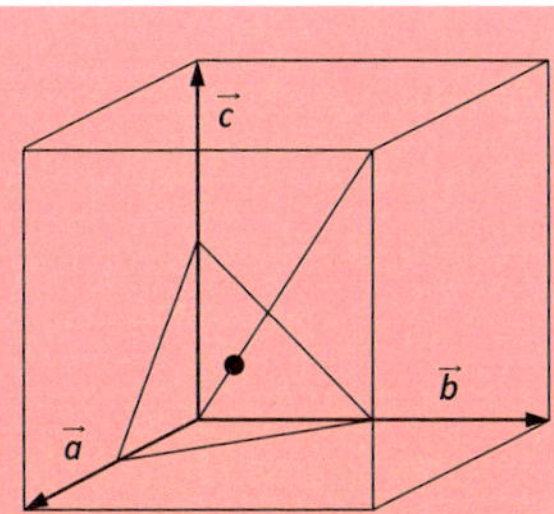

Fig. 14: Würfel

Verschiebungsvektoren im Koordinatensystem

Verschiebungen werden bezüglich einer Basis durch Zahlenpaare bzw. Zahlentripel dargestellt.

Sind in der Ebene zwei linear unabhängige Verschiebungsvektoren $\vec{e}_1$, $\vec{e}_2$ gegeben, dann kann man jeden weiteren Vektor eindeutig als Linearkombination von $\vec{e}_1$, $\vec{e}_2$ darstellen (Fig. 15). Ist $\vec{x} = x_1\vec{e}_2 + x_2\vec{e}_2$ mit $x_1, x_2 \in \mathbb{R}$, dann ist $\vec{x}$ durch das Zahlenpaar $(x_1;\ x_2)$ festgelegt. Man schreibt

$$\vec{x} = x_1\vec{e}_2 + x_2\vec{e}_2 = \begin{pmatrix} x_1 \\ x_2 \end{pmatrix}$$

und nennt diese Zahlenspalte die **Koordinatendarstellung** von $\vec{x}$ bezüglich der Grundvektoren $\vec{e}_1$, $\vec{e}_2$. Die Zahlen x_1, x_2 heißen die **Koordinaten** von $\vec{x}$, die Vektoren $x_1\vec{e}_2$, $x_2\vec{e}_2$ die **Komponenten** von $\vec{x}$ bezüglich der Basis $\{\vec{e}_1, \vec{e}_2\}$. Entsprechend ist im Raum (Fig. 16)

$$\vec{x} = x_1\vec{e}_2 + x_2\vec{e}_2 + x_3\vec{e}_3 = \begin{pmatrix} x_1 \\ x_2 \\ x_3 \end{pmatrix}$$

die Koordinatendarstellung von $\vec{x}$ bezüglich der Basis $\{\vec{e}_1, \vec{e}_2, \vec{e}_3\}$.

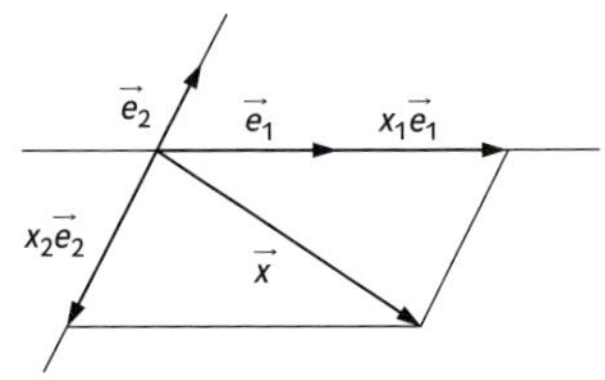

Fig. 15: Koordinaten von $\vec{x}$

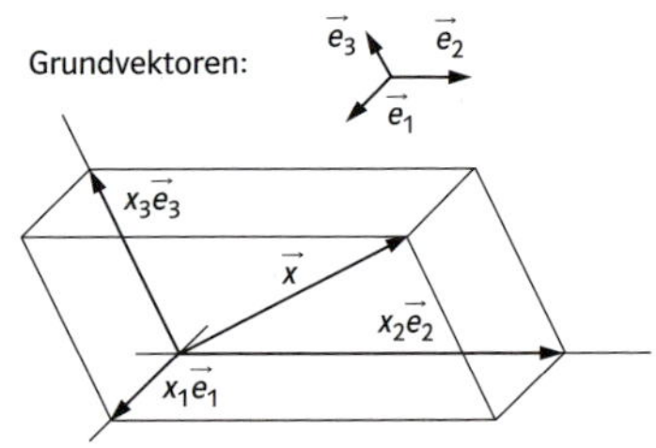

Fig. 16: Koordinaten von $\vec{x}$

Punkte werden im Koordinatensystem durch ihre Ortsvektoren dargestellt.

Ein ebenes Koordinatensystem ist durch den Ursprung $O(0|0)$ und die Einheitenpunkte $E_1(1|0)$ und $E_2(0|1)$ auf den Achsen festgelegt (➛ s. S. 13). Für einen Punkt $P\ (p_1|p_2)$ gilt dann mit $\vec{e}_1 = \overrightarrow{OE_1}$ und $\vec{e}_2 = \overrightarrow{OE_2}$.

$$\vec{p} = \overrightarrow{OP} = \begin{pmatrix} p_1 \\ p_2 \end{pmatrix}$$

Man nennt $\vec{p}$ den **Ortsvektor** des Punktes P. Entsprechendes gilt im Raum (Fig. 17).

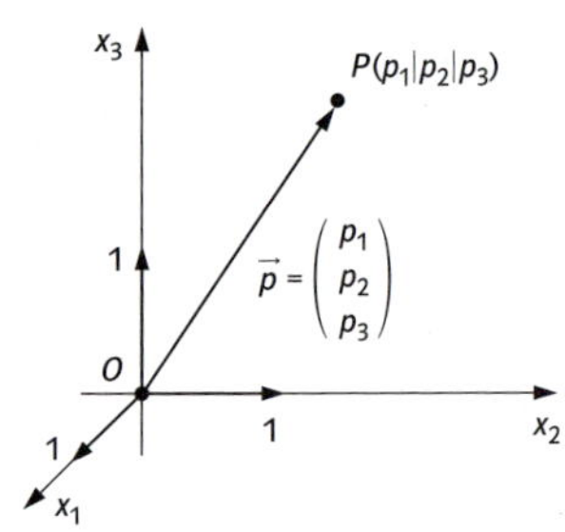

Fig. 17: Ortsvektor

Alle Querverweise im Überblick:

Lösungen eines LGS: S. 130 ➛ S. 125
Polynome: S. 130 ➛ S. 36
Folgen reeller Zahlen: S. 130 ➛ S. 18
Funktionen: S. 130 ➛ S. 33
homogenes LGS: S. 130 ➛ S. 129
konvergente Folgen: S. 130 ➛ S. 23
Koordinatensystem: S. 136 ➛ S. 13

Zusammenfassung:
Vektoren

Ein **Vektorraum** *V* ist eine algebraische Struktur, in der eine Addition und eine Vervielfachung mit reellen Zahlen definiert sind. Für diese Operationen gelten die vertrauten algebraischen Regeln (Assoziativgesetz, Kommutativgesetz usw.).

Eine Teilmenge *U* von *V*, welche selbst bezüglich der Operationen in *V* einen Vektorraum bildet, heißt **Unterraum** von *V*. Die Menge aller **Linearkombinationen**

$$r_1\vec{a}_1 + r_2\vec{a}_2 + \ldots + r_k\vec{a}_k$$

von fest gegebenen Vektoren $\vec{a}_1, \vec{a}_2, \ldots, \vec{a}_k$ aus *V* bildet einen Unterraum von *V*.

Eine Menge $\{\vec{a}_1, \vec{a}_2, \ldots, \vec{a}_k\}$ von Vektoren aus *V* heißt **linear unabhängig**, wenn eine Linearkombination dieser Vektoren nur dann den Nullvektor $\vec{o}$ ergeben kann, wenn alle Koeffizienten gleich 0 sind.

Eine maximale linear unabhängige Teilmenge von *V* heißt eine **Basis** von *V*. Die Anzahl der Vektoren in einer **Basis** ist die **Dimension** von *V*. Jedem Vektor aus einem *n*-dimensionalen Vektorraum *V* kann man bezüglich einer gegebenen Basis $\{\vec{b}_1, \vec{b}_2, \ldots, \vec{b}_n\}$ eindeutig ein *n*-Tupel reeller Zahlen zuordnen:

$$\vec{x} = x_1\vec{b}_1 + x_2\vec{b}_2 + \ldots + x_n\vec{b}_n \quad \longleftrightarrow \quad (x_1; x_2; \ldots; x_n) \in \mathbb{R}^n$$

Die **Verschiebungen** der Ebene bzw. des Raums bilden einen Vektorraum der Dimension 2 bzw. 3. Stellt man Verschiebungsvektoren in einem Koordinatensystem dar, dann kann man jeden Punkt durch seinen **Ortsvektor** festlegen. Die Paare bzw. Tripel, welche Verschiebungen im Koordinatensystem bedeuten sollen, schreibt man meistens als Zahlenspalten.

Geraden- und Ebenengleichungen

In diesem Kapitel erfahren Sie:

- Mit der Darstellung von Geraden und Ebenen durch Vektorgleichungen bezüglich eines gegebenen Koordinatensystems erhält man ein Werkzeug zur Lösung geometrischer Probleme durch algebraische Rechnungen.
- Gegenüber der Darstellung von Geraden und Ebenen im Koordinatensystem als Lösungsmengen linearer Gleichungen bzw. linearer Gleichungssysteme hat die vektorielle Darstellung den Vorteil, geometrische Sachverhalte anschaulicher und verständlicher widerzuspiegeln.

Geradengleichungen

Punkte und ihre Ortsvektoren (→ s. S. 136) bezeichnet man in der Regel mit zueinander passenden Buchstaben, die Ortsvektoren der Punkte P und X heißen also in der Regel $\vec{p}$ bzw. $\vec{x}$, ihre Koordinaten (in $\mathbb{R}^3$) p_1, p_2, p_3 bzw. x_1, x_2, x_3.
Es seien $\vec{p}$ und $\vec{u}$ ($\neq \vec{o}$) gegeben. Die Punkte X mit $\vec{x} = \vec{p} + s\vec{u}$ bilden eine Gerade durch den Punkt P mit dem **Richtungsvektor** $\vec{u}$, wenn der Parameter s die Menge der reellen Zahlen durchläuft (Fig. 1). Dabei heißt $\vec{p}$ ein **Stützvektor** der Geraden. Es handelt sich um eine Gerade in der Ebene oder im Raum, je nachdem, ob die Vektoren zu $\mathbb{R}^2$ oder zu $\mathbb{R}^3$ gehören. Man kann also eine Gerade g durch eine **Vektorgleichung** angeben und schreibt dann kurz

$$g\colon \vec{x} = \vec{p} + s\vec{u}.$$

Die Vektorgleichung einer Geraden (in der Ebene oder im Raum) durch den Punkt mit dem Ortsvektor $\vec{p}$ und mit dem Richtungsvektor $\vec{u}$ lautet $\vec{x} = \vec{p} + t\vec{u}$ ($t \in \mathbb{R}$).

Genau dann beschreiben $\vec{x} = \vec{p} + s\vec{u}$ und $\vec{x} = \vec{q} + t\vec{v}$ parallele Geraden, wenn $\{\vec{u}, \vec{v}\}$ linear abhängig ist; genau dann sind diese Geraden gleich, wenn außerdem $\{\vec{u}, \vec{p} - \vec{q}\}$ linear abhängig ist.

Die Gerade durch die Punkte A und B hat die Gleichung

$$\vec{x} = \vec{a} + \vec{t}\,(\vec{b} - \vec{a}).$$

Dies kann man unformen zu

$$\vec{x} = (1 - \vec{t})\vec{a} + t\vec{b}.$$

Also kann man die Gerade durch A, B auch folgendermaßen beschreiben:

$$\vec{x} = s\vec{a} + t\vec{b} \quad (s + t = 1,\ s, t \in \mathbb{R})$$

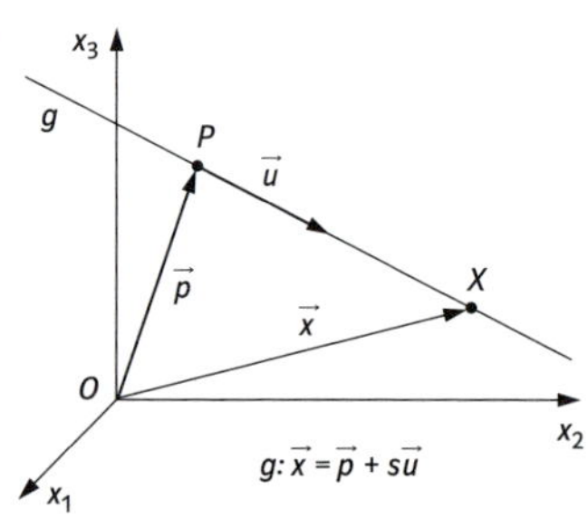

Fig. 1: Gerade im Raum

Die Berechnung des Schnittpunkts von

$$g\colon \vec{x} = \vec{p} + s\vec{u} \quad \text{und} \quad h\colon \vec{x} = \vec{q} + t\vec{v}$$

erfolgt durch Lösen der Gleichung $\vec{p} + s\vec{u} = \vec{q} + t\vec{v}$ mit den Variablen s, t. In der Ebene bzw. im Raum handelt es sich dabei um das LGS

Die Berechnung des Schnittpunktes zweier Geraden in Vektordarstellung führt auf das Lösen eines LGS.

$$\left\{\begin{array}{l} u_1 s - v_1 t = q_1 - p_1 \\ u_2 s - v_2 t = q_2 - p_2 \end{array}\right\} \quad \text{bzw.} \quad \left\{\begin{array}{l} u_1 s - v_1 t = q_1 - p_1 \\ u_2 s - v_2 t = q_2 - p_2 \\ u_3 s - v_3 t = q_3 - p_3 \end{array}\right\}.$$

Ist das LGS nicht lösbar, dann sind die Geraden parallel oder (im Raum) **windschief** zueinander. Die Raumgeraden g und h mit obigen Gleichungen sind genau dann windschief zueinander, wenn $\{\vec{u}, \vec{v}, \vec{p} - \vec{q}\}$ linear unabhängig ist (Fig. 2).

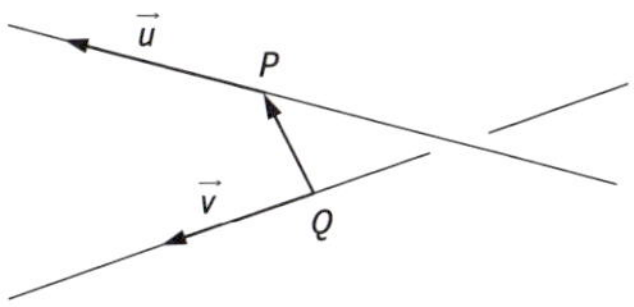

Fig. 2: Windschiefe Geraden

Geraden im Raum schneiden sich, sind parallel oder sind windschief zueinander.

Beispiel: In Fig. 3 sind einige Strecken P_uQ_u mit $P_u(1-u\,|\,0\,|\,1)$ und $Q_u(1\,|\,u\,|\,0)$ für $0 \leqq u \leqq 1$ eingezeichnet. Die Gerade durch P_u und Q_u werde mit g_u bezeichnet. Sie hat die Gleichung

$$\vec{x} = \begin{pmatrix} 1-u \\ 0 \\ 1 \end{pmatrix} + t\begin{pmatrix} u \\ u \\ -1 \end{pmatrix} \quad (t \in \mathbb{R}).$$

Für $u \neq v$ sind die Geraden g_u und g_v windschief zueinander. Die Vektoren

$$\begin{pmatrix} u \\ u \\ -1 \end{pmatrix}, \begin{pmatrix} v \\ v \\ -1 \end{pmatrix}, \begin{pmatrix} u-v \\ 0 \\ 0 \end{pmatrix}$$

sind nämlich für $u \neq v$ linear unabhängig: Ist der dritte Vektor eine Linearkombination der beiden anderen, dann folgt $u - v = 0$.
Die Ebene mit der Gleichung $x_3 = r$ schneidet die Gerade g_u für $t = 1 - r$, also im Punkt mit dem Ortsvektor

$$\begin{pmatrix} 1-ru \\ u-ru \\ r \end{pmatrix} = \begin{pmatrix} 1 \\ 0 \\ r \end{pmatrix} + u\begin{pmatrix} -r \\ 1-r \\ 0 \end{pmatrix}.$$

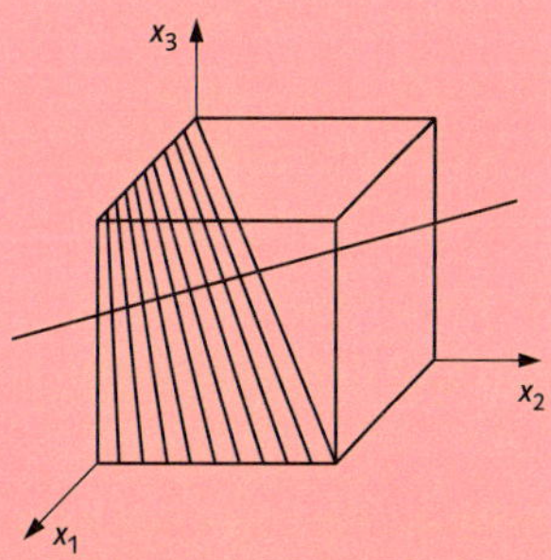

Fig. 3: Windschiefe Geraden

Die Geraden mit der Gleichung $\vec{x} = \begin{pmatrix} 1 \\ 0 \\ r \end{pmatrix} + u\begin{pmatrix} r \\ 1-r \\ 0 \end{pmatrix}$ $(u \in \mathbb{R})$ sind für verschiedene Werte von r ebenfalls windschief zueinander, wie man wie oben einsieht. Die Geraden mit den angegebenen Gleichungen liegen auf einem einschaligen Hyperbolid (→ s. S. 200).

Ebenengleichungen

Im Raum seien ein Vektor $\vec{p}$ und zwei linear unabhängige Vektoren $\vec{u}$, $\vec{v}$ gegeben. Die Punkte X mit

$$x = \vec{p} + s\vec{u} + t\vec{v} \quad (s, t \in \mathbb{R})$$

bilden eine Ebene durch den Punkt P mit dem Ortsvektor $\vec{p}$ (**Stützvektor**) und den **Spannvektoren** $\vec{u}$, $\vec{v}$ (Fig. 4).

Die Vektorgleichung einer Ebene durch den Punkt mit dem Ortsvektor $\vec{p}$ und mit den Spannvektoren $\vec{u}$, $\vec{v}$ lautet
$\vec{x} = \vec{p} + s\vec{u} + t\vec{v}$
$(s, t \in \mathbb{R})$.

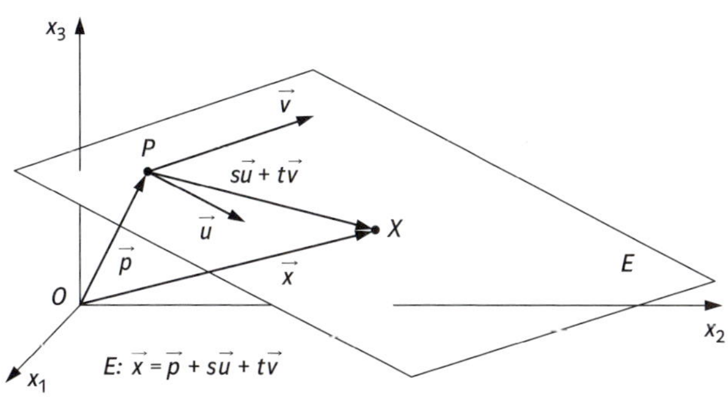

Fig. 4: Vektorgleichung einer Ebene

Kennt man drei Punkte A, B, C einer Ebene, welche nicht auf einer gemeinsamen Geraden liegen, dann lautet eine Vektorgleichung der Ebene

$$\vec{x} = \vec{a} + s(\vec{b} - \vec{a}) + t(\vec{c} - \vec{a}).$$

Mit $r = 1 - s - t$ kann man diese etwas symmetrischer schreiben:

$$\vec{x} = r\vec{a} + s\vec{b} + t\vec{c} \quad \text{mit} \quad r + s + t = 1, \quad r, s, t \in \mathbb{R}$$

Eine **Koordinatengleichung** der Ebene durch A, B, C erhält man durch Einsetzen dieser Punkte in die Gleichung $a_1x_1 + a_2x_2 + a_3x_3 = a$, was zu einem homogenen LGS mit drei Gleichungen für die vier Variablen a_1, a_2, a_3, a führt. Die Koordinatentripel der Vektoren $\vec{b} - \vec{a}$ und $\vec{c} - \vec{a}$ sind dann Lösungen der homogenen Gleichung $a_1x_1 + a_2x_2 + a_3x_3 = 0$. Man gewinnt daher Spannvektoren der Ebene mit der Koordinatengleichung $a_1x_1 + a_2x_2 + a_3x_3 = a$, indem man Lösungen der homogenen Gleichung $a_1x_1 + a_2x_2 + a_3x_3 = 0$ berechnet.

Beispiel: Die Ebene durch die Punkte (4 | −1 | 7), (5 | 5 | 6), (−9 | 11 | 8) hat die Vektorgleichung

$$\vec{x} = \begin{pmatrix} 4 \\ -1 \\ 7 \end{pmatrix} + r\begin{pmatrix} 1 \\ 6 \\ -1 \end{pmatrix} + s\begin{pmatrix} -13 \\ 12 \\ 1 \end{pmatrix}.$$

Eine Koordinatengleichung ergibt sich aus dem homogenen LGS

$$\begin{aligned} 4a_1 - a_2 + 7a_3 - a &= 0 \\ 5a_1 + 5a_2 + 6a_3 - a &= 0 \\ -9a_1 + 11a_2 + 8a_3 - a &= 0 \end{aligned}$$

zu $3x_1 + 2x_2 + 15x_3 = 115$.

Schnittpunkte und Schnittgeraden

Die Berechnung des Schnittpunkts von Geraden in der Ebene oder Geraden im Raum wurde oben schon dargestellt. Dabei waren die Geraden beide durch eine Vektorgleichung gegeben. Sind in der Ebene die Geraden

$$g\colon \vec{x} = \vec{p} + t\vec{u} \quad \text{und} \quad h\colon a_1x_1 + a_2x_2 = c$$

gegeben, dann setzt man zur Berechnung des Schnittpunkts die Gleichung von g in die Gleichung von h ein:

$$\text{Aus} \quad a_1(p_1 + tu_1) + a_2(p_2 + tu_2) = c \quad \text{folgt} \quad t = \frac{c - a_1p_1 - a_2p_2}{a_1u_1 + a_2u_2},$$

falls $a_1u_1 + a_2u_2 \neq 0$. Man erkennt daran, dass g und h genau dann parallel sind, wenn $a_1u_1 + a_2u_2 = 0$ (➤ s. S. 151).
Ähnlich verfährt man im Raum, wenn die eine Gerade durch eine Vektorgleichung und die andere Gerade als Schnittgerade zweier durch Koordinatengleichungen gegebenen Ebenen ist.

Den Schnittpunkt einer Geraden g mit einer Ebene E nennt man den **Durchstoßpunkt** von g durch E.

Beispiel: Ein Lichtstrahl trifft längs der Geraden g durch $A(6|-3|12)$ und $B(4|1|6)$ auf die x_1x_2-Ebene und wird dort reflektiert. Es soll berechnet werden, in welchem Punkt der reflektierte Strahl auf die x_2x_3-Ebene trifft (Fig. 5). Die Gerade

$$g: \vec{x} = \begin{pmatrix} 4 \\ 1 \\ 6 \end{pmatrix} + t \begin{pmatrix} -1 \\ 2 \\ -3 \end{pmatrix}$$

trifft für $t = 2$ auf die x_1x_2-Ebene, also im Punkt $D_{12}(2|5|0)$.
Die reflektierte Gerade ist

$$g': \vec{x} = \begin{pmatrix} 2 \\ 5 \\ 0 \end{pmatrix} + t \begin{pmatrix} -1 \\ 2 \\ 3 \end{pmatrix}$$

und trifft für $t = 2$ auf die x_2x_3-Ebene, also in $D_{23}(0|9|6)$.

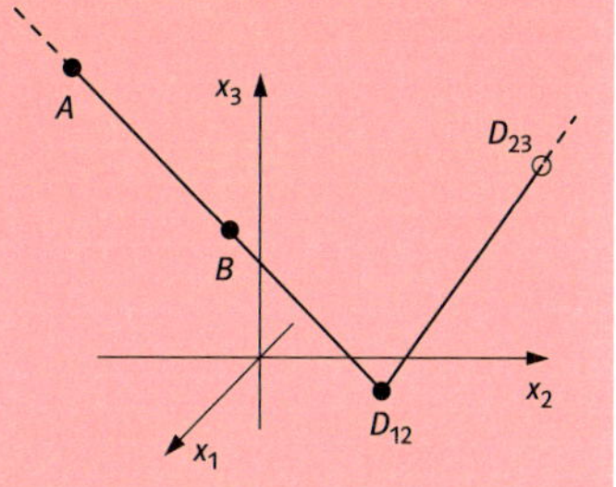

Fig. 5: Reflexion

Der Durchstoßpunkt der Geraden $g: \vec{x} = \vec{p} + t\vec{u}$ durch die Ebene $E: a_1x_1 + a_2x_2 + a_3x_3 = c$ ergibt sich durch Einsetzen der Geradengleichung in die Ebenengleichung: Aus

$$a_1(p_1 + tu_1) + a_2(p_2 + tu_2) + a_3(p_3 + tu_3) = c$$

ergibt sich $t = \frac{c - a_1p_1 - a_2p_2 - a_3p_3}{a_1u_1 + a_2u_2 + a_3u_3}$, falls $a_1u_1 + a_2u_2 + a_3u_3 \neq 0$.

Der Durchstoßpunkt einer Geraden g in Vektorform durch eine Ebene E in Koordinatenform ergibt sich durch Einsetzen der Gleichung von g in die Gleichung von E.

Man erkennt daran, dass g und E genau dann parallel sind, wenn $a_1u_1 + a_2u_2 + a_3u_3 = 0$ (➤ s. S. 151).

Zur Berechnung des Durchstoßpunkts der Geraden $g: \vec{x} = \vec{p} + r\vec{u}$ durch die Ebene $E: \vec{x} = \vec{q} + s\vec{u} + t\vec{v}$ genügt es, aus der Gleichung

$$\vec{p} + r\vec{u} = \vec{q} + s\vec{u} + t\vec{v}$$

den Parameterwert r zu bestimmen, man benötigt also nicht eine vollständige Lösung $(r; s; t)$ des LGS

$$\begin{aligned} u_1r - v_1s - w_1t &= q_1 - p_1 \\ u_2r - v_2s - w_2t &= q_2 - p_2 . \\ u_3r - v_3s - w_3t &= q_3 - p_3 \end{aligned}$$

Beispiel:
Möchte man im Schrägbild eines Polyeders die Fläche einzeichnen, in welcher er von einer Ebene geschnitten wird, so benötigt man die Durchstoßpunkte der Polyederkanten durch die Ebene.
In Fig. 6 ist die Schnittfläche einer Pyramide mit einer Ebene dargestellt. Um sich die Ebene besser vorstellen zu können, ist auch ihre Spurgerade in der x_1x_2-Ebene eingezeichnet.

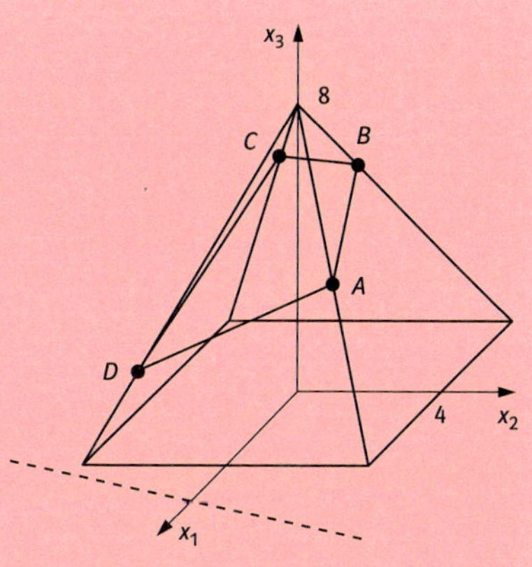

Fig. 6: Schnitt einer Pyramide

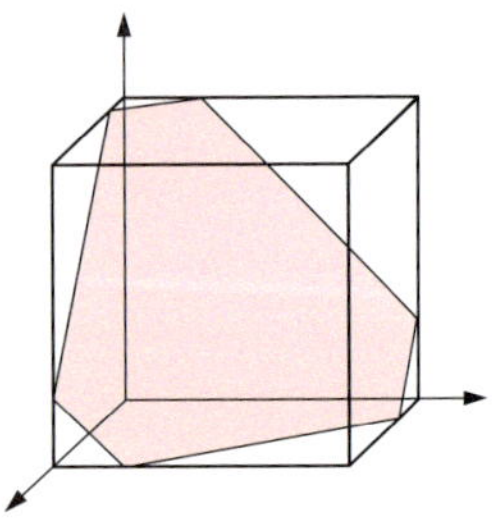

Fig. 7: Schnitt eines Würfels

Beispiel: In Fig. 7 ist die Schnittfläche eines Würfels der Kantenlänge 4 mit der Ebene

$$E: x_1 + x_2 + x_3 = 5$$

gezeichnet. Dafür benötigt man die Durchstoßpunkte der Würfelkanten durch die Ebene E.

Die Durchstoßpunkte D_{12}, D_{13}, D_{23} einer Geraden durch die Koordinatenebenen nennt man die **Spurpunkte** von g. Die Durchstoßpunkte D_1, D_2, D_3 der Koordinatenachsen durch eine Ebene E nennt man die Spurpunkte von E. Die Geraden, in denen eine Ebene die Koordinatenebenen schneidet, nennt man ihre **Spurgeraden** und bezeichnet sie mit g_{12}, g_{13}, g_{23}. Die Ebene

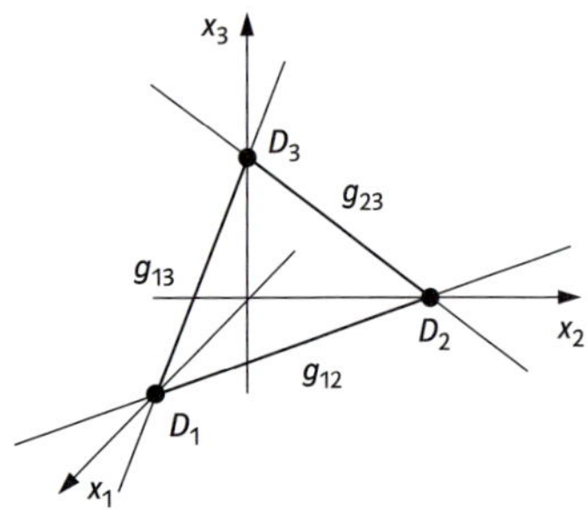

Fig. 8: Spurgeraden

$$E: a_1x_1 + a_2x_2 + a_3x_3 = c$$

hat die Spurpunkte

$$D_1\left(\frac{c}{a_1}\middle|0\middle|0\right), D_2\left(0\middle|\frac{c}{a_2}\middle|0\right), D_3\left(0\middle|0\middle|\frac{c}{a_3}\right),$$

falls die Koeffizienten a_1, a_2, a_3 von 0 verschieden sind. Die Verbindungsgeraden der Spurpunkte sind die Spurgeraden.

Zwei Ebenen sind parallel, gleich oder schneiden sich in einer Geraden. Am einfachsten ist die Bestimmung einer Vektorgleichung der Schnittgeraden, wenn die Ebenen durch Koordinatengleichungen gegeben sind.

Zwei verschiedene Ebenen schneiden sich im Allgemeinen in einer Geraden. Für die Schnittgerade von

$$E_1: a_{11}x_1 + a_{12}x_2 + a_{13}x_3 = c_1$$
$$E_2: a_{21}x_1 + a_{22}x_2 + a_{23}x_3 = c_2$$

erhält man durch Lösen des aus den beiden Ebenengleichungen bestehenden LGS eine Vektorgleichung. Man kann eine Gerade g im Raum also auch als Lösungsmenge eines LGS in folgender Form angeben:

$$g: \begin{cases} a_{11}x_1 + a_{12}x_2 + a_{13}x_3 = c_1 \\ a_{21}x_1 + a_{22}x_2 + a_{23}x_3 = c_2 \end{cases}$$

Sind Vektorgleichungen der Ebenen gegeben, also

$$E_1: \vec{x} = \vec{p} + s\vec{u} + t\vec{v} \quad \text{und} \quad E_2: \vec{x} = \vec{q} + s^*\vec{u}^* + t^*\vec{v}^*,$$

so führt die Gleichung

$$\vec{p} + s\vec{u} + t\vec{v} = \vec{q} + s^*\vec{u}^* + t^*\vec{v}^*$$

auf ein LGS für die Variablen s, t, s^*, t^*. Mit diesem kann man im Allgemeinen drei der Variablen durch die vierte ausdrücken. Setzt man dies in die Gleichung von E_1 oder von E_2 ein, dann ergibt sich eine Vektorgleichung der Schnittgeraden. Einfacher gestaltet sich die Rechnung, wenn man das Vektorprodukt (→ s. S. 157) benutzt.

Ist E_1 durch eine Vektorgleichung $\vec{x} = \vec{p} + s\vec{u} + t\vec{v}$ und E_2 durch eine Koordinatengleichung $a_1x_1 + a_2x_2 + a_3x_3 = c$ gegeben, so setzt man zur Bestimmung der Schnittgeraden die Vektorgleichung in die Koordinatengleichung ein und erhält

$$s(a_1u_1 + a_2u_2 + a_3u_3) + t(a_1v_1 + a_2v_2 + a_3v_3) = c - (a_1p_1 + a_2p_2 + a_3p_3).$$

Sind die Ebenen nicht parallel, dann kann man damit s durch t oder t durch s ausdrücken und dies in die Gleichung von E_1 einsetzen.

Drei verschiedene Ebenen haben keinen gemeinsamen Punkt, schneiden sich in genau einem Punkt oder schneiden sich in einer Geraden (Fig. 9).

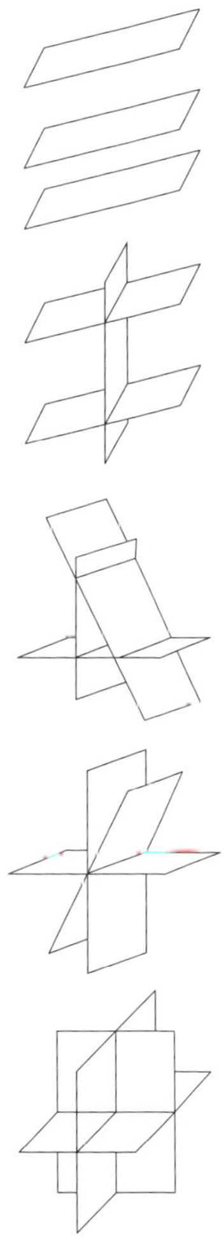

Fig. 9: Schnitt von drei Ebenen

Beispiel:
Die Schnittgerade zweier Ebenen kann man im Koordinatensystem gut zeichnen, wenn man die Spurgeraden der Ebenen verwendet (Fig. 10). Die Schnittgerade geht nämlich durch die Schnittpunkte der Spurgeraden.

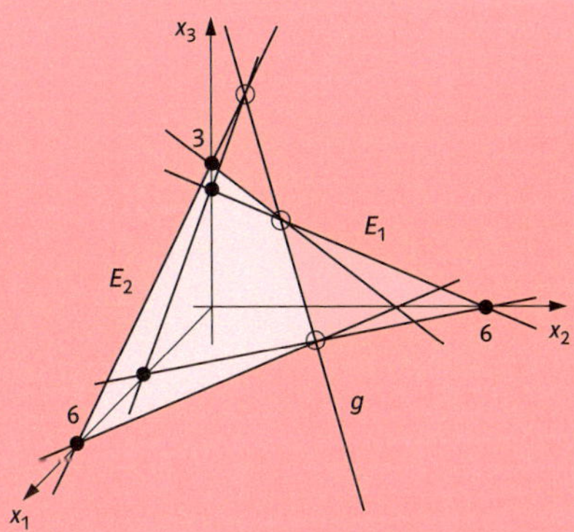

Fig. 10: Schnitt zweier Ebenen

Beispiel:
In Fig. 11 sind zwei Ecken des Würfels durch Ebenen abgeschnitten. Es soll die Schnittgerade der beiden Ebenen bestimmt werden.
Die Ebene durch ABC hat die Gleichung

$$2x_1 - x_2 - x_3 = 6,$$

wie man durch Einsetzen der Punkte bestätigt. Die Ebene durch DEF hat die Gleichung

$$2x_1 + x_2 + 2x_3 = 21.$$

Das aus diesen Gleichungen bestehende LGS hat die Lösungen

$$(7; 9; -1) + t(1; 6; -4) \quad (t \in \mathbb{R}),$$

womit auch eine Vektorgleichung der Schnittgeraden gegeben ist.

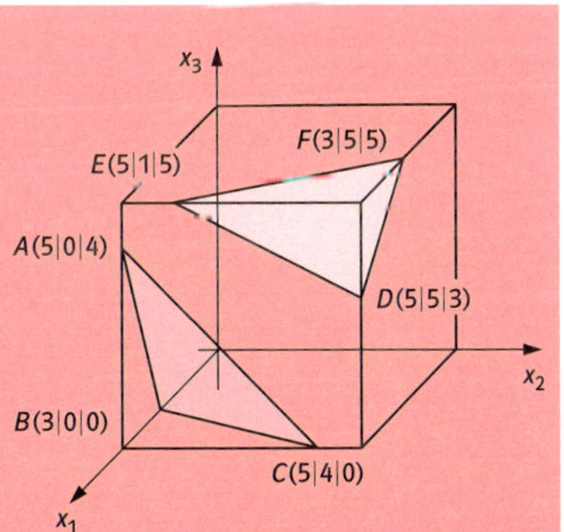

Fig. 11: Würfelschnitte

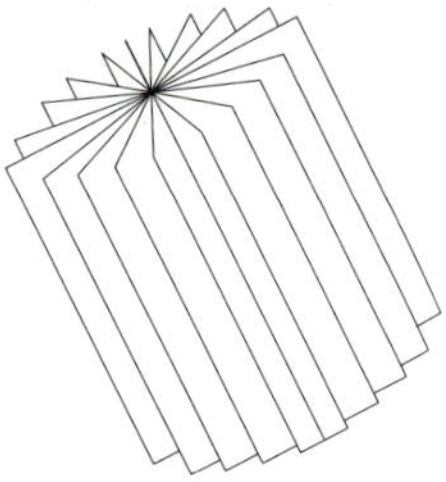

Fig. 12: Ebenenschar

Beispiel: Die Menge aller Ebenen E_a mit der Gleichung

$$ax_1 + (a-2)x_2 + x_3 = 1$$

für $a \in \mathbb{R}$ ist eine **Ebenenschar** mit einer gemeinsamen Geraden (Fig. 12). Denn jede dieser Ebenen schneidet die Ebene

$$E_0: -2x_2 + x_3 = 1$$

in ein- und derselben Geraden, wie folgende Rechnung zeigt:

Das LGS $\left\{ \begin{array}{r} ax_1 + (a-2)x_2 + x_3 = 1 \\ -2x_2 + x_3 = 1 \end{array} \right\}$ lässt sich umformen zu $\left\{ \begin{array}{r} ax_1 + ax_2 = 0 \\ -2x_2 + x_3 = 1 \end{array} \right\}$,

und dieses LGS hat unabhängig von a die Lösungen $(0; 0; 1) + t(-1; 1; 2) \quad (t \in \mathbb{R})$.

Alle Querverweise im Überblick:

Ortsvektor: S. 138 ➤ S. 136
Hyperboloid: S. 139 ➤ S. 200
Normalenform der Geradengleichung: S. 140 ➤ S. 151
Normalenform der Ebenengleichung: S. 141 ➤ S. 151
Vektorprodukt: S. 142 ➤ S. 157

Zusammenfassung:
Geraden- und Ebenengleichungen

Eine Gerade in der Ebene oder im Raum hat die **Vektorgleichung**

$$\vec{x} = \vec{p} + t\vec{u} \quad (t \in \mathbb{R}),$$

wobei $\vec{p}$ ein **Stützvektor** und $\vec{u} \neq \vec{o}$ ein **Richtungsvektor** ist. In der Ebene wird eine Gerade durch eine Koordinatengleichung (lineare Gleichung mit zwei Variablen) dargestellt. Im Raum kann man eine Gerade als Lösungsmenge eines LGS mit drei Variablen und zwei Gleichungen beschreiben.

Geraden in der Ebene, die nicht parallel (also auch nicht gleich) sind, haben einen Schnittpunkt. Geraden im Raum, die nicht parallel (also auch nicht gleich) sind, haben einen Schnittpunkt oder sind **windschief** zueinander.

Eine Ebene im Raum hat die **Vektorgleichung**

$$\vec{x} = \vec{p} + r\vec{u} + s\vec{v} \quad (t \in \mathbb{R}),$$

wobei $\vec{p}$ ein **Stützvektor** und die linear unabhängigen Vektoren $\vec{u}$ und $\vec{v}$ **Spannvektoren** heißen. Eine Ebene hat auch eine Koordinatengleichung (lineare Gleichung mit drei Variablen).

Die Bestimmung des Schnittpunkts zweier Geraden, des Schnittpunkts einer Geraden mit einer Ebene (**Durchstoßpunkt**) und der Schnittgeraden zweier Ebenen läuft immer auf das Lösen eines LGS hinaus.

Das Skalarprodukt

In diesem Kapitel erfahren Sie:

- Das Skalarprodukt dient zur Berechnung von Längen und Winkeln. Es ordnet je zwei Vektoren eine reelle Zahl zu.
- Das Skalarprodukt zweier Verschiebungsvektoren kann man aus deren Länge und dem eingeschlossenen Winkel berechnen.
- Sind die Vektoren in einem kartesischen Koordinatensystem gegeben, dann kann man ihr Skalarprodukt aus ihren Koordinaten berechnen. Das Koordinatensystem muss dabei kartesisch sein, damit sich die geometrisch korrekten Größen ergeben.

Definition des Skalarprodukts

Man benötigt im Folgenden den **Kosinussatz** der Trigonometrie (→ s. S. 50): In Fig. 1 gilt

$$c^2 = a^2 + b^2 - 2ab\cos\gamma.$$

Diesen kann man anhand von Fig. 1 beweisen: Mit

$$h = a\sin\gamma \quad \text{und} \quad w = b - a\cos\gamma$$

ergibt sich aus dem Satz von Pythagoras:

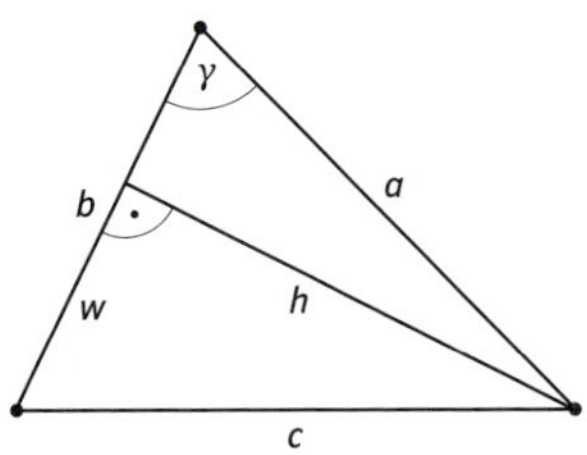

Fig. 1: Kosinussatz

$$c^2 = h^2 + w^2 = a^2\sin^2\gamma + b^2 - 2ab\cos\gamma + a^2\cos^2\gamma$$
$$= a^2(\sin^2\gamma + \cos^2\gamma) + b^2 - 2ab\cos\gamma = a^2 + b^2 - 2ab\cos\gamma.$$

Ein Vektor aus $\mathbb{R}^2$ oder $\mathbb{R}^3$ kann in einem Koordinatensystem als Pfeil dargestellt werden. Handelt es sich um ein kartesisches Koordinatensystem (→ s. S. 13), dann kann man die Länge des Pfeils mit dem Satz von Pythagoras berechnen. Man nennt sie den **Betrag** des Vektors $\vec{a}$ und schreibt $|\vec{a}|$. Sind a_1, a_2 bzw. a_1, a_2, a_3 die Koordinaten von $\vec{a}$, dann ist

$$|\vec{a}| = \sqrt{a_1^2 + a_2^2} \quad \text{bzw.} \quad |\vec{a}| = \sqrt{a_1^2 + a_2^2 + a_3^2}.$$

Der Betrag $|\vec{a}|$ eines Vektors $\vec{a}$ aus $\mathbb{R}^3$ mit den Koordinaten a_1, a_2, a_3 ist $\sqrt{a_1^2 + a_2^2 + a_3^2}$.

Für den Winkel φ, den zwei Vektoren $\vec{a}, \vec{b}$ aus $\mathbb{R}^2$ oder aus $\mathbb{R}^3$ einschließen, gilt nach dem Kosinussatz

$$|\vec{a} - \vec{b}|^2 = |\vec{a}|^2 + |\vec{b}|^2 - 2 \cdot |\vec{a}| \cdot |\vec{b}| \cdot \cos\varphi$$

(Fig. 2). Andererseits ist für $\vec{a} \in \mathbb{R}^2$ (und analog für $\vec{a} \in \mathbb{R}^3$)

$$|\vec{a} - \vec{b}|^2 = (a_1 - b_1)^2 + (a_2 - b_2)^2$$
$$= |\vec{a}|^2 + |\vec{b}|^2 - 2 \cdot (a_1b_1 + a_2b_2).$$

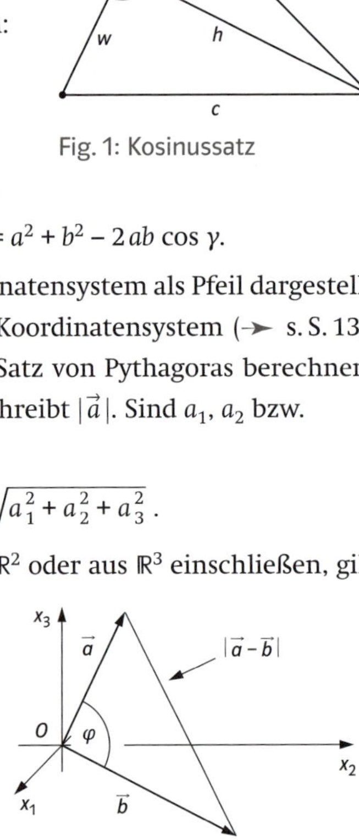

Fig. 2: Skalarprodukt

Also ist für $\vec{a}, \vec{b} \in \mathbb{R}^2$ bzw. $\vec{a}, \vec{b} \in \mathbb{R}^3$

$$\cos\varphi = \frac{a_1b_1 + a_2b_2}{\sqrt{a_1^2 + a_2^2}\sqrt{b_1^2 + b_2^2}} \quad \text{bzw.} \quad \cos\varphi = \frac{a_1b_1 + a_2b_2 + a_3b_3}{\sqrt{a_1^2 + a_2^2 + a_3^2}\sqrt{b_1^2 + b_2^2 + b_3^2}}.$$

Den Term $a_1b_1 + a_2b_2$ bzw. $a_1b_1 + a_2b_2 + a_3b_3$ nennt man das **Skalarprodukt** von $\vec{a}$ und $\vec{b}$ und schreibt dafür $\vec{a} \bullet \vec{b}$. Für den Winkel zwischen $\vec{a}$ und $\vec{b}$ ist dann

$$\cos \sphericalangle (\vec{a}, \vec{b}) = \frac{\vec{a} \bullet \vec{b}}{|\vec{a}| \cdot |\vec{b}|}.$$

Im Vektorraum $\mathbb{R}^n$ mit $n > 3$ haben Längen und Winkel keinen geometrischen Sinn mehr, trotzdem kann man den Betrag eines Vektors und die Größe eines von zwei Vektoren eingeschlossenen Winkels *definieren*:

Für Vektoren $\vec{a}, \vec{b} \in \mathbb{R}^n$ mit den Koordinaten $a_1, a_2, \ldots, a_n$ definiert man das Skalarprodukt durch $\vec{a} \bullet \vec{b} = a_1b_1 + a_2b_2 + \ldots + a_nb_n$ und setzt

$$|\vec{a}| = \sqrt{\vec{a} \bullet \vec{a}} = \sqrt{a_1^2 + a_2^2 + \ldots + a_n^2} \quad \text{und} \quad \cos \sphericalangle (\vec{a}, \vec{b}) = \frac{\vec{a} \bullet \vec{b}}{|\vec{a}| \cdot |\vec{b}|}.$$

Mit Hilfe des Skalarprodukts $\vec{a} \bullet \vec{b} = |\vec{a}||\vec{b}| \cos \varphi$ kann man den Winkel zwischen zwei Vektoren berechnen.

Für das Skalarprodukt in $\mathbb{R}^n$ gelten folgende Regeln:

(1) $\vec{a} \bullet \vec{b} = \vec{b} \bullet \vec{a}$ für alle $\vec{a}, \vec{b} \in \mathbb{R}^n$

(2) $r\vec{a} \bullet \vec{b} = \vec{a} \bullet r\vec{b} = r(\vec{a} \bullet \vec{b})$ für alle $\vec{a}, \vec{b} \in \mathbb{R}^n$ und alle $r \in \mathbb{R}$

(3) $(\vec{a} + \vec{b}) \bullet \vec{c} = \vec{a} \bullet \vec{c} + \vec{b} \bullet \vec{c}$ für alle $\vec{a}, \vec{b}, \vec{c} \in \mathbb{R}^n$

(4) $\vec{a} \bullet \vec{a} \geqq 0$ für alle $\vec{a} \in \mathbb{R}^n$; $\vec{a} \bullet \vec{a} = 0$ nur für $\vec{a} = \vec{o}$

Zwei Vektoren sind orthogonal zueinander, wenn ihr Skalarprodukt den Wert 0 hat.

Statt $\vec{a} \bullet \vec{a}$ schreibt man auch $\vec{a}^2$. Dann ist $|\vec{a}| = \sqrt{\vec{a}^2}$.

Vektoren $\vec{a}, \vec{b} \in \mathbb{R}^n$ heißen **orthogonal** (zueinander), wenn $\vec{a} \bullet \vec{b} = 0$. Man schreibt dann auch $\vec{a} \perp \vec{b}$. Im Sinne dieser Definition ist $\vec{o}$ zu jedem anderen Vektor orthogonal. Ist $\vec{a} \bullet \vec{b} = 0$ und $\vec{a}, \vec{b} \neq \vec{o}$, dann gilt für den Winkel φ zwischen diesen Vektoren $\varphi = 90°$.

Einen Vektor der Länge 1 nennt man einen **Einheitsvektor**.
Zum Vektor $\vec{a}$ gehört der Einheitsvektor $\vec{a}^0 = \frac{1}{|\vec{a}|}\vec{a} = \frac{\vec{a}}{|\vec{a}|}$.

Beispiel:
Im Dreieck ABC mit

$$A(4|2|-1),\ B(10|3|0),\ C(6|8|1)$$

soll der Höhenfußpunkt F_a berechnet werden (Fig. 3).
Der Vektor

$$\overrightarrow{AF_a} = r\,\overrightarrow{BC} - \overrightarrow{BA}$$

muss orthogonal zu $\overrightarrow{BC}$ sein. Aus $(r\,\overrightarrow{BC} - \overrightarrow{BA}) \bullet \overrightarrow{BC} = 0$ folgt

$$r = \frac{\overrightarrow{BA} \bullet \overrightarrow{BC}}{\overrightarrow{BC}^2}.$$

Im vorliegenden Fall ergibt sich $r = \frac{3}{7}$, also hat F_a den Ortsvektor

$$\overrightarrow{OF_a} = \overrightarrow{OB} + r\,\overrightarrow{BC} = \begin{pmatrix} 10 \\ 3 \\ 0 \end{pmatrix} + \frac{3}{7}\begin{pmatrix} -4 \\ 5 \\ 1 \end{pmatrix} = \frac{1}{7}\begin{pmatrix} 58 \\ 36 \\ 3 \end{pmatrix}.$$

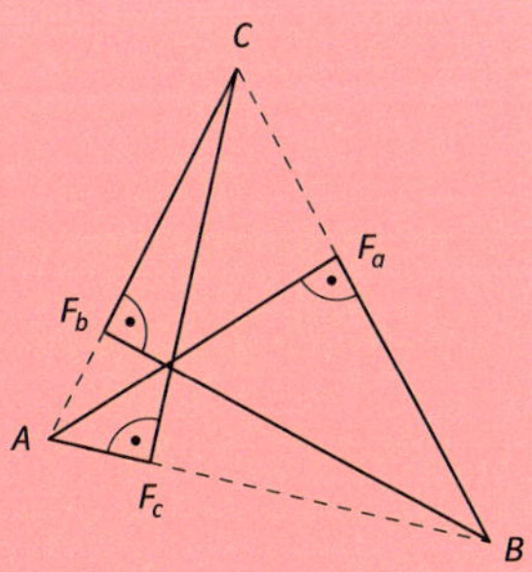

Fig. 3: Höhenfußpunkte

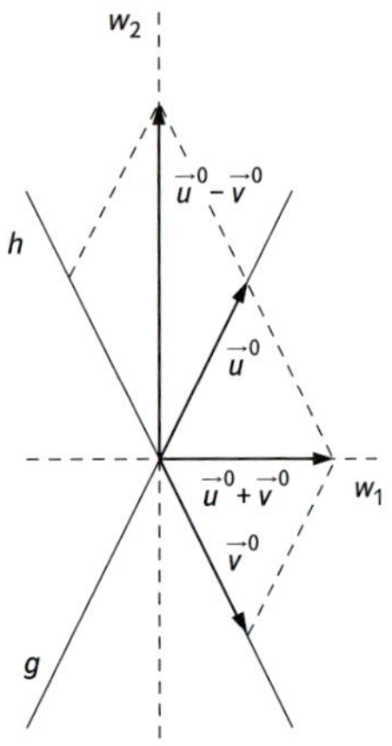

Fig. 4: Winkelhalbierende

Beispiel: Die **Winkelhalbierenden** der Geraden

$$g: \vec{x} = \vec{a} + r\vec{u},$$
$$h: \vec{x} = \vec{a} + s\vec{v}$$

mit dem Schnittpunkt A sind

$$w_1: \vec{x} = \vec{a} + t(\vec{u}^0 + \vec{v}^0),$$
$$w_2: \vec{x} = \vec{a} + t(\vec{u}^0 - \vec{v}^0),$$

(Fig. 4), wobei $\vec{u}^0$, $\vec{v}^0$ die zu $\vec{u}$, $\vec{v}$ gehörenden Einheitsvektoren sind. (Man beachte, dass die Vektoren $\vec{u}$, $\vec{v}$ nur dann eine Raute aufspannen, wenn sie gleich lang sind.)

Beweis geometrischer Sätze mit Hilfe des Skalarprodukts

Bei der Bestimmung des Betrags eines Vektors wird der Satz des Pythagoras benutzt. Man sollte jetzt also nicht den Satz des Pythagoras mit Hilfe des Skalarprodukts beweisen wollen! Man kann aber mit Hilfe des Skalarprodukts viele andere Sätze der Elementargeometrie beweisen, wobei neben den Rechenregeln für das Skalarprodukt sehr oft die

Orthogonalitätsbedingung „$\vec{a} \perp \vec{b} \Leftrightarrow \vec{a} \bullet \vec{b} = 0$"

benötigt wird. Ferner beachte man, dass $|\vec{a} \bullet \vec{b}| = |\vec{a}| \cdot |\vec{b}|$, falls $\{\vec{a}, \vec{b}\}$ linear abhängig ist.

In folgenden geometrischen Fragestellungen wird kein Koordinatensystem verwendet.

Beweis des Höhensatzes (Fig. 5):

Aus $\vec{a} \bullet \vec{b} = 0$ und $\vec{p} \bullet \vec{h} = \vec{q} \bullet \vec{h} = 0$ folgt

$$\vec{h}^2 = (\vec{h} + \vec{p}) \bullet (\vec{h} - \vec{q}) + \vec{p} \bullet \vec{q} = \vec{a} \bullet \vec{b} + \vec{p} \bullet \vec{q} = \vec{p} \bullet \vec{q},$$

also $|\vec{h}|^2 = |\vec{p}| \cdot |\vec{q}|$.

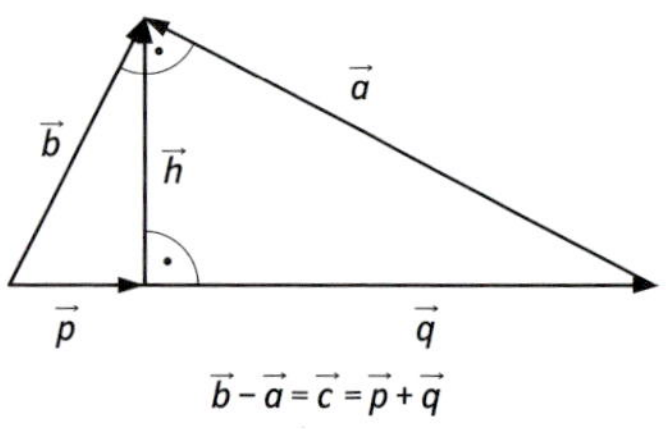

Fig. 5: Höhensatz, Kathetensatz

Beweis des Kathetensatzes (Fig. 5):

Aus $\vec{a} \bullet \vec{b} = 0$ und $\vec{c} \bullet \vec{h} = 0$ folgt

$$\vec{b}^2 = (\vec{c} + \vec{a}) \bullet \vec{b} = \vec{c} \bullet \vec{b}$$
$$= \vec{c} \bullet (\vec{p} + \vec{h}) = \vec{c} \bullet \vec{p},$$

also $|\vec{b}|^2 = |\vec{c}| \cdot |\vec{p}|$.

Beweis des Parallelogrammsatzes:

In einem Parallelogramm sind die Quadrate über den Diagonalen zusammen ebenso groß wie die Quadrate über den vier Seiten (Fig. 6). Denn

$$\left(\vec{a}+\vec{b}\right)^2+\left(\vec{a}-\vec{b}\right)^2=2\left(\vec{a}^2+\vec{b}^2\right).$$

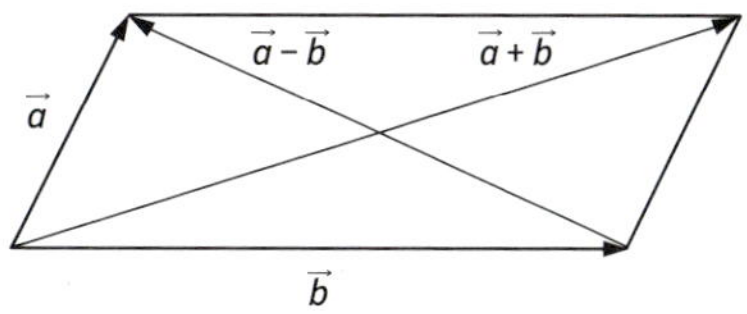

Fig. 6: Parallelogrammsatz

Beweis des Satzes von Thales:

Der Beweis des Satzes von Thales und seine Umkehrung ergeben sich mit den Bezeichnungen in Fig. 7 folgendermaßen: Wegen

$$\vec{a}\bullet\vec{b}=\left(\vec{u}+\vec{v}\right)\bullet\left(\vec{u}-\vec{v}\right)=\vec{u}^2-\vec{v}^2$$

gilt genau dann $\vec{a}\perp\vec{b}$, wenn $|\vec{u}|=|\vec{v}|$, wenn also der Punkt C auf dem Halbkreis über AB liegt.

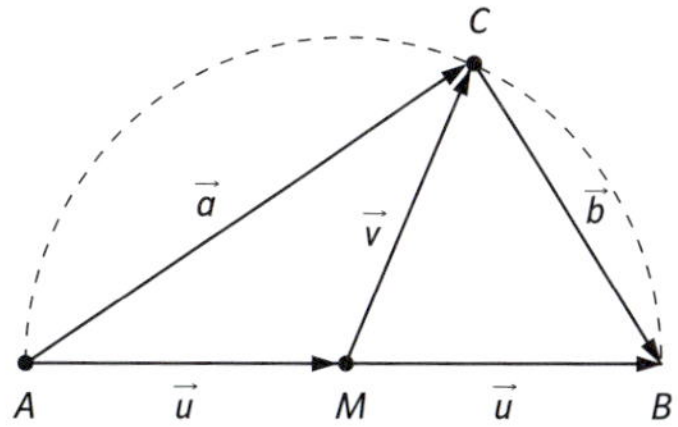

Fig. 7: Satz des Thales

Alle Querverweise im Überblick:

Kosinussatz: S. 146 → S. 50

Kartesisches Koordinatensystem: S. 146 → S. 13

Zusammenfassung:
Das Skalarprodukt

Im Vektorraum $\mathbb{R}^n$ ist das **Skalarprodukt** zweier Vektoren $\vec{a}, \vec{b}$ mit den Koordinaten $a_1, a_2, \ldots, a_n$ und $b_1, b_2, \ldots, b_n$ definiert durch

$$\vec{a} \bullet \vec{b} = a_1 b_1 + a_2 b_2 + \ldots + a_n b_n.$$

Man nennt $|\vec{a}| = \sqrt{\vec{a} \bullet \vec{a}} = \sqrt{a_1^2 + a_2^2 + \ldots + a_n^2}$ den **Betrag** von $\vec{a}$.

Der **Winkel** φ zwischen $\vec{a}, \vec{b}$ ist definiert durch

$$\vec{a} \bullet \vec{b} = |\vec{a}| \cdot |\vec{b}| \cdot \cos\varphi.$$

Zwei Vektoren $\vec{a}, \vec{b}$ heißen **orthogonal** zueinander, wenn $\vec{a} \bullet \vec{b} = 0$; dies ist für $\vec{a}, \vec{b} \neq \vec{o}$ genau dann der Fall, wenn $\cos\varphi = 0$, also $\varphi = 90°$. Genau dann gilt $\vec{a} \bullet \vec{b} = \pm |\vec{a}| \cdot |\vec{b}|$, wenn $\{\vec{a}, \vec{b}\}$ linear abhängig ist.

In $\mathbb{R}^2$ und $\mathbb{R}^3$ entspricht die Orthogonalität von Vektoren der geometrischen Vorstellung von „Rechtwinkligkeit".

Normalenformen und Abstandsberechnungen

In diesem Kapitel erfahren Sie:

- Für eine Gerade in der Ebene und eine Ebene im Raum kann man mit Hilfe eines zu ihr orthogonalen Vektors (Normalenvektor) eine Gleichung aufstellen.
- Mit Hilfe einer Normalengleichung einer Geraden oder einer Ebene kann man den Abstand eines Punktes von dieser Geraden bzw. dieser Ebene berechnen.

Normalenform von Geraden- und Ebenengleichungen

Für zwei Punkte $P(p_1|p_2)$, $Q(q_1|q_2)$ der Geraden $g\colon\ a_1x_1 + a_2x_2 = a$ gilt

$$a_1(q_1 - p_1) + a_2(q_2 - p_2) = 0.$$

Der Vektor $\vec{n} = \begin{pmatrix} a_1 \\ a_2 \end{pmatrix}$ ist also orthogonal zu $\overrightarrow{PQ}$. Man nennt ihn einen **Normalenvektor** von g (Fig. 1).

Die Geradengleichung kann man dann auch in der Form

$$\vec{n} \bullet \vec{x} = a$$

schreiben. Diese Gleichung bzw. die entsprechende Koordinatengleichung nennt man eine **Normalenform** der Geradengleichung. Ist $\begin{pmatrix} u_1 \\ u_2 \end{pmatrix}$ ein Richtungsvektor, dann ist $\begin{pmatrix} u_2 \\ -u_1 \end{pmatrix}$ ein Normalenvektor von g.

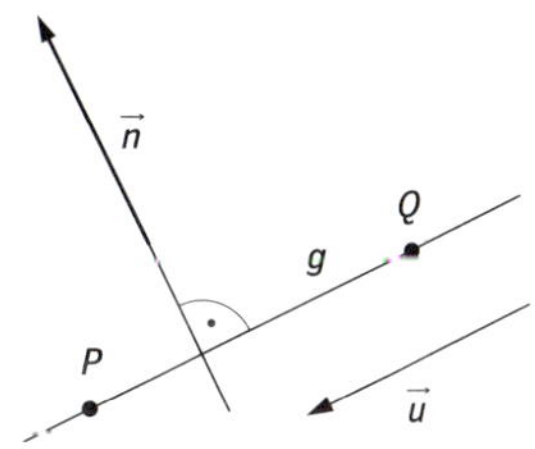

Fig. 1: Normale von g

Ein Normalenvektor einer Geraden *g* oder einer Ebene *E* ist ein zu *g* bzw. *E* orthogonaler Vektor.

Für zwei Punkte $P(p_1|p_2|p_3)$, $Q(q_1|q_2|q_3)$ von $E\colon\ a_1x_1 + a_2x_2 + a_3x_3 = a$ gilt

$$a_1(q_1 - p_1) + a_2(q_2 - p_2) + a_3(q_3 - p_3) = 0.$$

Der Vektor $\vec{n} = \begin{pmatrix} a_1 \\ a_2 \\ a_3 \end{pmatrix}$ ist also orthogonal zu jeder Geraden aus der Ebenen E, also orthogonal zu E. Man nennt ihn einen **Normalenvektor** von E (Fig. 2).

Die Ebenengleichung kann man dann auch in der Form

$$\vec{n} \bullet \vec{x} = a$$

schreiben. Man nennt dies eine **Normalenform** der Ebenengleichung.

Die Gleichung $\vec{n} \bullet (\vec{x} - \vec{p}) = 0$ ist in $\mathbb{R}^2$ eine Normalengleichung der Geraden und in $\mathbb{R}^3$ eine Normalengleichung der Ebene durch den Punkt P mit dem Normalenvektor $\vec{n}$.

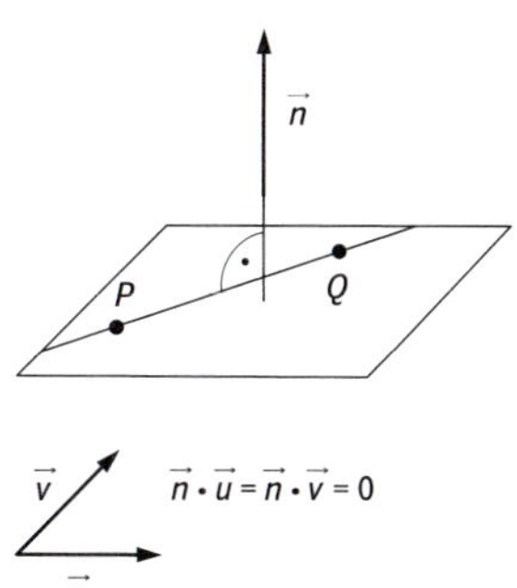

Fig. 2: Normale von E

Ist $\vec{n}$ ein Normalenvektor von *g* bzw. *E*, dann ist $\vec{n} \bullet (\vec{x} - \vec{p}) = 0$ eine Normalengleichung von *g* bzw. *E* orthogonaler Vektor.

- Ist $\vec{n}$ ein Normalenvektor einer Geraden in $\mathbb{R}^2$, dann erhält man einen Richtungsvektor als Lösung der Gleichung $n_1x_1 + n_2x_2 = 0$.
- Ist $\vec{n}$ ein Normalenvektor einer Ebene in $\mathbb{R}^3$, dann erhält man Spannvektoren als Lösungen der Gleichung $n_1x_1 + n_2x_2 + n_3x_3 = 0$.
- Ist $\vec{u}$ ein Richtungsvektor einer Geraden in $\mathbb{R}^2$, dann erhält man einen Normalenvektor als Lösung der Gleichung $u_1x_1 + u_2x_2 = 0$.
- Sind $\vec{u}$, $\vec{v}$ Spannvektoren einer Ebene, dann erhält man einen Normalenvektor als Lösung des LGS $\left\{\begin{matrix} u_1x_1 + u_2x_2 + u_3x_3 = 0 \\ v_1x_1 + v_2x_2 + v_3x_3 = 0 \end{matrix}\right\}$.

Beispiel: Für $k \in \mathbb{R}$ sei E_k die Ebene durch P(1|2|−1) mit dem Normalenvektor mit dem Koordinatentripel $(n_1; n_2; n_3) = (2k; 4; 3-k)$. Es gibt einen Vektor $\vec{u}$ mit den Koordinaten $(u_1; u_2; u_3)$, der für alle $k \in \mathbb{R}$ zum Normalenvektor von E_k orthogonal ist:
Die Gleichung

$$2ku_1 + 4u_2 + (3-k)u_3 = 0 \quad \text{bzw.} \quad (2u_1 - u_3)k + (4u_2 + 3u_3) = 0$$

muss für alle $k \in \mathbb{R}$ gelten, es muss also

$$2u_1 - u_3 = 0 \quad \text{und} \quad 4u_2 + 3u_3 = 0$$

gelten. Die Lösungen dieses homogenen LGS sind die Vielfachen des Tripels (2; −3; 4). Die Ebenen E_k schneiden sich also alle in der Geraden

$$g: \vec{x} = \begin{pmatrix} 1 \\ 2 \\ -1 \end{pmatrix} + r\begin{pmatrix} 2 \\ -3 \\ 4 \end{pmatrix} \quad (r \in \mathbb{R})$$

In obigem Beispiel wurde im Text die Spaltenschreibweise für Vektoren vermieden. Dadurch kann man Vektoren (insbesondere im Raum) platzsparender notieren.

Beispiel: Der Winkel, unter dem sich zwei Ebenen schneiden, ist der von ihren Normalenvektoren eingeschlossene Winkel (Fig. 3).
Für den Schnittwinkel φ der Ebenen

$$E_1: 7x_1 - x_2 + 5x_3 = 24,$$
$$E_2: 2x_1 - 3x_2 + 4x_3 = 6$$

gilt

$$\cos\varphi = \frac{14 + 3 + 20}{\sqrt{75} \cdot \sqrt{29}} \approx 0{,}7034,$$

also $\varphi \approx 37{,}5°$.

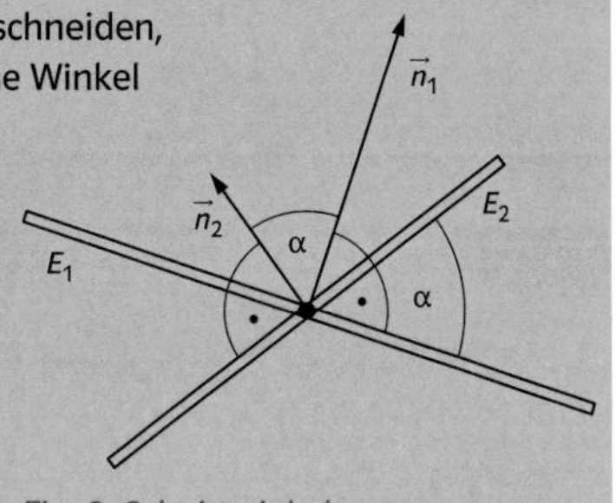

Fig. 3: Schnittwinkel

Beispiel: Die Gerade g durch die Punkte (2|1|−1) und (3|4|1) hat einen Richtungsvektor $\vec{u}$ mit den Koordinaten (1; 3; 2). Die Ebene $E: 7x_1 - x_2 + 5x_3 = 24$ hat einen Normalenvektor $\vec{n}$ mit den Koordinaten (7; −1; 5). Für den Winkel α zwischen $\vec{u}$ und $\vec{n}$ gilt

$$\cos\alpha = \frac{7 - 3 + 10}{\sqrt{14} \cdot \sqrt{75}} \approx 0{,}4320,$$

also $\alpha \approx 64{,}4°$. Der Neigungswinkel zwischen g und E beträgt daher etwa 25, 6°.

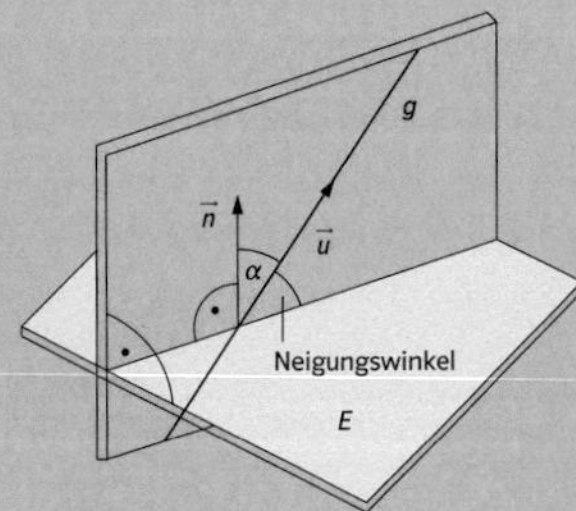

Fig. 4: Neigungswinkel

Abstandsberechnungen

Die Normalenform der Gleichung einer Geraden in der Ebene bzw. einer Ebene im Raum dient zur Berechnung des Abstands eines Punktes von der Geraden bzw. von der Ebene. Dabei benutzt man Normalenvektoren der Länge 1, also **Normaleneinheitsvektoren**. Die Normalenform

$$\vec{n} \bullet (\vec{x} - \vec{p}) = 0 \text{ mit } |\vec{n}| = 1$$

heißt **hessesche Normalenform** (Ludwig Otto Hesse, 1811–1874). Dabei vereinbart man die Richtung von $\vec{n}$ so, dass $\vec{n} \bullet \vec{p} \geqq 0$ gilt.

Es sei nun $\vec{n} \bullet (\vec{x} - \vec{p}) = 0$ die hessesche Normalenform einer Geraden in der Ebene oder einer Ebene im Raum, ferner A ein Punkt mit dem Ortsvektor $\vec{a}$. Der Fußpunkt des Lotes von A auf g bzw. auf E sei F. Den zu berechnenden Abstand des Punktes A von g bzw. E bezeichnen wir mit δ (Fig. 5). Dann gilt

$$\vec{a} = \vec{p} + \overrightarrow{PF} + \delta\vec{n}.$$

Wegen $\vec{n} \bullet \overrightarrow{PF} = 0$ und $\vec{n} \bullet \vec{n} = 1$ folgt

$$\vec{n} \bullet \vec{a} = \vec{n} \bullet \vec{p} + \delta,$$

also

$$\delta = \vec{n} \bullet (\vec{a} - \vec{p}).$$

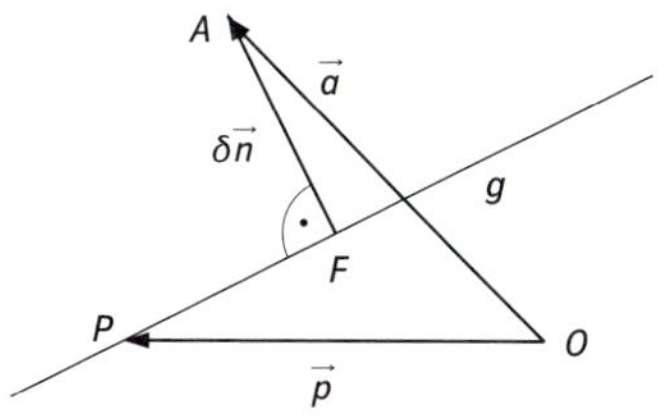

Ist $\vec{n} \bullet (\vec{x} - \vec{p}) = 0$ die hessesche Normalenform einer Geraden- oder Ebenengleichung, dann hat der Punkt A von der Geraden bzw. der Ebene den Abstand $\vec{n} \bullet (\vec{a} - \vec{p})$.

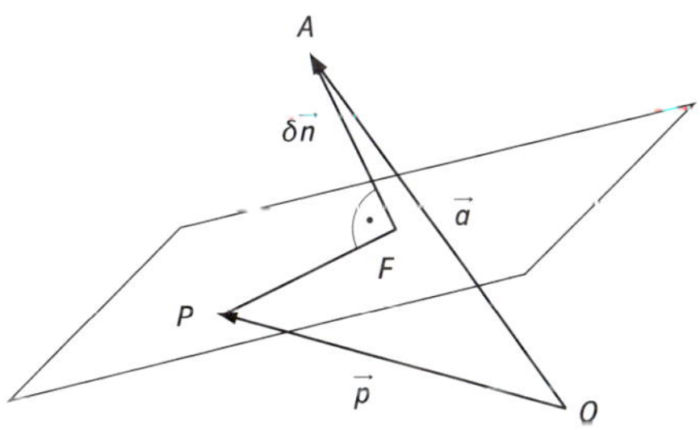

Fig. 5: Abstandsberechnung

Der Abstand ergibt sich also durch Einsetzen des Ortsvektors von A in die hessesche Normalenform von g bzw. E. Er ist positiv bzw. negativ, wenn A und O auf verschiedenen Seiten bzw. auf der gleichen Seite von g bzw. E liegen, denn 0 hat von E den Abstand $-\vec{n} \bullet \vec{p} \leqq 0$.

Man kann den Abstand δ auch mit Hilfe des Schnittpunkts F der zu g bzw. E orthogonalen Geraden durch A berechnen: $\delta = |\overrightarrow{AF}|$.

Die hessesche Normalenform der Ebene E: $a_1x_1 + a_2x_2 + a_3x_3 = a$ lautet

$$\frac{a_1x_1 + a_2x_2 + a_3x_3 - a}{\sqrt{a_1^2 + a_2^2 + a_3^2}} = 0$$

Mit einem Punkt P der Ebene mit dem Ortsvektor $\vec{p}$ ist $a = a_1p_1 + a_2p_2 + a_3p_3$, man sollte also die Koeffizienten der Ebenengleichung (eventuell durch Multiplikation der Gleichung mit -1) so einrichten, dass $a \geqq 0$.
Der Abstand des Ursprungs O von E ist $-\frac{a}{\sqrt{a_1^2 + a_2^2 + a_3^2}}$.

Beispiel: Für zwei Punkte *A*, *B* mit den Ortsvektoren $\vec{a}$, $\vec{b}$ im Raum sei *E* die zu *AB* orthogonale Ebene durch den Mittelpunkt *M* von *AB*. Die Ebene *E* hat den Normalenvektor $\vec{a} - \vec{b}$ und *M* hat den Ortsvektor $\frac{1}{2}(\vec{a} + \vec{b})$. Eine Normalengleichung von *E* ist also

$$\left(\vec{x} - \frac{1}{2}(\vec{a} + \vec{b})\right) \cdot (\vec{a} - \vec{b}) = 0 \quad \text{bzw.} \quad 2(\vec{a} - \vec{b}) \cdot \vec{x} = \vec{a}^2 - \vec{b}^2.$$

Für ein Tetraeder (Dreieckspyramide) mit den Ecken *A*, *B*, *C*, *D* kann man also den Mittelpunkt der Umkugel aus folgendem LGS berechnen:

$$2(\vec{a} - \vec{b}) \cdot \vec{x} = \vec{a}^2 - \vec{b}^2, \qquad 2(\vec{b} - \vec{c}) \cdot \vec{x} = \vec{b}^2 - \vec{c}^2, \qquad 2(\vec{c} - \vec{d}) \cdot \vec{x} = \vec{c}^2 - \vec{d}^2.$$

Beispiel: Für die Spiegelung an einer Ebene *E*, welche durch eine hessesche Normalenform $(\vec{x} - \vec{p}) \cdot \vec{n} = 0$ gegeben ist, kann man leicht den Bildpunkt *A'* eines gegebenen Punktes berechnen (Fig. 6): Es gilt

$$\overrightarrow{A'A} = \vec{a} - \vec{a}' = 2\delta\vec{n}$$

mit $\delta = (\vec{a} - \vec{p}) \cdot \vec{n}$, also

$$\vec{a}' = \vec{a} - 2((\vec{a} - \vec{p}) \cdot \vec{n})\vec{n}.$$

Der Mittelpunkt der Strecke *A'A* liegt (erwartungsgemäß) auf der Ebene, denn

$$\left(\frac{1}{2}(\vec{a} + \vec{a}') - \vec{p}\right) \cdot \vec{n} = \left(\vec{a} - \vec{p} - ((\vec{a} - \vec{p}) \cdot \vec{n})\vec{n}\right) \cdot \vec{n}$$
$$= (\vec{a} - \vec{p}) \cdot \vec{n} - (\vec{a} - \vec{p}) \cdot \vec{n} = 0.$$

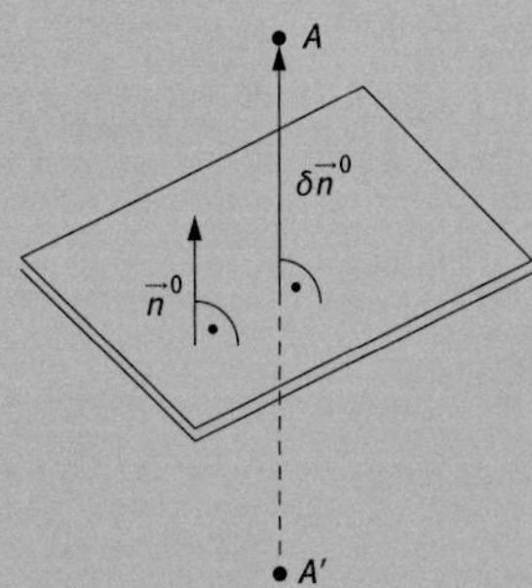

Fig. 6: Spiegelung

Den Abstand eines Punktes *P* von einer Geraden *g* in Raum berechnet man mit Hilfe der zu *g* orthogonalen Ebene durch *P*.

Zur Berechnung des Abstands eines Punktes *A* von einer Geraden *g* im Raum kann man folgendermaßen vorgehen: Man bestimme eine Normalengleichung der Ebene *E* durch *A*, welche orthogonal zu *g* ist (Fig. 7). Ein Richtungsvektor von *g* ist also ein Normalenvektor von *E*. Dann berechne man den Durchstoßpunkt *F* von *g* durch *E*. Der gesuchte Abstand ist dann $|\overrightarrow{AF}|$.

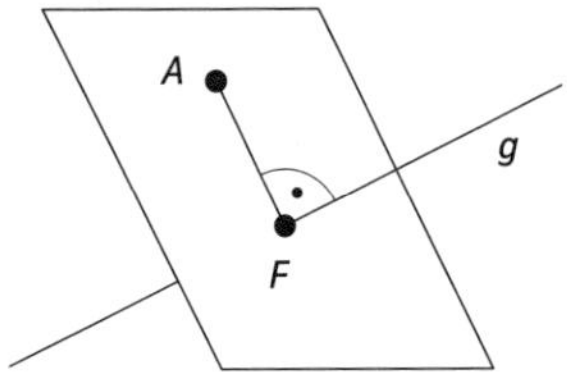

Fig. 7: Abstandsberechnung

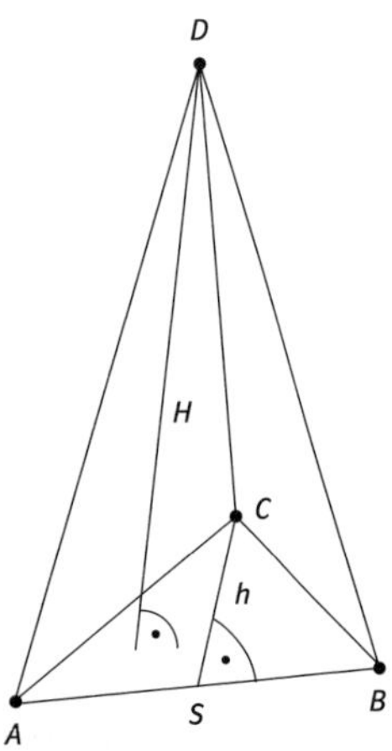

Fig. 8: Dreieckspyramide

Beispiel: Die Eckpunkte *A*, *B*, *C*, *D* einer Dreieckspyramide (Fig. 8) seien durch ihre Ortsvektoren $\vec{a}, \vec{b}, \vec{c}, \vec{d}$ gegeben. Es soll das Volumen $\left(\frac{1}{3}\text{ mal Grundfläche mal Höhe}\right)$ berechnet werden. Dazu benötigt man den Flächeninhalt eines der Oberflächendreiecke und die zugehörige Höhe. Der Inhalt des Dreiecks *ABC* ist $\frac{1}{2}|\vec{a} - \vec{b}| \cdot h$, wobei *h* der Abstand des Punktes *C* von der Geraden durch *A* und *B* ist. Schließlich berechnet man die Höhe der Pyramide über der Grundfläche *ABC* als Abstand von *D* und der Ebene durch die Punkte *A*, *B*, *C*. Mit Hilfe des Spatprodukts (→ s. S. 159) kann man das Volumen aber einfacher berechnen.

Abstand windschiefer Geraden

Die Geraden $g\colon \vec{x} = \vec{p} + s\vec{u}$ und $h\colon \vec{x} = \vec{q} + t\vec{v}$ sind windschief zueinander, wenn $\{\vec{p} - \vec{q}, \vec{u}, \vec{v}\}$ linear unabhängig ist. Ihr Abstand δ (> 0) ist die Länge der kürzesten Verbindungsstrecke eines Punktes $G \in g$ mit einem Punkt $H \in h$. Dabei ist dann GH orthogonal zu $\vec{u}$ und zu $\vec{v}$.

Es gibt zwei Methoden zu Berechnung von δ (Fig. 9):

(1) δ ist der Abstand eines Punktes von g von der Ebene

$$E\colon \vec{x} = \vec{q} + s\vec{u} + t\vec{v}.$$

(2) Wegen $GH \perp g$ und $GH \perp h$ gilt

$$\left((\vec{p} + s\vec{u}) - (\vec{q} + t\vec{v})\right) \bullet \vec{u} = 0,$$
$$\left((\vec{p} + s\vec{u}) - (\vec{q} + t\vec{v})\right) \bullet \vec{u} = 0$$

für die Parameterwerte von G und H auf g bzw. h, also

$$\left(\vec{u}^2\right) s - \left(\vec{u} \bullet \vec{v}\right) t = \left(\vec{q} - \vec{p}\right) \bullet \vec{u},$$
$$\left(\vec{u} \bullet \vec{v}\right) s - \left(\vec{v}^2\right) t = \left(\vec{q} - \vec{p}\right) \bullet \vec{v}.$$

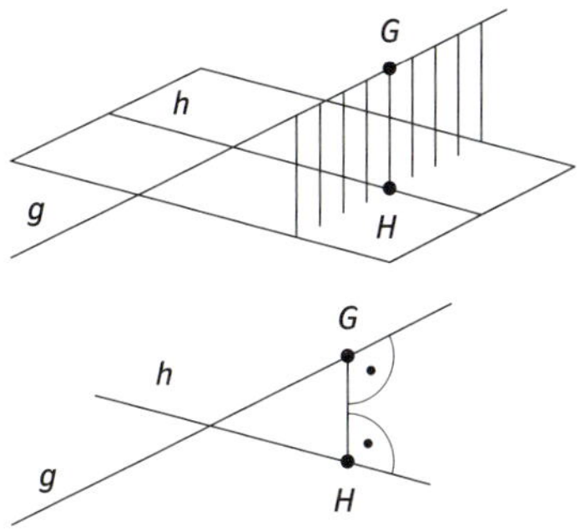

Fig. 9: Windschiefe Geraden

Es gibt zwei Methoden zur Bestimmung des Abstands windschiefer Geraden.

Beispiel: Es soll der Abstand von

$$g\colon \vec{x} = \begin{pmatrix} 6 \\ 1 \\ 4 \end{pmatrix} + s\begin{pmatrix} -3 \\ 1 \\ 1 \end{pmatrix} \quad \text{und} \quad h\colon \vec{x} = \begin{pmatrix} 5 \\ 4 \\ 13 \end{pmatrix} + t\begin{pmatrix} 1 \\ 1 \\ -2 \end{pmatrix}$$

mit beiden Methoden berechnet werden.

(1) Ein zu den Richtungsvektoren von g und h orthogonaler Vektor $\vec{n}$ ergibt sich aus dem LGS $\left\{ \begin{matrix} -3n_1 + n_2 + n_3 = 0 \\ n_1 + n_2 + 2n_3 = 0 \end{matrix} \right|$ zu $(n_1; n_2; n_3) = (3; 5; 4)$. Also ist

$$\delta = \left| \left(\begin{pmatrix} 5 \\ 4 \\ 13 \end{pmatrix} - \begin{pmatrix} 6 \\ 1 \\ 4 \end{pmatrix} \right) \bullet \frac{1}{5\sqrt{2}} \begin{pmatrix} 3 \\ 5 \\ 4 \end{pmatrix} \right| = \frac{24}{5}\sqrt{2}.$$

(2) Aus dem LGS $\left\{ \begin{matrix} 11s + 4t = 15 \\ -4s - 6t = -16 \end{matrix} \right\}$ folgt $s = \frac{13}{25}$, $t = \frac{58}{25}$.

Dies liefert die Punkte $G\left(\frac{111}{25} \middle| \frac{38}{25} \middle| \frac{113}{25}\right)$ und $H\left(\frac{183}{25} \middle| \frac{158}{25} \middle| \frac{209}{25}\right)$.

Damit ist

$$\delta = \overline{GH} = \frac{1}{25}\sqrt{72^2 + 120^2 + 96^2} = \frac{24}{25}\sqrt{3^2 + 5^2 + 4^2} = \frac{24}{5}\sqrt{2}.$$

Alle Querverweise im Überblick:

Spatprodukt: S. 154 → S. 159

Zusammenfassung:
Normalenformen und Abstandsberechnungen

Eine **Normalenform** der Gleichung einer Geraden in der Ebene bzw. einer Ebene im Raum ist

$$(\vec{x} - \vec{p}) \cdot \vec{n} = 0;$$

dabei ist $\vec{p}$ der Ortsvektor eines Geraden- bzw. Ebenenpunktes und $\vec{n}$ ein zur Geraden bzw. zur Ebene orthogonaler Vektor. Es handelt sich um die **hessesche Normalenform**, wenn $\vec{n}$ ein Einheitsvektor ist und $\vec{n} \cdot \vec{p} \geqq 0$ ist.

Ist

$$(\vec{x} - \vec{p}) \cdot \vec{n} = 0$$

die hessesche Normalenform einer Geraden g in der Ebene oder einer Ebene E im Raum, dann hat der Punkt mit dem Ortsvektor $\vec{a}$ von g bzw. von E den **Abstand**

$$(\vec{a} - \vec{p}) \cdot \vec{n}.$$

Den Abstand eines Punktes P von einer Geraden g im Raum berechnet man mit Hilfe der zu g orthogonalen Ebene durch P, indem man den Durchstoßpunkt von g durch diese Ebene bestimmt.

Der **Abstand zweier zueinander windschiefer Geraden** g und h ist der Abstand eines beliebigen Punktes von g zu der zu g parallelen Ebene durch h. Man findet diesen Abstand auch mit Hilfe von Punkten $G \in g$ und $H \in h$, für welche GH orthogonal zu g und zu h ist.

Das Vektorprodukt

In diesem Kapitel erfahren Sie:

- Das in $\mathbb{R}^3$ definierte Vektorprodukt ordnet je zwei linear unabhängigen Vektoren einen zu diesen orthogonalen Vektor zu.
- Das Volumen eines von drei Vektoren aufgespannten Spats kann man mit dem Spatprodukt berechnen.
- Mit Hilfe des Spatprodukts kann man die cramerschen Regeln zum Lösen eines LGS mit 3 Gleichungen und 3 Variablen gewinnen.

Definition und Eigenschaften des Vektorprodukts

Zu zwei linear unabhängigen Vektoren $\vec{a}$, $\vec{b}$ aus $\mathbb{R}^3$ kann man einen zu $\vec{a}$ und zu $\vec{b}$ orthogonalen Vektor $\vec{x}$ bestimmen, indem man das homogene LGS mit den Gleichungen $\vec{a} \bullet \vec{x} = 0$ und $\vec{b} \bullet \vec{x} = 0$ löst:

$$\left.\begin{array}{l} a_1x_1 + a_2x_2 = -a_3x_3 \mid \cdot\, b_2 \\ b_1x_1 + b_2x_2 = -b_3x_3 \mid \cdot\, (-a_2) \end{array}\right\} + \qquad \left.\begin{array}{l} a_1x_1 + a_2x_2 = -a_3x_3 \mid \cdot\, (-b_1) \\ b_1x_1 + b_2x_2 = -b_3x_3 \mid \cdot\, a_1 \end{array}\right\} +$$

$$(a_1b_2 - a_2b_1)x_1 = (a_2b_3 - a_3b_2)x_3 \qquad (a_1b_2 - a_2b_1)x_2 = (a_3b_1 - a_1b_3)x_3$$

Eine Lösung ist $(x_1;\, x_2;\, x_3) = (a_2b_3 - a_3b_2;\, a_3b_1 - a_1b_3;\, a_1b_2 - a_2b_1)$.

Den Vektor mit diesen Koordinaten schreibt man $\vec{a} \times \vec{b}$ (lies „$\vec{a}$ kreuz $\vec{b}$") und nennt ihn das **Vektorprodukt** von $\vec{a}$ und $\vec{b}$. Es ist also

Für $\vec{a}, \vec{b} \in \mathbb{R}^3$ ist das Vektorprodukt $\vec{a} \times \vec{b}$ ein zu $\vec{a}$ und zu $\vec{b}$ orthogonaler Vektor.

$$\begin{pmatrix} a_1 \\ a_2 \\ a_3 \end{pmatrix} \times \begin{pmatrix} b_1 \\ b_2 \\ b_3 \end{pmatrix} = \begin{pmatrix} a_2b_3 - a_3b_2 \\ a_3b_1 - a_1b_3 \\ a_1b_2 - a_2b_1 \end{pmatrix}$$

Zur Berechnung des Vektorprodukts kann man das Schema in Fig. 1 benutzen.

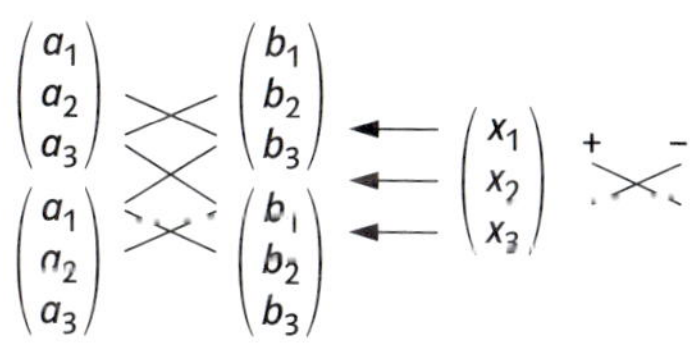

Fig. 1: Vektorprodukt

Beispiel:
Mit Hilfe des Schemas in Fig. 1 ergibt sich:

$$\begin{pmatrix} 2 \\ 1 \\ 5 \end{pmatrix} \times \begin{pmatrix} 3 \\ 7 \\ 4 \end{pmatrix} = \begin{pmatrix} -31 \\ 7 \\ 11 \end{pmatrix}$$

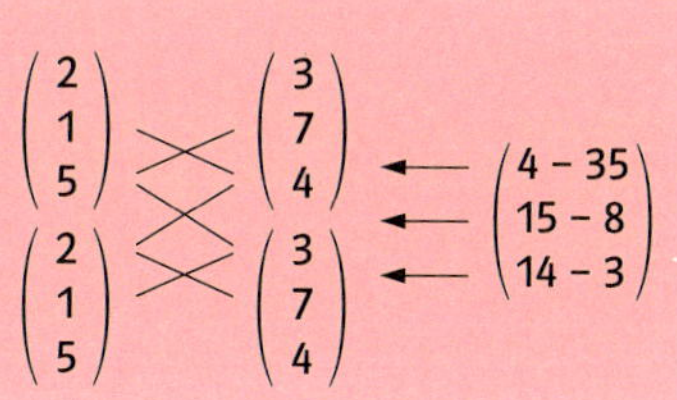

Ist $\{\vec{a}, \vec{b}\}$ linear abhängig, etwa $\vec{b} = t\vec{a}$, dann ist $\vec{a} \times \vec{b} = \vec{o}$. Denn die Koordinaten von $\vec{a} \times t\vec{a}$ sind

$$a_2ta_3 - a_3ta_2 = 0, \quad a_3ta_1 - a_1ta_3 = 0, \quad a_1ta_2 - a_2ta_1 = 0.$$

Es gilt $\vec{a} \times \vec{b} = -(\vec{b} \times \vec{a})$, denn vertauscht man in der Definition des Vektorprodukts a_i mit b_i ($i = 1, 2, 3$), dann ändert sich in allen Koordinaten das Vorzeichen.

Das Vektorprodukt ist nur für Vektoren aus $\mathbb{R}^3$ definiert, nicht für Vektoren aus $\mathbb{R}^2$ oder $\mathbb{R}^4$, $\mathbb{R}^5$, …. Das Vektorprodukt ist wieder ein Vektor; darin unterscheidet es sich wesentlich vom Skalarprodukt.

Das Vektorprodukt hat folgende Eigenschaften:

(1) Genau dann ist $\vec{a} \times \vec{b} = \vec{o}$, wenn $\{\vec{a}, \vec{b}\}$ linear abhängig ist.

(2) $\vec{b} \times \vec{a} = -(\vec{a} \times \vec{b})$ für alle $\vec{a}, \vec{b}, \vec{c} \in \mathbb{R}^3$.

(3) $\vec{a} \times (\vec{b} + \vec{c}) = (\vec{a} \times \vec{b}) + (\vec{a} \times \vec{c})$ für alle $\vec{a}, \vec{b}, \vec{c} \in \mathbb{R}^3$.

(4) $\vec{a} \times (r\vec{b}) = r(\vec{a} \times \vec{b})$ für alle $\vec{a}, \vec{b} \in \mathbb{R}^3$ und alle $r \in \mathbb{R}^3$.

(5) $(\vec{a} \times \vec{b}) \bullet \vec{a} = 0$ und $(\vec{a} \times \vec{b}) \bullet \vec{b} = 0$ für alle $\vec{a}, \vec{b} \in \mathbb{R}^3$.

Das Vektorprodukt ist eine Verknüpfung in $\mathbb{R}^3$. Sie ist nicht kommutativ und nicht assoziativ.

Das Vektorprodukt ist nicht kommutativ, stattdessen gilt Regel (2).
Es gilt auch nicht das Assoziativgesetz, im Allgemeinen ist

$$\vec{a} \times (\vec{b} \times \vec{c}) \neq (\vec{a} \times \vec{b}) \times \vec{c}.$$

Der Betrag von $\vec{a} \times \vec{b}$ ist $|\vec{a}| \cdot |\vec{b}| \cdot \sin\varphi$.

Schließen $\vec{a}, \vec{b} \in \mathbb{R}^3$ den Winkel φ ($0° \leqq \varphi \leqq 180°$) ein, dann gilt:

$$|\vec{a} \times \vec{b}| = \sqrt{\vec{a}^2\vec{b}^2 - (\vec{a} \bullet \vec{b})^2} = |\vec{a}| \cdot |\vec{b}| \cdot \sin\varphi.$$

Denn

$$\begin{aligned}(\vec{a} \times \vec{b})^2 &= (a_2b_3 - a_3b_2)^2 + (a_1b_3 - a_3b_1)^2 + (a_1b_2 - a_2b_1)^2 \\ &= (a_1^2 + a_2^2 + a_3^2)(b_1^2 + b_2^2 + b_3^2) - (a_1b_1 + a_2b_2 + a_3b_3)^2 \\ &= \vec{a}^2 \cdot \vec{b}^2 - (\vec{a} \bullet \vec{b})^2 \\ &= \vec{a}^2 \cdot \vec{b}^2 \cdot (1 - \cos^2\varphi) = \vec{a}^2 \cdot \vec{b}^2 \cdot \sin^2\varphi.\end{aligned}$$

(Man beachte, dass $\sin\varphi \geqq 0$ für $0° \leqq \varphi \leqq 180°$.)

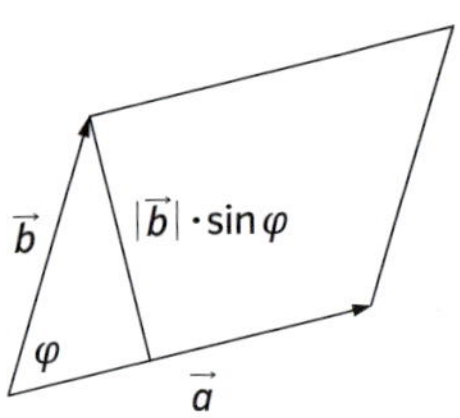

Fig. 2: Parallelogramm

Der Betrag von $\vec{a} \times \vec{b}$ ist also der Flächeninhalt des von $\vec{a}$ und $\vec{b}$ aufgespannten Parallelogramms (Fig. 2).

Beispiel:
Das Dreieck mit den Ecken A(1|0|5), B(6|−2|7), C(3|5|−1) hat den Flächeninhalt

$$\frac{1}{2}|\overrightarrow{AB} \times \overrightarrow{AC}| = \frac{1}{2}\left|\begin{pmatrix}5\\-2\\2\end{pmatrix} \times \begin{pmatrix}2\\5\\-6\end{pmatrix}\right| = \frac{1}{2}\left|\begin{pmatrix}2\\34\\29\end{pmatrix}\right| = \frac{1}{2}\sqrt{2^2 + 34^2 + 29^2} = \frac{1}{2}\sqrt{2001} \approx 22{,}4.$$

Für den Innenwinkel α bei A gilt $\sqrt{33} \cdot \sqrt{65} \cdot \sin\alpha = \sqrt{2001}$, woraus $\sin\alpha \approx 0{,}96585$ folgt, also $\alpha \approx 75°$ oder $\alpha \approx 105°$. Das Skalarprodukt liefert aber sofort den richtigen Wert: Es ist $\cos\alpha \approx 0{,}2591$, also $\alpha \approx 105°$.

Das Spatprodukt

Der von den Vektoren $\vec{a}$, $\vec{b}$, $\vec{c}$ im Raum aufgespannte Spat (Fig. 3) hat das Volumen

$$V = \left|\left(\vec{a} \times \vec{b}\right) \bullet \vec{c}\right|.$$

Denn ist φ der Winkel zwischen $\vec{a} \times \vec{b}$ und $\vec{c}$, dann hat der Spat den Grundflächeninhalt $\left|\vec{a} \times \vec{b}\right|$ und die Höhe $\left|\left|\vec{c}\right| \cdot \cos\varphi\right|$, es ist also

$$V = \left|\vec{a} \times \vec{b}\right| \cdot \left|\left|\vec{c}\right| \cdot \cos\varphi\right|.$$

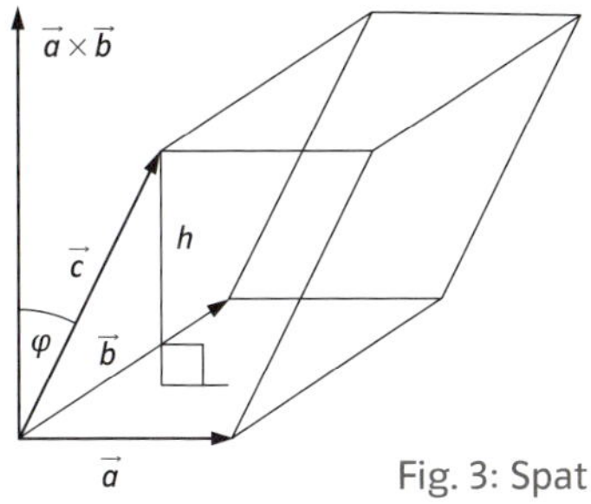

Fig. 3: Spat

Der Betrag des Spatprodukts $\left(\vec{a} \times \vec{b}\right) \bullet$ c ist das Volumen des von $\vec{a}$, $\vec{b}$, $\vec{c}$ aufgespannten Spats.

Man nennt $\left(\vec{a} \times \vec{b}\right) \bullet \vec{c}$ das **Spatprodukt** der Vektoren $\vec{a}$, $\vec{b}$, $\vec{c}$. Ist $\{\vec{a}, \vec{b}, \vec{c}\}$ linear abhängig, dann ist $\left(\vec{a} \times \vec{b}\right) \bullet \vec{c} = 0$.

Beispiel: Mit Hilfe des Spatprodukts kann leicht das Volumen der Dreieckspyramide mit den Ecken A(1|1|0), B(2|−4|5), C(−2|1|4), D(3|1|2) berechnet werden. Es ist der sechste Teil des Volumens des von $\overrightarrow{AB}$, $\overrightarrow{AC}$, $\overrightarrow{AD}$ aufgespannten Spats (Fig. 4), also $\frac{1}{6}$ von

$$\left|\left(\begin{pmatrix}1\\-5\\5\end{pmatrix} \times \begin{pmatrix}-3\\0\\4\end{pmatrix}\right) \bullet \begin{pmatrix}2\\0\\2\end{pmatrix}\right| = \left|\begin{pmatrix}-20\\-19\\-15\end{pmatrix} \bullet \begin{pmatrix}2\\0\\2\end{pmatrix}\right| = 70.$$

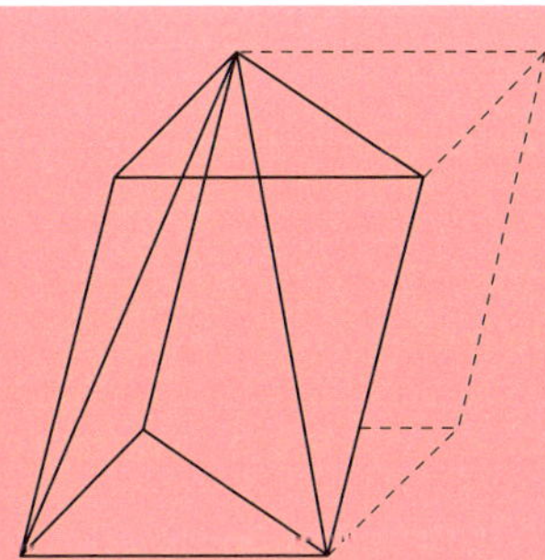
Fig. 4: Dreieckspyramide

Addiert man zu einem der Vektoren $\vec{a}$, $\vec{b}$, $\vec{c}$ eine Linearkombination der beiden anderen, so ändert $\left(\vec{a} \times \vec{b}\right) \bullet \vec{c}$ nicht seinen Wert: Wegen $\vec{b} \times \vec{b} = \vec{c} \times \vec{c} = 0$ ist

$$\left(\left(\vec{a} + r\vec{b} + s\vec{c}\right) \times \vec{b}\right) \bullet \vec{c} = \left(\left(\vec{a} + s\vec{c}\right) \times \vec{b}\right) \bullet \vec{c} = \left(\left(\vec{a} \times \vec{b}\right) \bullet \vec{c}\right.,$$

$$\left(\vec{a} \times \vec{b}\right) \bullet \left(\vec{c} + r\vec{a} + s\vec{b}\right) = \left(\vec{a} \times \vec{b}\right) \bullet \vec{c}.$$

Das Spatprodukt ändert sich nicht, wenn man zu einem Vektor eine Linearkombination der beiden anderen addiert.

Bei Vertauschung der Vektoren ändert das Spatprodukt höchstens sein Vorzeichen, nicht aber seinen Betrag. Es gilt für alle $\vec{a}$, $\vec{b}$, $\vec{c} \in \mathbb{R}^3$

$$\left(\vec{a} \times \vec{b}\right) \bullet \vec{c} = \left(\vec{b} \times \vec{c}\right) \bullet \vec{a} = \left(\vec{c} \times \vec{a}\right) \bullet \vec{b}.$$

Bei zyklischer Vertauschung der Vektoren ändert sich also das Vorzeichen nicht, bei jeder anderen Vertauschung ändert es sich. Dies bestätigt sich an dem Term $\left(\vec{a} \times \vec{b}\right) \bullet \vec{c} = a_1b_2c_3 + a_2b_3c_1 + a_3b_1c_2 - a_3b_2c_1 - a_1b_3c_2 - a_2b_1c_3$.

Das Spatprodukt ändert höchstens sein Vorzeichen, wenn man die Vektoren vertauscht.

Man schreibt diesen unübersichtlichen Term auch in der Form

$$\begin{vmatrix} a_1 & b_1 & c_1 \\ a_2 & b_2 & c_2 \\ a_3 & b_3 & c_3 \end{vmatrix}$$

und nennt ihn die **Determinante** der Vektoren $\vec{a}$, $\vec{b}$, $\vec{c}$. Zur Berechnung der Determinante kann das Schema in Fig. 5 dienen, man beachte aber das folgende Beispiel.

Das Spatprodukt kann man auch als Determinante schreiben.

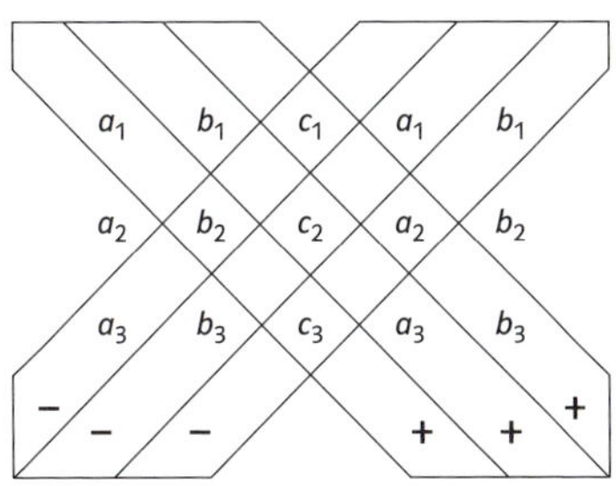

Fig. 5: Determinante

Beispiel:

Der von $\begin{pmatrix}1\\-5\\5\end{pmatrix}, \begin{pmatrix}-3\\0\\4\end{pmatrix}, \begin{pmatrix}2\\0\\2\end{pmatrix}$ aufgespannte Spat hat das Volumen $V = \begin{vmatrix}1 & -3 & 2\\-5 & 0 & 0\\5 & 4 & 2\end{vmatrix}$.

Addiert man das (−2)-fache der dritten Spalte zur zweiten und dann geeignete Vielfache der zweiten Spalte zur ersten und dritten Spalte und schließlich ein geeignetes Vielfaches der dritten Spalte zur ersten, dann ergibt sich

$$V = \begin{vmatrix}0 & -7 & 0\\-5 & 0 & 0\\0 & 0 & 2\end{vmatrix} = -\begin{vmatrix}-7 & 0 & 0\\0 & -5 & 0\\0 & 0 & 2\end{vmatrix} = -(-7)\cdot(-5)\cdot 2 = -70.$$

Dabei haben wir noch die beiden ersten Spalten vertauscht, so dass nur noch die Diagonalelemente von 0 verschieden sind.

Beispiel: Eine Ebene durch den Punkt P mit den Spannvektoren $\vec{u}, \vec{v}$ hat die Normalengleichung $(\vec{x} - \vec{p}) \bullet (\vec{u} \times \vec{v}) = 0$. Dies kann man auch als Determinantengleichung schreiben:

$$\begin{vmatrix}x_1 - p_1 & u_1 & v_1\\x_2 - p_2 & u_2 & v_2\\x_3 - p_3 & u_3 & v_3\end{vmatrix} = 0$$

Beispiel:

Das homogene LGS $\left\{\begin{matrix}x_1 + ax_2 + a^2x_3 = 0\\x_1 + bx_2 + b^2x_3 = 0\\x_1 + cx_2 + c^2x_3 = 0\end{matrix}\right\}$ hat genau dann nur die triviale Lösung (0; 0; 0), wenn die Vektoren aus den Koeffizientenspalten linear unabhängig sind, wenn die Determinante aus diesen Vektoren also von 0 verschieden ist. Es gilt

$$\begin{vmatrix}1 & a & a^2\\1 & b & b^2\\1 & c & c^2\end{vmatrix} = \begin{vmatrix}1 & 0 & 0\\1 & b-a & b^2-a^2\\1 & c-a & c^2-a^2\end{vmatrix} = \begin{vmatrix}b-a & b^2-a^2\\c-a & c^2-a^2\end{vmatrix}$$

$$= (b-a)(c-a)\begin{vmatrix}1 & b+a\\1 & c+a\end{vmatrix} = (b-a)(c-a)(c-b).$$

Obiges LGS hat also genau dann nur die triviale Lösung (0; 0 ;0), wenn die Zahlen a, b, c paarweise verschieden sind.

Die cramersche Regel

Die Koeffizientenspalten eines LGS mit drei Variablen x_1, x_2, x_3 und drei Gleichungen bezeichne man mit $\vec{a}, \vec{b}, \vec{c}, \vec{d}$. Dann kann man das LGS folgendermaßen schreiben:

$$x_1\vec{a} + x_2\vec{b} + x_3\vec{c} = \vec{d}$$

Das LGS und damit diese Vektorgleichung sind eindeutig lösbar, wenn $\{\vec{a}, \vec{b}, \vec{c}\}$ linear unabhängig ist, wenn also $(\vec{a} \times \vec{b}) \bullet \vec{c} \neq 0$ gilt. Bildet man in der Vektorgleichung der Reihe nach das Skalarprodukt mit $\vec{b} \times \vec{c}, \vec{c} \times \vec{a}, \vec{a} \times \vec{b}$, dann ergeben sich die Gleichungen

$$x_1 \cdot (\vec{b} \times \vec{c}) \bullet \vec{a} = (\vec{b} \times \vec{c}) \bullet \vec{d},$$
$$x_2 \cdot (\vec{c} \times \vec{a}) \bullet \vec{b} = (\vec{c} \times \vec{a}) \bullet \vec{d},$$
$$x_3 \cdot (\vec{a} \times \vec{b}) \bullet \vec{c} = (\vec{a} \times \vec{b}) \bullet \vec{d}.$$

Unter Beachtung der zyklischen Vertauschbarkeit der Vektoren im Spatprodukt folgt

$$x_1 = \frac{(\vec{d} \times \vec{b}) \bullet \vec{c}}{(\vec{a} \times \vec{b}) \bullet \vec{c}}, \quad x_2 = \frac{(\vec{a} \times \vec{d}) \bullet \vec{c}}{(\vec{a} \times \vec{b}) \bullet \vec{c}}, \quad x_3 = \frac{(\vec{a} \times \vec{b}) \bullet \vec{d}}{(\vec{a} \times \vec{b}) \bullet \vec{c}}.$$

Mit Hilfe des Spatprodukts kann man die cramersche Regel zum Lösen eines eindeutig lösbaren LGS mit 3 Variablen und 3 Gleichungen herleiten.

Schreibt man die Spatprodukte als Determinanten, dann ergibt sich die übliche Form der **cramerschen Regel** (nach Gabriel Cramer, 1704–1752). Eine entsprechende Formel haben wir bereits für ein LGS mit 2 Variablen und 2 Gleichungen gefunden (➛ s. S. 120). Dabei wird die zweireihige Determinante

$\begin{vmatrix} a_1 & b_1 \\ a_2 & b_2 \end{vmatrix} = a_1 b_2 - a_2 b_1$ verwendet. Es gilt

$$\begin{vmatrix} a_1 & b_1 & c_1 \\ a_2 & b_2 & c_2 \\ a_3 & b_3 & c_3 \end{vmatrix} = a_1 \begin{vmatrix} b_2 & c_2 \\ b_3 & c_3 \end{vmatrix} - a_2 \begin{vmatrix} b_1 & c_1 \\ b_3 & c_3 \end{vmatrix} + a_3 \begin{vmatrix} b_1 & c_1 \\ b_2 & c_2 \end{vmatrix},$$

denn $a_1 b_2 c_3 + a_2 b_3 c_1 + a_3 b_1 c_2 - a_3 b_2 c_1 - a_1 b_3 c_2 - a_2 b_1 c_3$
$= a_1 (b_2 c_3 - b_3 c_2) - a_2 (b_1 c_3 - b_3 c_1) + a_3 (b_1 c_2 - b_2 c_1)$.

Beispiel: Die Determinante der Koeffizientenvektoren des LGS

$$\begin{aligned} x_1 + 2x_2 \phantom{{}+ 5x_3} &= 14 \\ x_1 + 3x_2 + 2x_3 &= 14 \\ x_2 + 5x_3 &= -9 \end{aligned}$$

ist

$$\begin{vmatrix} 1 & 2 & 0 \\ 1 & 3 & 2 \\ 0 & 1 & 5 \end{vmatrix} = \begin{vmatrix} 1 & 0 & 0 \\ 1 & 1 & 2 \\ 0 & 1 & 5 \end{vmatrix} = \begin{vmatrix} 1 & 0 & 0 \\ 1 & 1 & 0 \\ 0 & 1 & 3 \end{vmatrix} = \begin{vmatrix} 1 & 0 & 0 \\ 1 & 1 & 0 \\ 0 & 0 & 3 \end{vmatrix} = \begin{vmatrix} 1 & 0 & 0 \\ 0 & 1 & 0 \\ 0 & 0 & 3 \end{vmatrix} = 3.$$

Also ergibt sich für x_1, x_2, x_3 der Reihe nach

$$\frac{1}{3} \begin{vmatrix} 14 & 2 & 0 \\ 14 & 3 & 2 \\ -9 & 1 & 5 \end{vmatrix} = 2, \quad \frac{1}{3} \begin{vmatrix} 1 & 14 & 0 \\ 1 & 14 & 2 \\ 0 & -9 & 5 \end{vmatrix} = 6, \quad \frac{1}{3} \begin{vmatrix} 1 & 2 & 14 \\ 1 & 3 & 14 \\ 0 & 1 & -9 \end{vmatrix} = -3.$$

Alle Querverweise im Überblick:

Cramersche Regel: S. 161 ➛ S. 120

Zusammenfassung: Das Vektorprodukt

Im Vektorraum $\mathbb{R}^3$ ist das **Vektorprodukt** $\vec{a} \times \vec{b}$ zweier Vektoren $\vec{a}, \vec{b}$ mit den Koordinaten a_1, a_2, a_3 bzw. b_1, b_2, b_3 folgendermaßen definiert:

$$\begin{pmatrix} a_1 \\ a_2 \\ a_3 \end{pmatrix} \times \begin{pmatrix} b_1 \\ b_2 \\ b_3 \end{pmatrix} = \begin{pmatrix} a_2b_3 - a_3b_2 \\ a_3b_1 - a_1b_3 \\ a_1b_2 - a_2b_1 \end{pmatrix}$$

Genau dann ist $\vec{a} \times \vec{b} = \vec{o}$, wenn $\{\vec{a}, \vec{b}\}$ linear abhängig ist. Das Vektorprodukt $\vec{a} \times \vec{b}$ ist orthogonal zu $\vec{a}$ und zu $\vec{b}$. Bei Vertauschung der Vektoren in $\vec{a} \times \vec{b}$ ändert sich das Vorzeichen. Es gilt $\vec{a} \times (\vec{b} + \vec{c}) = (\vec{a} \times \vec{b}) + (\vec{a} \times \vec{c})$ und $\vec{a} \times (r\vec{b}) = r(\vec{a} \times \vec{b})$ für alle $r \in \mathbb{R}$ und alle $\vec{a}, \vec{b}, \vec{c} \in \mathbb{R}^3$. Im Allgemeinen ist $\vec{a} \times (\vec{b} \times \vec{c}) \neq (\vec{a} \times \vec{b}) \times \vec{c}$. Weiterhin gilt

$$|\vec{a} \times \vec{b}| = \sqrt{\vec{a}^2\vec{b}^2 - (\vec{a} \bullet \vec{b})^2} = |\vec{a}| \cdot |\vec{b}| \cdot \sin \varphi$$

wobei φ der von $\vec{a}$ und $\vec{b}$ eingeschlossene Winkel ist.

Für $\vec{a}, \vec{b}, \vec{c} \in \mathbb{R}^3$ ist $(\vec{a} \times \vec{b}) \bullet \vec{c}$ das **Spatprodukt** dieser Vektoren. Sein Betrag ist das Volumen des von $\vec{a}, \vec{b}, \vec{c}$ aufgespannten Spats. Genau dann ist $(\vec{a} \times \vec{b}) \bullet \vec{c} = 0$, wenn $\{\vec{a}, \vec{b}, \vec{c}\}$ linear abhängig ist. Das Spatprodukt ändert sich nicht, wenn man zu einem Vektor eine Linearkombination der beiden anderen addiert. Das Spatprodukt ändert höchstens sein Vorzeichen, wenn man die Vektoren vertauscht.

Das Spatprodukt kann man auch als **Determinante** schreiben. Mit Hilfe des Spatprodukts kann man die **cramerschen Regeln** zum Lösen eines LGS mit 3 Variablen und 3 Gleichungen herleiten: Ist das LGS

$$\begin{aligned} a_1x_1 + b_1x_2 + c_1x_3 &= d_1 \\ a_2x_1 + b_2x_2 + c_2x_3 &= d_2 \\ a_3x_1 + b_3x_2 + c_3x_3 &= d_3 \end{aligned}$$

eindeutig lösbar, dann lautet seine Lösung

$$x_1 = \frac{\begin{vmatrix} \mathbf{d}_1 & b_2 & c_1 \\ \mathbf{d}_1 & b_2 & c_2 \\ \mathbf{d}_3 & b_3 & c_3 \end{vmatrix}}{\begin{vmatrix} a_1 & b_1 & c_1 \\ a_2 & b_2 & c_2 \\ a_3 & b_3 & c_3 \end{vmatrix}}, \quad x_2 = \frac{\begin{vmatrix} a_1 & \mathbf{d}_1 & c_1 \\ a_2 & \mathbf{d}_2 & c_2 \\ a_3 & \mathbf{d}_3 & c_3 \end{vmatrix}}{\begin{vmatrix} a_1 & b_1 & c_1 \\ a_2 & b_2 & c_2 \\ a_3 & b_3 & c_3 \end{vmatrix}}, \quad x_2 = \frac{\begin{vmatrix} a_1 & b_1 & \mathbf{d}_1 \\ a_2 & b_2 & \mathbf{d}_3 \\ a_3 & b_3 & \mathbf{d}_3 \end{vmatrix}}{\begin{vmatrix} a_1 & b_1 & c_1 \\ a_2 & b_2 & c_2 \\ a_3 & b_3 & c_3 \end{vmatrix}}.$$

Kreise und Kugeln

In diesem Kapitel erfahren Sie:

- Kreise in der Ebene und Kugeln im Raum sowie Tangenten und Tangentialebenen werden durch Vektorgleichungen beschrieben.
- Die Pol-Polare-Beziehung an Kreisen und Kugeln kann mit Mitteln der Vektorrechnung untersucht werden.
- Schnittkreise und Tangentialkegel von Kugeln werden mit Hilfe von Vektoren bestimmt.
- Bei der Untersuchung von sphärischen Dreiecken kann man das Vektorprodukt anwenden.

Kreise in der Ebene

Ein Kreis in der Ebene mit dem Mittelpunkt M und dem Radius r besteht aus allen Punkten X mit $\overline{MX} = r$. Ist ein kartesisches Koordinatensystem gegeben, dann gilt also für $M(m_1 \mid m_2)$ und $X(x_1 \mid x_2)$ die Gleichung

$$(x_1 - m_1)^2 + (x_2 - m_2)^2 = r^2$$

(Fig. 1). Mit Hilfe von Ortsvektoren kann man die **Kreisgleichung** auch folgendermaßen schreiben:

$$\left(\vec{x} - \vec{m}\right)^2 = r^2$$

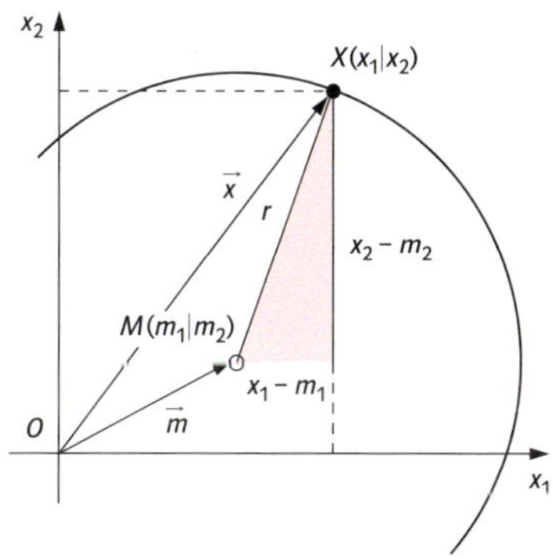

Fig. 1: Kreis in der Ebene

Der Kreis mit dem Mittelpunkt M und dem Radius r hat die Gleichung $\left(\vec{x} - \vec{m}\right)^2 = r^2$.

Beispiel: Die Gleichung $x_1^2 + x_2^2 - 14x_1 + 6x_2 + 33 = 0$ lässt sich mit Hilfe quadratischer Ergänzung umformen zu $(x_1 - 7)^2 + (x_2 + 3)^2 = 25$, stellt also einen Kreis um $M(7 \mid -3)$ mit dem Radius 5 dar.

Um die Schnittpunkte der Geraden $g\colon \vec{x} = \vec{p} + t\vec{u}$ mit dem Kreis $k\colon \left(\vec{x} - \vec{m}\right)^2 = r^2$ zu berechnen, setzt man die Geraden- in die Kreisgleichung ein:

$$\left(t\vec{u} + \left(\vec{p} - \vec{m}\right)\right)^2 = r^2.$$

Man erhält für den Parameterwert t der Schnittpunkte die Gleichung

$$\left(\vec{u}^2\right)t^2 + \left(2\left(\vec{p} - \vec{m}\right) \bullet \vec{u}\right)t + \left(\left(\vec{p} - \vec{m}\right)^2 - r^2\right) = 0.$$

Diese quadratische Gleichung hat zwei, genau eine oder keine Lösung, je nachdem, ob g eine **Sekante**, eine **Tangente** oder eine **Passante** des Kreises ist.

Die Tangente im Punkt B eines Kreises k ist orthogonal zum Berührradius MB (Fig. 2). Für einen Ortsvektor $\vec{x}$ eines Punktes der Tangente gilt also

$$\left(\vec{b} - \vec{m}\right) \bullet \left(\vec{x} - \vec{b}\right) = 0.$$

Diese Gleichung kann man umformen zu $\left(\vec{b} - \vec{m}\right) \bullet \left(\left(\vec{x} - \vec{m}\right) - \left(\vec{b} - \vec{m}\right)\right) = 0$, woraus sich wegen $\left(\vec{b} - \vec{m}\right) = r^2$ die folgende **Gleichung der Tangente** ergibt:

$$\left(\vec{b} - \vec{m}\right) \bullet \left(\vec{x} - \vec{m}\right) = r^2$$

Die Tangente an den Kreis um M mit dem Radius r im Berührpunkt B hat die Gleichung $(\vec{b} - \vec{m}) \bullet (\vec{x} - \vec{m}) = r^2$

Die Gerade $g: (\vec{x} - \vec{p}) \bullet \vec{n} = 0$ ist genau dann eine Tangente an den Kreis um M mit dem Radius r, wenn $|(\vec{m} - \vec{p}) \bullet \vec{n}| = r|\vec{n}|$.

Ihre Koordinatengleichung lautet

$$(b_1 - m_1)(x_1 - m_1) + (b_2 - m_2)(x_2 - m_2) = r^2.$$

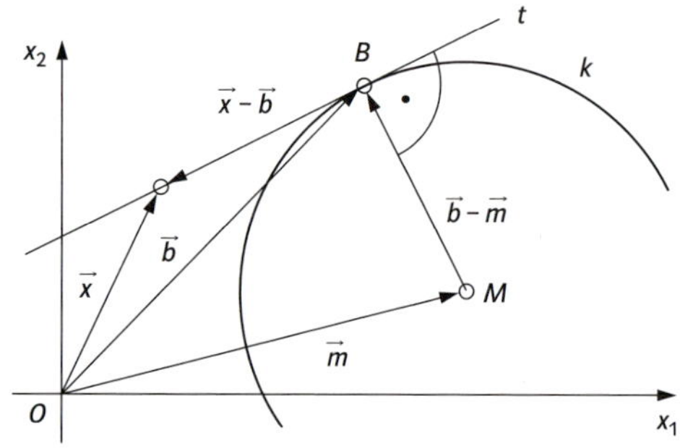

Fig. 2: Kreistangente

Die Gerade $g: (\vec{x} - \vec{p}) \bullet \vec{n} = 0$ ist genau dann eine Tangente an obigen Kreis, wenn M von g den Abstand r hat, wenn also (➤ s. S. 153)

$$|(\vec{m} - \vec{p}) \bullet \vec{n}| = r|\vec{n}|.$$

Beispiel: Vom Punkt $P(1|4)$ aus existieren zwei Tangenten an den Kreis um $M(7|-3)$ mit dem Radius 5 (Fig. 3), denn

$$|\overrightarrow{MP}| = \sqrt{6^2 + 7^2} > 5.$$

Die Tangentengleichungen kann man in der Form $\frac{x_2 - 4}{x_1 - 1} = s$ ansetzen, denn die Tangenten sind offensichtlich nicht parallel zur x_2-Achse. Die Tangentengleichungen sind also

$$sx_1 - x_2 = s - 4.$$

Die Tangentenbedingung

$$\left|\begin{pmatrix} 6 \\ -7 \end{pmatrix} \cdot \begin{pmatrix} s \\ -1 \end{pmatrix}\right| = 5 \cdot \sqrt{s^2 + 1}$$

liefert $(6s + 7)^2 = 25 \cdot (s^2 + 1)$, also $11s^2 + 84s + 24 = 0$. Die Lösungen dieser quadratischen Gleichung sind $s_{1/2} = \frac{1}{11}(-42 \pm 10\sqrt{15})$, womit die gesuchten Tangentengleichungen gefunden sind.

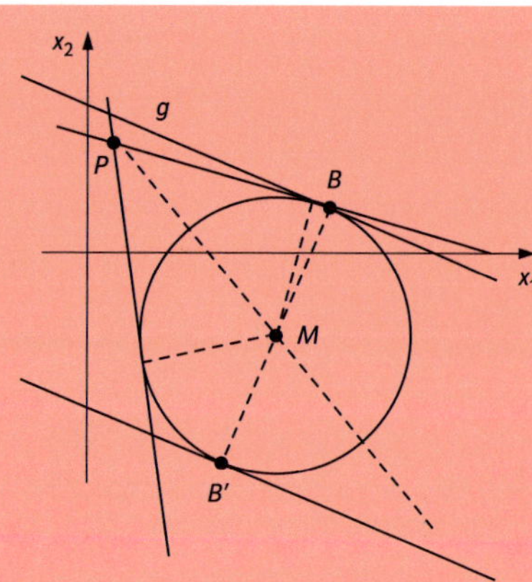

Fig. 3: Kreistangenten

Beispiel: Die Gerade $g: 5x_1 + 12x_2 = c$ ist genau dann eine Tangente an den Kreis um $M(7|-3)$ mit dem Radius 5 (Fig. 3), wenn $\left|\frac{5 \cdot 7 + 12 \cdot (-3) - c}{\sqrt{5^2 + 12^2}}\right| = \frac{|c + 1|}{13} = 5$, wenn also $c = 64$ oder $c = -66$.

Beispiel: Die Gerade mit der Gleichung $5x_1 + 12x_2 = 64$ hat sich als Tangente an den Kreis um $M(7|-3)$ mit dem Radius 5 erwiesen. Diese Gleichung ist äquivalent mit $5(x_1 - 7) + 12(x_2 + 3) = 65$. Mit dem Berührpunkt $B(b_1|b_2)$ lautet die Tangentengleichung $(b_1 - 7)(x_1 - 7) + (b_2 + 3)(x_2 + 3) = 25$. Koeffizientenvergleich ergibt $\frac{5}{65} = \frac{b_1 - 7}{25}$ und $\frac{12}{65} = \frac{b_2 + 3}{25}$. Daraus erhält man die Berührpunktkoordinaten: $b_1 = \frac{116}{13}$, $b_2 = \frac{21}{13}$.

Beispiel: Zwei Kreise, bei denen die Entfernung der Mittelpunkte größer ist als die Summe der Radien, haben vier gemeinsame Tangenten.
Ist $t\colon ax_1 + x_2 = c$ eine gemeinsame Tangente von

$$k_1\colon (\vec{x} - \vec{u})^2 = r^2 \text{ und } k_2\colon (\vec{x} - \vec{v})^2 = s^2,$$

dann muss

$$\left|\frac{au_1 + u_2 - c}{\sqrt{a^2+1}}\right| = r, \quad \left|\frac{av_1 + v_2 - c}{\sqrt{a^2+1}}\right| = s$$

gelten. Ist k_1 ein Ursprungskreis wie in Fig. 4, dann ist $\vec{u} = \vec{o}$ und damit $c = \pm r\sqrt{a^2+1}$.
Andererseits ist $av_1 + v_2 = c \pm s\sqrt{a^2+1}$.
Elimination von c führt auf
$av_1 + v_2 = |r \pm s|\sqrt{a^2+1}$. Nach Quadrieren erhält man zwei quadratische Gleichungen für a mit jeweils zwei Lösungen, also die gesuchten vier Tangenten.

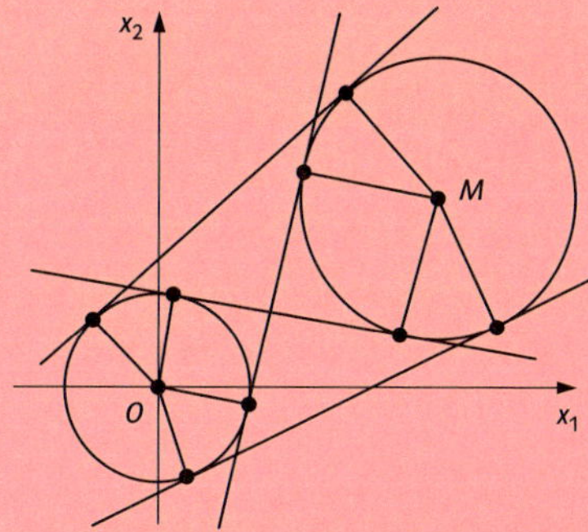

Fig. 4: Gemeinsame Tangenten

Beispiel: Für je zwei Kreise mit verschiedenen Mittelpunkten M_1, M_2 liegen die Punkte, von denen aus die Tangentenabschnitte an die beiden Kreise gleich lang sind, auf einer zu M_1M_2 orthogonalen Geraden, welche man die **Chordale** der beiden Kreise nennt. Soll in Fig. 5 nämlich $\overrightarrow{B_1X}^2 = \overrightarrow{B_2X}^2$ gelten, dann ist

$$(\vec{x} - \vec{m}_1)^2 - r_1^2 = (\vec{x} - \vec{m}_2)^2 - r_2^2.$$

Durch Ausquadrieren ergibt sich

$$2(\vec{m}_2 - \vec{m}_1) \cdot \vec{x} = (\vec{m}_2^2 - r_2^2) - (\vec{m}_2^2 - r_1^2),$$

und dies ist die Gleichung einer Geraden mit den Normalenvektor $2\,\overrightarrow{M_1M_2}$.

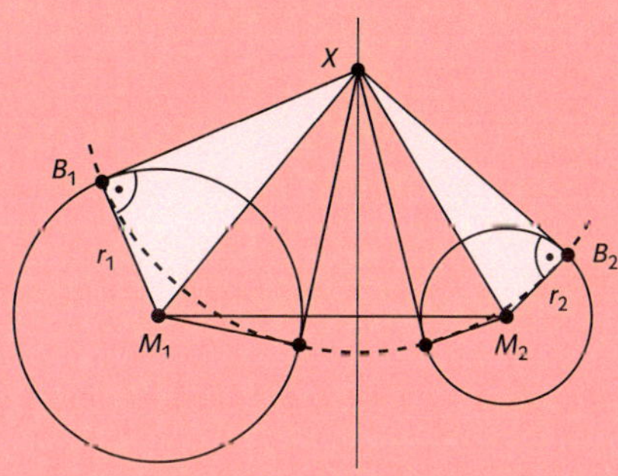

Fig. 5: Chordale

Mit Vektoren mit ganzzahligen Koordinaten a, b und ganzzahligen Beträgen c ist das Rechnen besonders angenehm. Ein Tripel $(a; b; c)$ natürlicher Zahlen mit $a^2 + b^2 = c^2$ heißt ein **pythagoräisches Zahlentripel**. Um solche zu konstruieren, sucht man zunächst Punkte auf dem Einheitskreis mit rationalen Koordinaten. Alle solche im ersten Quadrant ergeben sich als Schnittpunkt des Einheitskreises mit der Geraden mit der Gleichung $x_2 = tx_1 - 1$ mit rationalem $t > 1$. Die Gleichung $x_1^2 + (tx_1 - 1)^2 = 1$ bzw. $(t^2+1)x_1^2 - 2tx_1 = 0$ hat außer 0 die Lösung

$$x_1 = \frac{2t}{t^2+1} \quad \text{und damit} \quad x_2 = tx_1 - 1 = \frac{t^2-1}{t^2+1}.$$

Für $t = \frac{m}{n}$ mit $m, n \in \mathbb{N}$ und $m > n$ ist $x_1 = \frac{2mn}{m^2+n^2}$, $x_2 = \frac{m^2-n^2}{m^2+n^2}$.

Damit ergeben sich die pythagoräischen Zahlentripel $(2mn; m^2 - n^2; m^2 + n^2)$.

Für $(m; n) = (2;1), (3;2), (4;1), (4;3), (5;2), (5;4)$ erhält man der Reihe nach die Tripel $(4;3;5), (12;5;13), (8;15;17), (24;7;25), (20;21;29), (40;9;41)$.

Pol und Polare

Die Gerade p, auf welcher die Berührpunkte der Tangenten von einem Punkt P aus an dem Kreis k liegen, heißt **Polare** von P bezüglich k. Ist umgekehrt p eine Sekante von k, welche k in B_1, B_2 schneidet, dann heißt der Schnittpunkt der Tangenten in B_1, B_2 der **Pol** von p bezüglich k (Fig. 6). Da P auf den beiden Tangenten liegt, gilt

$$\left(\vec{b}_1 - \vec{m}\right) \bullet \left(\vec{p} - \vec{m}\right) = r^2,$$
$$\left(\vec{b}_2 - \vec{m}\right) \bullet \left(\vec{p} - \vec{m}\right) = r^2.$$

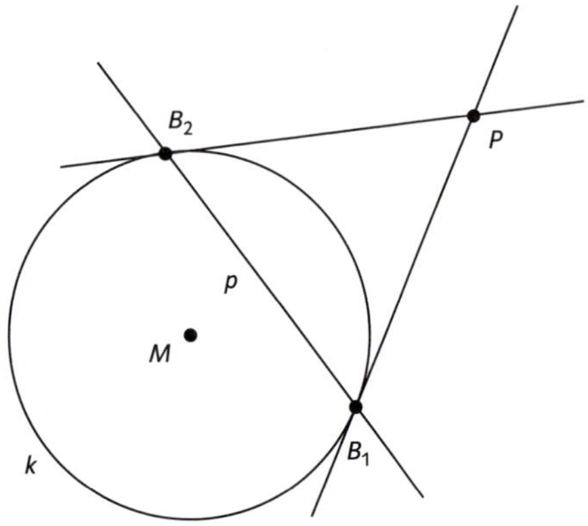

Fig. 6: Pol-Polare-Beziehung

Die Gleichung der Polaren zum Pol P bezüglich des Kreises um M mit dem Radius r ist $(\vec{p} - \vec{m}) \bullet (\vec{x} - \vec{m}) = r^2$.

B_1 und B_2 liegen also auf der Geraden mit der Gleichung

$$(\vec{p} - \vec{m}) \bullet (\vec{x} - \vec{m}) = r^2,$$

dies ist also die **Gleichung der Polaren** zum Pol P.

Beispiel: Die Gerade $g: 5x_1 + 7x_2 = 48$ ist eine Sekante des Kreises k um $M(1|3)$ mit dem Radius 4. Denn M hat von g den Abstand $\left|\frac{5 \cdot 1 + 7 \cdot 3 - 48}{\sqrt{5^2 + 7^2}}\right| = \frac{22}{\sqrt{74}} < 4$.

Es soll $P(p_1 | p_2)$ so bestimmt werde, dass g die Polare von P bezüglich k ist. Man vergleiche nun die Polarengleichung mit der (etwas umgeformten) Gleichung von g:

$$(p_1 - 1)(x_1 - 1) + (p_2 - 3)(x_2 - 3) = 16$$
$$5(x_1 - 1) \quad + 7(x_2 - 3) = 22$$

Koeffizientenvergleich ergibt $22 \cdot (p_1 - 1) = 5 \cdot 16$ und $22 \cdot (p_2 - 3) = 7 \cdot 16$, woraus man $p_1 = \frac{51}{11}$, $p_2 = \frac{89}{11}$ gewinnt.

Die Polaren zu den Punkten einer Geraden g schneiden sich in einem Punkt S.

Die Pole zu den Geraden durch einen Punkt S liegen auf einer Geraden g.

Sind P, Q zwei verschiedene Punkte und p, q ihre Polaren bezüglich eines Kreises um M mit dem Radius r, ist ferner S der Schnittpunkt von p und q, dann ist $\overrightarrow{MS} \perp \overrightarrow{PQ}$. Denn

$$(\vec{p} - \vec{m}) \bullet (\vec{s} - \vec{m}) = r^2,$$
$$(\vec{q} - \vec{m}) \bullet (\vec{s} - \vec{m}) = r^2,$$

also

$$(\vec{p} - \vec{q}) \bullet (\vec{s} - \vec{m}) = 0.$$

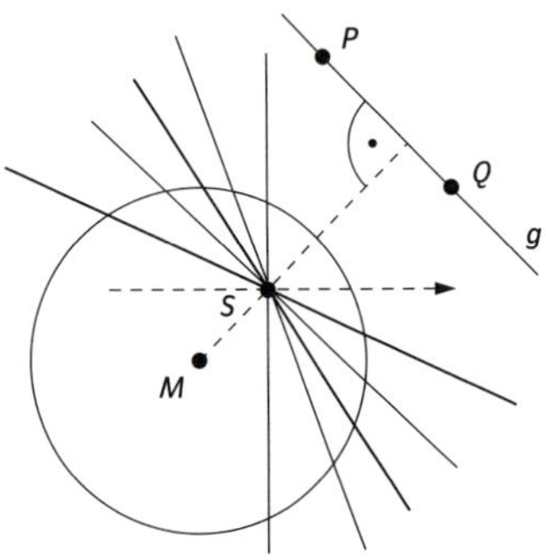

Fig. 7: Polaren zu Polen aus g

Für alle $t \in \mathbb{R}$ gilt dann

$$(\vec{p} + t(\vec{q} - \vec{p}) - \vec{m}) \bullet (\vec{s} - \vec{m}) = (\vec{p} - \vec{m}) \bullet (\vec{s} - \vec{m}) = r^2.$$

Die Polaren aller Punkte einer Geraden g schneiden sich also im Pol von g (Fig. 7). Umgekehrt gilt auch: Die Pole aller Geraden durch einen Punkt S liegen auf der Polaren von S.

Kugeln

Eine **Kugel** mit dem Mittelpunkt M und dem Radius r besteht aus allen Punkten X des Raumes mit $\overline{MX} = r$. In einem kartesischen Koordinatensystem lautet die **Kugelgleichung** also

$$(x_1 - m_1)^2 + (x_2 - m_2)^2 + (x_3 - m_3)^2 = r^2 \quad \text{bzw.} \quad (\vec{x} - \vec{m})^2 = r^2.$$

Sie hat dieselbe Form wie die Kreisgleichung in der Ebene.

Die Gleichung einer Kugel um M mit dem Radius r ist $(\vec{x} - \vec{m})^2 = r^2$.

Es gibt Kugeln um den Ursprung mit ganzahligem Radius, auf welchen Punkte mit ganzzahligen Koordinaten liegen. Solche **pythagoräischen Quadrupel** $(a; b; c; r) \in \mathbb{Z}^4$ ergeben sich folgendermaßen (➤ s. S. 165):
Man setze in $(2uw; 2vw; w^2 - u^2 - v^2; u^2 + v^2 + w^2)$ für u, v teilerfremde natürliche Zahlen mit $u \leqq v$ und $u^2 + v^2 < w^2$. Denn

$$(2uv)^2 + (2uw)^2 + (w^2 - u^2 - v^2)^2 = (w^2 + u^2 + v^2)^2.$$

Es ergeben sich z. B. die folgenden Quadrupel:

(1; 2; 2; 3), (2; 3; 6; 7), (4; 4; 7; 9), (6; 6; 7; 11), (3; 4; 12; 13) usw.

Beispiel: Die Punkte $A(14|7|14)$ und $B(9|18|6)$ liegen beide auf der Kugel um O mit dem Radius 21, denn $14^2 + 7^2 + 14^2 = 9^2 + 18^2 + 6^2 = 441 = 21^2$ (Fig. 8). Es soll die Länge des (kürzeren) Großkreisbogens durch A und B berechnet werden. (Ein **Großkreis** ist der Schnittkreis der Kugel mit einer Ebene durch den Mittelpunkt.) Für den Winkel φ zwischen $\overrightarrow{OA}$ und $\overrightarrow{OB}$ gilt

$$\cos\varphi = \frac{14 \cdot 9 + 7 \cdot 18 + 14 \cdot 6}{21 \cdot 21} = \frac{16}{21} \approx 0{,}7619,$$

also $\varphi \approx 44{,}85°$. Der Großkreisbogen hat also etwa die Länge $\frac{44,85}{360} \cdot 2\pi \cdot 21 \approx 16$.

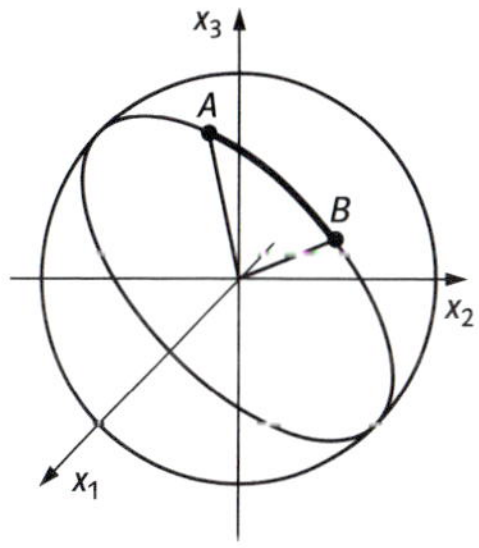

Fig. 8: Großkreisbogen

Die gemeinsamen Punkte der Kugel

$$k\colon (\vec{x} - \vec{m})^2 = r^2$$

und der Ebene

$$E\colon (\vec{x} - \vec{a}) \bullet \vec{n} = 0$$

bilden einen Kreis, sofern der Abstand des Mittelpunktes von der Ebene kleiner als r ist (Fig. 9). Der Mittelpunkt M' des Schnittkreises ist der Fußpunkt des Lotes von M auf die Ebene, also der Durchstoßpunkt der Geraden $g\colon \vec{x} = \vec{m} + s\vec{n}$ durch E. Der Radius des Schnittkreises ist

$$r' = \sqrt{r^2 - \overline{MM'}^2}.$$

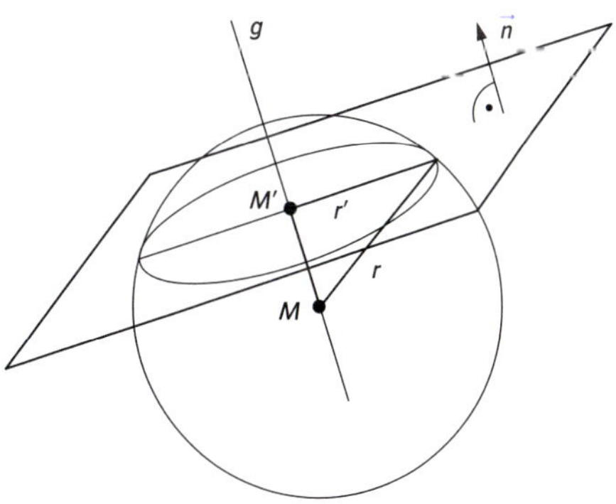

Fig. 9: Schnittkreis

Beispiel: Die Ebene E: $2x_1 + x_2 - 2x_3 = 11$ schneidet die Kugel mit der Gleichung $(x_1 - 2)^2 + (x_1 + 1)^2 + (x_3 - 5)^2 = 49$, denn M$(2\,|-1\,|\,5)$ hat von E den Abstand

$$\left|\frac{2 \cdot 2 + 1 \cdot (-1) - 2 \cdot 5 - 11}{\sqrt{2^2 + 1^2 + 2^2}}\right| = \frac{18}{3} = 6 < 7.$$

Der Radius des Schnittkreises ist $r' = \sqrt{49 - 36} = \sqrt{13}$. Der Mittelpunkt $M'(6\,|\,1\,|\,1)$ ergibt sich als Durchstoßpunkt der Geraden durch M, deren Richtungsvektor der Normalenvektor von E ist (Koordinaten $(2;\,1;\,-2)$).

Beispiel: Zwei Kugeln, bei denen die Entfernung der Mittelpunkte größer als die Differenz und kleiner als die Summe der Radien ist, schneiden sich in einem Kreis. Für die gemeinsamen Punkte der Kugeln muss in Fall $r_1 > r_2$ die Gleichung $(\vec{x} - \vec{m}_1)^2 - (\vec{x} - \vec{m}_2)^2 = r_1^2 - r_2^2$ erfüllt sein. Sie lässt sich umformen zu

$$2(\vec{m}_2 - \vec{m}_1) \bullet \vec{x} = (\vec{m}_2^{\,2} - r_2^2) - (\vec{m}_1^{\,2} - r_1^2).$$

Dies ist die Gleichung der Schnittebene.

Die Tangentialebene an die Kugel um M mit dem Radius r im Punkt B hat die Gleichung $(\vec{b} - \vec{m}) \bullet (\vec{x} - \vec{m}) = r^2$

Die Tangentialebene im Punkt B einer Kugel k ist orthogonal zu $\overrightarrow{MB}$ (Fig. 10). Für den Ortsvektor $\vec{x}$ eines Punktes der Tangentialebene gilt also

$$(\vec{b} - \vec{m}) \bullet (\vec{x} - \vec{b}) = 0$$

bzw.

$$(\vec{b} - \vec{m}) \bullet ((\vec{x} - \vec{m}) - (\vec{b} - \vec{m})) = 0$$

Mit $(\vec{b} - \vec{m})) = r^2$ erhält man die **Gleichung der Tangentialebene**:

$$(\vec{b} - \vec{m}) \bullet (\vec{x} - \vec{m}) = r^2.$$

Genau dann ist T: $\vec{n} \bullet \vec{x} = c$ eine Tangentialebene an die Kugel um M mit dem Radius r, wenn $|\vec{n} \cdot \vec{m} - c| = r|\vec{n}|$.

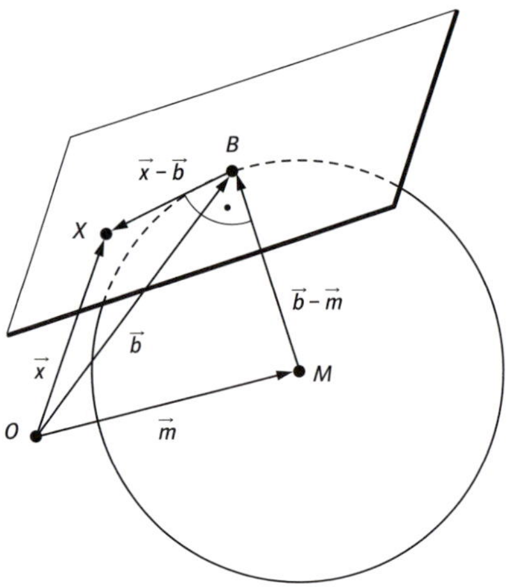

Fig. 10: Tangentialebene

Für den Ortsvektor des Berührpunktes gilt dann $\vec{b} = \vec{m} \pm r\,\frac{\vec{n}}{|\vec{n}|}$; das richtige Vorzeichen ergibt sich durch Einsetzen in die Gleichung von T.

Beispiel: Die Ebene T: $-2x_1 - 3x_2 + 6x_3 = 68$ ist eine Tangentialebene der Kugel um $M(7\,|-3\,|\,4)$ und dem Radius 7, denn M hat von T den Abstand 7. Zur Berechnung des Berührpunkts B schneide man die zu T orthogonale Gerade durch M mit T, löse also die Gleichung

$$-2 \cdot (7 - 2t) - 3 \cdot (-3 - 3t) + 6 \cdot (4 + 6t) = 68 \text{ bzw. } (2^2 + 3^2 + 6^2)t = 49.$$

Mit $t = 1$ ergibt sich der Berührpunkt $B(5\,|-6\,|\,10)$.

Im folgenden Beispiel wird dieser Berührpunkt auf eine andere Weise berechnet.

Beispiel: Die Tangentialebene in obigem Beispiel hat die Gleichung

$$(b_1 - 7)(x_1 - 7) + (b_2 + 3)(x_2 + 3) + (b_3 - 4)(x_3 - 4) = 49.$$

Andererseits lässt sich die gegebene Gleichung umformen zu

$$-2(x_1 - 7) - 3(x_2 + 3) + 6(x_3 - 4) = 49.$$

Koeffizientenvergleich liefert

$$b_1 - 7 = 2,\ b_2 + 3 = -3,\ b_3 - 4 = 6$$

und damit

$$b_1 = 5,\ b_2 = -6,\ b_3 = 10.$$

Die Tangenten von einem Punkt P außerhalb der Kugel k an die Kugel bilden den **Tangentialkegel** mit der Spitze P an k (Fig. 11). Sie berühren die Kugel in einem Kreis. Dieser Kreis liegt in der Ebene E mit der Gleichung

$$(\vec{x} - \vec{m}) \bullet (\vec{p} - \vec{m}) = r^2.$$

Denn ist B der Berührpunkt einer Tangente durch P, dann gilt

$$(\vec{b} - \vec{m}) \bullet (\vec{p} - \vec{b}) = 0,$$

also $(\vec{b} - \vec{m}) \bullet (\vec{p} - \vec{m} + \vec{m} - \vec{b}) = 0$ und damit

$$(\vec{b} - \vec{m}) \bullet (\vec{p} - \vec{m}) - (\vec{m} - \vec{b})^2 = 0.$$

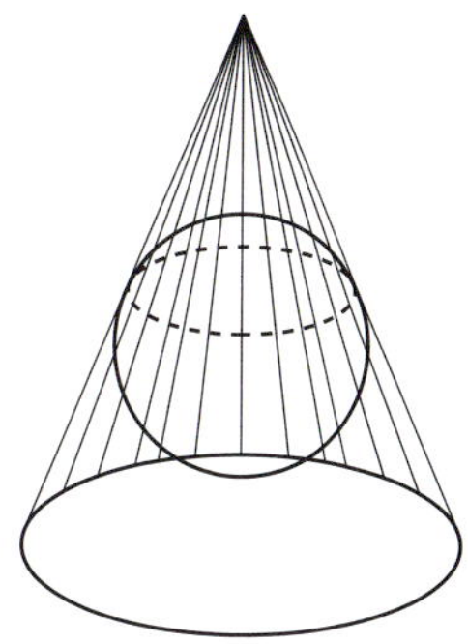

Fig. 11: Tangentialkegel

Die Ebene E mit der Gleichung

$$(\vec{x} - \vec{m}) \bullet (\vec{p} - \vec{m}) = r^2,$$

in welcher der Berührkreis des Tangentialkegels mit der Spitze P liegt, heißt **Polarebene** zum **Pol** bezüglich der Kugel k. Liegt P auf der Kugel, dann ist die zugehörige Polarebene die Tangentialebene in P.

Die Polarebene zum Pol P hat die Gleichung $(\vec{x} - \vec{m}) \bullet (\vec{p} - \vec{m}) = r^2$.

Viele Eigenschaften der Polaren am Kreis in der Ebene gelten auch für die Polarebenen einer Kugel. Die Polarebenen zu den Punkten einer Ebene E schneiden sich in einem Punkt S; die Pole zu den Ebenen durch einen Punkt S liegen auf einer Ebene E.

Beispiel: Es sei k_1 eine Kugel um M_1 mit dem Radius r_1 und k_2 eine Kugel um M_2 mit dem Radius r_2. Dabei sei $r_1 > r_2$ und $\overline{M_1M_2} < r_1 + r_2$ (Fig. 12). Dann besitzen k_1 und k_2 einen gemeinsamen Tangentialkegel. Es soll dessen Spitze S bestimmt werden.
Mit $a = \overline{SM_2}$ gilt aufgrund des Strahlensatzes

$$\frac{a + \overline{M_1M_2}}{a} = \frac{r_1}{r_2},$$

also $ar_1 = ar_2 + r_2 \cdot \overline{M_1M_2}$ und somit

$$a = \frac{r_2 \cdot \overline{M_1M_2}}{r_1 - r_2}.$$

Damit ergibt sich der Ortsvektor der Spitze S:

$$\vec{s} = \vec{m}_2 + \frac{a}{\overline{M_1M_2}}(\vec{m}_2 - \vec{m}_1) = \frac{r_1\vec{m}_2 - r_2\vec{m}_1}{r_1 - r_2}.$$

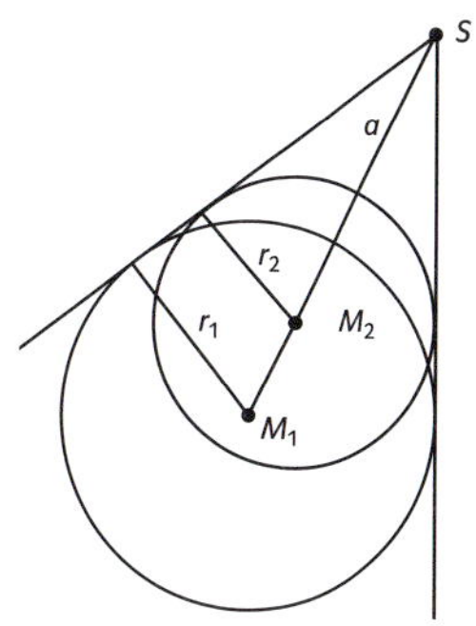

Fig. 12: Gemeinsamer Tangentialkegel

Sphärische Geometrie

Auf einer Kugel um O mit dem Radius r kann man jeden Punkt $P(p_1|p_2|p_3)$ durch zwei Winkel beschreiben (Fig. 13): Es sei $P'(p_1|p_2|0)$ die Projektion von P auf die x_1x_2-Ebene und ferner

λ der Winkel zwischen der x_1-Achse und OP' (positiv, falls $p_2 > 0$),
β der Winkel zwischen der x_1x_2-Ebene und OP (positiv, falls $p_3 > 0$).
(Wir bezeichnen diese Winkel mit λ und β, weil es sich dabei auf der Erdkugel um die geografische Länge und die geografische Breite handelt.)

Wegen $\overline{OP'} = r\cos\beta$ hat dann P die Koordinaten

$$(r\cos\beta\cos\lambda \,|\, r\cos\beta\sin\lambda \,|\, r\sin\beta).$$

Den Winkelabstand zweier Punkte auf der Kugel berechnet man mit dem Skalarprodukt.

Für zwei Punkte P_1, P_2 kann man nun den Winkel φ zwischen $\overrightarrow{OP_1}$ und $\overrightarrow{OP_2}$ mit Hilfe des Skalarprodukts berechnen.

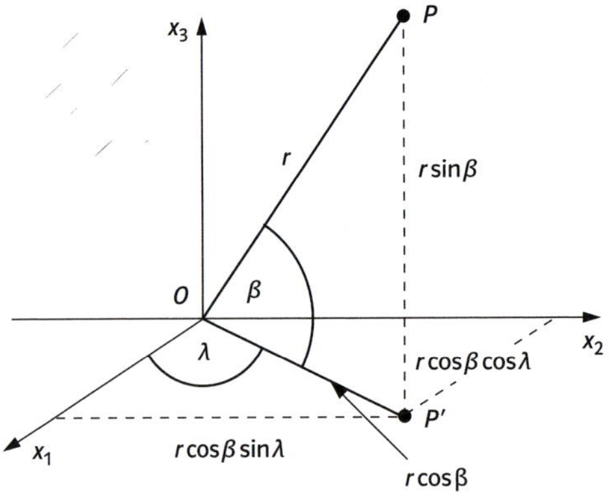

Fig. 13: Koordinaten auf der Kugel

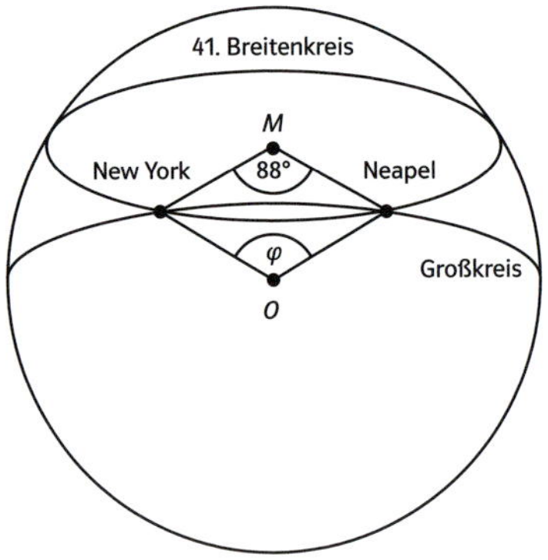

Fig. 14: Neapel – New York

Der kürzeste Weg zwischen zwei Punkten auf der Kugel ist der kürzere der beiden Bogen des Großkreises durch diese Punkte. (Ein **Großkreis** ist der Schnittkreis der Kugel mit einer Ebene, die durch den Kugelmittelpunkt geht.)

Beispiel: Neapel und New York liegen auf dem 41. nördlichen Breitenkreis und auf dem 14. östlichen bzw. 74. westlichen Längenkreis. Für ihren Winkelabstand φ gilt

$$\cos\varphi = \begin{pmatrix}\cos 41°\cos 14°\\ \cos 41°\sin 14°\\ \sin 41°\end{pmatrix} \cdot \begin{pmatrix}\cos 41°\cos(-74°)\\ \cos 41°\sin(-74°)\\ \sin 41°\end{pmatrix}$$

$$= \cos^2 41°(\cos 14°\cos 74° - \sin 14°\sin 74°) + \sin^2 41°$$

$$= \cos^2 41°\cos 88° + \sin^2 41° \approx 0{,}4503.$$

Also ist $\varphi \approx 63{,}24°$. Die Entfernung (längs des Großkreises!) dieser beiden Städte ist also etwa $\frac{63{,}24}{360} \cdot 2\pi \cdot 6400\,\text{km} \approx 7030\,\text{km}$.

Der Weg längs des 41. Breitenkreises ist etwa 350 km länger, denn

$$\frac{88}{360} \cdot \cos 41° \cdot 40\,000\,\text{km} \approx 7380\,\text{km}.$$

Ein Dreieck auf einer Kugel heißt ein **sphärisches Dreieck** (Fig. 15). Seine Seiten sind Großkreisbögen. Seine Winkel sind die Winkel zwischen den Normalenvektoren der Großkreisebenen, in denen die Seiten liegen. Sind $\vec{a}, \vec{b}, \vec{c}$ die Ortsvektoren der Ecken des Dreiecks *ABC*, dann ist der Winkel bei *A* der Winkel, den die Normalenvektoren $\vec{a} \times \vec{b}$ und $\vec{a} \times \vec{c}$ der Ebenen durch *O*, *A*, *B* bzw. *O*, *A*, *C* einschließen (➢ s. S. 157). Es gilt also

$$\cos \alpha = \frac{\left(\vec{a} \times \vec{b}\right) \bullet \left(\vec{a} \times \vec{c}\right)}{\left|\vec{a} \times \vec{c}\right| \cdot \left|\vec{a} \times \vec{c}\right|}.$$

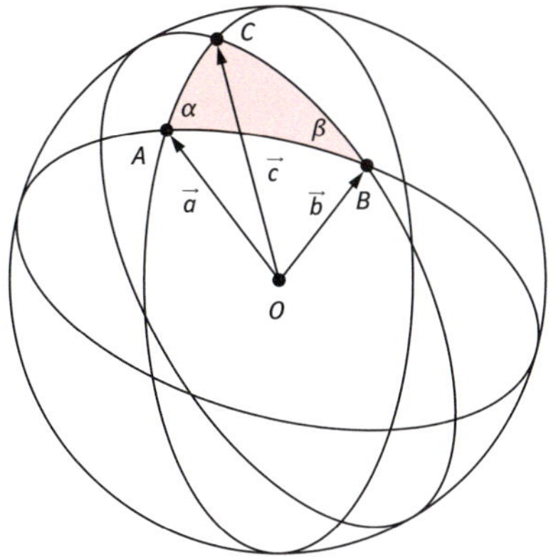

Fig. 15: Sphärisches Dreieck

Winkel in sphärischen Dreiecken kann man mit Hilfe des Vektorprodukts berechnen.

Alle Querverweise im Überblick:

Abstand eines Punktes von einer Geraden: S. 164 ➢ S. 153
Pythagoräische Tripel: S. 167 ➢ S. 165
Vektorprodukt: S. 170 ➢ S. 157

Zusammenfassung:
Kreise und Kugeln

Der **Kreis** k in der Ebene mit dem Mittelpunkt M und dem Radius r hat die Gleichung

$$(\vec{x} - \vec{m})^2 = r^2.$$

Die **Tangente** von k im Berührpunkt B hat die Gleichung

$$(\vec{b} - \vec{m}) \bullet (\vec{x} - \vec{m}) = r^2.$$

Die Gerade $g: (\vec{x} - \vec{p}) \bullet \vec{n} = 0$ ist genau dann eine Tangente des Kreises k, wenn

$$|(\vec{m} - \vec{p}) \bullet \vec{n}| = r|\vec{n}|.$$

Schneiden sich die Tangenten in zwei Kreispunkten B_1, B_2 in einem Punkt P, dann heißt P der **Pol** zu der Geraden p durch B_1, B_2 und p die **Polare** zu P bezüglich des Kreises k. Die Gleichung der Polaren zum Pol P lautet

$$(\vec{p} - \vec{m}) \bullet (\vec{x} - \vec{m}) = r^2.$$

Liegt P auf k, dann ist dies die Gleichung der Tangente in P. Die Polaren zu den Punkten einer Geraden g schneiden sich in einem Punkt S, die Pole zu den Geraden durch einen Punkt S liegen auf einer Geraden g. Dabei ist S der Pol von g und g die Polare von S.

Die **Kugel** k im Raum mit dem Mittelpunkt M und dem Radius r hat die Gleichung

$$(\vec{x} - \vec{m})^2 = r^2.$$

Die **Tangentialebene** von k im Berührpunkt B hat die Gleichung

$$(\vec{b} - \vec{m}) \bullet (\vec{x} - \vec{m}) = r^2.$$

Die Ebene $E: (\vec{x} - \vec{p}) \bullet \vec{n} = 0$ ist genau dann eine Tangentialebene der Kugel k, wenn

$$|(\vec{m} - \vec{p}) \bullet \vec{n}| = r|\vec{n}|.$$

Die Tangenten von einem Punkt P aus an die Kugel berühren die Kugel in einem Kreis und bilden den **Tangentialkegel** an k mit der Spitze P. Die Ebene durch den Berührkreis heißt **Polarebene** zum **Pol** P bezüglich der Kugel k. Die Gleichung der Polarebene zum Pol P lautet

$$(\vec{p} - \vec{m}) \bullet (\vec{x} - \vec{m}) = r^2.$$

Liegt P auf k, dann ist dies die Gleichung der Tangentialebene in P.

Für den Mittelpunkt M' und den Radius r' des **Schnittkreises** der Polarebene zum Pol P bezüglich der Kugel k gilt: M' ist der Fußpunkt des Lotes von M auf die Polarebene und $r' = \sqrt{r^2 - \overline{MM'}^2}$.

Affine Abbildungen

In diesem Kapitel erfahren Sie:

- Eine affine Abbildung der Ebene ist umkehrbar, geradentreu, parallelentreu und teilverhälnistreu.
- Ist ein Koordinatensystem in der Ebene gegeben, dann ist eine affine Abbildung durch die Bildpunkte des Ursprungs und der Einheitenpunkte (1 | 0) und (0 | 1) eindeutig bestimmt.
- Affine Abbildungen lassen sich mit Hilfe von Matrizen darstellen.

Begriff der affinen Abbildung

Eine umkehrbare geradentreue Abbildung der Ebene auf sich nennt man eine **affine Abbildung**. Eine affine Abbildung bildet also Geraden wieder auf Geraden ab. Aus der Umkehrbarkeit und der Geradentreue folgt, dass eine affine Abbildung auch **parallelentreu** und **teilverhälnistreu** ist.

Eine affine Abbildung der Ebene auf sich ist umkehrbar, geradentreu, parallelentreu, teilverhältnistreu.

Eine wichtige Methode der Geometrie zum Beweis von Sätzen, zur Definition von Begriffen usw. besteht darin, das Verhalten geometrischer Figuren bei gewissen Abbildungen der Ebene (oder des Raums) auf sich zu betrachten: Möchte man den Satz über die Seitenhalbierenden im Dreieck beweisen, dann genügt es, diesen Satz für gleichseitige Dreiecke zu beweisen. Für solche ist der Satz aber trivial (Fig. 1). Eine Ellipse kann man definieren als das Bild eines Kreises bei einer affinen Abbildung (Fig. 2).

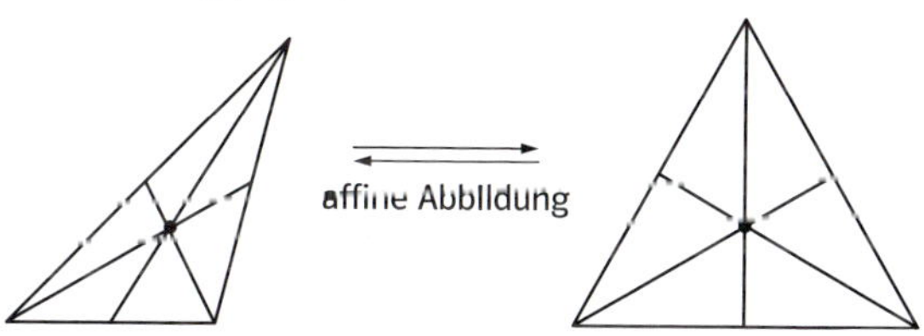

Fig. 1: Satz über die Seitenhalbierenden im Dreieck

Eine winkeltreue affine Abbildung ist eine Ähnlichkeitsabbildung.

Eine längentreue Ähnlichkeitsabbildung ist eine Kongruenzabbildung.

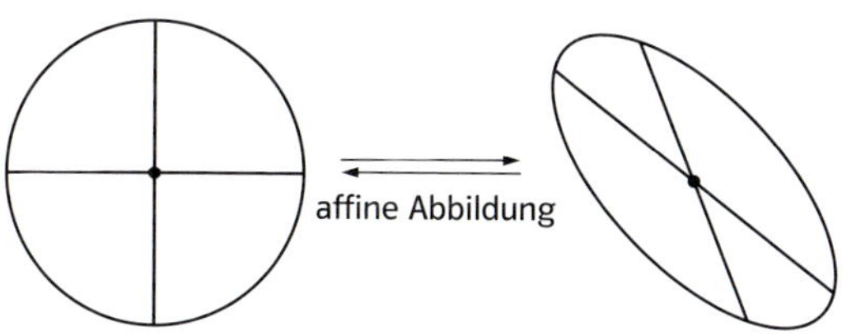

Fig. 2: Definition der Ellipse

Ist eine affine Abbildung auch **winkeltreu**, dann handelt es sich um eine **Ähnlichkeitsabbildung** (➛ s. S. 183). Ist sie darüber hinaus auch **längentreu**, dann ist sie eine **Kongruenzabbildung** (➛ s. S. 184). Affine Abbildungen sind Parallelstreckungen (➛ s. S. 176) und Verkettungen solcher miteinander und mit Ähnlichkeitsabbildungen.

Ist in der Ebene ein affines Koordinatensystem (➤ s. S. 13) mit dem Ursprung $O(0|0)$ und den Einheitspunkten $E_1(1|0)$ und $E_2(0|1)$ gegeben, dann ist eine affine Abbildung aufgrund der Teilverhältnistreue eindeutig bestimmt, wenn man die Bildpunkte von E_1, E_2, O kennt. Sind diese der Reihe nach E_1' $(a_1|a_2)$, E_2' $(b_1|b_2)$, O' $(c_1|c_2)$, dann wird der Punkt mit dem Ortsvektor

$$\vec{x} = x_1 \begin{pmatrix} 1 \\ 0 \end{pmatrix} + x_2 \begin{pmatrix} 0 \\ 1 \end{pmatrix}$$

abgebildet auf den Punkt mit dem Ortsvektor

$$\vec{x}\,' = x_1 \begin{pmatrix} a_1 \\ a_2 \end{pmatrix} + x_2 \begin{pmatrix} b_1 \\ b_2 \end{pmatrix} + \begin{pmatrix} c_1 \\ c_2 \end{pmatrix}.$$

Dabei ist $\left\{\begin{pmatrix} a_1 \\ a_2 \end{pmatrix}, \begin{pmatrix} b_1 \\ b_2 \end{pmatrix}\right\}$ linear unabhängig, da eine affine Abbildung umkehrbar ist.

Für den Bildpunkt X' $(x_1'|x_2')$ von X $(x_1|x_2)$ gilt bezüglich des gegebenen Koordinatensystems also

$$x_1' = a_1x_1 + b_1x_1 + c_1$$
$$x_2' = a_2x_2 + b_2x_2 + c_2$$

mit $a_1b_2 - a_2b_1 \neq 0$. Bezüglich des durch O', E_1', E_2' gebildeten schiefwinkligen Koordinatensystems hat X' die Koordinaten x_1, x_2, also dieselben Koordinaten wie X bezüglich des ursprünglichen Koordinatensystems. Fig. 3 zeigt, wie das gegebene Koordinatensystem auf ein affines Koordinatensystem abgebildet wird. Dabei könnte das gegebene Koordinatensystem natürlich selbst schon ein beliebiges affines Koordinatensystem sein. Mit den Abkürzungen

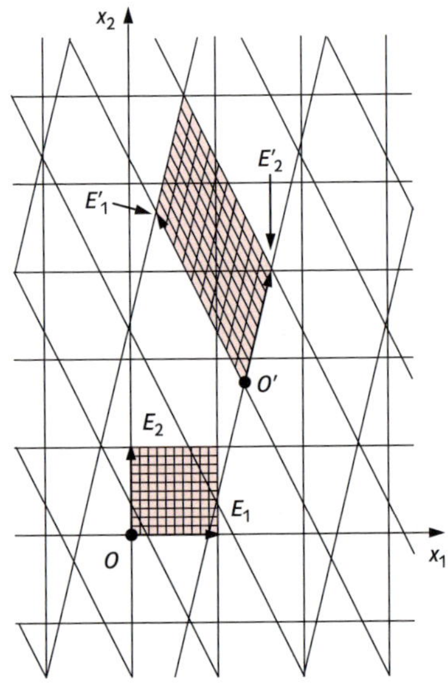

Fig. 3: Bild des Koordinatensystems

Die Abbildungsgleichung einer affinen Abbildung lautet in Matrixform $\vec{x}\,' = A\vec{x} + \vec{c}$.

$$A = \begin{pmatrix} a_1 & b_1 \\ a_2 & b_2 \end{pmatrix} \quad \text{und} \quad \vec{c} = \begin{pmatrix} c_1 \\ c_2 \end{pmatrix}$$

schreibt man die obigen Abbildungsgleichungen in der Form

$$\vec{x}\,' = A\vec{x} + \vec{c}.$$

Man nennt das Zahlenschema A die **Matrix** der Abbildung und spricht von der **Matrixform** der Abbildungsgleichung.

Die Zahl $a_1b_2 - a_2b_1$ nennt man die **Determinante** der Matrix A und schreibt dafür $|A| = \begin{vmatrix} a_1 & b_1 \\ a_2 & b_2 \end{vmatrix}$ (➤ s. S. 159).

Der Flächeninhalt des von den Vektoren $\vec{a}$, $\vec{b}$ aufgespannten Parallelogramms ist der Betrag der Determinante mit den Spaltenvektoren $\vec{a}$, $\vec{b}$.

Das Parallelogramm, auf welches das Einheitsquadrat bei der affinen Abbildung mit der Matrix A abgebildet wird, hat den Flächeninhalt $|A|$. Denn das von $\vec{a} = \begin{pmatrix} a_1 \\ a_2 \end{pmatrix}$ und $\vec{b} = \begin{pmatrix} b_1 \\ b_2 \end{pmatrix}$ aufgespannte Parallelogramm (Fig. 4) hat den Inhalt

$$|\vec{a}| \cdot |\vec{b}| \cdot \sin\varphi$$
$$= |\vec{a}| \cdot |\vec{b}| \cdot \sqrt{1 - \cos^2\varphi}$$
$$= \sqrt{\vec{a}^2 \cdot \vec{b}^2 - \left(\vec{a} \bullet \vec{b}\right)^2}$$
$$= \sqrt{\left(a_1^2 + a_2^2\right)\left(b_1^2 + b_2^2\right) - (a_1 b_1 + a_2 b_2)^2}$$
$$= \sqrt{(a_1 b_2 - a_2 b_1)^2}\,.$$

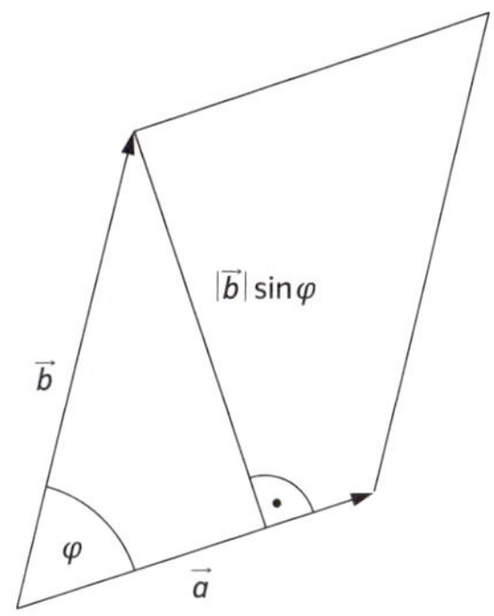

Fig. 4: Parallelogramminhalt

Führt man nach der Abbildung $x \mapsto A\vec{x}$ die Verschiebung $\vec{x} \mapsto \vec{x} + \vec{c}$ aus, dann ist die Abbildungsgleichung $\vec{x}' = A\vec{x} + \vec{c}$. Führt man aber zuerst die Verschiebung und dann die Abbildung mit der Matrix A aus, dann ist die Abbildungsgleichung $\vec{x}' = A(\vec{x} + \vec{c}) = A\vec{x} + A\vec{c}$.

Beispiel: Die Gerade g durch O mit dem Steigungswinkel φ hat die Gleichung $x_2 = (\tan\varphi)x_1$ (➛ s. S. 49).

Bei **Spiegelung** an g gilt

$E_1\,(1\,|\,0) \mapsto E_1'\,(\cos 2\varphi\,|\,\sin 2\varphi)$,
$E_2\,(0\,|\,1) \mapsto E_2'\,(\cos 2\varphi\,|\,-\cos 2\varphi)$,

(Fig. 5). Die Matrix der Spiegelung an g ist also

$$A = \begin{pmatrix} \cos 2\varphi & \sin 2\varphi \\ \sin 2\varphi & -\cos 2\varphi \end{pmatrix}.$$

Insbesondere ist die Matrix der Spiegelung an der x_1-Achse bzw. an der x_2-Achse

$$\begin{pmatrix} 1 & 0 \\ 0 & -1 \end{pmatrix} \text{ bzw. } \begin{pmatrix} -1 & 0 \\ 0 & 1 \end{pmatrix}.$$

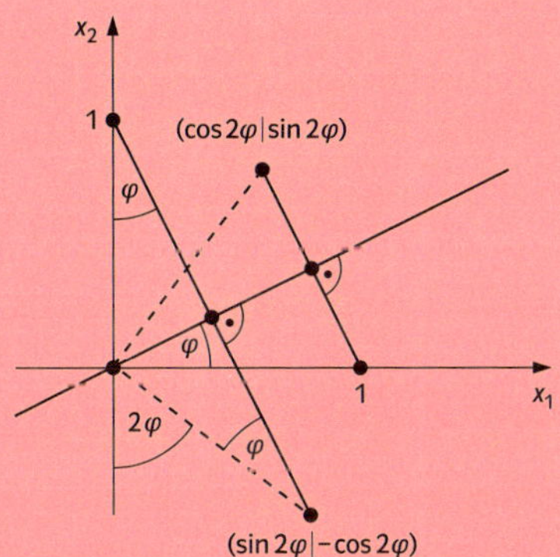

Beispiel: Bei einer **Scherung** an der Geraden mit der Gleichung $x_2 = x_1$ werde $P(1|5)$ auf $P'(4|8)$ abgebildet. Die Punkte der Scherungsachse sind Fixpunkte, insbesondere ist $F(1|1)$ ein Fixpunkt (Fig. 6). Für die Koeffizienten der Abbildungsmatrix gilt also:

$$a_1 \cdot 1 + b_1 \cdot 5 = 4 \qquad a_1 \cdot 1 + b_1 \cdot 1 = 1$$
$$a_2 \cdot 1 + b_2 \cdot 5 = 8 \qquad a_2 \cdot 1 + b_2 \cdot 1 = 1$$

Man erhält

$$a_1 = \tfrac{1}{4},\, a_2 = -\tfrac{3}{4},\, b_1 = \tfrac{3}{4},\, b_2 = \tfrac{7}{4},$$

also

$$A = \frac{1}{4}\begin{pmatrix} 1 & 3 \\ -3 & 7 \end{pmatrix}.$$

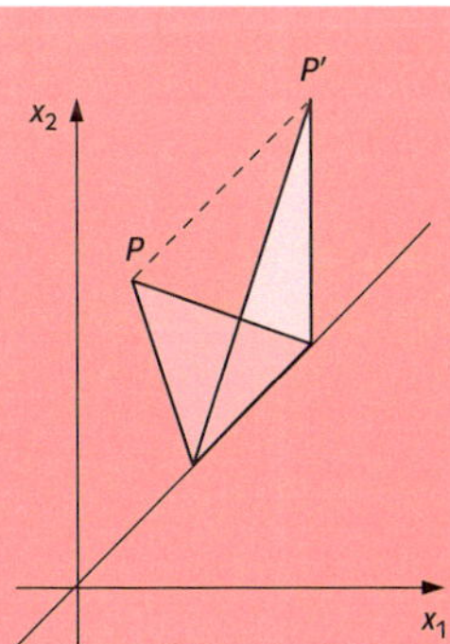

Fig. 6: Scherung

Beispiel: Bei der in Fig. 7 beschriebenen **Parallelstreckung** (axiale Streckung) sind die Punkte der x_1-Achse Fixpunkte und A(2|−3) wird auf A'(5|6) abgebildet. Die Abbildungsgleichungen lauten

$$x_1' = x_1 + b_1 x_2, \quad x_2' = b_2 x_2,$$

weil für $x_2 = 0$ stets $x_1' = x_1$ und $x_2' = 0$ sein muss. Aus $5 = 2 - 3b_1$ folgt $b_1 = -1$, aus $6 = -3b_2$ folgt $b_2 = -2$. Die Abbildungsgleichungen sind also

$$x_1' = x_1 - x_2, \quad x_2' = -2x_2.$$

Die Abbildungsmatrix ist

$$\begin{pmatrix} 1 & -1 \\ 0 & -2 \end{pmatrix}.$$

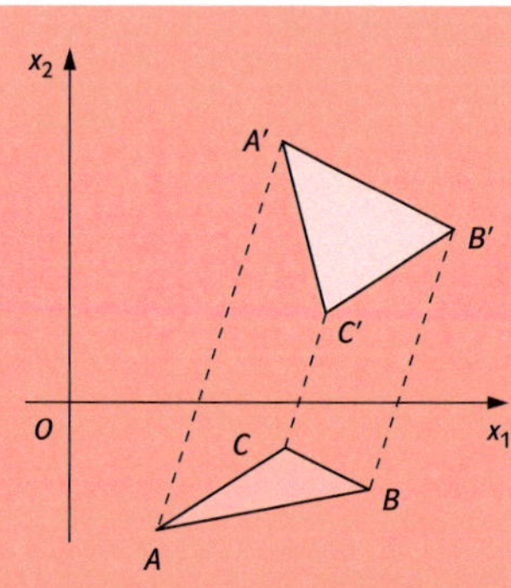

Fig. 7: Parallelstreckung

Die Umkehrung der affinen Abbildung $x \mapsto A\vec{x}$ ist $x \mapsto A^{-1}\vec{x}$, wobei A^{-1} die zu A inverse Matrix ist.

Die affine Abbildung $\vec{x} \mapsto A\vec{x}$ ist umkehrbar. Zur Bestimmung der Umkehrabbildung (➤ s. S. 34) muss man das LGS $\begin{Bmatrix} a_1x_1 + b_1x_2 = x_1' \\ a_2x_1 + b_2x_2 = x_2' \end{Bmatrix}$ nach x_1, x_2 auflösen:

$$\begin{array}{l} a_1x_1 + b_1x_2 = x_1' \mid \cdot b_2 \\ a_2x_1 + b_2x_2 = x_2' \mid \cdot (-b_1) \end{array} \Big\} + \qquad \begin{array}{l} a_1x_1 + b_1x_2 = x_1' \mid \cdot (-a_2) \\ a_2x_1 + b_2x_2 = x_2' \mid \cdot a_1 \end{array} \Big\} +$$

$$(a_1b_2 - a_2b_1)x_1 = b_2x_1' - b_1x_2' \qquad (a_1b_2 - a_2b_1)x_2 = -a_2x_1' + a_1x_2'$$

$$x_1 = \frac{b_2}{|A|}x_1' - \frac{b_1}{|A|}x_2', \qquad x_2 = -\frac{a_2}{|A|}x_1' + \frac{a_1}{|A|}x_2',$$

wobei $|A|$ die Determinante von A ist. (Weil eine affine Abbildung umkehrbar sein muss, ist $|A| \neq 0$.) Die Matrix der Umkehrabbildung bezeichnet man mit A^{-1} und nennt sie die zu A **inverse Matrix**. Es gilt

$$\begin{pmatrix} a_1 & b_1 \\ a_2 & b_2 \end{pmatrix}^{-1} = \frac{1}{a_1b_2 - a_2b_1}\begin{pmatrix} b_2 & -b_1 \\ -a_2 & a_1 \end{pmatrix}.$$

Die Umkehrabbildung von $\vec{x} \mapsto A\vec{x} + \vec{c}$ ist $\vec{x} \mapsto A^{-1}\vec{x} - A^{-1}\vec{c}$. Denn aus $\vec{x}' = A\vec{x} + \vec{c}$ folgt $A\vec{x} = \vec{x}' - \vec{c}$, also

$$\vec{x} = A^{-1}(\vec{x}' - \vec{c}) = A^{-1}\vec{x}' - A^{-1}\vec{c}.$$

Beispiel: Es soll die Umkehrabbildung von $x \mapsto \begin{pmatrix} 3 & 6 \\ 2 & 5 \end{pmatrix}\vec{x} + \begin{pmatrix} 4 \\ 7 \end{pmatrix}$ bestimmt werden. Die Determinante der Matrix ist 3.

Es gilt $\begin{pmatrix} 3 & 6 \\ 2 & 5 \end{pmatrix}^{-1} = \frac{1}{3}\begin{pmatrix} 5 & -6 \\ -2 & 3 \end{pmatrix}$. Mit $\frac{1}{3}\begin{pmatrix} 5 & -6 \\ -2 & 3 \end{pmatrix}\begin{pmatrix} 4 \\ 7 \end{pmatrix} = \frac{1}{3}\begin{pmatrix} -22 \\ 13 \end{pmatrix}$ ergibt sich die Umkehrabbildung $\vec{x} \mapsto \frac{1}{3}\begin{pmatrix} 5 & -6 \\ -2 & 3 \end{pmatrix}\vec{x} + \frac{1}{3}\begin{pmatrix} 22 \\ -13 \end{pmatrix}$.

Verkettung affiner Abbildungen

Unter der **Verkettung** $\alpha \circ \beta$ (lies „α nach β") affiner Abbildungen versteht man die Hintereinanderausführung dieser Abbildungen, wobei erst β und dann α angewendet wird (➤ s. S. 33). Ist also $\vec{x}$ der Ortsvektor eines Punktes, dann ist $(\alpha \circ \beta)(\vec{x}) = \alpha\big(\beta(\vec{x})\big)$.

Für

$$\alpha\colon \vec{x} \mapsto A\vec{x} \text{ mit } A = \begin{pmatrix} a_{11} & a_{12} \\ a_{21} & a_{22} \end{pmatrix},\ \beta\colon \vec{x} \mapsto B\vec{x} \text{ mit } B = \begin{pmatrix} b_{11} & b_{12} \\ b_{21} & b_{22} \end{pmatrix}$$

ergibt sich $\alpha \circ \beta\colon \vec{x} \mapsto (AB)\vec{x}$ mit

$$AB = \begin{pmatrix} a_{11}b_{11} + a_{12}b_{21} & a_{11}b_{12} + a_{12}b_{22} \\ a_{21}b_{11} + a_{22}b_{21} & a_{21}b_{12} + a_{22}b_{22} \end{pmatrix},$$

wie folgende Rechnung zeigt:

$$\begin{aligned} x_1'' &= a_{11}x_1' + a_{12}x_2' \qquad & x_1' &= b_{11}x_1 + b_{12}x_2 \\ x_2'' &= a_{21}x_1' + a_{22}x_2' \qquad & x_2' &= b_{21}x_1 + b_{22}x_2 \end{aligned}$$

$$\begin{aligned} \Rightarrow\ x_1'' &= a_{11}(b_{11}x_1 + b_{12}x_2) + a_{12}(b_{21}x_1 + b_{22}x_2) \\ &= (a_{11}b_{11} + a_{12}b_{21})x_1 + (a_{11}b_{12} + a_{12}b_{22})x_2 \\ x_2'' &= a_{21}(b_{11}x_1 + b_{12}x_2) + a_{22}(b_{21}x_1 + b_{22}x_2) \\ &= (a_{21}b_{11} + a_{22}b_{21})x_1 + (a_{21}b_{12} + a_{22}b_{22})x_2 \end{aligned}$$

Man nennt AB das **Produkt** der Matrizen A und B.
Die Abbildung $\alpha \circ \beta$ hat also die Abbildungsmatrix AB.

Die Verkettung $\alpha \circ \beta$ der affinen Abbildungen $\alpha\colon \vec{x} \mapsto A\vec{x}$ und $\beta\colon \vec{x} \mapsto B\vec{x}$ ist die affine Abbildung $\vec{x} \mapsto (AB)\vec{x}$, wobei AB das Produkt der Matrizen A und B ist.

Beispiel: Eselsbrücke zum Multiplizieren zweier Matrizen:
1. Zeile von AB: Erste Zeile von A mal erste/zweite Spalte von B;
2. Zeile von AB: Zweite Zeile von A mal erste/zweite Spalte von B.
Dabei ist „mal" im Sinne des Skalarprodukts zu verstehen.

$$\begin{pmatrix} 3 & -1 \\ 5 & 4 \end{pmatrix}\begin{pmatrix} 12 & 4 \\ -7 & 9 \end{pmatrix} = \begin{pmatrix} 3\cdot 12 + (-1)\cdot(-7) & 3\cdot 4 + (-1)\cdot 9 \\ 5\cdot 12 + \quad 4\cdot(-7) & 5\cdot 4 + \quad 4\cdot 9 \end{pmatrix} = \begin{pmatrix} 43 & 3 \\ 32 & 56 \end{pmatrix}$$

Im Allgemeinen ist $\alpha \circ \beta \neq \beta \circ \alpha$, also auch $AB \neq BA$.
Ist α die Umkehrabbildung von β (und damit auch β die Umkehrabbildung von α), dann gilt mit $E = \begin{pmatrix} 1 & 0 \\ 0 & 1 \end{pmatrix}$ (Einheitsmatrix)

$$AB = BA = E, \text{ also } A^{-1} = B \text{ und } B^{-1} = A.$$

Für $\alpha\colon \vec{x} \mapsto A\vec{x} + \vec{c}$ und $\beta\colon \vec{x} \mapsto B\vec{x} + \vec{d}$ ist

$$\alpha \circ \beta\colon \vec{x} \mapsto (AB)\vec{x} + A\vec{d} + \vec{c}.$$

Genau dann ist α die Umkehrung von β (oder umgekehrt), wenn

$$AB = E \quad \text{und} \quad A\vec{d} + \vec{c} = \vec{o} \quad \text{(bzw. gleichbedeutend damit } B\vec{c} + \vec{d} = \vec{o}\text{)}.$$

Beispiel: Es sei α die Spiegelung an der Geraden $g\colon x_1 - x_2 = 0$, ferner β die axiale Streckung an der x_1-Achse, welche $A(2\,|\,-3)$ auf $A'(5\,|\,6)$ abbildet, und schließlich γ die Verschiebung $\binom{7}{5}$. Die Matrix von α ist $\begin{pmatrix} 0 & 1 \\ 1 & 0 \end{pmatrix}$, die Matrix von β ist $\begin{pmatrix} 1 & -1 \\ 0 & -2 \end{pmatrix}$ (wie schon früher gezeigt wurde). Die Abbildungsgleichung von $\alpha \circ \beta \circ \gamma$ ist dann

$$\vec{x}' = \begin{pmatrix} 0 & 1 \\ 1 & 0 \end{pmatrix}\left(\begin{pmatrix} 1 & -1 \\ 0 & -2 \end{pmatrix}\left(\vec{x} + \begin{pmatrix} 7 \\ 5 \end{pmatrix}\right)\right) = \begin{pmatrix} 0 & -2 \\ 1 & -1 \end{pmatrix}\vec{x} + \begin{pmatrix} -10 \\ 2 \end{pmatrix}.$$

Beispiel: Zu je zwei Dreiecken *ABC* und *A′B′C′* gibt es genau eine affine Abbildung, welche *A*, *B*, *C* der Reihe nach auf *A′*, *B′*, *C′* abbildet. Diese Abbildung soll für $A(3\,|\,1)$, $B(5\,|-1)$, $C(6\,|\,2)$ und $A'(5\,|\,5)$, $B'(1\,|\,4)$, $C'(3\,|\,3)$ ermittelt werden. Die Abbildung α, welche O, E_1, E_2 der Reihe nach auf *A*, *B*, *C* abbildet, hat die Gleichung

$$\vec{x}\,' = \begin{pmatrix} 2 & 3 \\ -2 & 1 \end{pmatrix} \vec{x} + \begin{pmatrix} 3 \\ 1 \end{pmatrix};$$

die Abbildung β, welche O, E_1, E_2 der Reihe nach auf *A′*, *B′*, *C′* abbildet, hat die Gleichung

$$\vec{x}\,' = \begin{pmatrix} -4 & -2 \\ -1 & -2 \end{pmatrix} \vec{x} + \begin{pmatrix} 5 \\ 5 \end{pmatrix}.$$

Die Abbildung $\beta \circ \alpha^{-1}$ bildet A, B, C der Reihe nach auf A′, B′, C′ ab. Wegen

$$\alpha^{-1}\colon \vec{x}\,' = \frac{1}{8}\begin{pmatrix} 1 & -3 \\ 2 & 2 \end{pmatrix} \vec{x} + \begin{pmatrix} 0 \\ -1 \end{pmatrix}$$

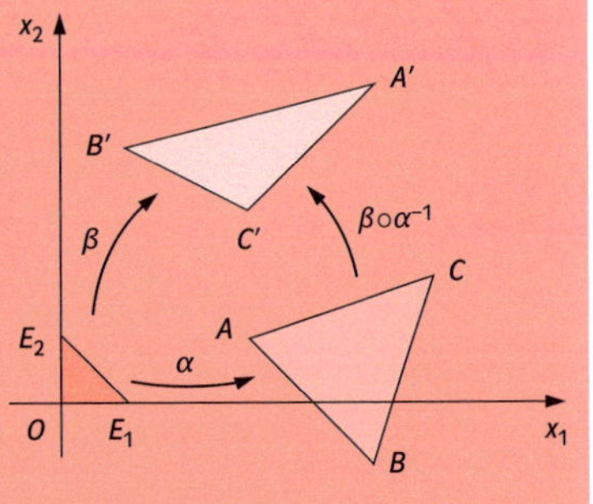

Fig. 8: *ABC* ↦ *A′B′C′*

hat $\beta \circ \alpha^{-1}$ die Abbildungsgleichung

$$\vec{x}\,' = \begin{pmatrix} -4 & -2 \\ -1 & -2 \end{pmatrix} \frac{1}{8}\begin{pmatrix} 1 & -3 \\ 2 & 2 \end{pmatrix} \vec{x} + \begin{pmatrix} 0 \\ -1 \end{pmatrix} + \begin{pmatrix} 5 \\ 5 \end{pmatrix} = \frac{1}{8}\begin{pmatrix} -8 & 8 \\ -5 & -1 \end{pmatrix} \vec{x} + \begin{pmatrix} 7 \\ 7 \end{pmatrix}.$$

Fixelemente affiner Abbildungen

Fixrichtungen einer affinen Abbildung werden durch Eigenvektoren angegeben.

Ist $A\vec{u} = \lambda\vec{u}$, dann ist λ ein Eigenwert und $\vec{u}$ ein zu λ gehörender Eigenvektor der affinen Abbildung bzw. ihrer Matrix *A*.

Eigenwerte sind Lösungen der charakteristischen Gleichung $|A - \lambda E| = 0$.

Ist A die Matrix einer affinen Abbildung, dann wird der Richtungsvektor $\vec{u}$ der Geraden $g\colon \vec{x} = \vec{p} + t\vec{u}$ auf den Vektor $A\vec{u}$ abgebildet.
Wenn es eine feste reelle Zahl $\lambda \neq 0$ gibt mit $A\vec{u} = \lambda\vec{u}$, dann wird g auf eine zu g parallele Gerade abgebildet.
Durch $\vec{u}$ ist dann eine **Fixrichtung** der affinen Abbildung gegeben.
Ist A die Matrix einer affinen Abbildung, ferner $\lambda \in \mathbb{R}$ mit $\lambda \neq 0$ und $\vec{u} \in \mathbb{R}^2$ mit $\vec{u} \neq \vec{o}$, dann nennt man $\vec{u}$ einen **Eigenvektor** der affinen Abbildung zum **Eigenwert** λ, wenn $A\vec{u} = \lambda\vec{u}$.
Ist $\vec{u}$ ein Eigenvektor zum Eigenwert λ, dann ist auch jedes Vielfache ($\neq \vec{o}$) von $\vec{u}$ ein Eigenvektor zu λ, denn $A(k\vec{u}) = \lambda(k\vec{u})$ für $k \in \mathbb{R}$.
Die Gleichung $A\vec{u} = \lambda\vec{u}$ ist gleichbedeutend mit $(A - \lambda E)\vec{u} = \vec{o}$, wobei E die Einheitsmatrix ist. In Koordinaten bedeutet dies:

$$\begin{aligned} (a_{11} - 1)\, u_1 + \qquad a_{12}u_2 &= 0 \\ a_{21}u_1 + (a_{22} - \lambda)\, u_2 &= 0 \end{aligned}$$

Ein Lösungsvektor $\vec{u} \neq \vec{o}$ existiert genau dann, wenn dieses Gleichungssystem eine nichttriviale Lösung hat, wenn also gilt:

$$|A - \lambda E| = (a_{11} - \lambda)(a_{22} - \lambda) - a_{21}a_{12} = 0$$

Dies ist eine quadratische Gleichung für λ, welche sich umformen lässt zu

$$\lambda^2 - (a_{11} + a_{22})\,\lambda + (a_{11}a_{22} - a_{21}a_{12}) = 0.$$

Sie heißt **charakteristische Gleichung** von A.
Sie besitzt zwei, genau eine oder keine reelle Lösung.

Beispiel (zwei verschiedene Eigenwerte): Die affine Abbildung
$\vec{x} \mapsto \begin{pmatrix}1 & 1\\2 & 0\end{pmatrix}\vec{x}$ hat die charakteristische Gleichung $\lambda^2 - \lambda - 2 = 0$.
Ihre Eigenwerte sind also $\lambda_1 = -1$ und $\lambda_2 = 2$. Zugehörige Eigenvektoren sind

$$\vec{u}_1 = \begin{pmatrix}-1\\2\end{pmatrix},\ \vec{u}_1 = \begin{pmatrix}1\\1\end{pmatrix}.$$

Die Abbildung hat den Fixpunkt O und die Fixgeraden

$$g_1:\ \vec{x} = s\vec{u}_1 \quad \text{und} \quad g_1:\ \vec{x} = t\vec{u}_2.$$

Der Punkt mit dem Ortsvektor

$$p_1\vec{u}_1 + p_2\vec{u}_2$$

wird abgebildet auf den Punkt mit dem Ortsvektor

$$-p_1\vec{u}_1 + 2p_2\vec{u}_2$$

(Fig. 9). Eine solche affine Abbildung nennt man eine **Euler-Affinität** (nach Leonhard Euler, 1707–1783). Sie ist die Verkettung von zwei Parallelstreckungen.

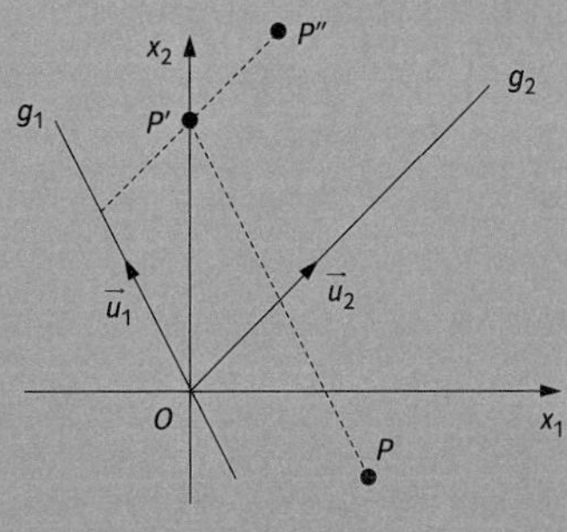

Fig. 9: Euler-Affinität

Beispiel (genau ein Eigenwert): Die affine Abbildung $\vec{x} \mapsto \begin{pmatrix}2 & -1\\1 & 4\end{pmatrix}\vec{x}$ hat die charakteristische Gleichung $\lambda^2 - 6\lambda + 9 = 0$. Es existiert nur der eine Eigenwert $\lambda = 3$. Ein zugehöriger Eigenvektor ist $\vec{u} = \begin{pmatrix}-1\\1\end{pmatrix}$, denn $\begin{pmatrix}2 & -1\\1 & 4\end{pmatrix}\begin{pmatrix}-1\\1\end{pmatrix} = 3\begin{pmatrix}-1\\1\end{pmatrix}$. Es sei ein weiterer Vektor $\vec{v}$ so gewählt, dass $\{\vec{u}, \vec{v}\}$ eine Basis von $\mathbb{R}^2$ ist, etwa $\vec{v} = \begin{pmatrix}1\\1\end{pmatrix}$. Dann wird $x_1\vec{u} + x_2\vec{v}$ abgebildet auf

$$x_1A\vec{u} + x_2A\vec{v} = 3x_1\vec{u} + x_2(r\vec{u} + s\vec{v})$$
$$= (3x_1 + rx_2)\vec{u} + (sx_2)\vec{v}$$

mit $r, s \in \mathbb{R}$. Wäre $s \neq 3$, dann wäre s ein weiterer Eigenwert, und zwar mit dem Eigenvektor $r\vec{u} + (s-3)\vec{v}$. Denn dieser wird abgebildet auf

$$rA\vec{u} + (s-3)A\vec{v} = 3r\vec{u} + (s-3)(r\vec{u} + s\vec{v})$$
$$= s\,(r\vec{u} + (s-3)\vec{v}).$$

Da aber nur ein Eigenwert existiert, muss $s = 3$ sein. Es ist also

$$x_1\vec{u} + x_2\vec{v} \mapsto (3x_1 + rx_2)\,\vec{u} + 3x_2\vec{v}.$$

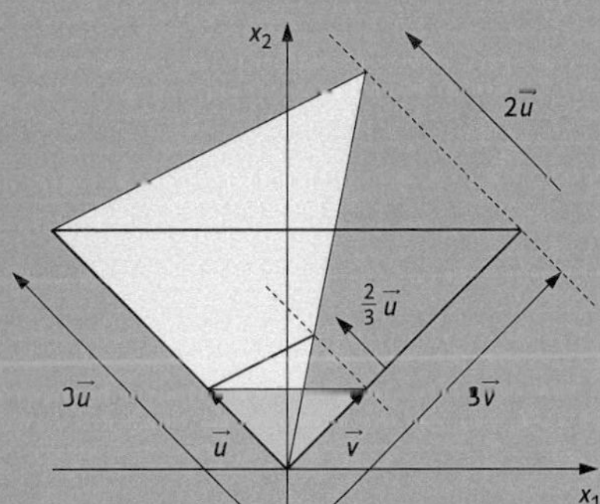

Fig. 10: Bild eines Dreiecks bei einer Streckscherung

Das Bild von $\vec{v}$ ergibt sich einerseits zu

$$\begin{pmatrix}2 & -1\\1 & 4\end{pmatrix}\begin{pmatrix}1\\1\end{pmatrix} = \begin{pmatrix}1\\5\end{pmatrix} = 2\vec{u} + 3\vec{v}$$

und andererseits zu

$$(3\cdot 0 + r\cdot 1)\vec{u} + (3\cdot 1)\vec{v} = r\vec{u} + 3\vec{v},$$

woraus man $r = 2$ erhält. Es ist daher

$$x_1\vec{u} + x_2\vec{v} \mapsto (3x_1 + 2x_2)\,\vec{u} + 3x_2\vec{v}.$$

Die Abbildung ist eine **Streckscherung**; in Fig. 10 ist sie durch das Bild des Dreiecks mit den Ortsvektoren $\vec{o}$, $\vec{u}$, $\vec{v}$ illustriert.

In Fig. 11 ist allgemein dargestellt, wie man bei einer Streckscherung zu einem Punkt P den Bildpunkt P' gewinnt:
Man führe eine zentrische Streckung (➤ s. S. 184) mit dem Zentrum O und dem Faktor λ aus, dann folgt eine Scherung an der Achse a durch O mit der Richtung $\vec{u}$.
Die Scherung erfolgt also in Richtung des Eigenvektors. Die zentrische Streckung und die Scherung sind dabei vertauschbar. Ist $r = 0$, dann entfällt die Scherung, es liegt also eine reine zentrische Streckung vor.

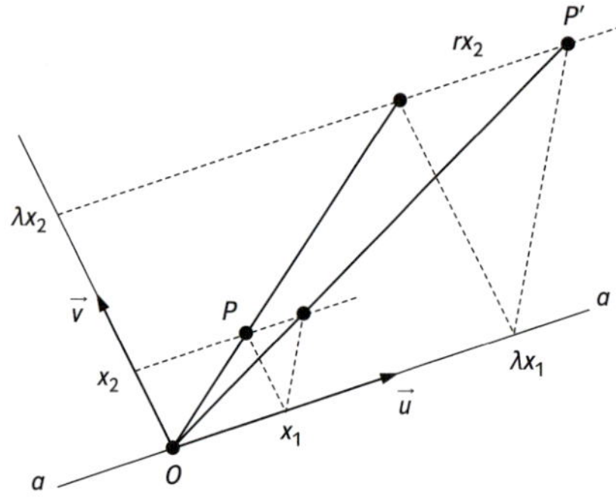

Fig. 11: Bild des Koordinatensystems

Beispiel (kein Eigenwert):
Die affine Abbildung $\vec{x} \mapsto \begin{pmatrix} 3 & -1 \\ 1 & 3 \end{pmatrix} \vec{x}$ hat keine Eigenwerte, denn ihre charakteristische Gleichung $(3-\lambda)^2 + 1 = 0$ hat keine Lösung.

Es handelt sich um eine **Drehstreckung** mit dem Zentrum O, dem Drehwinkel φ mit $\cos\varphi = \frac{3}{\sqrt{10}}$ und dem Streckfaktor $\sqrt{10}$ (Fig. 12; ➤ s. S. 184). Damit gilt

$$\begin{pmatrix} 3 & -1 \\ 1 & 3 \end{pmatrix} = \sqrt{10} \begin{pmatrix} \cos\varphi & -\sin\varphi \\ \sin\varphi & \cos\varphi \end{pmatrix}.$$

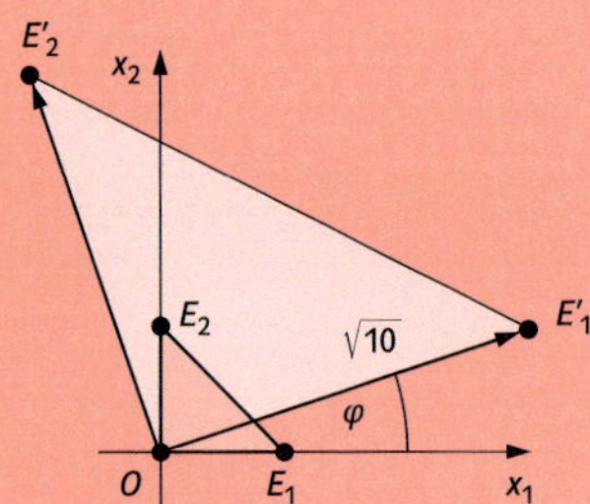

Fig. 12: Drehstreckung

Die **Fixpunkte** der affinen Abbildung $\vec{x} \mapsto A\vec{x} + \vec{c}$ ergeben sich aus der Gleichung $A\vec{f} + \vec{c} = \vec{f}$ bzw. $(A - E)\vec{f} + \vec{c} = \vec{o}$, wobei E die Einheitsmatrix ist. Hat eine affine Abbildung $\vec{x} \mapsto A\vec{x} + \vec{c}$ den Fixpunkt F mit dem Ortsvektor $\vec{f}$, dann ist

$$A\vec{x} + \vec{c} = A(\vec{x} - \vec{f}) + \vec{f}, \qquad \text{also} \qquad \vec{x}' - \vec{f} = A(\vec{x} - \vec{f}).$$

Es genügt dann, die Abbildung $\vec{y} \mapsto A\vec{y}$ zu untersuchen.

Zur Beschreibung einer affinen Abbildung dienen Fixpunkte, Fixgeraden, Fixpunktgeraden.

Eine Gerade, die zwar nicht unbedingt punktweise, wohl aber als Ganzes fest bleibt, heißt **Fixgerade**. Eine Gerade f: $\vec{x} = \vec{p} + t\vec{u}$ ist genau dann eine Fixgerade der affinen Abbildung $\vec{x} \mapsto A\vec{x} + \vec{c}$, wenn $\vec{u}$ ein Eigenvektor von A und $A\vec{p} + \vec{c} - \vec{p}$ ein Vielfaches von $\vec{u}$ ist. Ist nämlich $\vec{u}$ ein Eigenvektor zum Eigenwert λ, dann gilt für alle $t_1 \in \mathbb{R}$

$$A(\vec{p} + t_1\vec{u}) + \vec{c} = A\vec{p} + t_1 A\vec{u} + \vec{c} = A\vec{p} + \vec{c} + t_1(\lambda\vec{u}),$$

und dies ist gleich $\vec{p} + t_2\vec{u}$ für ein geeignetes $t_2 \in \mathbb{R}$, wenn

$$A\vec{p} + \vec{c} - \vec{p} = (t_2 - \lambda t_1)\vec{u}.$$

Sind F_1, F_2 zwei verschiedene Fixpunkte der affinen Abbildung $\vec{x} \mapsto A\vec{x} + \vec{c}$, dann ist die Gerade durch F_1, F_2 eine **Fixpunktgerade**, d. h. jeder Punkt der Geraden ist Fixpunkt. Gilt nämlich

$$A\vec{f}_1 + \vec{c} = \vec{f}_1 \quad \text{und} \quad A\vec{f}_2 + \vec{c} = \vec{f}_2,$$

dann wird der Ortsvektor $\vec{f}_1 + t(\vec{f}_2 - \vec{f}_1)$ eines Punktes der Geraden durch F_1, F_2 abgebildet auf

$$\begin{aligned} A(\vec{f}_1 + t(\vec{f}_2 - \vec{f}_1)) &= A\vec{f}_1 + t(A\vec{f}_2 - A\vec{f}_1) + \vec{c} \\ &= (\vec{f}_1 - \vec{c}) + t((\vec{f}_2 - \vec{c}) - (\vec{f}_1 - \vec{c})) + \vec{c} \\ &= \vec{f}_1 + t(\vec{f}_2 - \vec{f}_1). \end{aligned}$$

Alle Querverweise im Überblick:

Ähnlichkeitsabbildung: S. 173 ➢ S. 183
Kongruenzabbildung: S. 173 ➢ S. 184
Parallelstreckung: S. 173 ➢ S. 176
affines Koordinatensystem: S. 174 ➢ S. 13
Determinante: S. 174 ➢ S. 159
Tangens tan: S. 175 ➢ S. 49
Umkehrabbildung: S. 176 ➢ S. 34
Verkettung von Abbildungen: S. 176 ➢ S. 33
zentrische Streckung: S. 180 ➢ S. 184
Matrix einer Drehung: S. 180 ➢ S. 184

Zusammenfassung: Affine Abbildungen

Eine umkehrbare geradentreue Abbildung der Ebene auf sich ist eine **affine Abbildung**. Sie ist auch parallelentreu und teilverhältnistreu. Im Koordinatensystem wird sie durch eine Gleichung $\vec{x}' = A\vec{x} + \vec{c}$ dargestellt, wobei A die **Abbildungsmatrix** ist.

Der Betrag der **Determinante** der Matrix ist der Flächeninhalt des von den Spaltenvektoren von A aufgespannten Parallelogramms.

Die Matrix der Umkehrung einer affinen Abbildung mit der Matrix A ist die **inverse Matrix** A^{-1}. Es gilt:

$$\begin{pmatrix} a_1 & b_1 \\ a_2 & b_1 \end{pmatrix}^{-1} = \frac{1}{a_1 b_2 - a_2 b_1} \begin{pmatrix} b_2 & -b_1 \\ -a_2 & a_1 \end{pmatrix}$$

Die **Verkettung** von affinen Abbildungen mit den Matrizen A, B hat je nach Reihenfolge die Matrix AB oder BA (**Matrizenprodukt**).

Eine **Fixrichtung** der affinen Abbildung $\vec{x} \mapsto A\vec{x} + \vec{c}$ wird durch einen Vektor $\vec{u} \neq \vec{o}$ mit $A\vec{u} = \lambda\vec{u}$ gegeben. Dabei heißt $\lambda \in \mathbb{R}$ ein **Eigenwert** von A und $\vec{u}$ ein zugehöriger **Eigenvektor**. Die Eigenwerte von A sind die Lösungen der **charakteristischen Gleichung** $|A - \lambda E| = 0$.

Durch einen **Fixpunkt** und eine Fixrichtung ist eine **Fixgerade** der Abbildung festgelegt. Eine Gerade mit mindestens zwei Fixpunkten ist eine **Fixpunktgerade**.

Ähnlichkeitsabbildungen, Kongruenzabbildungen

In diesem Kapitel erfahren Sie:

- Ähnlichkeitsabbildungen sind winkeltreue affine Abbildungen. Man kann sie an der Gestalt ihrer Matrix erkennen.
- Kongruenzabbildungen sind längentreue affine Abbildungen und damit spezielle Ähnlichkeitsabbildungen.
- Eine Ähnlichkeitsabbildung ist die Verkettung einer zentrischen Streckung mit einer Kongruenzabbildung.
- Eine Kongruenzabbildung ist die Verkettung einer Spiegelung oder Drehung mit einer Verschiebung.

Ähnlichkeitsabbildungen

Ist eine affine Abbildung (➛ s. S. 173) **winkeltreu**, wird also ein Winkel stets auf einen gleich großen Winkel abgebildet, dann nennt man sie eine **Ähnlichkeitsabbildung**. Aus der Winkeltreue folgt, dass die Abbildung auch **längenverhältnistreu** ist, dass also zwei gleich lange Strecken wieder auf zwei gleich lange Strecken abgebildet werden.

Ähnlichkeitsabbildungen sind winkeltreu und damit auch längenverhältnistreu.

Bei der Untersuchung der Winkeltreue (und später bei den Kongruenzabbildungen der Längentreue) bezieht sich im Folgenden die Darstellung einer Abbildung durch eine Matrix stets auf ein **kartesisches** Koordinatensystem (➛ s. S. 13), so dass man Winkel und Längen mit Hilfe des Skalarprodukts berechnen kann (Fig. 1).

Die Matrix einer Ähnlichkeitsabbildung bezieht sich auf ein kartesisches Koordinatensystem.

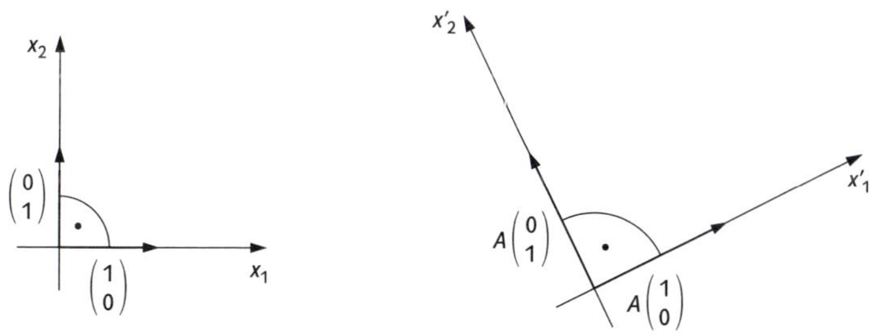

Fig. 1: Kartesische Koordinatensysteme

Die Gestalt der Matrix $A = \begin{pmatrix} a_1 & b_1 \\ a_2 & b_2 \end{pmatrix}$ einer Ähnlichkeitsabbildung erhält man aus den Bedingungen

$$A\binom{1}{0} \bullet A\binom{0}{1} = 0, \quad \text{also} \quad \binom{a_1}{a_2} \bullet \binom{b_1}{b_2} = 0 \quad \text{bzw.} \quad a_1b_1 + a_2b_2 = 0,$$

$$\left|A\binom{1}{0}\right| = \left|A\binom{0}{1}\right|, \quad \text{also} \quad \left|\binom{a_1}{a_2}\right| = \left|\binom{b_1}{b_2}\right| \quad \text{bzw.} \quad a_1^2 + a_2^2 = b_1^2 + b_2^2.$$

Ist etwa $a_1 = tb_2$, dann folgt aus der ersten Bedingung $a_2 = -tb_1$, und die zweite Bedingung liefert $t^2 = 1$, also $t = \pm 1$. Die Matrix einer Ähnlichkeitsabbildung hat also die Form

$$A = \begin{pmatrix} a & -b \\ b & a \end{pmatrix} \quad \text{oder} \quad B = \begin{pmatrix} a & b \\ b & -a \end{pmatrix}.$$

Die Matrix einer Ähnlichkeitsabbildung ist

$\begin{pmatrix} a & -b \\ b & a \end{pmatrix}$ oder $\begin{pmatrix} a & b \\ b & -a \end{pmatrix}$.

Die Abbildungen mit den Matrizen A und B unterscheiden sich nur durch die Verkettung mit einer Spiegelung an der x_1-Achse (also $x_1 \mapsto x_1$, $x_2 \mapsto -x_2$):

$$\begin{pmatrix} a & -b \\ b & a \end{pmatrix} \begin{pmatrix} 1 & 0 \\ 0 & -1 \end{pmatrix} = \begin{pmatrix} a & b \\ b & -a \end{pmatrix}$$

Die Spaltenvektoren der Matrix einer Ähnlichkeitsabbildung sind also gleich lange zueinander othogonale Vektoren.

Der Betrag eines Vektors ändert sich um den Faktor $\sqrt{a^2 + b^2}$.

Bei einer Abbildung mit der obigen Matrix A (analog mit der Matrix B) ändert sich das Skalarprodukt zweier Vektoren um den Faktor $a^2 + b^2$:

$$\begin{aligned} A\vec{x} \bullet A\vec{y} &= \begin{pmatrix} ax_1 - bx_2 \\ bx_1 + ax_2 \end{pmatrix} \bullet \begin{pmatrix} ay_1 - by_2 \\ by_1 + ay_2 \end{pmatrix} \\ &= a^2x_1y_1 + a^2x_2y_2 + b^2x_1y_1 + b^2x_2y_2 \\ &= (a^2 + b^2)(x_1y_1 + x_2y_2) = (a^2 + b^2)(\vec{x} \bullet \vec{y}) \end{aligned}$$

Der Betrag eines Vektors ändert sich um den Faktor $\sqrt{a^2 + b^2}$, folglich ändert sich $\cos \sphericalangle (\vec{x}, \vec{y}) = \frac{\vec{x} \bullet \vec{y}}{|\vec{x}| \bullet |\vec{y}|}$ nicht.

Beispiel: Die typische Ähnlichkeitsabbildung ist eine **zentrische Streckung**.
Die zentrische Streckung am Punkt O mit dem Faktor k ist

$$\vec{x} \mapsto \begin{pmatrix} k & 0 \\ 0 & k \end{pmatrix} \vec{x} \text{ oder einfacher geschrieben } \vec{x} \mapsto k\vec{x}.$$

Die zentrische Streckung mit dem Faktor k am Punkt P mit dem Ortsvektor $\vec{p}$ ist

$$\vec{x} \mapsto k(\vec{x} - \vec{p}) + \vec{p}.$$

Kongruenzabbildungen

Eine längentreue affine Abbildung ist eine Kongruenzabbildung. Die Spalten ihrer Matrix sind orthogonale Einheitsvektoren.

Eine längentreue Ähnlichkeitsabbildung ist eine **Kongruenzabbildung**. In der Abbildungsmatrix ist dann $a^2 + b^2 = 1$, die Spaltenvektoren der Matrix sind also zueinander orthogonale Einheitsvektoren. Jede Ähnlichkeitsabbildung ist die Verkettung einer zentrischen Streckung an O mit Kongruenzabbildungen, denn mit $k = \sqrt{a^2 + b^2}$ gilt z. B.

$$\begin{pmatrix} a & -b \\ b & a \end{pmatrix} = \begin{pmatrix} k & 0 \\ 0 & k \end{pmatrix} \begin{pmatrix} u & -v \\ v & u \end{pmatrix} = k \begin{pmatrix} u & -v \\ v & u \end{pmatrix} \quad \text{mit } u = \frac{a}{k}, v = \frac{b}{k}.$$

Ist $a^2 + b^2 = 1$ und setzt man $a = \cos \varphi$, dann ist $b = \pm \sin \varphi$, Die Matrix

$$\begin{pmatrix} \cos \varphi & -\sin \varphi \\ \sin \varphi & \cos \varphi \end{pmatrix}$$

beschreibt die Drehung um O um den Winkel φ, denn $(1|0)$ wird auf $(\cos \varphi | \sin \varphi)$ und $(0|1)$ auf $(-\sin \varphi | \cos \varphi)$ abgebildet (Fig. 2). Die Verkettung von zwei Drehungen um O mit den

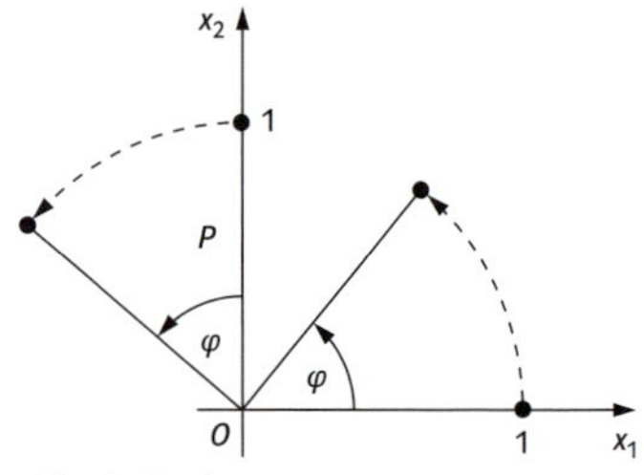

Fig. 2: Drehung

Winkeln φ und ψ ergibt offensichtlich eine Drehung um O um den Winkel $\varphi + \psi$, es gilt also

$$\begin{pmatrix} \cos(\varphi+\psi) & -\sin(\varphi+\psi) \\ \sin(\varphi+\psi) & \cos(\varphi+\psi) \end{pmatrix} = \begin{pmatrix} \cos\varphi & -\sin\varphi \\ \sin\varphi & \cos\varphi \end{pmatrix} \begin{pmatrix} \cos\psi & -\sin\psi \\ \sin\psi & \cos\psi \end{pmatrix}.$$

Durch Ausrechnen des Matrizenprodukts auf der rechten Seite erhält man die **Additionstheoreme der Trigonometrie** (➛ s. S. 50):

$$\sin(\varphi+\psi) = \sin\varphi\cos\psi + \cos\varphi\sin\psi,$$
$$\cos(\varphi+\psi) = \cos\varphi\cos\psi - \sin\varphi\sin\psi.$$

Die Spiegelung an einer Geraden g durch O hat die Abbildungsmatrix

$$\begin{pmatrix} \cos\varphi & \sin\varphi \\ \sin\varphi & -\cos\varphi \end{pmatrix}$$

wobei φ das Doppelte des Winkels zwischen g und der x_1-Achse ist (➛ s. S. 175). Eine weitere Spiegelung habe die Matrix

$$\begin{pmatrix} \cos\psi & \sin\psi \\ \sin\psi & -\cos\psi \end{pmatrix}$$

(Fig. 3). Die Verkettung der beiden Spiegelungen ergibt eine Drehung um O um den Winkel $\varphi - \psi$:

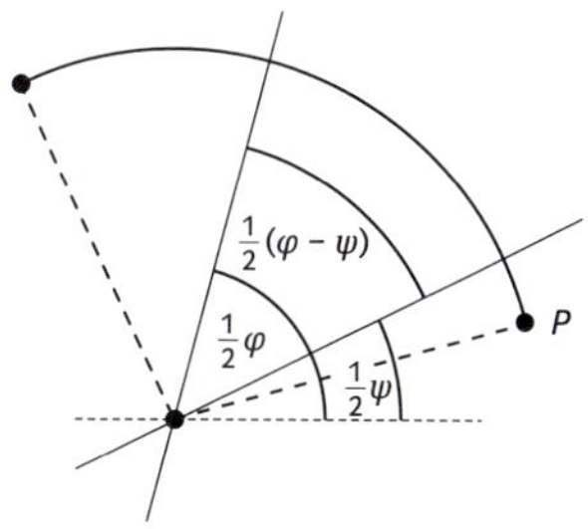

Fig. 3: Doppelspiegelung

$$\begin{pmatrix} \cos\varphi & \sin\varphi \\ \sin\varphi & -\cos\varphi \end{pmatrix} \begin{pmatrix} \cos\psi & \sin\psi \\ \sin\psi & -\cos\psi \end{pmatrix}$$
$$= \begin{pmatrix} \cos\varphi\cos\psi + \sin\varphi\sin\psi & \cos\varphi\sin\psi - \sin\varphi\cos\psi \\ \sin\varphi\cos\psi - \cos\varphi\sin\psi & \sin\varphi\sin\psi + \cos\varphi\cos\psi \end{pmatrix}$$
$$= \begin{pmatrix} \cos(\varphi \quad \psi) & \sin(\varphi \quad \psi) \\ \sin(\varphi-\psi) & \cos(\varphi-\psi) \end{pmatrix}$$

Für $\varphi = \psi$ ergibt sich die Matrix E der identischen Abbildung.

Die Doppelspiegelung an zwei sich in einem Punkt S schneidenden Geraden ist also eine Drehung um den Schnittpunkt S der Geraden. Die Doppelspiegelung an zwei parallelen Geraden ist eine Verschiebung orthogonal zu diesen Geraden (Fig. 4). Die Verkettung einer Drehung um einen Punkt S mit einer Spiegelung an einer Geraden durch S ist wieder eine Spiegelung an einer Geraden durch S (Fig. 5). Die Verkettung einer Drehung um S mit einer Verschiebung ist wieder eine Drehung (Fig. 6).

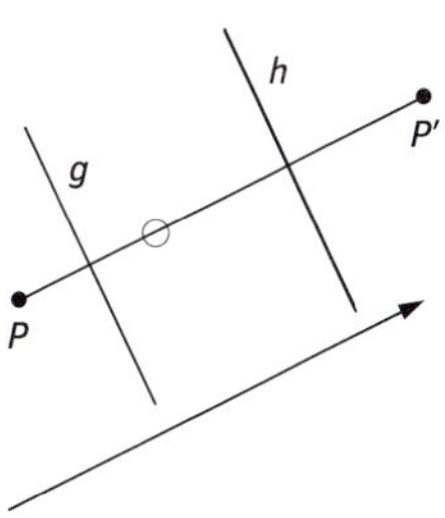

Fig. 4: Verschiebung

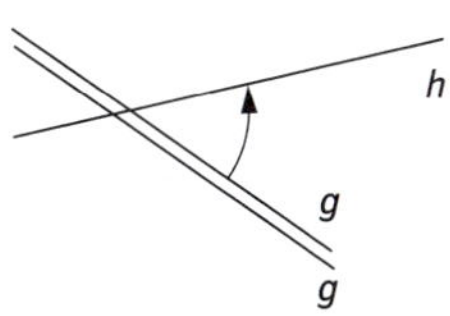

Fig. 5: Spiegelung

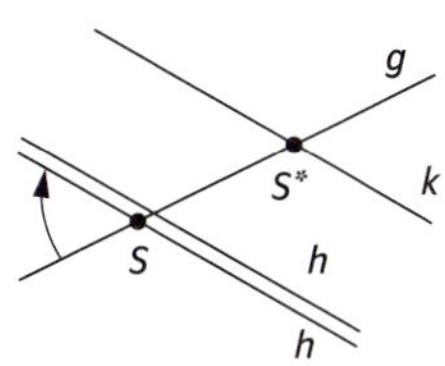

Fig. 6: Drehung

Eine Verkettung von zwei Drehungen mit verschiedenen Drehzentren ist entweder wieder eine Drehung oder eine Verschiebung: A, B seien Drehmatrizen. Die Abbildungen

$$\vec{x} \mapsto A\vec{x} \text{ (Drehung um } O\text{)}$$

und

$$\vec{x} \mapsto B\left(\vec{x} - \vec{p}\right) + \vec{p} \text{ (Drehung um } P\text{)}$$

sollen nacheinander ausgeführt werden. Man erhält

$$\vec{x} \mapsto B\left(A\vec{x} - \vec{p}\right) + \vec{p} = (BA)\vec{x} - B\vec{p} + \vec{p}$$

Ist $BA = E$, dann liegt eine Verschiebung vor. Ist $BA \neq E$, dann liegt eine Drehung vor, wobei sich das Drehzentrum als Lösung der Gleichung

$$(BA)\vec{x} - B\vec{p} + \vec{p} = \vec{x} \text{ (Fixpunkt)}$$

ergibt.

Eine Kongruenzabbildung lässt sich immer als eine Verkettung von höchstens drei Spiegelungen darstellen.

Eine Kongruenzabbildung lässt sich also immer als eine Verkettung von höchstens drei Spiegelungen darstellen (**Dreispiegelungssatz**).

Beispiel: Eine Ähnlichkeitsabbildung sei folgendermaßen zusammengesetzt: Erst Verschiebung mit $\begin{pmatrix}3\\1\end{pmatrix}$, dann zentrische Streckung an (4 | 7) mit dem Faktor 6, dann Spiegelung an $g: x_1 - x_2 = 0$ und schließlich Drehung um O um 90°. Die Abbildungsgleichung ist dann

$$\begin{aligned}\vec{x}' &= \begin{pmatrix}0 & -1\\1 & 0\end{pmatrix}\begin{pmatrix}0 & 1\\1 & 0\end{pmatrix}\left(6\left(\vec{x} + \begin{pmatrix}3\\1\end{pmatrix}\right) - \begin{pmatrix}4\\7\end{pmatrix} + \begin{pmatrix}4\\7\end{pmatrix}\right)\\ &= \begin{pmatrix}-1 & 0\\0 & 1\end{pmatrix}\left(6\vec{x} - \begin{pmatrix}1\\6\end{pmatrix} + \begin{pmatrix}4\\7\end{pmatrix}\right)\\ &= \begin{pmatrix}-1 & 0\\0 & 1\end{pmatrix}\left(6\vec{x} + \begin{pmatrix}-2\\-29\end{pmatrix}\right)\\ &= \begin{pmatrix}-6 & 0\\0 & 6\end{pmatrix}\vec{x} + \begin{pmatrix}2\\-29\end{pmatrix}.\end{aligned}$$

Alle Querverweise im Überblick:

Affine Abbildung: S. 183 ➤ S. 173
Kartesisches Koordinatensystem: S. 183 ➤ S. 13
Additionstheoreme der Trigonometrie: S. 185 ➤ S. 50
Spiegelung: S. 185 ➤ S. 175

Zusammenfassung:
Ähnlichkeitsabbildungen, Kongruenzabbildungen

Eine **winkeltreue** affine Abbildung heißt **Ähnlichkeitsabbildung**. Eine solche ist auch **längenverhältnistreu**, gleich lange Strecken werden also wieder auf gleich lange Strecken abgebildet. Die Matrix einer Ähnlichkeitsabbildung hat bezogen auf ein kartesisches Koordinatensystem die Form

$$\begin{pmatrix} a & -b \\ b & a \end{pmatrix} \quad \text{oder} \quad \begin{pmatrix} a & b \\ b & -a \end{pmatrix}.$$

Der Ähnlichkeitsfaktor ist dann $\sqrt{a^2 + b^2}$, alle Längen ändern sich mit diesem Faktor. Eine typische Ähnlichkeitsabbildung ist die **zentrische Streckung**. Die zentrische Streckung mit dem Faktor k am Punkt P ist $\vec{x} \mapsto k(\vec{x} - \vec{p}) + \vec{p}$. Jede Ähnlichkeitsabbildung ist die Verkettung einer zentrischen Streckung mit einer Kongruenzabbildung.

Eine **längentreue** Ähnlichkeitsabbildung ist eine **Kongruenzabbildung**. In der Matrix einer solchen Abbildung ist $a^2 + b^2 = 1$, die Spaltenvektoren sind also orthogonale Einheitsvektoren.

Die Matrix $\begin{pmatrix} u & -v \\ v & u \end{pmatrix}$ mit $u^2 + v^2 = 1$ beschreibt eine **Drehung** um O mit dem Winkel φ, wobei $u = \cos\varphi$, $v = \sin\varphi$. Die Matrix $\begin{pmatrix} u & v \\ v & -u \end{pmatrix}$ beschreibt die **Spiegelung** an einer Geraden durch O, deren Steigung $\tan 2\varphi$ beträgt, wenn wieder $u = \cos\varphi$ und $v = \sin\varphi$ gesetzt wird.

Die Verkettung zweier Spiegelungen an sich schneidenden Geraden ist eine Drehung; die Verkettung zweier Spiegelungen an parallelen Geraden ist eine Verschiebung. Die Drehung um einen Punkt P ist

$$\vec{x} \mapsto A(\vec{x} - \vec{p}) + \vec{p},$$

wobei A eine Drehmatrix ist. Die Verkettung zweier Drehungen mit verschiedenen Zentren ist eine Drehung oder eine Verschiebung.

Jede Kongruenzabbildung lässt sich als Verkettung von höchstens drei Spiegelungen darstellen (**Dreispiegelungssatz**).

Kegelschnitte

In diesem Kapitel erfahren Sie:

- Die Schnittkurven einer Ebene mit einem Doppelkegel sind Ellipsen, Parabeln oder Hyperbeln.
- Eine Ellipse besteht aus allen Punkten, deren Abstandssumme von zwei gegebenen Punkten einen festen Betrag hat.
- Eine Parabel besteht aus allen Punkten, deren Abstand von einer gegebenen Geraden gleich ihrer Entfernung von einem gegebenen Punkt ist.
- Eine Hyperbel besteht aus allen Punkten, deren Abstandsdifferenz von zwei gegebenen Punkten einen festen Betrag hat.

Erzeugung der Kegelschnittskurven

Die Schnittkurve einer Ebene mit einem Kegel ist eine Ellipse, eine Parabel oder eine Hyperbel.

Schneidet man einen Kegel (Doppelkegel) mit einer Ebene, so entsteht je nach Neigung der Ebene gegen die Kegelachse als Schnittkurve eine **Ellipse**, eine **Parabel** oder eine **Hyperbel** (Fig. 1 a).

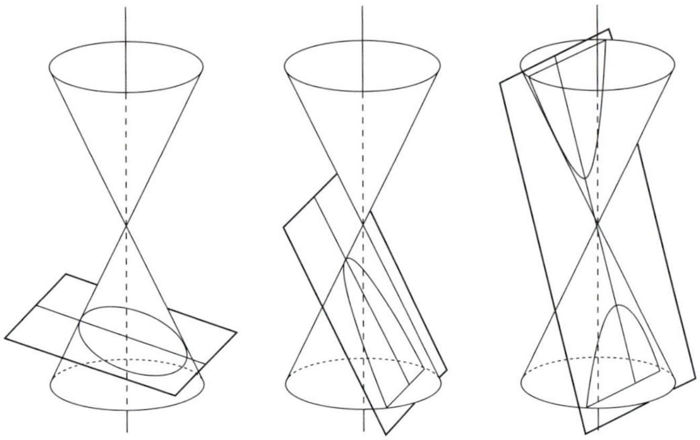

Fig. 1 a: Kegelschnittskurven

Diese Kurven treten in der Natur und in technischen Zusammenhängen auf: Die Bahnkurve eines Massepunkts, der sich in einem Schwerefeld bewegt, ist eine Kegelschnittskurve. Planeten bewegen sich im Schwerefeld der Sonne auf Ellipsenbahnen. Ein Komet, der sich der Sonne nähert, wird entweder auf einer Ellipsenbahn eingefangen oder auf eine Hyperbelbahn umgelenkt. Ein geworfener Stein bewegt sich auf einer Parabelbahn (Wurfparabel).

Der Querschnitt eines Scheinwerferspiegels ist eine Parabel; die von der Lichtquelle ausgehenden Strahlen werden so reflektiert, dass sie den Scheinwerfer parallel zueinander verlassen. Bei einer Parabolantenne werden elekromagnetische Strahlen so reflektiert, dass sie sich im Empfänger treffen und dort verstärken. Im Inneren jeder Ellipse gibt es zwei Punkte (Brennpunkte) mit der Eigenschaft, dass alle von den einen Punkt ausgehenden Strahlen so reflektiert werden, dass sie sich in dem anderen Punkt treffen (Prinzip des Flüstergewölbes, Zertrümmerung von Nierensteinen mit Ultraschall).

Brücken sind häufig parabelförmig gebogen, weil die Parabelform optimale statische Bedingungen garantiert. Gewisse gekrümmte Flächen mit hyperbelförmigen Querschnitten enthalten zwei Geradenscharen, von denen jede Gerade der einen Schar alle Geraden der anderen Schar schneidet. Dies ermöglicht optimale Konstruktionsbedingungen mit Hilfe von Stahlträgern (Dächer von Musikhallen, Fußballstadien usw.).

Neben den Kegeln gibt es weitere so genannte Flächen zweiter Ordnung, deren Schnitte mit Ebenen Ellipsen, Parabeln oder Hyperbeln ergeben (➛ s. S. 200).

Ellipsen

Schneidet eine Ebene einen Kreiskegel in einer Ellipse, dann gibt es zwei Kugeln, welche den Kreiskegel und die Ellipsenebene berühren (Fig. 1b). Diese heißen die **dandelinschen Kugeln** (nach Pierre Germinal Dandelin, 1794–1847).

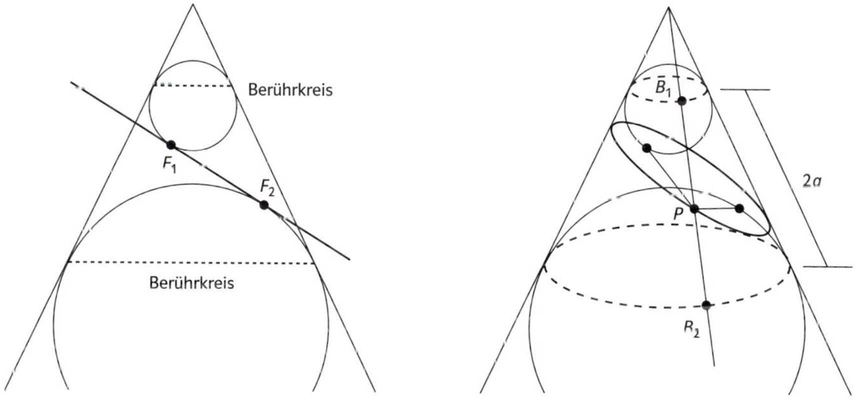

Fig. 1b: Dandelinsche Kugeln

Die Berührpunkte der dandelinschen Kugeln und der Ellipsenebene seien F_1, F_2. Die Entfernung der Berührkreise längs der Mantellinien des Kegels sei $2a$. Schneidet die Mantellinie durch den Ellipsenpunkt P die Berührkreise der Kugeln in den Punkten B_1 und B_2 (Fig. 1), dann ist

$$\overline{B_1P} + \overline{B_2P} = \overline{B_1B_2} = 2a.$$

Andererseits ist

$$\overline{B_1P} = \overline{PF_1} \quad \text{und} \quad \overline{B_2P} = \overline{PF_2},$$

weil die Tangentenabschnitte an eine Kugel von einem Punkt außerhalb der Kugel aus gleich lang sind. Also gilt für jeden Punkt P der Ellipse (Fig. 2)

$$\overline{PF_1} + \overline{PF_2} = 2\,\mathrm{a}.$$

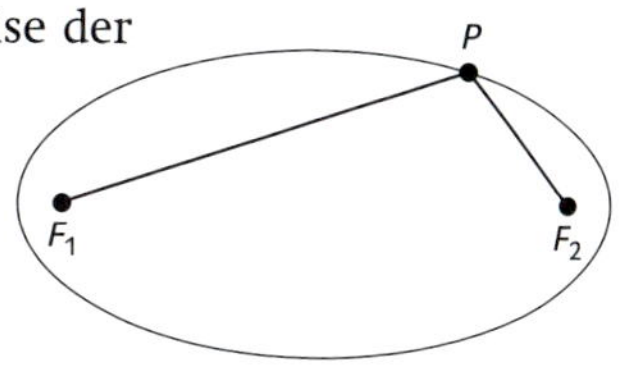

$\overline{PF_1} + \overline{PF_2} = 2a$

Fig. 2: Ellipse als Ortskurve

Darauf beruht die folgende **Definition der Ellipse als Ortskurve**: Eine Ellipse ist der geometrische Ort aller Punkte, deren Abstandssumme von zwei gegebenen Punkten konstant ist. Sind die Punkte $F_1(-e\,|\,0)$ und $F_2(e\,|\,0)$ in einem kartesischen Koordinatensystem gegeben und soll die Abstandssumme $2a$ betragen, dann ergibt sich die **Ellipsengleichung** folgendermaßen (Fig. 3): Es gilt

Eine Ellipse ist der geometrische Ort aller Punkte, deren Abstandssumme von zwei gegebenen Punkten konstant ist.

$$\sqrt{(x_1+e)^2+x_2^2}+\sqrt{(x_1-e)^2+x_2^2}=2a,$$

also

$$\begin{aligned}\sqrt{(x_1+e)^2+x_2^2}&=2a-\sqrt{(x_1-e)^2+x_2^2}\\(x_1+e)^2+x_2^2&=4a^2-4a\sqrt{(x_1-e)^2+x_2^2}+(x_1-e)^2+x_2^2\\a\sqrt{(x_1-e)^2+x_2^2}&=a^2-ex_1\\a^2\left((x_1-e)^2+x_2^2\right)&=a^4-2a^2ex_1+e^2x_1^2\\\left(a^2-e^2\right)x_1^2+a^2x_2^2&=a^2\left(a^2-e^2\right).\end{aligned}$$

$\frac{x_1^2}{a^2}+\frac{x_2^2}{b^2}=1$ ist die Gleichung einer Ellipse mit dem Mittelpunkt O und den Halbachsenlängen a, b.

Daraus folgt die Ellipsengleichung

$$\frac{x_1^2}{a^2}+\frac{x_2^2}{b^2}=1 \quad \text{mit} \quad b^2=a^2-e^2.$$

Fig. 4 zeigt den Zusammenhang zwischen den Parametern a, b, e. Man nennt a, b die **Halbachsenlängen** und e die **Exzentrizität** der Ellipse.

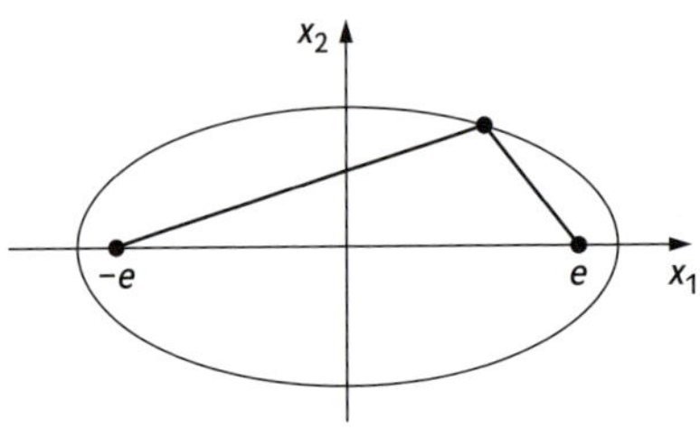

Fig. 3: Zur Ellipsendefinition

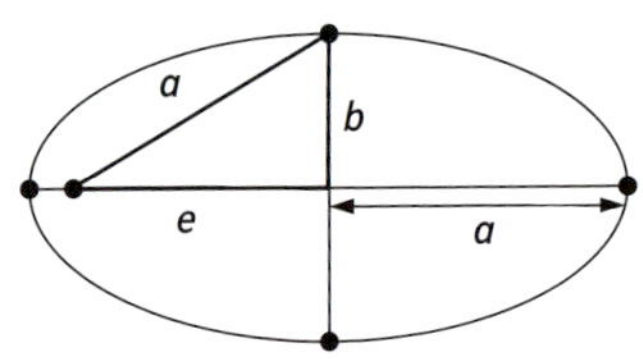

Fig. 4: $a^2 = b^2 + e^2$

Die Punkte $S_1(-a\,|\,0)$, $S_2(a\,|\,0)$, $S_3(0\,|\,-b)$, $S_4(0\,|\,b)$ heißen die **Scheitel** der Ellipse, die zueinander rechtwinkligen Strecken S_1S_2 und S_3S_4 ihre **Achsen**. Der Schnittpunkt der Achsen ist der **Mittelpunkt**, die Punkte F_1, F_2 sind die **Brennpunkte** der Ellipse. Eine Ellipse mit dem Mittelpunkt $M(m_1\,|\,m_2)$, deren Achsen parallel zu den Koordinatenachsen sind, hat die Gleichung

$$\frac{(x_1-m_1)^2}{a^2}+\frac{(x_2-m_2)^2}{b^2}=1.$$

Beispiel:
Soll ein Gärtner ein ellipsenförmiges Beet von 10 m Länge und 6 m Breite anlegen, dann markiert er den Umriss folgendermaßen:
Wegen $\sqrt{5^2-3^2}=4$ schlägt er Pflöcke im Abstand 8 m ein, befestigt an ihnen ein Seil von 10 m Länge und führt in dem straff gespannten Seil einen Markierungsstab um die Pflöcke herum (Fig. 5).

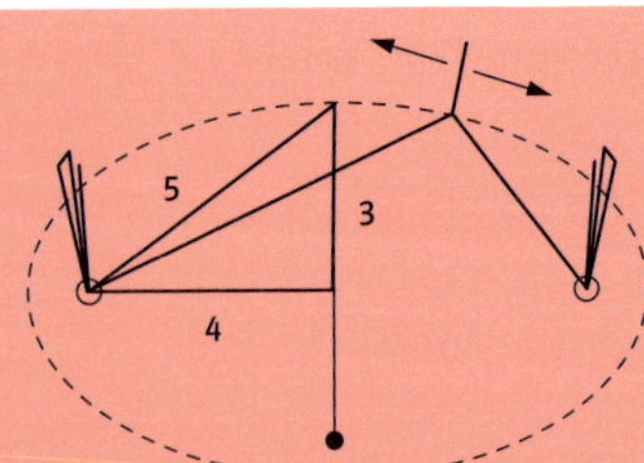

Fig. 5: Gärtnerellipse

Eine Ellipse mit den Halbachsenlängen a und b entsteht aus einem Kreis mit dem Radius a durch eine orthogonale Parallelstreckung an der x_1-Achse mit dem Faktor $\frac{b}{a}$. Dieselbe Ellipse entsteht aus einem Kreis mit dem Radius b durch orthogonale Parallelstreckung an der x_2-Achse mit dem Faktor $\frac{a}{b}$. Damit ergibt sich die Möglichkeit der Konstruktion von Ellipsenpunkten (Fig. 6). Eine Ellipse ist also ein affines Bild eines Kreises.

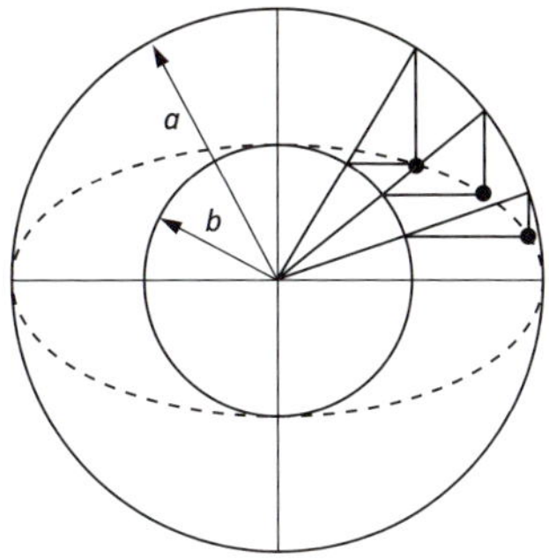

Fig. 6: Ellipse als affines Bild eines Kreises

Das affine Bild eines Kreises ist eine Ellipse.

Denkt man sich in Fig. 6 die Kreis- und die Ellipsenfläche durch achsenparallele Rechtecke approximiert, dann geht bei der Parallelstreckung an der x_1-Achse mit dem Faktor $\frac{b}{a}$ ein Rechteck im Kreis in ein Rechteck in der Ellipse über (Fig. 7), wobei dich der Inhalt des Rechtecks mit dem Faktor $\frac{b}{a}$ ändert. Also gilt dies auch für die Inhalte von Kreis und Ellipse. Der Flächeninhalt der Ellipse ist also $\frac{b}{a} \cdot \pi a^2 = \pi ab$.

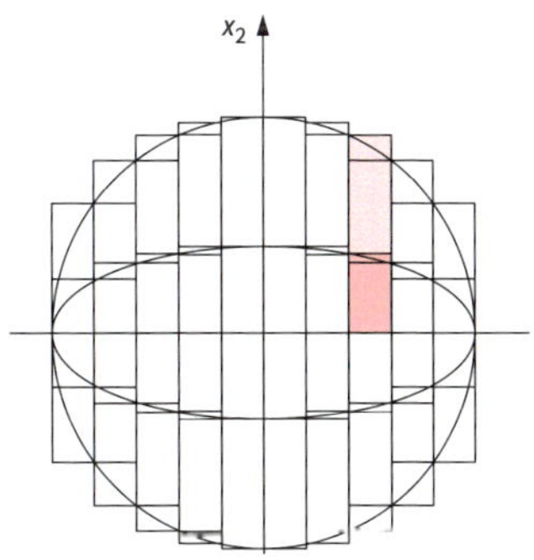

Fig. 7: Ellipseninhalt

Eine Ellipse mit den Halbachsenlängen a und b hat den Flächeninhalt πab.

Die Tangente t im Punkt $B(b_1|b_2)$ des Kreises k: $x_1^2 + x_2^2 = a^2$ hat die Gleichung $b_1x_1 + b_2x_2 = a^2$ (→ s. S. 163).
Durch $(x_1; x_2) \mapsto \left(x_1; \frac{b}{a}x_2\right)$ wird der Kreis k auf die Ellipse mit der Gleichung $\frac{x_1^2}{a^2} + \frac{x_2^2}{b^2} = 1$ abgebildet, wobei t in die Ellipsentangente im Bildpunkt von B übergeht (Fig. 8). Ersetzt man also x_2 durch $\frac{a}{b}x_2$ und b_2 durch $\frac{a}{b}b_2$ in der Gleichung von t, dann erhält man die Gleichung der Ellipsentangente in einem Ellipsenpunkt $B(b_1|b_2)$:

$$\frac{b_1x_1}{a^2} + \frac{b_2x_2}{b^2} = 1$$

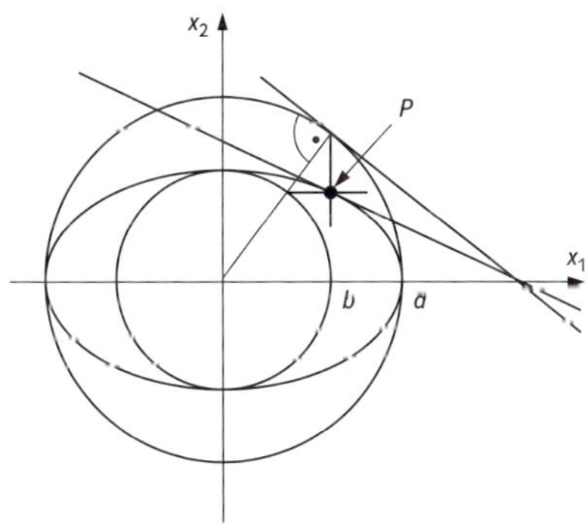

Fig. 8: Tangente

Für die Ellipse mit der Gleichung $\frac{x_1^2}{a^2} + \frac{x_2^2}{b^2} = 1$ gilt: Die Tangente im Ellipsenpunkt $B(b_1|b_2)$ hat die Gleichung $\frac{b_1x_1}{a^2} + \frac{b_2x_2}{b^2} = 1$, die Polare zum Pol $P(p_1|p_2)$ hat die Gleichung $\frac{p_1x_1}{a^2} + \frac{p_2x_2}{b^2} = 1$.

Der Punkt $P(p_1|p_2)$ liege außerhalb der Ellipse mit obiger Gleichung. Die Berührpunkte $B(b_1|b_2)$ der beiden Tangenten von P aus an die Ellipse genügen der Gleichung $\frac{b_1p_1}{a^2} + \frac{b_2p_2}{b^2} = 1$, weil P auf diesen Tangenten liegt. Die Gerade mit der Gleichung $\frac{p_1x_1}{a^2} + \frac{p_2x_2}{b^2} = 1$ heißt die **Polare** zum **Pol** P bezüglich der gegebenen Ellipse (Fig. 9).

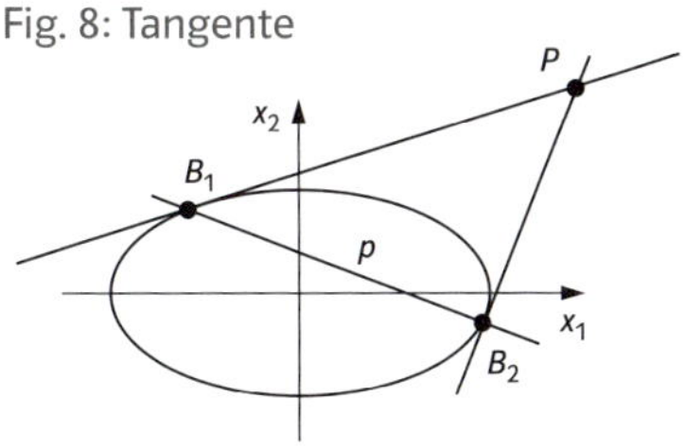

Fig. 9: Pol und Polare

Ist P ein Punkt einer Ellipse mit den Brennpunkten F_1, F_2, dann halbiert die Ellipsennormale in P den Winkel zwischen PF_1 und PF_2. Ein von F_1 ausgehender Strahl wird also so an der Ellipse reflektiert, dass er durch F_2 geht. Dies erklärt die Bezeichnung „Brennpunkte“ für F_1 und F_2 (Fig. 10). Zum Nachweis dieser Brennpunkteigenschaft der Ellipse betrachte man die Verlängerung von F_1P über P hinaus um die Länge $\overline{PF_2}$ bis zum Punkt F_2' (Fig. 11). Die Mittelsenkrechte von F_2F_2' muss dann die Tangente in P sein; denn für jeden weiteren Punkt Q dieser Geraden gilt

$$\overline{QF_1} + \overline{QF_2} = \overline{QF_1} + \overline{QF_2'} > \overline{PF_1} + \overline{PF_2'} = 2a.$$

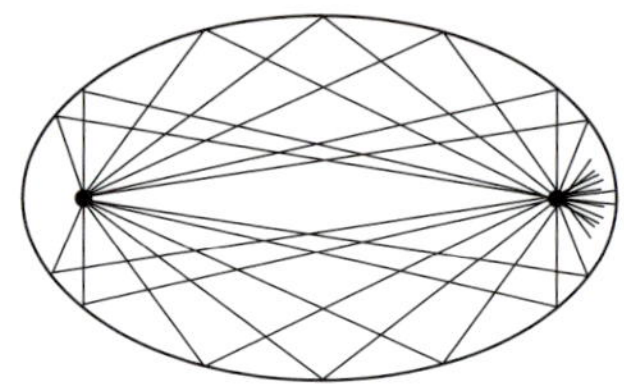

Fig. 10: Brennstrahlen

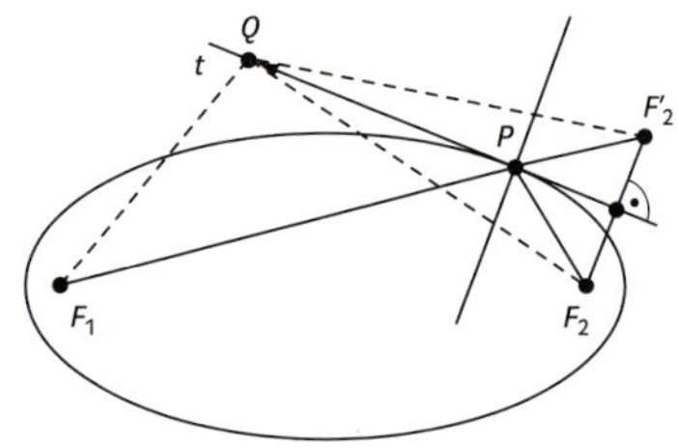

Fig. 11: Brennpunkteigenschaft

Hyperbeln

Schneidet eine Ebene einen (doppelten!) Kreiskegel in einer Hyperbel, dann gibt es zwei Kugeln, welche den Kreiskegel und die Hyperbelebene berühren; die Berührpunkte seien F_1 und F_2. Diese Kugeln heißen wieder die **dandelinschen Kugeln** des Kegelschnitts. In Fig. 12 ist ein Querschnitt hierzu gezeichnet.

Eine Hyperbel ist der geometrische Ort aller Punkte, deren Abstandsdifferenz von zwei gegebenen Punkten stets den gleichen Betrag hat.

Die Entfernung der Berührkreise längs der Mantellinien bezeichne man mit $2a$. Schneidet die Mantellinie durch den Hyperbelpunkt P die Berührkreise der Kugeln in den Punkten B_1 und B_2, dann ist also

$$\overline{B_1B_2} = |\overline{B_1P} - \overline{B_2P}| = 2a.$$

Andererseits ist

$$\overline{B_1P} = \overline{F_1P} \quad \text{und} \quad \overline{B_2P} = \overline{F_2P},$$

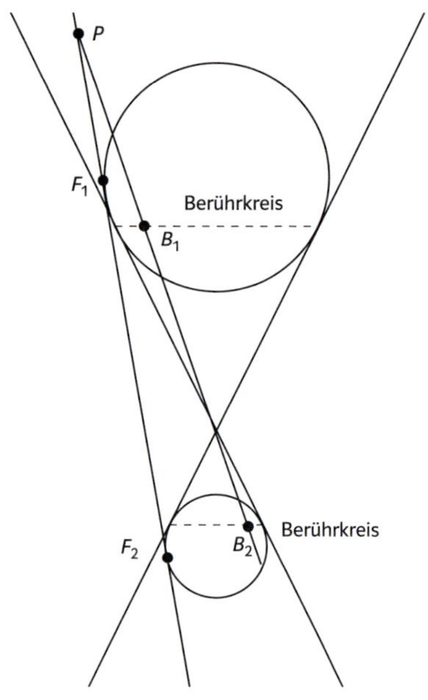

Fig. 12: Dandelinsche Kugeln

weil alle Tangentenabschnitte an eine Kugel von einem Punkt außerhalb der Kugel aus gleich lang sind. Also gilt für jeden Punkt P der Hyperbel

$$|\overline{F_1P} - \overline{F_2P}| = 2a.$$

Darauf beruht die folgende Definition der Hyperbel als eine Ortskurve:

Eine **Hyperbel** ist der geometrische Ort aller Punkte, deren Abstandsdifferenz von zwei gegebenen Punkten F_1, F_2 konstant ist (Fig. 13).

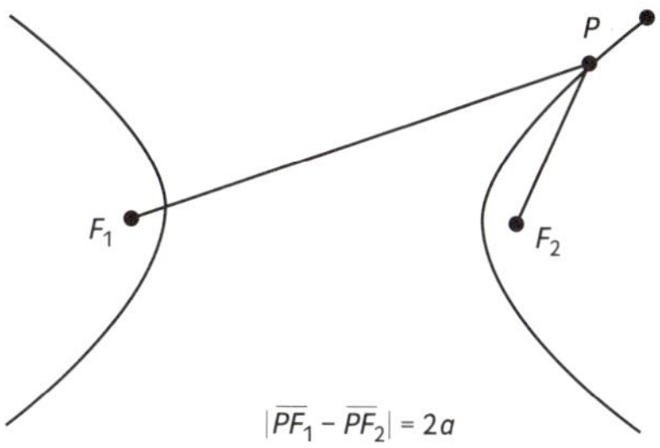

Fig. 13: Hyperbel als Ortskurve

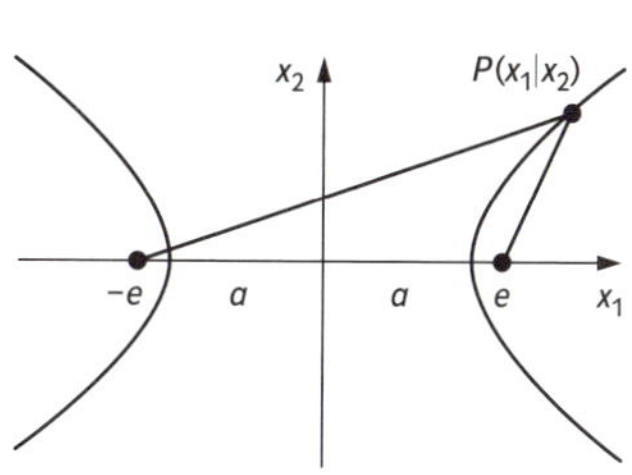

Fig. 14: Hyperbeldefinition

Sind die Punkte $F_1(-e\,|\,0)$, $F_2(e\,|\,0)$ in einem Koordinatensystem gegeben und soll die Abstandssumme $2a$ betragen, dann ergibt sich die Hyperbelgleichung

$$\frac{x_1^2}{a^2} - \frac{x_2^2}{b^2} = 1$$

mit $b^2 = a^2 + e^2$ (Fig. 14). Die Rechnung verläuft analog zu der für die Ellipse.

$\frac{x_1^2}{a^2} - \frac{x_2^2}{b^2} = 1$ ist die Gleichung einer Hyperbel mit dem Mittelpunkt O und den Halbachsenlängen a, b.

Die Punkte $S_1(-a\,|\,0)$, $S_2(a\,|\,0)$, $S_3(0\,|\,-b)$, $S_4(0\,|\,b)$ heißen die Scheitel der Hyperbel, wobei S_3, S_4 aber keine Hyperbelpunkte sind. Die zueinander rechtwinkligen Strecken S_1S_2 und S_3S_4 heißen ihre Achsen. Der Schnittpunkt der Achsen ist der Mittelpunkt der Hyperbel. Eine Hyperbel mit dem Mittelpunkt $M(m_1\,|\,m_2)$ hat die Gleichung

$$\frac{(x_1 - m_1)^2}{a^2} - \frac{(x_2 - m_2)^2}{b^2} = 1.$$

Die Geraden mit den Gleichungen

$$bx_1 \pm ax_1 = 0$$

sind die **Asymptoten** (➤ s. S. 41) der Hyperbel mit dem Mittelpunkt O (Fig. 15). Denn für $x_1 \to \infty$ konvergiert

$$\frac{bx_1}{a} - \sqrt{\left(\frac{bx_1}{a}\right)^2 - b^2} = \frac{ab}{x_1 + \sqrt{x_1^2 - a^2}}$$

gegen 0.

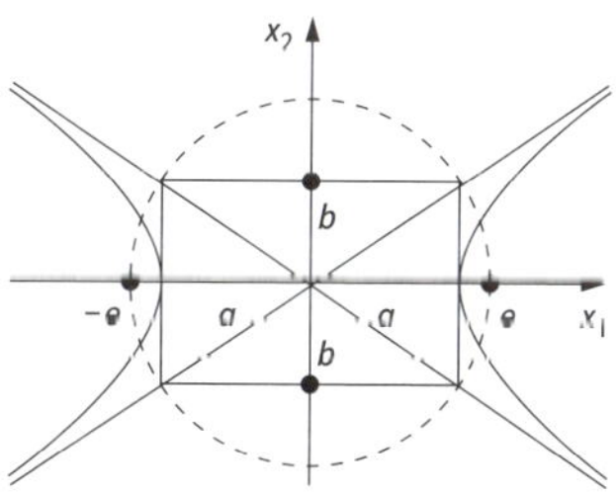

Fig. 15: Asymptoten

Beispiel:
Die Gleichung $x_1x_2 = 4$ beschreibt eine Hyperbel im Koordinatensystem (Fig. 16) mit rechtwinkligen Asymptoten (**rechtwinklige Hyperbel**).

Diese entsteht aus einer zu den Koordinatenachsen symmetrischen Hyperbel durch Drehen um 45°. Dabei wird der Scheitel $(2\sqrt{2}\,|\,0)$ auf den Punkt $(2\,|\,2)$ abgebildet. Die Ausgangshyperbel hat also die Halbachsenlängen $2\sqrt{2}$ und damit die Gleichung

$$\frac{x_1^2}{8} - \frac{x_2^2}{8} = 1.$$

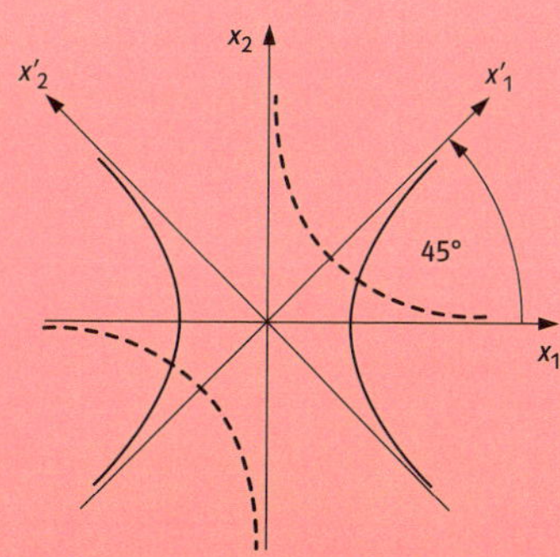

Fig. 16: Rechtwinklige Hyperbel

Für die Hyberbel mit der Gleichung $\frac{x_1^2}{a^2} - \frac{x_2^2}{b^2} = 1$ gilt: Die Tangente im Hyperbelpunkt $B(b_1|b_2)$ hat die Gleichung $\frac{b_1x_1}{a^2} - \frac{b_2x_2}{b^2} = 1$.

Die Gleichung der Tangente an eine Hyperbel mit einem gegebenen Berührpunkt $B(b_1|b_2)$ ergibt sich ähnlich wie bei der Ellipse aus der Gleichung der betreffenden Kurve: Die Tangente an die Hyperbel $\frac{x_1^2}{a^2} - \frac{x_2^2}{b^2} = 1$ im Punkt $B(b_1|b_2)$ hat die Gleichung

$$\frac{b_1x_1}{a^2} - \frac{b_2x_2}{b^2} = 1.$$

Zur Begründung dieser Gleichung betrachte man einen Hyperbelpunkt $B(b_1|b_2)$ und einen benachbarten Hyperbelpunkt $P(p_1|p_2)$ sowie die Sekante durch diese beiden Punkte:

$$\text{Aus} \quad \frac{p_1^2 - b_1^2}{a^2} - \frac{p_2^2 - b_2^2}{b^2} = 0 \quad \text{folgt} \quad \frac{p_2 - b_2}{p_1 - b_1} = \frac{b^2(p_1 + b_1)}{a^2(p_2 + b_2)}.$$

Für den Grenzübergang $p_1 \to b_1$ ergibt sich die Tangentensteigung $\frac{b^2 \cdot b_1}{a^2 \cdot b_2}$.

Also ist die Tangentengleichung $\frac{x_2 - b_2}{x_1 - b_1} = \frac{b^2 \cdot b_1}{a^2 \cdot b_2}$.

Diese lässt sich umformen zu $\frac{b_1x_1}{a^2} - \frac{b_2x_2}{b^2} = 1$.

Für die Hyberbel mit der Gleichung $\frac{x_1^2}{a^2} - \frac{x_2^2}{b^2} = 1$ gilt: Die Polare zum Pol $P(p_1|p_2)$ hat die Gleichung $\frac{p_1x_1}{a^2} - \frac{p_2x_2}{b^2} = 1$.

Zwei Tangenten von einem Punkt $P(p_1|p_2)$ aus an die Hyperbel existieren nur, wenn $a|p_2| < b|p_1|$ gilt (Fig. 17). Für die Berührpunkte $B(b_1|b_2)$ gilt

$$\frac{b_1p_1}{a^2} - \frac{b_2p_2}{b^2} = 1,$$

da P auf den Tangenten liegt. Die Berührpunkte liegen also auf der Geraden p mit der Gleichung

$$\frac{p_1x_1}{a^2} - \frac{p_2x_2}{b^2} = 1.$$

Diese Gerade heißt **Polare** zu P und P heißt **Pol** zu p bezüglich der Hyperbel.

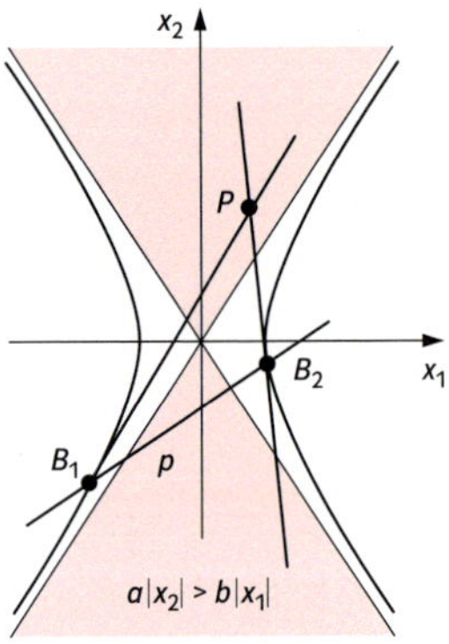

Fig. 17: Pol und Polare

Die Tangente an eine Hyperbel im Punkt P halbiert den Winkel zwischen den „Brennstrahlen“ PF_1 und PF_2. Ein von F_2 ausgehender Strahl wird also an der Hyperbel so reflektiert, dass seine rückwärtige Verlängerung durch F_1 geht (Fig. 18).

Zum Beweis sei $F_2' \in PF_1$ mit $\overline{PF_2'} = \overline{PF_2}$ und t die Mittelsenkrechte von F_2F_2'. Dann ist t die Tangente in P, denn für jeden weiteren Punkt $Q \in t$ gilt

$$\overline{QF_1} - \overline{QF_2} = \overline{QF_1} - \overline{QF_2'} > \overline{F_1F_2'} = 2a.$$

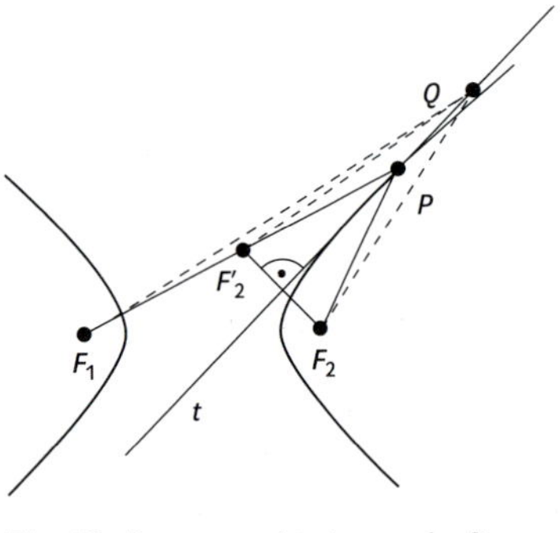

Fig. 18: Brennpunkteigenschaft

Parabeln

Schneidet eine Ebene einen Kreiskegel in einer Parabel, dann gibt es genau eine Kugel (**dandelinsche Kugel**), welche den Kreiskegel und die Parabelebene berührt; der Berührpunkt sei F. Die Parabelebene und die Ebene des Berührkreises der dandelinschen Kugel schneiden sich in einer Geraden l. In Fig. 19 ist ein Querschnitt hierzu gezeichnet, in welchem die Parabelebene nur als Gerade und die Gerade l nur als Punkt (L) zu sehen sind.

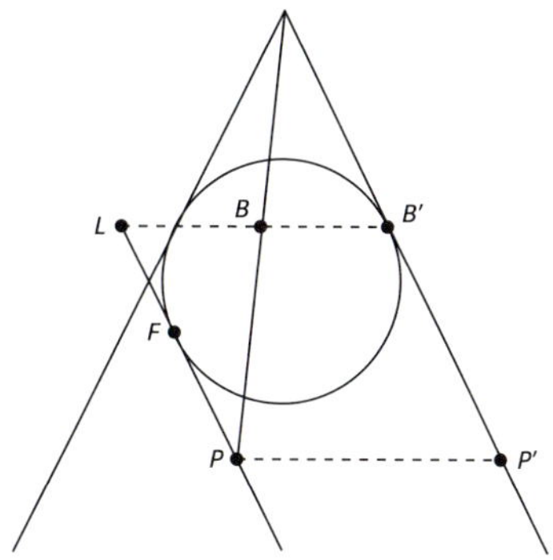

Fig. 19: Dandelinsche Kugel

Es sei nun P ein Parabelpunkt und L sei der Fußpunkt des Lotes von P auf die Gerade l. Die Mantellinie des Kegels durch P schneide den Berührkreis der dandelinschen Kugel im Punkt B. In Fig. 19 ist dann

$$\overline{PF} = \overline{PB} = \overline{P'B'} = \overline{PL}.$$

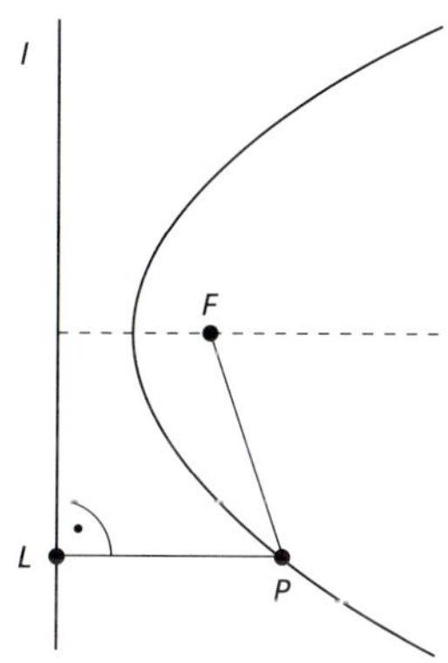

Fig. 20: Parabeldefinition

Darauf beruht die Definition der Parabel als Ortskurve: Eine **Parabel** ist der geometrische Ort aller Punkte, deren Entfernung von einem gegebenen Punkt F (**Brennpunkt**) gleich ihrem Abstand von einer gegebenen Geraden l (**Leitgerade**) ist (Fig. 20). Wenn die Gerade in einem kartesischen Koordinatensystem durch $x_2 = -\frac{p}{2}$ gegeben ist und der Punkt durch $F\left(\frac{p}{2}\middle|0\right)$, dann ergibt sich die **Parabelgleichung**

$$x_2^2 = 2px_1.$$

Eine Parabel ist der geometrische Ort aller Punkte, deren Entfernung von einen gegebenen Punkt gleich ihrem Abstand von einer gegebenen Geraden ist.

Dies folgt aus $x_1 + \frac{p}{2} = \sqrt{\left(x_1 - \frac{p}{2}\right)^2 + x_2^2}$ (Fig. 21).

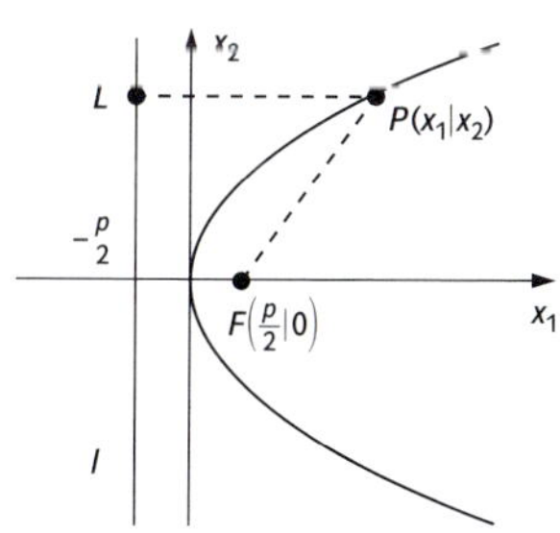

Fig. 21: Parabelgleichung

$x_2^2 = 2px_1$ ist die Gleichung einer Parabel mit dem Scheitel O und dem Brennpunkt $F\left(\frac{p}{2}\middle|0\right)$ sowie der Leitgeraden $x_1 = -\frac{p}{2}$.

Der Punkt $S(0|0)$ heißt **Scheitel** der Parabel. Die x_1-Achse ist Symmetrieachse (**Achse** der Parabel). Eine Parabel mit dem Scheitel $S(s_1|s_2)$, deren Achse parallel zur x_1-Achse ist, hat die Gleichung $(x_2 - s_2)^2 = 2p(x_1 - s_1)$ (Fig. 22). Für $p > 0$ ist die Parabel nach rechts geöffnet, für $p < 0$ nach links.

Die Tangente im Punkt $B(b_1|b_2)$ der Parabel mit der Gleichung $x_2^2 = 2px_1$ hat die Gleichung

$$b_2x_2 = p(x_1 + b_1).$$

Ist nämlich $Q(q_1|q_2)$ ein benachbarter Parabelpunkt, dann hat die Sekante durch P und Q die Gleichung

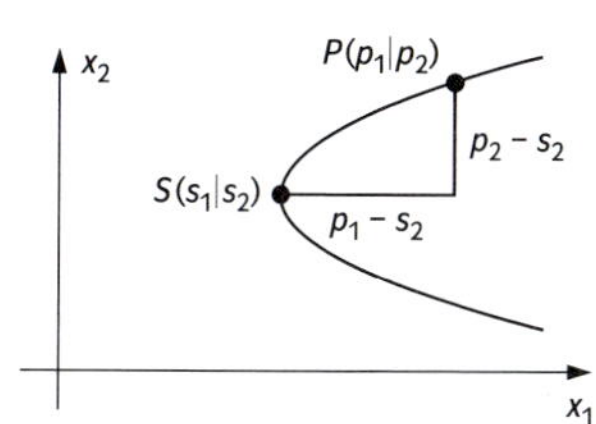

Fig. 22: Verschobene Parabel

Für die Parabel mit der Gleichung $x_2^2 = 2px_1$ gilt: Die Tangente im Parabelpunkt $B(b_1|b_2)$ hat die Gleichung $b_2x_2 = p(b_1 + x_1)$.

$$\frac{x_2 - b_2}{x_1 - b_1} = \frac{q_2 - b_2}{q_1 - b_1} = 2p \cdot \frac{q_2 - b_2}{q_2^2 - b_2^2} = \frac{2p}{q_2 + b_2}.$$

Strebt Q gegen B, dann ergibt sich die Tangentengleichung $\frac{x_2 - b_2}{x_1 - b_1} = \frac{p}{b_2}$ bzw.

$$b_2 x_2 = p x_1 + b_2^2 - p b_1 = p x_1 + p b_1 = p(x_1 + b_1).$$

Die Tangente an eine Parabel im Punkt B halbiert den Winkel zwischen dem „Brennstrahl" BF und dem Lot BL auf die Leitlinie. Ein von F ausgehender Strahl wird also an der Parabel so reflektiert, dass er parallel zur Parabelachse verläuft. Die Winkelhalbierende von $\sphericalangle FPL$ ist nämlich die Tangente in P (Fig. 23), weil für jeden anderen Punkt Q dieser Geraden gilt: $QL > QL' = QF$.

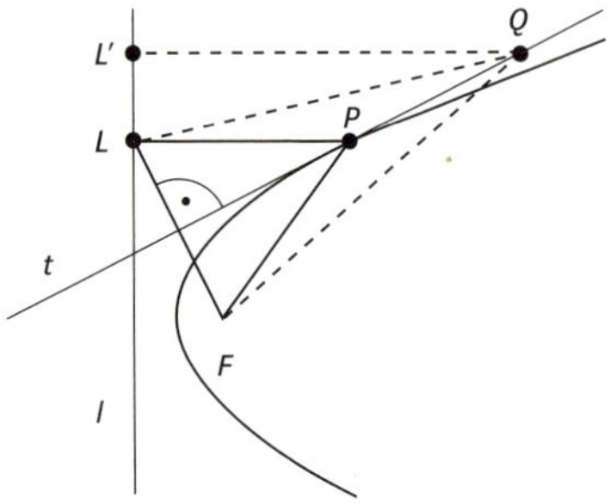

Fig. 23: Brennpunkteigenschaft

Scheitelgleichung

Für $\varepsilon > 0$ und $p > 0$ betrachte man die Gleichung

$$x_2^2 = 2px_1 - (1 - \varepsilon^2)x_1^2.$$

Für $\varepsilon = 1$ ist dies die Gleichung einer Parabel mit dem Scheitel $S(0\,|\,0)$.

Für $\varepsilon < 0$ sind positive Zahlen a, b eindeutig durch

$$\frac{b^2}{a} = p \quad \text{und} \quad \frac{a^2 - b^2}{a^2} = \varepsilon^2$$

bestimmt. Damit kann man die Gleichung umformen zu

$$x_2^2 = 2\frac{b^2}{a}x_1 - \frac{b^2}{a^2}x_1^2$$

bzw.

$$\frac{(x_1 - a)^2}{a^2} + \frac{x_2^2}{b^2} = 1.$$

Die Scheitelgleichung der Kegelschnitte $x_2^2 = 2px_1 - (1 - \varepsilon^2)x_1^2$ beschreibt für
$\varepsilon < 1$ eine Ellipse,
$\varepsilon = 1$ eine Parabel,
$\varepsilon > 1$ eine Hyperbel.

Dies ist die Gleichung einer Ellipse mit dem Scheitel $S(0\,|\,0)$.

Für $\varepsilon > 1$ ergibt sich ebenso die Gleichung einer Hyperbel mit dem Scheitel $S(0\,|\,0)$.

Fig. 24 zeigt, wie sich die Parabel als Grenzfall zwischen Ellipse und Hyperbel darstellt.

Der einheitlichen Darstellung der Kegelschnittsgleichungen entspricht auch eine einheitliche Beschreibung der Kegelschnitte als Ortskurven (Fig. 25): Man betrachte eine Parallele l zur x_2-Achse mit der Gleichung $x_1 = -q$ und einen Punkt $F(\varepsilon q\,|\,0)$ mit $q, \varepsilon > 0$.

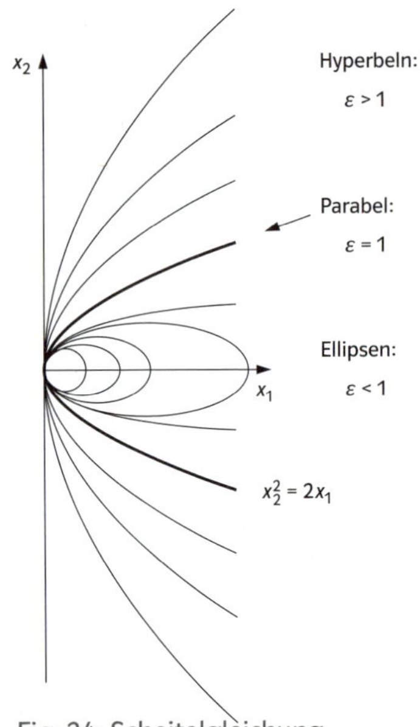

Fig. 24: Scheitelgleichung

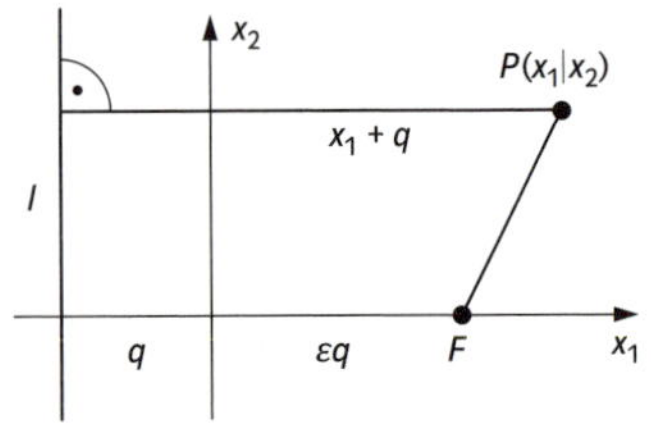

Fig. 25: Herleitung

Der geometrische Ort aller Punkte $P(x_1|x_2)$, für welche die Entfernung von F das ε-fache des Abstands von l ist, wird durch folgende Gleichung beschrieben:

$$\sqrt{(x_1-\varepsilon)^2+x_2^2}=\varepsilon(x_1+q)$$

Diese lässt sich zur oben genannten Scheitelgleichung umformen, wobei $p=\varepsilon(1+\varepsilon)q$.
Fig. 26 zeigt zu gegebenem l und F die Fälle

$$\varepsilon=\frac{1}{2},\ \varepsilon=1 \text{ und } \varepsilon=2.$$

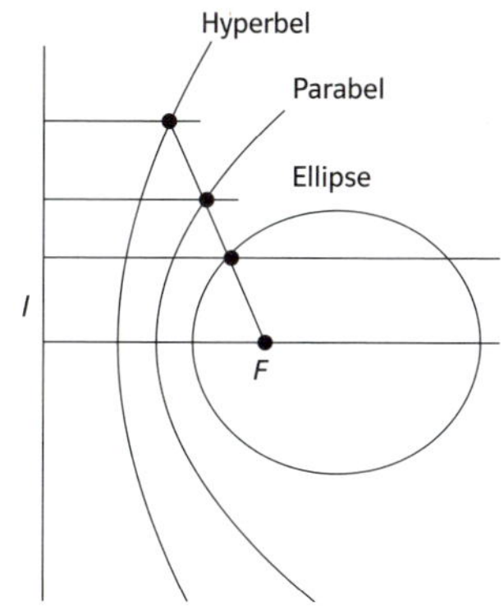

Fig. 26: Beispiele

Scheitelkreise

Ein **Scheitelkrümmungskreis** oder **Scheitelkreis** eines Kegelschnitts approximiert die Kurve in einem Scheitel besonders gut. Er ist der größte Kreis durch den Scheitel, der keinen weiteren Punkt mit der Kurve gemeinsam hat und auch in Steigung und Krümmung (➤ s. S. 76) mit der Kurve übereinstimmt.
Diesen Scheitelkreis kann man mit Hilfe der Scheitelgleichung leicht bestimmen. Hat der Scheitelkreis den Radius r, dann lautet seine Gleichung

$$(x_1-r)^2+x_2^2=r^2$$

bzw. $x_1^2-2rx_1+x_2^2=0$. Setzt man in der Scheitelgleichung

$$x_2^2=2px_1-(1-\varepsilon^2)x_1^2$$

für x_2^2 den Term $2rx_1-x_1^2$ ein, so ergibt sich

$$2(r-p)x_1=\varepsilon^2x_1^2.$$

Soll diese Gleichung nur die Lösung $x_1=0$ haben, dann gilt

$$r=p,\ \text{also für die Ellipse und Hyperbel } r=\frac{b^2}{a}.$$

Der Radius des Scheitelkreises der Parabel mit der Gleichung $x_2^2=2px_1$ ist p.

Die Radien der Scheitelkreise der Ellipse mit den Halbachsenlängen a, b sind $\frac{a^2}{b}$ und $\frac{b^2}{a}$.

Der Radius der Scheitelkreise der Hyperbel mit den Halbachsenlängen a, b ist $\frac{b^2}{a}$.

In Fig. 27 ist der Scheitelkreis einer Parabel gezeichnet. Sind die Parameter a, b der Ellipse bzw. der Hyperbel aus der Kurve zu entnehmen, dann kann man den Scheitelkreisradius r mit Hilfe ähnlicher Dreiecke konstruieren ($p:b=b:a$).
In Fig. 28 und Fig. 29 sind die Scheitelkreise einer Ellipse bzw. einer Hyperbel konstruiert.

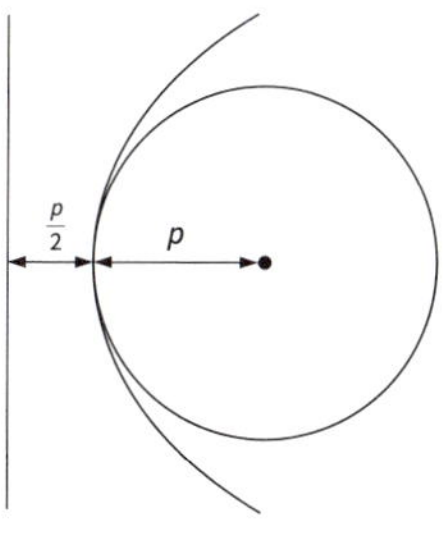

Fig. 27: Parabel

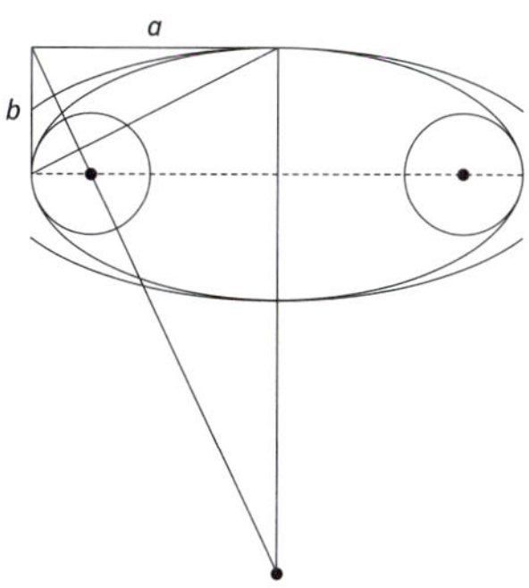

Fig. 28: Ellipse

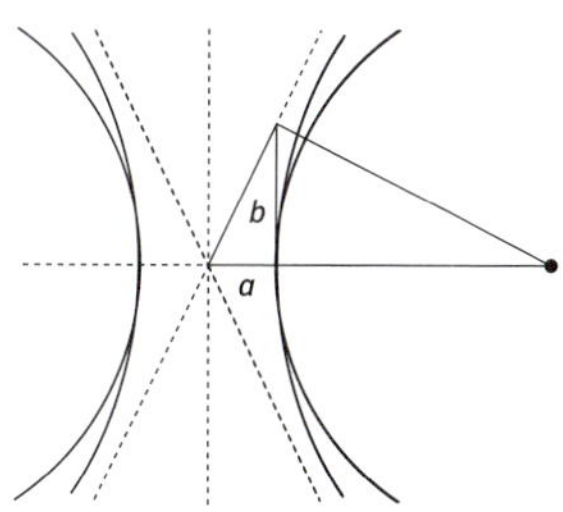

Fig. 29: Hyperbel

Leitkreise von Ellipse und Hyperbel

Ist ein Kreis mit dem Mittelpunkt F_1 und dem Radius r gegeben und ferner ein Punkt F_2 im Inneren des Kreises, dann liegen alle Punkte, welche von F_2 und dem Kreis den gleichen Abstand haben, auf einer Ellipse mit den Brennpunkten F_1, F_2. Denn in Fig. 30 ist

$$\overline{PF_1} + \overline{PF_2} = \overline{PF_1} + \overline{PR} = r.$$

Für die Halbachsen a, b gilt $2a = r$ und $2e = 2\sqrt{a^2 - b^2} = \overline{F_1F_2}$. Man nennt den Kreis **Leitkreis** der Ellipse. Man kann eine Ellipse also auch mit Hilfe ihres Leitkreises definieren.

Ist ein Kreis mit dem Mittelpunkt F_1 und dem Radius r gegeben und ferner ein Punkt F_2 im Außeren des Kreises, dann liegen alle Punkte, welche von F_2 und dem Kreis den gleichen Abstand haben, auf einer Hyperbel mit den Brennpunkten F_1, F_2. Denn in Fig. 31 ist

$$\overline{PF_1} - \overline{PF_2} = \overline{PF_1} - \overline{PR} = r.$$

Für die Halbachsen a, b gilt $2a = r$ und $2e = 2\sqrt{a^2 + b^2} = \overline{F_1F_2}$. Man nennt den Kreis **Leitkreis** der Hyperbel. Man kann eine Hyperbel also auch mit Hilfe ihres Leitkreises definieren.

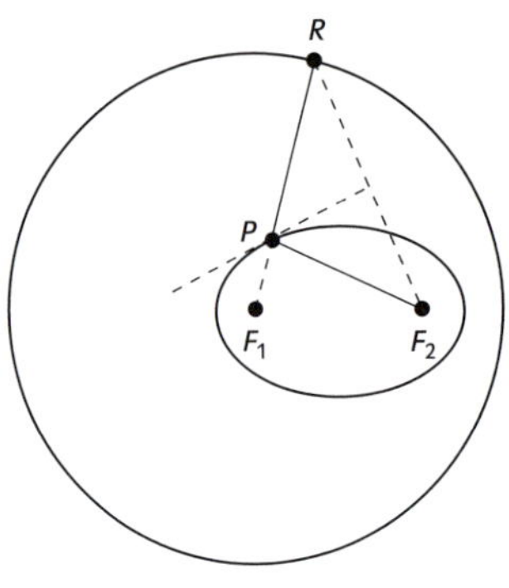

Fig. 30: Leitkreis der Ellipse

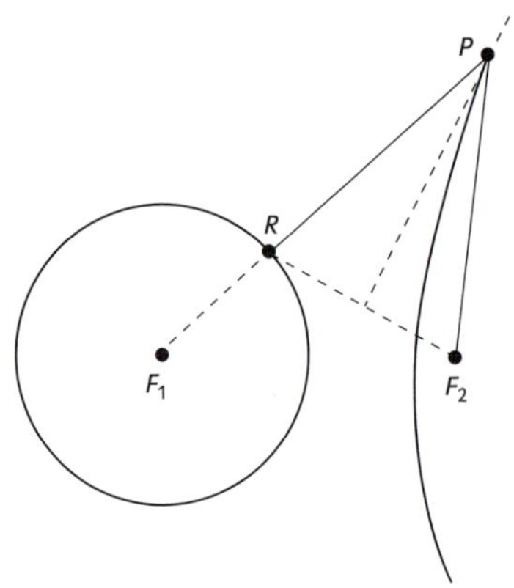

Fig. 31: Leitkreis der Hyperbel

Alle Querverweise im Überblick:

Flächen zweiter Ordnung: S. 189 → S. 200
Kreistangente: S. 191 → S. 163
Asymptote: S. 193 → S. 41
Krümmung: S. 197 → S. 76

Zusammenfassung:
Kegelschnitte

Die Schnittkurve eines Doppelkegels mit einer Ebene ist eine **Ellipse**, eine **Parabel** oder eine **Hyperbel**, je nach Neigung der Schnittebene gegen die Kegelachse. Mit Hilfe der **dandelinschen Kugeln** ergeben sich folgende Definitionen:

- Eine Ellipse ist der geometrische Ort aller Punkte, deren Abstandssumme von zwei gegebenen Punkten konstant ist.
- Eine Hyperbel ist der geometrische Ort aller Punkte, deren Abstandsdifferenz von zwei gegebenen Punkten stets den gleichen Betrag hat.
- Eine Parabel ist der geometrische Ort aller Punkte, deren Entfernung von einem gegebenen Punkt gleich ihrem Abstand von einer gegebenen Geraden ist.

Eine Ellipse ist das **affine Bild** eines Kreises. Eine Ellipse mit den Halbachsenlängen a, b hat den Flächeninhalt πab.

In einem kartesischen Koordinatensystem lautet die **Gleichung** einer zu den Koordinatenachsen symmetrischen Ellipse bzw. Hyperbel mit dem Mittelpunkt O

$$\frac{x_1^2}{a^2} + \frac{x_2^2}{b^2} = 1 \quad \text{bzw.} \quad \frac{x_1^2}{a^2} - \frac{x_2^2}{b^2} = 1.$$

Die Gleichung einer zur x_1-Achse symmetrischen Parabel mit dem Scheitel O lautet $x_2^2 = 2px_1$, wobei p der Abstand des Brennpunkts von der Leitgeraden ist. Die Gleichungen der **Tangenten** im Berührpunkt $B(b_1 \mid b_2)$ lauten

$$\frac{b_1x_1}{a^2} + \frac{b_2x_2}{b^2} = 1 \quad \text{bzw.} \quad \frac{b_1x_1}{a^2} - \frac{b_2x_2}{b^2} = 1 \quad \text{bzw.} \quad b_2x_2 = p(b_1 + x_1).$$

Die Kegelschnitte haben folgende **Brennpunkteigenschaften**:

- An einer Ellipse wird ein von einem Brennpunkt ausgehender Strahl so reflektiert, dass er durch den anderen Brennpunkt geht.
- An einer Hyperbel wird ein von einem Brennpunkt ausgehender Strahl so reflektiert, dass seine rückwärtige Verlängerung durch den anderen Brennpunkt geht.
- An einer Parabel wird ein vom Brennpunkt ausgehender Strahl so reflektiert, dass er parallel zur Parabelachse verläuft.

Die Gleichung

$$x_2^2 = 2px_1 - (1 - \varepsilon^2)x_1^2$$

stellt für $\varepsilon < 1$ eine Ellipse, für $\varepsilon = 1$ eine Parabel und für $\varepsilon > 1$ eine Hyperbel dar (**Scheitelgleichung**).
Der Scheitelkreis einer Parabel mit dem Parameter p hat den Radius p, die Scheitelkreise einer Ellipse mit den Parametern a, b haben die Radien $\frac{b^2}{a}$ bzw. $\frac{a^2}{b}$, die Scheitelkreise einer Hyperbel haben den Radius $\frac{b^2}{a}$.

Flächen zweiter Ordnung

In diesem Kapitel erfahren Sie:

- Flächen zweiter Ordnung sind Ellipsoide, (einschalige oder zweischalige) Hyperboloide und (elliptische oder hyperbolische) Paraboloide.
- Flächen zweiter Ordnung werden von Ebenen in Kegelschnittskurven geschnitten.
- Einschalige Hyperboloide und hyperbolische Paraboloide sind Regelflächen, d.h., sie enthalten Geradenscharen.
- Entartete Flächen zweiter Ordnung sind z.B. Kegel und Zylinder.

Flächen zweiter Ordnung und ihre Gleichungen

Flächen zweiter Ordnung werden durch eine algebraische Gleichung vom Grad 2 beschrieben.

Kegelschnittskurven nennt man auch **Kurven zweiter Ordnung**, weil in ihrer Gleichung bezüglich eines kartesischen Koordinatensystems die Variablen x_1, x_2 in höchstens zweiter Potenz auftreten. Entsprechend ist eine **Fläche zweiter Ordnung** eine Fläche im Raum, in deren Gleichung bezüglich eines (räumlichen) kartesischen Koordinatensystems die Variablen x_1, x_2, x_3 in höchstens zweiter Potenz auftreten. Mit Hilfe einer Kongruenzabbildung kann man erreichen, dass die Gleichung eine der folgenden Formen annimmt.

$\frac{x_1^2}{a^2} + \frac{x_2^2}{b^2} + \frac{x_3^2}{c^2} = 1$ beschreibt ein **Ellipsoid** (Fig. 1). Die Schnittkurven mit den Koordinateneben sind Ellipsen.

$\frac{x_1^2}{a^2} + \frac{x_2^2}{b^2} - \frac{x_3^2}{c^2} = 1$ beschreibt ein **einschaliges Hyperboloid** (Fig. 2). Es schneidet die x_1x_2-Ebene (Gleichung $x_3 = 0$) in einer Ellipse und die x_1x_3-Ebene (Gleichung $x_2 = 0$) sowie die x_2x_3-Ebene (Gleichung $x_1 = 0$) jeweils in einer Hyperbel.

$\frac{x_1^2}{a^2} - \frac{x_2^2}{b^2} - \frac{x_3^2}{c^2} = 1$ beschreibt ein **zweischaliges Hyperboloid** (Fig. 3). Es schneidet die x_1x_2-Ebene (Gleichung $x_3 = 0$) sowie die die x_1x_3-Ebene (Gleichung $x_2 = 0$) jeweils in einer Hyperbel. Es schneidet die x_2x_3-Ebene nicht, aber alle zu ihr parallelen Ebenen im Abstand $d > a$ in einer Ellipse.

$\frac{x_1^2}{a^2} + \frac{x_2^2}{b^2} - x_3 = 1$ beschreibt ein **elliptisches Paraboloid** (Fig. 4). Es schneidet die x_2x_3-Ebene (Gleichung $x_1 = 0$) sowie die x_1x_3-Ebene (Gleichung $x_2 = 0$) jeweils in einer Parabel. Es schneidet ferner die zur x_1x_2-Ebene parallelen Ebene mit $x_3 = d > 0$ in einer Ellipse.

$\frac{x_1^2}{a^2} - \frac{x_2^2}{b^2} - x_3 = 1$ beschreibt ein **hyperbolisches Paraboloid** (**Sattelfläche**; Fig. 5). Es schneidet die x_2x_3-Ebene (Gleichung $x_1 = 0$) sowie die x_1x_3-Ebene (Gleichung $x_2 = 0$) jeweils in einer Parabel. Es schneidet ferner die zur x_1x_2-Ebene parallelen Ebene mit $x_3 = d \neq 0$ in einer Hyperbel.

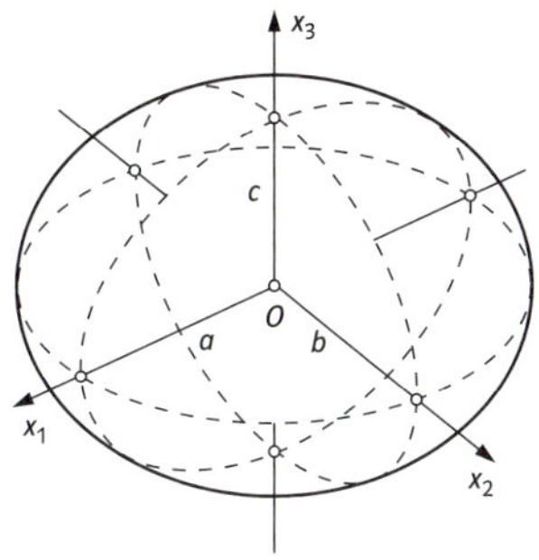

Fig. 1: Ellipsoid

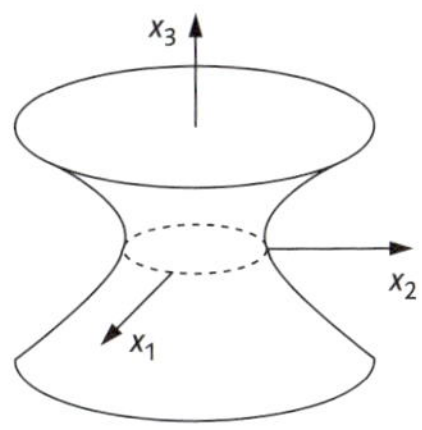

Fig. 2: Einschaliges Hyperboloid

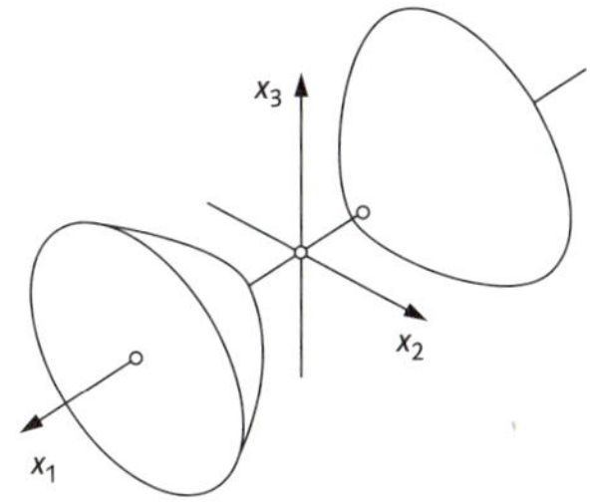

Fig. 3: Zweischaliges Hyperboloid

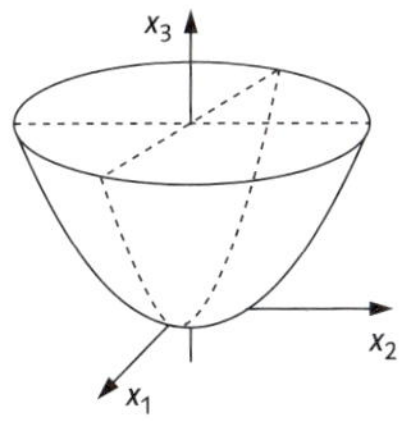

Fig. 4: Elliptisches Paraboloid

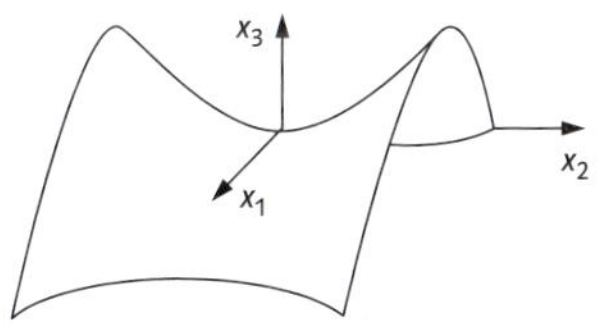

Fig. 5: Hyperbolisches Paraboloid

Die oben vorgestellten Flächen heißen **nicht-entartet**. Dagegen nennt man die Flächen zweiter Ordnung in Fig. 6 **entartet**.

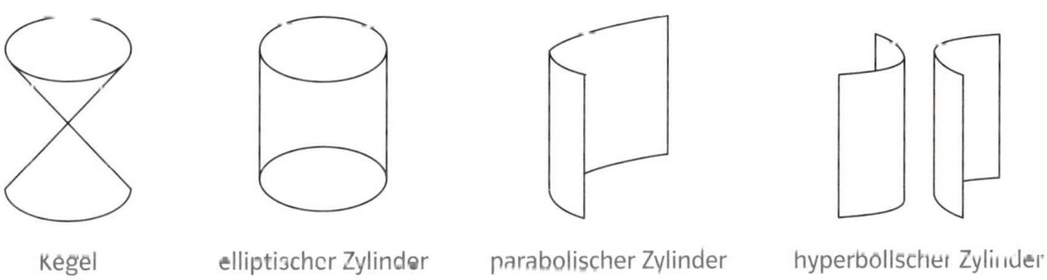

Fig. 6: Entartete Flächen zweiter Ordnung

Einschalige Hyperboloide und hyperbolische Paraboloide sind Regelflächen.

Ein einschaliges Hyperboloid enthält zwei Scharen von Geraden, wobei die Geraden einer Schar zueinander windschief sind und jede Gerade der einen Schar jede Gerade der anderen Schar schneidet. Hat das einschalige Hyperboloid nämlich die Gleichung

$$\frac{x_1^2}{a^2} + \frac{x_2^2}{b^2} - \frac{x_3^2}{c^2} = 1,$$

dann enthält es die Geradenscharen

$$g_k\colon \vec{x} = \begin{pmatrix} ak \\ b\sqrt{1-k^2} \\ 0 \end{pmatrix} + t\begin{pmatrix} -a\sqrt{1-k^2} \\ bk \\ c \end{pmatrix} \ (t \in \mathbb{R}), \quad h_k\colon \vec{x} = \begin{pmatrix} ak \\ -b\sqrt{1-k^2} \\ 0 \end{pmatrix} + t\begin{pmatrix} a\sqrt{1-k^2} \\ bk \\ c \end{pmatrix} \ (t \in \mathbb{R})$$

$(-1 \leqq k \leqq 1)$, wie man durch Einsetzen in die Flächengleichung bestätigt. Auch das hyperbolische Paraboloid (Sattelfläche) enthält zwei solche Geradenscharen. Flächen, welche Geradenscharen enthalten, nennt man **Regelflächen**. Auch Kegel und Zylinder (Fig. 6) sind Regelflächen.

Zusammenfassung:
Flächen zweiter Ordnung

Eine Fläche im Raum, deren Gleichung eine algebraische Gleichung vom Grad 2 ist, nennt man eine **Fläche zweiter Ordnung**. Bezüglich eines geeignet gewählten Kordinatensystems ist

$\frac{x_1^2}{a^2} + \frac{x_2^2}{b^2} + \frac{x_3^2}{c^2} = 1$ die Gleichung eines **Ellipsoids**,

$\frac{x_1^2}{a^2} + \frac{x_2^2}{b^2} - \frac{x_3^2}{c^2} = 1$ die Gleichung eines **einschaligen Hyperboloids**,

$\frac{x_1^2}{a^2} - \frac{x_2^2}{b^2} - \frac{x_3^2}{c^2} = 1$ die Gleichung eines **zweischaligen Hyperboloids**,

$\frac{x_1^2}{a^2} + \frac{x_2^2}{b^2} - x_3 = 0$ die Gleichung eines **elliptischen Paraboloids**,

$\frac{x_1^2}{a^2} - \frac{x_2^2}{b^2} - x_3 = 0$ die Gleichung eines **hyperbolischen Paraboloids**.